AF525467

Baumängel und Bauschäden

Marc Ellinger • Birgit Schaarschmidt

Inhalts-verzeichnis

KAPITEL 1

Mängelrechte beim Hausbau oder -kauf

KAPITEL 2

Mängel erkennen, dokumentieren und geltend machen

KAPITEL 3

Beurteilungsgrundlagen

KAPITEL 4

Typische Mängel in der Planung

KAPITEL 5

Mängel während der Bauausführung

KAPITEL 6

Beanstandungen bei der Abnahme

KAPITEL 7

Beanstandungen nach der Abnahme

KAPITEL 8

Service

1

Wer baut, muss damit rechnen, dass auf der Baustelle einiges schiefgehen kann. Das ist ärgerlich und kann immense Kosten verursachen, auf denen Bauherrinnen und -herren schlimmstenfalls sitzen bleiben. Sie sollten daher genau hinschauen und Ihre Rechte und Pflichten kennen.

→ Vorbereitung ist die beste Prävention:

Sich frühzeitig auf ein Bauvorhaben vorzubereiten, lohnt sich. Manches sollte sehr gut überlegt sein, weil nicht jede Entscheidung in einem solchen Prozess rückgängig gemacht werden kann.

WAS ERFAHRE ICH?

Bauprojekte verlaufen nicht immer nach Plan. Das ist nicht nur der Presse zu entnehmen. Das kennen Sie vielleicht auch aus eigener Erfahrung oder dem persönlichen Umfeld. Baumängel, Schäden und Verzögerungen sowie andere Schwierigkeiten gehören für „Häuslebauer" grundsätzlich als Möglichkeit dazu.

Doch auch wenn es manchmal den Anschein hat, dass am Bau grundsätzlich „alles schiefgeht", stimmt dies nicht. Es gibt viele Baumaßnahmen, die wie geplant verlaufen. Von ihnen liest oder hört man jedoch nichts, denn sie sind unspektakulär. Aber: Es gibt auch die sprichwörtlichen Horrorszenarien, wo alles schiefgeht, was nur schiefgehen kann. Seien Sie daher gut vorbereitet. Sie können sich durch entsprechende Vorbereitung und Kenntnis oft davor schützen, dass Horrorszenarien eintreten. Denn häufig entstehen diese Situationen, weil der Bauherr sich mehr mit seiner Baumaßnahme hätte befassen müssen.

Die eigenen Rechte kennen

Wenn ein Horrorszenario eintritt, sich also Mängel, Schäden oder auch nur Unregelmäßigkeiten auf Ihrer Baustelle extrem häufen, ist leider davon auszugehen, dass die Durchsetzung Ihrer Ansprüche nicht leicht sein wird. Denn meist geht es um viel Geld. Ein weiterer Grund ist, dass es oft viele Beteiligte gibt: Nicht nur die Akteure, die unmittelbar in Zusammenhang mit der Ausführung stehen (sprich: die Handwerker), sondern auch Planer oder Versicherungen, gegen die Ansprüche bestehen können. Machen Sie sich klar: Alle Unternehmen und auch Sie als Bauherr wollen zunächst die eigenen Interessen wahren. Daher wird vermutlich jeder versuchen, einen anderen zu finden, der die Kosten zu tragen hat. Oft werden Ansprüche erst einmal pauschal abgelehnt. Ohne weitere Maßnahmen oder hartnäckiges Insistieren werden Sie Ihren Anspruch dann nicht durchsetzen können oder bekommen kein mangelfreies oder im wesentlichen ohne Mängel behaftetes Werk.

ANSPRÜCHE DURCHSETZEN

Meist ist anfangs noch unklar, was veranlasst werden soll, mit welchem Schritt man beginnen muss: Wen muss oder sollte man als Bauherr oder Käufer bei einem Mangel einschalten? Welche Reihenfolge ist sinnvoll, und vor allem: Wie verliert man keine Rechte gegenüber seinem Auftragnehmenden oder Verkäufer? Fatal ist gelegentlich, dass nicht jede Entscheidung in diesem Prozess rückgängig gemacht werden kann. Deshalb sehen wir uns in diesem Buch nicht nur Baustellen aus technischer Sicht an, sondern werfen auch einen Blick in Verträge und Gesetzestexte. Dieses erste Kapitel macht den Anfang: Sie lernen einige juristische Fachbegriffe und Vertragsformen kennen (ab Seite 12) und erfahren etwas über Ihre Rechte zu verschiedenen Zeitpunkten des Bauprojekts (ab Seite 23).

In Kapitel 2 wird es dann konkreter: Sie erfahren, wie Sie Mängel korrekt beanstanden und dabei Fallstricke vermeiden (ab Seite 32). Entscheidend ist auch die richtige Dokumentation. Denn wenn Sie bauen, sollten Sie immer darauf vorbereitet sein, etwas nachweisen oder beweisen zu müssen. So wird sich auch mancher Ihrer Vertragspartner aufstellen. Wir geben Ihnen daher Tipps zum Beispiel für das Fotografieren auf der Baustelle (ab Seite 53).

DER BLICK INS KLEINGEDRUCKTE

Im dritten Kapitel geht es noch einmal um juristische Feinheiten. Denn je besser der Vertrag und seine Bestandteile verstanden werden, desto leichter ist es, damit umzugehen und Mängelrechte durchzusetzen. Daher werden die in Betracht kommenden Verträge erläutert (ab Seite 63). Das Herzstück eines jeden Vertrages ist die Leistungsbeschreibung oder das Leistungsverzeichnis und damit die Leistungen, die vertraglich geschuldet sind und für die eine Vergütung vereinbart wurde (ab Seite 82). Außerdem erfahren Sie etwas über die allgemein anerkannten Regeln der Technik, die bei der Frage, ob tatsächlich ein Mangel vorliegt, eine wichtige Rolle spielen (ab Seite 89).

Mängel entdecken

Dass Fehler passieren, mag menschlich sein, doch das Fehleraufkommen auf deutschen Baustellen ist seit Jahren auffallend hoch. Bauschadensberichte zeigen, dass auch an Neubauten zahlreiche Mängel vorhanden sind. Wir zeigen Ihnen, worauf Sie achten müssen, um Mängel rechtzeitig zu entdecken.

VOR UND WÄHREND DER BAUAUSFÜHRUNG

Kapitel 4 befasst sich mit der Planungsphase, denn bereits hier können gravierende Mängel auftreten. In Kapitel 5 wiederum erfahren Sie etwas über mögliche Mängel bei der Bauausführung. Neben einer ausführlichen Beschreibung der verschiedenen Bauphasen und der in diesen Phasen typischen Mängel finden Sie hier auch zahlreiche Fotos von Baumängeln, die von echten Baustellen stammen.

WÄHREND UND NACH DER ABNAHME

Sollten Sie es bis dahin noch nicht getan haben, gilt spätestens bei der Abnahme: Schauen Sie ganz genau hin, am besten mit fachlicher Unterstützung. Alles über die Abnahme und darüber, welche Rechte und Möglichkeiten Sie haben, wenn Sie dabei auf Mängel stoßen, erfahren Sie in Kapitel 6.

Die Praxis zeigt: Viele Mängel werden leider erst nach der Abnahme entdeckt, häufig, weil sie irgendwann in Form von Schäden sichtbar werden. In Kapitel 7 lesen Sie daher, worauf Sie besonders achten sollten (ab Seite 278) und wie Sie Mängel nach der Abnahme korrekt beanstanden (ab Seite 283).

Am besten geht gar nichts schief

Auch wenn wir in diesem Buch erläutern, wie Sie bei Mängeln vorgehen können und sollten, so ist und bleibt es für alle Beteiligten am (kosten)günstigen, wenn Mängel erst gar nicht entstehen oder direkt beseitigt werden. Auf Sie als Bauherrn kommen dann keine zusätzlichen Kosten zu und das ausführende Unternehmen kann den kalkulierten Gewinn erwirtschaften und hat damit seine Existenz gesichert. Ganz zu schweigen davon, dass allen Beteiligten jede Menge Ärger erspart bleibt, wenn auf der Baustelle alles nach Plan und fehlerfrei vonstattengeht.

Sie können dieses Buch daher auch nutzen, sich über besonders heikle Punkte im Bauablauf zu informieren. Sie erfahren, worauf die Handwerker jeweils besonders achten sollten, und können dies gezielt kontrollieren und gegebenenfalls nachfragen. Wir geben Ihnen auch konkrete Praxistipps, damit auf Ihrer Baustelle nichts oder nur wenig schiefgeht.

→ **Keine Angst vor juristischen Fachbegriffen:** Dieses Buch will Ihnen ein Grundverständnis vermitteln, wie Mängel aus juristischer Sicht behandelt werden. Dies hilft Ihnen dabei, im konkreten Fall Ihre Rechte zu schützen.

WAS ERFAHRE ICH?

Das Bürgerliche Gesetzbuch (BGB) gibt dem Bauherren beziehungsweise der Käuferin vielfältige Möglichkeiten an die Hand für den Fall, dass der beauftragte Bau oder die gekaufte Sache mangelhaft ist. Sie sollten Ihre Optionen kennen und wissen, wie sie wann geltend gemacht werden können. Machen Sie sich dabei klar: Die Geltendmachung von Mängeln bedarf einer besonderen Form, um Mängelrechte wirksam und damit erfolgreich durchsetzen zu können.

WICHTIG DABEI: Mängelrechte können nur geltend gemacht werden, wenn die geschlossene Vertragsart grundsätzlich eine Haftung für Mängel vorsieht – und wenn es sich um einen Mangel handelt. Im Gesetz wird noch einmal deutlich unterschieden zwischen Sachmangel und Rechtsmangel.

Sachmangel und Rechtsmangel?

Der Schwerpunkt in diesem Buch liegt auf dem Sachmangel. Wird im Folgenden von einem Mangel gesprochen, ist damit also in der Regel der Sachmangel gemeint. Wenn es ausnahmsweise um einen Rechtsmangel geht, wird er ausdrücklich als solcher bezeichnet.

Unter einem **SACHMANGEL** wird eine **ABWEICHUNG VOM VERTRAGLICH VEREINBARTEN** verstanden. Das erklärt, warum es so wichtig ist zu wissen, was genau vertraglich vereinbart wurde. Bedauerlicherweise ist der richtige Umgang mit Sachmängeln rechtlich oft kompliziert und vielfach für juristische Laien unverständlich. Dies liegt vor allem daran, dass der Sachmangel sowohl eine tatsächliche („sachliche") als auch eine rechtliche Komponente hat. Mit der tatsächlichen Komponente wird die Abweichung vom Soll erfasst und/oder der Schaden, und mit der rechtlichen wird geprüft, ob und welche Mängelrechte bestehen. Sollte es sich nicht um einen Mangel im rechtlichen Sinne handeln, können für Sie andere Ansprüche infrage kommen (siehe Seite 45).

Was ist nun ein Rechtsmangel? Von einem **RECHTSMANGEL** spricht man, wenn ein rechtlicher Grund vorliegt, durch den ein Dritter Rechte an einer Sache oder einem Werk geltend machen kann. In einem Kaufvertrag kann es zum Beispiel sein, dass im Grundbuch ein Eigentümer eingetragen ist, der rechtlich gar nicht Eigentümer ist. Denn aufgrund des öffentlichen Glaubens des Grundbuchs gilt zunächst das, was im Grundbuch steht. Wenn dies falsch ist, liegt ein Rechtsmangel vor. Oder ein Beispiel für einen Werk- beziehungsweise Bauvertrag: Das ausführende Bauunternehmen hat Baustoffe unter Eigentumsvorbehalt gekauft. Der Lieferant bleibt damit bis zur vollständigen Bezahlung in der Regel ihr Eigentümer. Da der Unternehmer noch nicht Eigentümer ist, solange die Bezahlung nicht erfolgt ist, kann er die Baustoffe auch keinem Dritten, sprich Ihnen als Bauherren, übereignen, das heißt das Eigentum daran verschaffen. (Eine Ausnahme davon kann der gesetzliche Eigentumsübergang sein. Dies ist im Einzelfall zu betrachten.) Mehr über Rechtsmängel erfahren Sie ab Seite 42.

MÄNGELBEGRIFFE JE NACH VERTRAGSFORM

Sowohl das Kaufrecht als auch das Werkvertragsrecht kennen den Begriff des Sachmangels. Aber auch innerhalb der verschiedenen Vertragsarten variieren die Mängelrechte und wann ein Mangel vorliegt. Im Bereich des Bauens kommen als Vertragsarten Werkvertrag und Kaufvertrag in Betracht. Für Bauverträge, Verbraucherbauverträge, Architekten- und Ingenieurverträge sowie für Bauträgerverträge finden die Mängelrechte des Werkvertragsrechts Anwendung. In beiden Vertragsarten gibt es Mängelrechte. Bis zum 31. Dezember 2021 war der Mangelbegriff des Kaufrechts mit dem des Werkvertragsrechts gleich; seit dem 1. Januar 2022 ist der Mangelbegriff des Kaufrechts weiter gefasst (mehr dazu auf Seite 80). Daher muss vor Reklamationen grundsätzlich immer gefragt werden, ob ein Werkvertrag vorliegt oder ein Kaufvertrag.

Mangel oder Schaden?

Der Sachmangel besteht, wie eben beschrieben, in der Regel aus einer Abweichung vom vertraglich Vereinbarten. Sachmängel liegen gemeinhin begründet in einer fehlerhaften Ausführung. Sie werden in der Praxis umgangssprachlich häufig als „Schäden" bezeichnet, obwohl nicht jeder Mangel zu einem Schaden führt und ein Schaden in der Regel dem Mangel zeitlich folgt oder durch diesen entsteht. Ein **SCHADEN** hat, juristisch betrachtet, immer eine **VERSCHLECHTERUNG DER VERMÖGENSLAGE** zur Folge. Das Vorhandensein eines Mangels muss aber noch zu keiner Verschlechterung der Vermögenslage führen. Entdeckt werden Sachmängel meist, wenn auch ein Schaden sichtbar ist. Schäden und Mängel sind daher grundsätzlich auseinanderzuhalten.

Schäden müssen nicht auf einen Mangel zurückzuführen sein. Ursachen können auch Verschleiß oder Wettereinflüsse sein. Ein altes Gebäude, das nicht gepflegt wurde, hat fast immer Schäden – obwohl es nicht mangelhaft beschaffen sein muss. Ein Mangel kann aber auch ein Schaden sein – oder zu einem Schaden an anderen Teilen des Bauwerks führen.

Warum ist das so wichtig? Weil es einen großen Unterschied macht, ob Sie einen Mangel oder einen Schaden geltend machen wollen. Die jeweiligen Ansprüche unterscheiden sich, zudem müssen Sie bei einer Beanstandung unterschiedlich vorgehen.

Wer haftet für Mängel?

Eine Haftung für Mängel besteht grundsätzlich nur zwischen Vertragspartnern. Das bedeutet, dass immer ein Vertrag vorliegen muss – er ist die Voraussetzung zur Haftung für Mängel. Die Haftung für Mängel ist eine sogenannte verschuldensunabhängige Haftung. Dies ist im Bürgerlichen Recht sonst eher die Ausnahme, die Regel ist eine verschuldensabhängige Haftung.

HAFTUNG MIT UND OHNE VERSCHULDEN

Grundsätzlich besteht eine Haftung nur dann, wenn auch ein Verschulden vorliegt, das heißt: Vorsatz oder Fahrlässigkeit (§ 276 BGB). Die verschuldensunabhängige Mängelhaftung stellt eine Ausnahme von diesem Grundsatz dar und ist nur bei ganz bestimmten Verträgen vorgesehen. Neben einer Mängelhaftung gibt es ein Garantieversprechen. Eine **GARANTIE** muss vertraglich vereinbart beziehungsweise vorgesehen sein und ist eine besondere Form der verschuldensunabhängigen Haftung.

Verschuldensunabhängig bedeutet, dass eine Haftung gegeben ist, egal ob der Unternehmer respektive Auftragnehmer „etwas dafür kann oder nicht" oder besser ausgedrückt: weder vorsätzlich noch fahrlässig mangelhaft geleistet hat. Diese Form der Haftung für das Werk oder die Sache besteht nur dann, wenn diese Leistung so vereinbart wurde, das heißt, wenn sie vertraglich geschuldet ist.

DIE ROLLE DES VERTRAGS

Die verschuldensunabhängige Mängelhaftung kommt nur bei ganz bestimmten Verträgen in Betracht. Eine grundsätzliche Mängelhaftung gibt es im Werkvertragsrecht mit den weiteren in diesem Kapitel genannten Verträgen, im Miet- und Pachtrecht (zum Beispiel Mietmangel, wenn die Heizung in einer Wohnung ohne Verschulden des Vermieters ausfällt) und im Kaufvertragsrecht. Ansonsten ist in den anderen Vertragsarten keine Haftung für unverschuldete Mängel vorgesehen.

Welche Vertragsart liegt vor?

Im Folgenden sollen vorwiegend die Mängelrechte wegen Sachmängeln aus einem Werkvertrag dargestellt werden. Für alle Formen des Werkvertrags gelten neben den jeweils besonderen Bestimmungen die allgemeinen Vorschriften zum Werkvertragsrecht (§§ 631 bis 650 BGB) und die Mängelrechte in § 634 BGB. Daneben kann beim Kauf einer Immobilie eine Haftung für Mängel in Betracht kommen (§§ 433 ff. BGB). Dem Bauträgervertrag kommt eine Zwitterstellung zu: Mängelhaftung nach dem Kaufrecht kommt bei solchen Verträgen für Rechtsmängel in Betracht; Mängelhaftung nach dem Werkvertragsrecht für Sachmängel.

Mehr zu den verschiedenen Vertragsformen erfahren Sie in Kapitel 3. Hier möchten wir Ihnen einen ersten kurzen Überblick geben.

VERTRAGSFORM WERKVERTRAG

Werkvertrag ist ein Oberbegriff für eine bestimmte Vertragsart. Es ist ein Vertrag, bei dem sich der Auftragnehmer (Hersteller/Unternehmer) verpflichtet, ein Werk gegen Zahlung (Werklohn) durch den Auftraggeber (Besteller) herzustellen. Wichtig: Beim Werkvertrag wird die Arbeit nach dem Ergebnis (dem Werk) beurteilt, nicht nach dem Aufwand der geleisteten Arbeit! Es ist ein Erfolg geschuldet. Dafür haftet der Unternehmer (verschuldensunabhängig). Spezielle Werkverträge sind Bauverträge, Verbraucherbauverträge, der Architekten- und Ingenieurvertrag sowie der Bauträgervertrag. Mehr zu dieser Vertragsform erfahren Sie ab Seite 63.

SONDERFALL BAUTRÄGERVERTRAG

Eine besondere Stellung nimmt der Bauträgervertrag ein. Er wird teilweise nach dem Werkvertragsrecht (dort insbesondere nach dem Bauvertragsrecht) abgewickelt und teilweise nach dem Kaufvertragsrecht. Das liegt darin begründet, dass beim Bauträgervertrag die Herstellung eines Werkes geschuldet ist und gleichzeitig das Grundstück (oder ein Anteil daran) mitverkauft wird. Ein klassischer Fall von Bauträgerverträgen ist der Kauf einer neuen Eigentumswohnung. Mehr zu dieser Vertragsform erfahren Sie ab Seite 75.

SONDERFALL WERKLIEFERUNGSVERTRAG

Ein weiterer besonderer Vertrag, der im Werkvertragsrecht Erwähnung findet, ist der Werklieferungsvertrag (§ 650 BGB). Er wird ausschließlich nach dem Kaufrecht abgewickelt. Das bedeutet, dass für ihn auch das Mängelrecht des Kaufvertrags gilt. Bei einem Werklieferungsvertrag wird zwar auch etwas angefertigt – allerdings handelt es sich in der Regel um eine Art Serienprodukt, das nicht besonders angepasst wird. Ebenso wenig liegt der Schwerpunkt auf dem Einbau und dem Anpassen. Dies ist jedoch grundsätzlich anhand des konkreten Einzelfalls zu prüfen. Besonders interessant sind hierzu die Entscheidungen zum Bau von Photovoltaikanlagen (siehe Kasten rechts) und dem Einbau von Treppenliften.

Abtretung von Mängelansprüchen

In bestimmten Situationen stellt sich die Frage, ob Mängelansprüche übertragen werden können. Haben Sie zum Beispiel einen Generalunternehmer beauftragt, so können Sie sich aus rechtlicher Sicht nicht ohne Weiteres an dessen Nachunternehmer wegen der Mängelbeseitigung wenden, obwohl dieser Nachunternehmer die Leistung hergestellt hat. Oder anders herum: Eine Mängelanzeige, die Sie dem Nachunternehmer senden, gilt nicht für den von Ihnen beauftragten Generalunternehmer. Anders wäre es, wenn Ihnen die Mängelansprüche des Generalunternehmers gegen seinen Subunternehmer von Ihrem Generalunternehmer an Sie abgetreten wurden.

MÄNGELANSPRÜCHE ABTRETEN

Eine Abtretung ist ein zweiseitiger Vertrag: Der Forderungsinhaber tritt die Forderung ab, und derjenige, an den sie abgetreten werden soll, nimmt die Abtretung an. Er kann den Anspruch dann so geltend machen wie der ursprüngliche Forderungsinhaber. Er muss allerdings auch die Einreden gegen sich gelten lassen, die der Schuldner dem ursprünglichen Gläubiger gegenüber geltend machen kann.

Interessant für unser Thema: Auch Mängelansprüche können abgetreten werden. Das betrifft die Phase nach der rechtsgeschäftlichen Abnahme. In Bauverträgen, in Verbraucherbauverträgen und in Bauträgerverträgen finden sich häufig Vertragsklauseln, in denen Mängelansprüche abgetreten werden. Das ist meist der oben beschriebene Fall, wenn der Unternehmer die Ausführung der Leistung an andere Unternehmer (Subunternehmer) weitervergeben hat. Oder wenn der Bauträger seine Ansprüche gegen die ausführenden Unternehmer als „Quasi-Bauherr" an den oder die Erwerber weitergeben will.

Die Abtretung von Ansprüchen hat oft einen Grund – zum Beispiel, die Erfüllung des Vertrags zu gewährleisten und die Abwicklung für einen Vertragspartner unter Umständen zu erleichtern. Das bedeutet, dass der Neu-Gläubiger gegen den Alt-Gläubiger ebenso einen Anspruch, das heißt eine Forderung, hat – und nicht nur der Alt-Gläubiger gegenüber dem Schuldner. Der Alt-Gläubiger ist in unserem Zusammenhang der Bauunternehmer beziehungsweise Generalunternehmer, und der Neu-Gläubiger ist die Bauherrin. Der Schuldner wäre dann das oder eines der Unternehmen,

EXKURS: PHOTOVOLTAIKANLAGEN VERTRAGLICH DIFFIZIL

Bei Verträgen über die Errichtung von Photovoltaikanlagen gibt es zur Frage, ob Kauf- oder Werkvertragsrecht anzuwenden ist, unterschiedliche Rechtsprechung. Zu betrachten ist, wie aufwendig die Planung ist oder wie die Lieferung oder Montage der jeweiligen Anlage erfolgt. Sogenannte **AUF-DACH-PHOTOVOLTAIKANLAGEN**, das heißt eine auf dem Dach des Eigenheims montierte Photovoltaikanlage, werden in der Regel nach dem **KAUFRECHT** abgehandelt. Dies wird deshalb angenommen, weil die Photovoltaikanlage auf dem Dach in der Regel keine Verbindung mit dem Boden hat. Daher handelt es sich nicht um ein Bauwerk, und folglich kann nicht von einem Bauvertrag gesprochen werden. Vielmehr handele es sich um einen Werklieferungsvertrag, bei dem das Kaufrecht Anwendung findet.

Anders bei Photovoltaikanlagen, die als sogenannte **FREIFLÄCHENANLAGEN** konzipiert sind, also neben dem Haus stehen: Bei ihnen geht die Rechtsprechung meist davon aus, dass eine „bauwerksähnliche Risikolage" gegeben sei. Das habe die Anwendung des **WERKVERTRAGSRECHTS** zur Folge. Vor allem ist dies bei der Errichtung von großen Photovoltaikanlagen anzunehmen. Denn: Ihre Leistungen werden oft durch Probebetriebe und Leistungsgarantien abgesichert. Doch auch dies bedarf immer einer Einzelfallbetrachtung. Wenn die Freiflächenanlage wenig aufwendig und standardmäßig hergestellt wird, wird man von einem Werklieferungsvertag ausgehen können, auf den das Kaufrecht Anwendung findet.

Werden Photovoltaikanlagen als **BESTANDTEIL EINES UMBAUS ODER NEUBAUS** eingebaut beziehungsweise angebracht, gehören diese Leistungen rechtlich zum **GESAMTVERTRAG** (Werk-/Bauvertrag oder Verbraucherbauvertrag). Aber: Es kommt grundsätzlich immer auf den Schwerpunkt des Vertrags an! Wird ein einzelner Vertrag für die Nachrüstung des Bauobjekts mit einer Photovoltaikanlage beauftragt, kann die Vertragsart bezüglich der zustehenden Rechte entscheidend sein. Im Bedarfsfall wird empfohlen, einen fachkundigen Rechtsanwalt zu Rate zu ziehen. (Urteile, die sich mit der Frage beschäftigen, ob bei Photovoltaikanlagen ein Werkvertrag oder ein Werklieferungsvertrag vorliegt, sind zum Beispiel BGH, VIII ZR 76/03, Urteil vom 03.03.2004; BGH, VIII ZR 318/12, Urteil vom 09.10.2013; BGH, VII ZR 348/13; Urteil vom 02.06.2016.)

das die Arbeiten vor Ort ausgeführt hat und das vom Alt-Gläubiger oder Bauunternehmer beauftragt wurde.

VORTEILE DER ABTRETUNG

Der Vorteil einer solchen Abtretung kann sein, dass neben dem eigentlichen Vertragspartner noch ein anderer für den Mangel haftet: Geht der Alt-Gläubiger oder Bauunternehmer insolvent, kann ein solventer Schuldner/ausführendes Unternehmen bleiben. Ebenso kann der direkte Weg und damit Zugriff auf den eigentlich Ausführenden in der Abwicklung praktisch sein. Es wird Zeit gespart, und Mängel werden direkt mit dem besprochen, der sie verantworten muss. Ob das so ist, hängt davon ab, wie die Forderung/der Anspruch abgetreten wurde.

WICHTIGE FEINHEITEN

Zu beachten ist, dass neben der Abtretung auch die Annahme der Abtretung erklärt werden muss. Ist dies nicht schon im Vertrag enthalten, sollte der Neu-Gläubiger die Annahme der Abtretung erklären, wenn er diese will.

Auch das „Wie" der Abtretung der Forderung ist wichtig, denn: Es gibt verschiedene Formen der Abtretung. Die eine heißt an Erfüllungs Statt, die andere erfüllungshalber. Durch die Abtretung soll ja quasi der Vertrag, den der Neu-Gläubiger mit dem Alt-Gläubiger geschlossen hat, erfüllt werden.

- → **ABTRETUNG AN ERFÜLLUNGS STATT** bedeutet, dass statt dem Erfüllungsanspruch der mangelfreien Leistung die Abtretung erfolgt. Damit besteht kein Anspruch mehr gegenüber dem Alt-Gläubiger auf die Erfüllung seiner vertraglichen Verpflichtungen. Der Bauherr/Neu-Gläubiger kann sich jetzt nur noch ausschließlich an den Schuldner, das heißt das ausführende Unternehmen, wenden. Da allerdings meist unklar ist, ob der Neu-Gläubiger den Erfüllungsanspruch gegenüber diesem durchsetzen kann, ist davon abzuraten. Denn: Der Schuldner beziehungsweise das ausführende Unternehmen könnte insolvent sein, während der Alt-Gläubiger oder das Bauunternehmen noch solvent ist. Bei einer Abtretung an Erfüllungs Statt kann der Vertragspartner dann nicht mehr haftbar gemacht werden, er ist „aus der Mangelhaftung raus".
- → Anders ist es bei der **ABTRETUNG ERFÜLLUNGSHALBER**. Eine Abtretung erfüllungshalber liegt vor, wenn dem Gläubiger die Forderung überlassen wird, aus der er seine Befriedigung suchen soll, zum Beispiel Abtretung des Mängelbeseitigungsanspruchs. Damit bleibt die Haftung des Alt-Gläubigers/Bauunternehmers grundsätzlich bestehen. Die Erfüllung des Schuldverhältnisses tritt erst ein, wenn der Neu-Gläubiger/Bauherr aus dem erfüllungshalber überlassenen Anspruch die Mängelbeseitigung tatsächlich erfolgreich erhalten hat. Achten Sie immer auf den Wortlaut und holen Sie sich gegebenenfalls rechtlichen Rat ein.

WANN IST EINE ABTRETUNG SINNVOLL?

Die Abtretung wirkt auf den ersten Blick kompliziert – sie ist jedoch mitunter durchaus überlegenswert. Denn: Wichtige Ansprüche auf Mängelbeseitigung können auch im Falle der Insolvenz des Bauunternehmers (hier: Alt-Gläubiger) abgetreten werden. Dazu bedarf es jedoch der Abstimmung und Zustimmung des Insolvenzverwalters oder vorläufigen Insolvenzverwalters. Befindet sich ein Bauunternehmen in der Insolvenz, ist es faktisch sehr unwahrscheinlich, dass es noch einer möglichen Aufforderung zur Mängelbeseitigung nachkommen wird. Um die eigenen Rechte zu wahren, muss das insolvente Unternehmen jedoch auch in der Insolvenz zur Mängelbeseitigung aufgefordert werden. Ab Seite 283 wird erläutert, warum dies für die Durchsetzbarkeit des Anspruchs unerlässlich ist. Die Erklärung erfolgt dann gegenüber dem Insolvenzverwalter, der im Falle der Insolvenz die Unternehmung dann vertritt.

→ **Gut beraten und versichert:** Mit der richtigen Unterstützung fällt es leichter, Ansprüche geltend zu machen und durchzusetzen. Das kann fachliche Beratung sein und/oder auch eine gute Versicherung.

WAS ERFAHRE ICH?

Mögliche Mängelansprüche vorzubereiten und durchzusetzen kostet nicht nur Zeit, sondern auch Geld. Meist ist es leider Geld, das gerade nicht zur Verfügung steht, weil die Finanzierung des Baus selbst viele schon an ihre Belastungsgrenze gebracht hat. Für diesen Fall bieten einige Versicherer spezielle Versicherungen für Bauherren an. Es kann sinnvoll sein, sie abzuschließen. Werden sie direkt bei Beginn der Baumaßnahme abgeschlossen, sind entsprechende Mittel vorhanden und einkalkuliert.

Im Wesentlichen gibt es für Bauherren zwei Versicherungen: die Bauherrenrechtsschutzversicherung und die Bauherrenhaftpflichtversicherung. Manche Bauunternehmen beziehungsweise Fertighaushersteller bieten auch andere Versicherungen an; teilweise werden sie aber auch nur anders benannt. Es empfiehlt sich, immer genau zu überprüfen, was die Versicherung abdeckt. Sie sollten die Versicherungsbedingungen also unbedingt lesen und vor allem wissen, für welchen Versicherungsfall Sie diese abschließen. Denn: Die Erfahrung zeigt, dass viele eingetretene Schäden gerade nicht von der Versicherung abgedeckt werden.

Die Bauherrenrechtschutzversicherung

Da ein Haus viel wert ist und beim Bau eine Menge schiefgehen kann, ist das Interesse an einer Rechtschutzversicherung bei vielen Bauherren groß. Doch die Möglichkeiten, sich für den Fall, dass man am Bau wegen Mängeln klagen möchte, zu versichern, sind leider begrenzt. Die meisten klassischen Rechtsschutzversicherungen etwa schließen einen Rechtsschutz für Bauprojekte aus.

Ein Grund dafür ist, dass entsprechende Gerichtsverfahren auch für den Versicherer ein hohes finanzielles Risiko darstellen. Erfahrungsgemäß ist das Ergebnis eines Gerichtsverfahrens wegen Mängeln nicht „hop oder top", das heißt, entweder unterliegt oder gewinnt der Bauherr (hier: der Versicherungsnehmer) – vielmehr gibt es bei Prozessen wegen Baumängeln am Ende oft einen Vergleich oder eine Quotelung im Endurteil. Das bedeutet: Der Versicherer muss im Zweifel immer einen Teil der Kosten tragen. Und da die Streitwerte in Bausachen oft sehr hoch sind, geht es hier um hohe Beträge. Man muss es offen sagen: Dieses Risiko zu versichern ist für die Unternehmen nicht lukrativ genug. Inzwischen scheinen sich allerdings vereinzelt wieder Versicherungen auf dem Markt zu finden, die eine echte Rechtschutzversicherung für Bauherrn anbieten.

Wer sich entschließt, eine Rechtsschutzversicherung abzuschließen, sollte unbedingt prüfen, was durch sie genau abgedeckt ist. Beachten Sie dabei Folgendes:

→ Da eine außergerichtliche Einigung erfahrungsgemäß für alle Beteiligten wirtschaftlich am sinnvollsten ist, sollten auch Kosten einer **MEDIATION** (Schlichtung) übernommen werden.

→ Prüfen Sie auch, ob die Rechtsschutzversicherung **SACHVERSTÄNDIGE** stellt oder Sachverständigenkosten übernimmt. Denn: Mängel können oft nur mit einem Sachverständigen festgestellt und durchgesetzt werden – und diese muss in der Regel der Bauherr beauftragen.

→ **VERGÜTUNGSART:** Rechtsschutzversicherungen übernehmen in der Regel eine Vergütung nach dem Rechtsanwaltsvergütungsgesetz, die sich nach dem Streitwert richtet. Da die rechtliche Betreuung von Baurechtsstreitigkeiten oft hohe Fachkompetenz erfordert und komplex sowie arbeitsintensiv ist, rechnen viele Fachanwälte für Bau- und Architektenrecht aber nicht nach dem Rechtsanwaltsvergütungsgesetz ab, sondern auf Stundenbasis zu einem zu vereinbarenden Stundensatz. Prüfen Sie, ob Ihre Versicherung dies tragen würde.

ACHTUNG: NICHT FÜR MÄNGELANSPRÜCHE GEDACHT

Bauherrenhaftpflichtversicherungen decken **NICHT** die Durchsetzung von Mängelansprüchen ab! Allenfalls können sie Schäden abdecken, die durch Mängel verursacht werden – dafür würde aber auch das ausführende Unternehmen haften. Die Versicherung würde daher erst dann greifen, wenn der Schaden von keinem anderen getragen wird. Doch sicher ist eine entsprechende Versicherung aus anderen Gründen sinnvoll.

Die Bauherrenhaftpflichtversicherung

Eine Bauherrenhaftpflichtversicherung deckt Schäden ab, die anderen durch Ihre Baumaßnahme entstehen. Diese Versicherung wird von verschiedenen Versicherern angeboten. Sie bezahlen oft einen Einmalbeitrag, der sich nach der Bausumme richtet. Die Versicherung gilt während der gesamten Bauzeit; allerdings hat sie oft eine zeitliche Begrenzung von beispielsweise drei Jahren. Je nachdem, wie langsam es mit der Baustelle vorangeht, kann der Zeitraum überschritten werden.

Die Versicherungen bieten verschiedene Tarife an, und auch die Deckungssummen für Sach- und Vermögensschäden variieren. Ebenso gibt es oft eine Deckelung. Wir raten dazu, eine Versicherung abzuschließen, die mindestens bis zu zehn Millionen Euro bei Personen- und Sachschäden zahlt. Angesichts der zahlreichen Gefahren auf einer Baustelle ist dies der Mindestschutz.

Die Bauherrenhaftpflichtversicherung dient der Prüfung von Haftungsansprüchen gegen den Bauherrn. Sie erlaubt es, juristisch gesprochen, berechtigte Ansprüche gegen den Bauherrn zu befriedigen und unberechtigte Ansprüche gegen ihn abzuwehren. Versichert sind bei ihr die üblichen Haftungsrisiken, die für den Bauherrn einer privaten Baumaßnahme bestehen. Dabei geht es in der Regel um Ansprüche Dritter (zum Beispiel Architekt, Bauunternehmen), die diese aufgrund von Arbeiten haben, die der Bauherr veranlasst oder die durch einen Dritten verrichtet werden. Achtung: Nachbarschaftshilfe ist meist nicht ohne Weiteres mitversichert!

Versichert sind die Schäden an Personen und Sachen, die von der Baustelle, dem Grundstück und den darauf stehenden Gebäuden ausgehen. Die Baumaßnahme kann ein Neubau oder Umbau sein; es kann sich aber auch um Reparaturen oder Abbruch- und Grabenarbeiten handeln. Nicht versichert ist, wenn Gefahren geschaffen werden, die zu vermeiden sind, etwa Schäden durch nicht gesichertes, umstürzendes Baumaterial und ungesicherte Schächte oder durch berechtigte Benutzung von nicht versicherungspflichtigen Nutz- und selbstfahrenden Arbeitsmaschinen.

Die Versicherungssumme ist zu vereinbaren und kann unter anderen dem Versicherungsschein, den Sie nach Abschluss der Versicherung erhalten, entnommen werden.

Die Bauwesenversicherung

Die Bauwesenversicherung ist auch unter der Bezeichnung Bauleistungsversicherung bekannt. Aus unserer Sicht ist sie zwar nicht so unerlässlich wie die Bauherrenhaftpflichtversicherung, aber durchaus sinnvoll. Sie sichert den Bauherrn gegen eine Vielzahl von Risiken rund um den Hausbau ab. Diese Versicherung dient dazu, finanzielle Risiken zu deckeln. Oft gibt es gerade beim Hausbau keine Rücklagen für etwaig auftretende Schäden. Ein typischer Schadensfall für diese Versicherung sind die Mehrkosten, die dadurch entstehen, dass unklare Bodenverhältnisse vorliegen und das vorher nicht erkennbar war und zum Beispiel auch durch einen Bodengutachter nicht erkannt wurde. Abgedeckt werden unter Umständen entsprechende Mehrkosten, Diebstahl und Vandalismus am Rohbau sowie höhere Gewalt.

WICHTIG ZU WISSEN: Der Versicherungsschutz der Bauwesenversicherung besteht nur, solange das Bauwerk nicht fertiggestellt ist. Mit der Fertigstellung und insbesondere Abnahme der Bauleistung ist die Bauwesenversicherung in der Regel beendet. Die Versicherungssumme berechnet sich durch Addition aller Baukosten inklusive Baunebenkosten ohne die Außenanlagen, sprich den Garten.

ACHTUNG: Die Bauwesenversicherung deckt keine Schäden durch Feuer und Blitz, Fahrlässigkeit durch den Versicherten, auf der Baustelle befindliche Fahrzeuge oder eine mangelhafte Bauausführung ab. Besonders Letzteres ist wichtig. Die Bauwesenversicherung entspricht daher normalerweise der Bauherrenversicherung – teilweise gibt es allerdings auch Unterschiede.

Die ausführenden Unternehmen schließen in der Regel eine Bauwesenversicherung ab und sind dadurch gegen Schäden gesichert, die durch ihre Arbeit entstehen – aber eben nicht gegen solche, die durch Mängel entstehen oder eine mangelhafte Leistung. Oft ist es so, dass ein Generalunternehmer seine Subunternehmer in seiner Bauwesenversicherung mitversichert, sodass diese denselben Versicherungsschutz haben. Teilweise decken die Bauwesenversicherung und die Bauherrenhaftpflichtversicherung die gleichen Risiken ab.

Sich beraten lassen

Um beim Bauen auf der sicheren Seite zu sein, brauchen Sie vor allem eins: eine fachkundige und kompetente Beratung, die ihn im Dschungel der vielfältigen Probleme des Bauens unterstützt. Am wichtigsten für die Durchsetzung von Mängelansprüchen sind der rechtliche und der technische Berater. Beim Vertragsschluss, bei der Bauausführung und Überwachung und nicht zuletzt nach Fertigstellung des Bauprojekts leisten solche Fachleute wertvolle Dienste. Für die richtige Versicherung sollte auch eine fachkundige Person wie zum Beispiel ein Versicherungsmakler befragt werden. Diesen sollten Sie nach dem konkreten Versicherungsschutz befragen, um bewerten zu können, welche Versicherung sich für Sie lohnt.

VERTRAGSRECHTLICHE ODER JURISTISCHE BERATUNG

Ratsam sind eine vertragsrechtliche und eine umfassende juristische Beratung während der Realisierungsphase, bei der Abnahme sowie nach der Abnahme.

Die vertragsrechtliche Beratung bezieht sich auf Fragen, die den Bauvertrag oder Verträge mit anderen betreffen. Sie betrifft vor allem die Phase *vor* dem Vertragsschluss. In der Regel werden die Ihnen angebotenen oder vorgelegten Verträge dabei geprüft und gegebenenfalls angepasst. Es empfiehlt sich eigentlich immer, einen Bauvertrag, einen Planervertrag, einen Verbraucherbauvertrag oder auch einen Bauträgervertrag von einem juristischen Berater prüfen zu lassen. Kompetent ist in diesem Bereich etwa ein Fachanwalt für Bau- und Architektenrecht. Er hat eine Zusatzausbil-

WIR HABEN BAUWESENVERSICHERUNGEN GETESTET. DIE ERGEBNISSE FINDEN SIE UNTER: TEST.DE/BAULEISTUNGSVERSICHERUNGEN

WELCHE UNTERSTÜTZUNG BENÖTIGEN SIE?

An welchem Punkt welche Form der Beratung sinnvoll ist, hängt auch davon ab, wie Sie Ihr Bauvorhaben realisieren beziehungsweise Ihr Eigenheim erwerben wollen:

→ **NEUBAU AUF EIGENEM GRUNDSTÜCK:** Wenn Sie auf Ihrem eigenen Grundstück bauen, können Sie Ihr Haus selbst planen lassen, das heißt einen Architekten beauftragen, und gegebenenfalls weitere Fachplaner hinzuziehen, etwa Prüfstatiker und Bodengutachter.

→ **FERTIGHAUS:** Sie können auch einen Fertighaushersteller beauftragen, der das Eigenheim auf Ihrem Grundstück plant und baut – in der Regel existiert die „Planung" hier schon als Standardentwurf, der nur leicht dem Ort und Ihren Vorstellungen angepasst wird. Es ist allerdings zu klären, wer in diesem Fall beispielsweise einen Prüfstatiker oder Bodengutachter beauftragt.

→ **ERWERB VON ALTBAU UND UMBAU:** Sie kaufen ein schon bestehendes Haus und lassen es nach Ihren Vorstellungen umbauen. In diesem Fall beauftragen Sie in der Regel einen oder mehrere Handwerker. Hier kommen auf Sie ähnliche Fragestellungen zu, wie wenn Sie ein Haus neu bauen lassen, und auch hier kann es sinnvoll bis unerlässlich sein sein, einen Planer zu beauftragen.

→ **HAUS- ODER WOHNUNGSKAUF VON EINEM BAUTRÄGER:** In diesem Fall erwerben Sie ein bestehendes Haus oder eines, das sich noch im Bau befindet – und sehen quasi dabei zu, wie jemand anderes Ihr künftiges Haus errichtet. Gleiches gilt für die Wohnung. Auch in diesem Fall ist eine Beratung sehr empfehlenswert.

dung, die sich genau mit Fragen des Bauvertrages, eines Vertrages mit Planern oder mit den Fallstricken des Bauträgervertrags befasst. Auch wenn Sie einen Vertrag, zum Beispiel einen Bauträgervertrag, vor dem Notar schließen, heißt das nicht, dass der Vertrag für Sie keine Fallstricke birgt.

Je nachdem, für welche Art des Eigenheimerwerbs Sie sich entscheiden, wird Ihr rechtlicher Berater mehr oder weniger Verträge prüfen und deren Abwicklung begleiten. Er wird dabei, wenn dies gewollt ist, einzelne Klauseln mit Ihnen besprechen und gegebenenfalls Änderungsvorschläge machen. Das hilft Ihnen, den Vertrag zu verstehen – und damit auch die eigenen Rechte und Pflichten. Kennt ein juristischer Berater Ihren Vertrag, so ist es auch leicht, diesen während der Bauphase bei Ihnen unklarer Rechtslage zu befragen. Eine sogenannte baubegleitende Rechtsberatung ist bei machen Projekten sehr sinnvoll.

BAUTECHNISCHE BERATUNG

Wer baut und vom Bauen wenig Ahnung hat, sollte auf jeden Fall von Anfang an über eine begleitende bautechnische Beratung nachdenken. Das beginnt schon beim Lesen des Leistungsverzeichnisses, das ein Bauunternehmen Ihnen als Angebot übersendet. Oft entsteht das Leistungsverzeichnis auf der Grundlage einer Ortsbegehung – etwa bei einem Umbau- oder Sanierungsprojekt. Sie haben alles besprochen und denken, dass es sich so auch im Angebot wiederfindet. Wie aber so oft in der Kommunikation: Der Sender möchte etwas anderes, als der Empfänger versteht. Dabei muss kein böser Wille im Spiel sein – vielleicht liegt es nur an unterschiedlichen Erfahrungshorizonten und Sichtweisen. Das im Angebot enthaltene Leistungsverzeichnis, das die zu erbringenden Leistungen beschreiben soll, ist dann nicht deckungsgleich mit Ihren Vorstellungen. Damit es vollständig wird und Sie am Ende das bekommen, was Sie wollen, ist es sinnvoll, mit einem fachtechnischen Auge darauf zu schauen. Ein bautechnischer Berater gibt Ihnen auch Auskunft darüber, ob die angebotenen Preise angemessen sind oder nicht. Ähnliches gilt für die veranschlagte Bauzeit.

LEISTUNGSVERZEICHNIS BEI DER PLANUNG MIT EINEM ARCHITEKTEN

Wenn Sie einen Architekten oder einen anderen Planer beauftragen, schreibt dieser in der Regel die erforderlichen Leistungen aus. Das geschieht in der Leistungsphase (LPH) 6 der HOAI (Honorarordnung für Architekten und Ingenieure). In diesem Fall kommt das Leistungsverzeichnis respektive die Leistungsbeschreibung quasi von Ihnen als Bauherrin. Ihr Architekt erstellt es für Sie, aber für seine Vollständigkeit und Richtigkeit sind Sie gegenüber dem bauausführenden Unternehmen verantwortlich. Sie können allerdings wiederum einen Anspruch gegenüber Ihrem Architekten/ Planer haben, wenn dieser etwas nicht richtig ausgeschrieben oder vergessen hat. Denn es liegt in der Regel in seiner Verantwortung, bauliche Leistungen vollständig und korrekt auszuschreiben. Mit ihm haben Sie einen Architekten- und Ingenieurvertrag geschlossen. Er haftet für seinen geschuldeten Werkerfolg.

BAUTECHNISCHE BERATUNG WÄHREND DER AUSFÜHRUNGSPHASE

Während der sogenannten Ausführungsphase (also: beim Bau des Hauses/der Immobilie) kann ein bautechnischer Berater beurteilen, ob die vertraglich vereinbarte Qualität geliefert wird. Er beurteilt also, ob eine mangelhafte Leistung vorliegt oder nicht. Unter Umständen kann er eine mangelhafte Leistung verhindern oder ihre frühzeitige Beseitigung fördern. Dies kann etwa wichtig sein, wenn die mangelhafte Leistung später nicht mehr sichtbar und daher auch teilweise nur schwer zu beseitigen ist. Ein typisches Beispiel hierfür sind Abdichtungen in Bädern: Werden diese nicht richtig vorgenommen, kann es sein, dass dauerhaft Wasser in die Wände und den Boden dringt, was in der Regel erst nach langer Zeit bemerkt wird. Dann müssen Boden oder Wände möglicherweise wieder aufgestemmt und sanitäre Einrichtungen entfernt werden. Ebenso kommt eine längere Trocknung der Wände in Betracht. Wird der Mangel hingegen noch während der Ausführung beziehungsweise kurz danach bemerkt, kann er direkt behoben werden, ohne dass ein größerer Schaden entsteht.

Hat der Bauherr einen Architekten oder Planer beauftragt, führt dieser im Rahmen der Leistungsphase 8 der HOAI die Überwachung der Baumaßnahme durch und kontrolliert in diesem Zusammenhang auch die Qualität der Leistungen der ausführenden Unternehmen. Erkennt er etwaige Mängel, kann er diese gegenüber den ausführenden Unternehmen unverzüglich rügen und eine Frist zu ihrer Beseitigung setzen. Erfolgt dies nicht durch den Architekten oder Planer, hat er Ihnen gegenüber zumindest den Mangel anzuzeigen und muss Ihnen zu einer Mängelbeseitigungsaufforderung (siehe ab Seite 35) raten.

ÜBERWACHUNGSPFLICHTIGE LEISTUNGEN

Von der Rechtsprechung geprägt ist der Begriff der sogenannten besonders überwachungspflichtigen Leistungen. Dabei handelt es sich um Leistungen, bei denen ein Bauleiter oder eine Objektüberwachung vor Ort sein sollte, während sie ausgeführt werden. Es sind beispielsweise Leistungen, die in der Nachfolge, sofern sie falsch ausgeführt werden, einen gravierenden Mangel darstellen können. Darunter fallen etwa Leistungen wie (Ab-)Dichtungen sowie das Herstellen einer sogenannten Weißen Wanne – also eines wasserdichten Fundaments und Kellers unter einem Haus bei hoher Bodenfeuchtigkeit („drückende Nässe"). Aber: Auch das Verlegen von Heizspiralen im Fußboden für die Fußbodenheizung kann eine besonders überwachungspflichtige Leistung sein.

Unter besonders überwachungsdürftige Arbeiten fallen keine Arbeiten, die sozusagen eine „handwerkliche Selbstverständlichkeit" sind. Erkennt der Bauleiter oder Bauüberwacher allerdings, dass das ausführende Unternehmen nicht in der Lage ist, diese Leistungen ordnungsgemäß auszuführen, hat er auch hier eine besondere Bauüberwachungspflicht. Wie so oft, ist dies eine Sache des Einzelfalls. Ein Bauüberwacher respektive Bauleiter muss diese Hintergründe wissen und, wenn besonders überwachungspflichtige Leistungen ausgeführt werden, vor Ort sein und diese überwachen.

BAUBEGLEITENDE QUALITÄTSKONTROLLE

Ist kein Architekt oder Planer auf Bauherrnseite vorgesehen, sollte ein anderer technischer Berater hinzugezogen werden. Oft wird dies als baubegleitende Qualitätskontrolle bezeichnet. Es handelt sich um keine klassische Bauleitung oder Objektüberwachung; vielmehr werden hier einzelne Kontrollrundgänge durchgeführt und etwaige Mängel festgehalten. Baubegleitende Qualitätskontrollen werden etwa vom Bauherren-Schutzbund (BSB) angeboten.

Bei einer baubegleitenden Qualitätskontrolle muss explizit vereinbart werden, wann der damit beauftragte Fachmann vor Ort sein und dem Bauunternehmen bei der Ausführung der Arbeiten „über die Schulter schauen" soll. Es ist natürlich zu empfehlen, dass jemand, der

WENN DER BERATER NICHT WILLKOMMEN IST

Ein bautechnischer Berater ist nicht immer gern auf der Baustelle gesehen. In manchen Verträgen wird sogar erwähnt, dass ein Sachverständiger beziehungsweise ein bautechnischer Berater nicht oder zumindest nicht zu jeder Zeit auf die Baustelle darf. Insbesondere in Verträgen von Fertighausherstellern oder Bauträgerverträgen gibt es hierzu die eine oder andere interessante Klausel. Ob dies alles vertragsrechtlich so korrekt ist, sollte im Einzelfall überprüft werden. Sicher gibt es Personen, die durch ihre (permanente) Anwesenheit den Ablauf einer Baustelle stören können. Das dürfte aber eher die Ausnahme sein. Erfahrungsgemäß lassen Unternehmen, die von ihrer Leistung überzeugt sind beziehungsweise nicht befürchten, dass ihnen Pfusch nachgewiesen werden kann, es ohne Weiteres zu, dass bautechnische Berater für den Bauherren auf der Baustelle sind. Sie sehen es eher als Unterstützung an, wenn sie neben der eigenen Qualitätskontrolle noch einen anderen haben, der ihre Qualität mit überwacht. Diese Haltung ist bedauerlicherweise aber derzeit noch eher die Ausnahme. Allerdings liegt das teilweise auch daran, dass manche bautechnischen Berater der Bauherren oft und unangemeldet auf die Baustelle kommen und dann noch Fragen an die dort Arbeitenden stellen. Daher sollte sich Ihr bautechnischer Berater immer mit einem Vorlauf anmelden.

mit einer baubegleitenden Qualitätskontrolle beauftragt ist, grundsätzlich auch besonders überwachungspflichtige Arbeiten überwacht. Allerdings erfordert dies eine vertragliche Vereinbarung. Ist es nicht gesondert vertraglich vereinbart, kann es sein, dass genau diese Qualitätskontrolle eben nicht stattfindet. In der Regel weist der oder die Ausführende der baubegleitenden Qualitätskontrolle im Vorfeld darauf hin. Er überlässt es also den Bauherren, zu entscheiden, wie oft er oder sie vor Ort sein soll oder wie viele Begehungen durchgeführt werden sollen. Jeder Bauherr sollte sich gut überlegen, wo er hier spart – und ob das Einsparen einer baubegleitenden Qualitätskontrolle nicht ein Sparen am falschen Ende ist.

Jemand, der mit einer baubegleitenden Qualitätskontrolle beauftragt ist, wird in der Regel über den Bautenstand Fotos anfertigen. Darauf wäre gegebenenfalls bei der vertraglichen Vereinbarung zu achten. Denn oft ist es wertvoll, Bilder von der Ausführung bestimmter Gewerke und Anschlüsse zu haben. Ab Seite 55 wird erläutert, wie etwaige Beanstandungen oder der Bautenstand genau zu dokumentieren sind.

WAS TUN BEI MÄNGELN?

Zeigen sich auf Ihrer Baustelle gravierende Mängel oder Mängel, die nicht behoben werden, ist die Einschaltung einer rechtlichen Beratung neben dem technischen Berater sinnvoll. Der rechtliche Berater sollte sich auf jeden Fall die Mängel vor Ort, also auf der Baustelle, ansehen. Denn: Bilder sagen mehr als Tausend Worte. Der Jurist braucht für die Durchsetzbarkeit von Ansprüchen oft technisches Verständnis und ist daher dankbar für jede bautechnische Unterstützung. Nicht zuletzt: Die Mängelbeseitigungsaufforderung muss so konkret und präzise sein wie möglich. Dafür ist es teilweise erforderlich, dass die technischen Gegebenheiten dem Juristen möglichst genau mitgeteilt werden. Kommt der Unternehmer der Mängelbeseitigungsaufforderung nicht nach und soll ein Gerichtsverfahren eingeleitet werden, muss der Jurist im Schriftsatz an das Gericht den Sachverhalt auch technisch darstellen. Zuarbeit von einer technisch versierten Person ist dabei in der Regel unerlässlich.

BAUTECHNISCHE BERATUNG BEIM HAUSKAUF

Für den Fall, dass Sie ein bestehendes Haus erwerben, ist es ratsam, einen erfahrenen bautechnischen Berater oder Architekten zu befragen und ihn an der Begehung teilnehmen zu lassen oder mit ihm das Haus/die Immobilie zu besichtigen. Denn: Er sieht und bemerkt Schäden und Mängel in der Regel eher als ein Laie. Zwar gibt es beim Immobilienkauf häufig einen Wertgutachter, der auch Schäden aufnimmt – allerdings führt er eine Begutachtung durch, deren Hauptziel es ist, den Wert der Immobilie zu bestimmen. Ein fachtechnischer Berater kann darüber hinaus informieren, ob Wünsche des Bauherrn zum Beispiel in Bezug auf den Umbau erfüllbar sind.

→ Eine Frage des Zeitpunkts: Ein ganz entscheidender Punkt, wenn es um Mängel und Schäden geht, ist die Frage, wann Sie diese entdecken und beanstanden. Hier gibt es Fristen, die Sie unbedingt im Blick behalten sollten.

WAS ERFAHRE ICH?

Ein finaler Meilenstein auf dem Weg zum Eigenheim ist die Abnahme. Auch im Hinblick auf Mängelrechte ist sie von zentraler Bedeutung. Da die Abnahme so wichtig ist, ist ihr ein eigenes Kapitel – Kapitel 6 ab Seite 260 – gewidmet. An dieser Stelle soll nur ein erster Blick auf die Abnahme und insbesondere auf ihre Auswirkungen auf die Mängelrechte sowie die damit verbundenen Pflichten geworfen werden.

Die Rolle der Abnahme

Liegt ein Werkvertrag, ein Bauvertrag, ein Verbraucherbauvertrag, ein Architekten- und Ingenieurvertrag oder ein Bauträgervertrag vor, ist das fertiggestellte Werk, das heißt die Immobilie, immer vom Besteller abzunehmen. Die Abnahme kann ausdrücklich, also schriftlich oder mündlich, oder konkludent erfolgen, das heißt durch „schlüssiges Verhalten", etwa den Einzug ins Haus. Auch eine fiktive Abnahme ist denkbar; aber aufgrund vertraglicher Vereinbarungen eher unwahrscheinlich (mehr dazu auf Seite 263).

Es empfiehlt sich zu Dokumentationszwecken immer, ein Protokoll über die Abnahme zu fertigen (siehe Seite 269) oder die Abnahme in Textform (siehe ab Seite 268) zu erklären. Ein Werk ist abnahmereif, wenn es im Wesentlichen ohne Mängel ist. Und: Mit der Abnahme beginnt die Verjährung für Mängelrechte zu laufen.

DIE ABNAHME GEHÖRT ZUM WERKVERTRAGSRECHT

Das Gewährleistungsrecht ist für alle Werkvertragsformen einheitlich geregelt beziehungsweise ist in den allgemeinen Vorschriften zum Werkvertragsrecht zu finden. Daher gelten die nachfolgenden Regelungen für alle Werkverträge – grundsätzlich auch für den Bauträgervertrag. Allerdings gibt es bei Letzterem noch ein paar Besonderheiten.

Für den Kaufvertrag und damit für den Werklieferungsvertrag hingegen gelten andere Regelungen (zu Abweichungen hierzu siehe Seite 74): Findet das Kaufvertragsrecht Anwendung, bedarf es keiner Abnahme. Im Kaufvertragsrecht gibt es nur eine Form von Übergabe beziehungsweise Annahme der Sache. Der Käufer hat die Pflicht, Mängel unverzüglich zu rügen. Die Übergabe selbst hat jedoch keine besondere Form, und es gibt auch in der Regel kein Protokoll. Manchmal wird eine Form von Quittung unterschrieben. Oder es wird unterschrieben, dass eine bestimmte Anzahl Schlüssel übergeben wurde. Ebenso werden die Zählerstände (Gas, Strom) festgehalten. Bei einem Übergabeprotokoll findet man häufig festgestellte Mängel als besondere Kategorie.

RECHTE VOR UND NACH DER ABNAHME

Der Bundesgerichtshof (BGH) hat in drei Grundsatzentscheidungen zum Werkvertragsrecht vom 19.1.2017 entschieden, dass der Besteller Mängelrechte nach § 634 BGB grundsätzlich erst nach Abnahme des Werks geltend machen kann. Das bedeutet, dass er andere Rechte vor der Abnahme geltend zu machen hat als nach ihr:

- → Vor der Abnahme wird von **ERFÜLLUNGSANSPRÜCHEN** gesprochen,
- → nach der Abnahme von **GEWÄHRLEISTUNGSANSPRÜCHEN**.

FORMEN DER ABNAHME

- → **AUSDRÜCKLICHE ABNAHME:** schriftlich oder mündlich
- → **KONKLUDENTE ABNAHME:** durch schlüssiges Verhalten, beispielsweise Einzug in das Haus, ohne einen Mangel zu rügen
- → **FIKTIVE ABNAHME:** Es wird keine Abnahme erklärt. Da auf die Aufforderung zur Abnahme kein Mangel gerügt wurde, wird dies so gewertet, als wäre eine Abnahme erklärt worden.
- → **FÖRMLICHE ABNAHME:** Es gibt ein gemeinsames Protokoll, das die Vertragspartner unterzeichnen. In ihm werden Mängel festgehalten. Ist die förmliche Abnahme vereinbart, sind alle anderen Abnahmeformen ausgeschlossen.

Mehr zu den Formen der Abnahme erfahren Sie in Kapitel 6 ab Seite 263.

Die Abnahme ist für den Werkvertrag mit seinen Unterarten sehr bedeutend und gehört zu den sogenannten „Hauptpflichten" des Bestellers/Bauherrn. Das heißt, dass sie sogar eingeklagt werden kann – der Bauunternehmer kann den Besteller oder Bauherrn also auf Abnahme verklagen. Praktisch hat dies aber kaum Bedeutung, denn mit einer Klage auf Zahlung erreicht der Auftragnehmer sowohl die Zahlung der offenen Forderung als auch die Feststellung der Abnahmefähigkeit seiner Leistung. Wird diese Forderung eingeklagt, wird im Gerichtsverfahren inzidenter geprüft, ob die Abnahmereife des Werkes vorlag – und ob diese vom Besteller/Bauherrn zu Unrecht verweigert wurde. Auf eine Abnahme wird der Bauunternehmer höchstens dann klagen, wenn die Abnahme vom Bauherrn verweigert wurde und der Bauunternehmer keine andere Möglichkeit sieht, um den Beginn der Gewährleistung für seine Leistungen zu erreichen.

EIN TIPP: Ist eine Vertragsstrafe vereinbart worden, sollte diese bei der Abnahme unbedingt vorbehalten werden. Erfolgt der Vorbehalt nicht, ist das Recht auf Geltendmachung der Vertragsstrafe grundsätzlich verwirkt (siehe auch Kapitel 6, Seite 270).

Die nachfolgenden Ausführungen gelten ausschließlich für den Werkvertrag und seine Unterformen und damit nicht für den Werklieferungsvertrag, auf den die Vorschriften des Kaufrechts Anwendungen finden, und nicht für einen Kaufvertrag.

Vor der Abnahme

Vor der Abnahme sind die sogenannten Allgemeinen Regelungen über die Leistungsstörungen anwendbar (§§ 320–322, 326; § 283; § 281 BGB). Im Ergebnis gleichen diese Rechte den Mängelrechten nach der Abnahme. Sie haben eine andere Anspruchsgrundlage und werden oftmals anders geltend gemacht. Konkret bedeutet dies: Vor der Abnahme spricht der Jurist nicht von einem Mangel, sondern von einem Erfüllungsanspruch. Es ist aber üblich, schon vor der Abnahme den Begriff „Mangel" zu verwenden. Da aber nicht alle Ansprüche vor der Abnahme dieselben wie nach der Abnahme sind, sollte man sich immer darüber im Klaren sein, in welchem Stadium der Mangel auftritt.

KEIN RECHT AUF MINDERUNG

Ein Recht auf Minderung besteht vor der Abnahme nicht. Dieses Mangelrecht kann grundsätzlich erst nach der Abnahme geltend gemacht werden (mehr dazu auf Seite 271). Allerdings kann zwischen zwei Vertragspartnern auch vor der Abnahme einvernehmlich vereinbart werden, dass sich der Preis für eine bestimmte Leistung reduziert. Das geht jedoch nur, wenn beide Vertragspartner zustimmen. Einseitig besteht dieses Recht vor der Abnahme nicht.

NUR AUSNAHMSWEISE MÄNGELRECHTE VOR DER ABNAHME

Nur ausnahmsweise kann der Bauherr beziehungsweise Käufer Mängelrechte vor der Abnahme oder ohne Abnahme geltend machen. Die Bedingungen, die dafür notwendig sind, sind jedoch sehr kompliziert. Wenn Sie in eine solche Situation kommen, ist es daher empfehlenswert, dass Sie rechtlichen Rat einholen.

Im Zuge der Abnahme

Üblicherweise findet zur Abnahme eine Begehung vor Ort statt. Dabei wird das gesamte Haus oder Immobilie begangen, und es werden Auffälligkeiten und/oder Mängel festgehalten. Diese werden in der Regel in einem Protokoll notiert.

Grundsätzlich ist es ratsam, gut vorbereitet in die Abnahme zu gehen, also etwa bereits eine Liste mit bekannten Mängeln vorzubereiten (mehr dazu auf Seite 268). Diese kann dann bei der Begehung abgearbeitet werden. Sollte sich im Rahmen der Begehung herausstellen, dass es sich doch nicht um einen Mangel handelt, wird der betreffende Punkt einfach nicht ins Protokoll aufgenommen. Es empfiehlt sich immer, über die Abnahmebegehung ein Protokoll (und Bilder) zu fertigen, damit man später weiß, was festgehalten wurde. Mehr zur Vorbereitung und Durchführung der Abnahme in Kapitel 6 ab Seite 260.

DIE BEDEUTUNG DES ABNAHMEPROTOKOLLS

Grundsätzlich ist die Abnahme eine **EINSEITIGE EMPFANGSBEDÜRFTIGE WILLENSERKLÄRUNG.** Das bedeutet, dass sie keiner Zustimmung des Bauunternehmers bedarf, wenn der Bauherr abnehmen will. Gleichwohl hat es sich eingebürgert, dass auf einem Protokoll auch der Bauunternehmer unterzeichnet. Dadurch wird belegt, dass er das Protokoll zur Kenntnis genommen hat – und damit auch dessen Inhalt und diesen bestätigt.

Sollte vertragsrechtlich eine förmliche Abnahme vereinbart worden sein, ist das Protokoll auch vom Bauunternehmer zu unterzeichnen. Das bedeutet zwar nicht, dass er mit der Abnahme einverstanden sein muss, allerdings sieht die förmliche Abnahme vor, dass Mängel gemeinsam festgehalten werden. Es wird unterteilt in Mängel, die der Bauunternehmer auch als solche ansieht, und in solche, die streitig sind. Damit wird zumindest dokumentiert, dass auch der Bauunternehmer einige Mängel als korrekt gerügt ansieht.

In einem solchen Protokoll kann auch direkt die Mängelbeseitigungsfrist aufgenommen werden – muss es allerdings nicht. Ist im Protokoll nicht enthalten, dass die Mängel binnen einer bestimmten Frist zu beseitigen sind, ist es aufgrund des möglicherweise vereinbarten Formerfordernisses wichtig, im Nachgang eine Mängelbeseitigungsaufforderung zu versenden. Allein zu Dokumentationszwecken sollte eine Mängelbeseitigungsaufforderung nicht nur mündlich, sondern zumindest in Textform erfolgen, wenn keine andere Form vereinbart ist. In Kapitel 2 ab Seite 52 wird erläutert, wie festgestellte Mängel am besten dokumentiert werden. Dort wird auch erklärt, dass und wie aus den Fotos auch der Ort und der Umfang beziehungsweise die Größe des Mangels hervorgehen sollten.

Sind die Mängel und die Mängelbeseitigungsaufforderung im Abnahmeprotokoll enthalten, ist darauf zu achten, dass jeder Mangel so genau wie möglich (Ort, Erscheinung etc.) bezeichnet ist. Muss das Abnahmeprotokoll von beiden unterzeichnet werden, kann sich der Bauunternehmer im Nachhinein nicht da-

SONDERFÄLLE: KAUFVERTRAG UND BAUTRÄGERVERTRAG

Beim **KAUFVERTRAG** über ein schon erstelltes oder bestehendes Haus gibt es keine formale Abnahme. Die **ÜBERGABE** vom Verkäufer an den Käufer, die stattdessen stattfindet, bedeutet den Beginn der Verjährungsfrist für Gewährleistung und gegebenenfalls Garantieerklärungen. Hier gelten ähnliche Rechte, wie sie in der Regel nach der Übergabe des Hauses geltend gemacht werden. Denn: Selten sieht der Käufer den Herstellprozess oder hat Zugang zum Bauwerk während des Herstellprozesses, also dem Bau. Anders bei einem **BAUTRÄGERVERTRAG**: Hier wird das Werk ja noch erstellt, und somit bedarf es auch der **ABNAHME**. Diese ist beim Bauträgervertrag in der Regel unterteilt in die Abnahme des Sondereigentums und des Gemeinschaftseigentums. Beides muss vom Erwerber/Käufer abgenommen werden.

rauf berufen, dass eine nicht hinreichend konkrete Aufforderung zu Mängelbeseitigung erfolgte, denn er attestiert mit dem Unterzeichnen des Protokolls ja, dass er den Mangel zur Kenntnis genommen hat – damit auch seinen Ort, seine Lage und seine Größe. Gleiches gilt für ein Symptom, wenn der Mangel selbst nicht sichtbar ist (siehe Seite 36). Da der Bauunternehmer bei der Begehung dabei war, weiß er auch, um welchem Mangel es sich handelt.

FOLGEN DER ABNAHME

Mängel, die bei der Abnahme gerügt werden, werden als Abnahmemängel bezeichnet. Sollte eine Vertragserfüllungsbürgschaft vorliegen, kann diese zurückbehalten werden, bis die Mängel beseitigt sind. Unter Umständen ist diese jedoch zu reduzieren oder durch eine andere zu ersetzen. Ähnlich ist es auch bei Geld, das heißt dem sogenannten Bareinbehalt. Allerdings kann grundsätzlich auch nach der Abnahme das Zurückbehaltungsrecht wegen Mängeln geltend gemacht werden.

Mit der Abnahme ist grundsätzlich die Vertragserfüllungsbürgschaft, so eine übergeben wurde, herauszugeben, sofern – wie dargestellt – keine Abnahmemängel vorhanden sind. Gegebenenfalls ist eine Gewährleistungsbürgschaft zu übergeben, sofern dies vereinbart wurde.

Ein kleiner Exkurs: Vertragsrechtlich kann ein sogenannter Sicherheitseinbehalt vereinbart werden. Es handelt sich dann um einen Bareinbehalt. Das bedeutet, dass nicht die volle Vergütung ausgezahlt wird, sondern nur die fällige Vergütung abzüglich des vereinbarten Bareinbehalts von zum Beispiel fünf Prozent der Netto-Rechnungssumme. Die Fälligkeit dieses Betrages ist damit nach hinten verschoben. Vereinbart wird in der Regel, dass dieser Einbehalt mit der Übergabe/Abnahme nicht mehr erfolgen darf. Bei Bauträgerverträgen kann es anders sein. Dieser Bareinbehalt kann in der Regel durch eine Bürgschaft abgesichert werden. Bei einem Verbraucherbauvertrag sind Sicherheiten in § 650 m BGB geregelt. Der Bauträgervertrag verweist auf diese Vorschrift.

Mit der Abnahme beginnt die Gewährleistungsfrist zu laufen – und sie beginnt auch für die Mängel zu laufen, die bei der Abnahme gerügt wurden.

WENN DIE ABNAHME NICHT ERKLÄRT WURDE

Wurde die Abnahme berechtigterweise nicht erklärt, das heißt lagen zum Beispiel gravierende Mängel vor, bleibt das Werk beziehungsweise die Leistung im **ERFÜLLUNGSSTADIUM**, und es beginnt keine Gewährleistungszeit. Ab einer bestimmten Zeit, in der die Abnahme nicht erklärt wird, kann es allerdings sein, dass das Risiko besteht, dass eine Verwirkung eintritt. Dies hängt von den Umständen des Einzelfalles ab. Daher sollten Sie sich hierzu gegebenenfalls fachkundigen Rat einholen.

In der Gewährleistungsfrist

Ist die Verjährungsfrist im Vertrag nicht anders geregelt, findet § 634 a BGB Anwendung. Demnach beträgt diese bei herzustellenden Bauwerken fünf Jahre ab Abnahme, ansonsten ist von zwei Jahren ab Abnahme auszugehen. Eine dreijährige Verjährungsfrist kann auf Pflichtverletzungsansprüche oder auch auf Mängelansprüche, die nicht in zwei oder fünf Jahren verjähren, Anwendung finden.

RECHTE NACH DER ABNAHME

Mit der Abnahme ändern sich die Rechte des Bestellers, sprich des Bauherrn in Bezug auf Mängelansprüche. Nach der Abnahme gelten im BGB die §§ 634 ff. BGB mit entsprechenden Verweisen. Danach steht dem Bauherrn das Recht zu,

- nach § 635 BGB **NACHERFÜLLUNG** zu verlangen,
- nach erfolglosem Fristablauf § 637 BGB den **MANGEL SELBST ZU BESEITIGEN UND ERSATZ DER ERFORDERLICHEN AUFWENDUNGEN** zu verlangen oder
- nach den §§ 636, 323 und 326 Abs. 5 BGB **VOM VERTRAG ZURÜCKZUTRETEN** oder
- nach § 638 BGB die **VERGÜTUNG ZU MINDERN** und
- nach den §§ 636, 280, 281, 283 und 311a BGB **SCHADENERSATZ** oder nach § 284 BGB **ERSATZ VERGEBLICHER AUFWENDUNGEN** zu verlangen.

Nach der Abnahme ist grundsätzlich zunächst die Nacherfüllung zu verlangen: Dies erfolgt durch die Mängelbeseitigungsaufforderung. Diese ist die Voraussetzung für alle weiteren möglichen Ansprüche, unter denen Sie als Besteller/Bauherr wählen können. Sie haben also ein sogenanntes **WAHLRECHT**. Sie können, müssen sich aber auch entscheiden, welches Recht Sie wählen. Wählen Sie das eine, können Sie später die anderen Rechte in der Regel nicht mehr geltend machen und umgekehrt. Daher sollten Sie sich immer sehr genau überlegen, welches Recht Sie wählen.

NACHERFÜLLUNG

Erfolgt die Nacherfüllung – das bedeutet, der Mangel wurde beseitigt –, kann möglicherweise noch ein Schadensersatzanspruch oder ein Anspruch auf Erstattung der vergeblichen Aufwendungen bestehen. Dieser kann nebenher oder parallel zu den anderen Ansprüchen bestehen.

MANGEL SELBST BESEITIGEN (LASSEN)

Erfolgt keine Nacherfüllung, hat der Bauherr/ Besteller das Recht, den Mangel selbst zu beseitigen. Gemeint ist damit in der Regel, dass er ihn durch ein Drittunternehmen beseitigen lässt. Er erhält dafür den Ersatz der erforderlichen Aufwendungen. Was erforderlich ist, bestimmt sich jeweils im Einzelfall. Überhöhte Mängelbeseitigungskosten werden nicht übernommen, sondern auf die erforderlichen Aufwendungen reduziert.

VOM VERTRAG ZURÜCKTRETEN

Der Besteller/Bauherr hat aber auch die Möglichkeit, vom Vertrag zurückzutreten. Damit wird der Vertrag quasi auf Anfang gestellt, er wird zurückabgewickelt. Das hergestellte Werk (zum Beispiel das Haus) ist zurückzugeben, und das gezahlte Geld im Gegenzug ebenso. Bei einem Bauwerk besteht hier natürlich das Problem, dass das, was schon steht, nicht einfach abgerissen oder entfernt werden kann, ohne es zu zerstören. Dieses Thema hat der Gesetzgeber gesehen und es in §§ 326, 323 BGB berücksichtigt.

MINDERUNG DER VERGÜTUNG

Ebenso kann der Bauherr/Besteller die Vergütung mindern. Bei der Minderung ist die Vergütung in dem Verhältnis herabzusetzen, in dem zur Zeit des Vertragsschlusses der Wert des Werks in mangelfreiem Zustand zu dem wirklichen Wert gestanden haben würde. Die Minderung ist, soweit erforderlich, durch Schätzung zu ermitteln – und über ihre Höhe können sich die Vertragspartner natürlich trefflich streiten oder auch einigen.

SCHADENERSATZ

Neben dem Anspruch auf Erstattung der erforderlichen Kosten bei Mängelbeseitigung, dem Rücktritt und der Minderung kann der Bauherr auch Schadenersatz verlangen. Das sind alle weiteren anfallenden Kosten, die im Zusammenhang mit dem Mangel stehen. Sie sind nachzuweisen und werden nur erstattet, wenn sie nachweislich im Zusammenhang mit dem Mangel stehen. Voraussetzung für die Geltendmachung von Schadenersatz ist ein Verschulden des Bauunternehmers. Verschulden bedeutet hier zumindest, dass die im Verkehr erforderliche Sorgfalt außer Acht gelassen wurde (§ 276 BGB).

Auch hier kann der Besteller beziehungsweise Bauherr wählen. Er kann sich für den Schadenersatz oder für den sogenannten Aufwendungsersatz entscheiden. Dabei interessant: Der Anspruch auf Aufwendungsersatz setzt kein Verschulden des Bauunternehmers voraus. Was genau bedeutet das?

ERSATZ DER AUFWENDUNGEN

§ 284 BGB besagt: Anstelle des Schadenersatzes statt der Leistung kann der Gläubiger auch Ersatz der Aufwendungen verlangen, die er im Vertrauen auf den Erhalt der Leistung gemacht hat und billigerweise machen durfte – es sei denn, ihr Zweck wäre auch ohne die Pflichtverletzung des Schuldners nicht erreicht worden. Klingt kompliziert, ist im Grunde aber einfach: Unter „Aufwendungen" werden hier die Kosten verstanden, die getätigt werden, weil der Bauherr davon ausging, dass sie zum Erhalt notwendig sind. Ist beispielsweise bei der Heizung ein Schwimmer defekt, wird man diesen ersetzen. Ist er jedoch defekt geworden, weil ein anderer Mangel vorhanden ist, hängen die Kosten für seinen Ersatz mit dem Mangel zusammen. Die Aufwendungen sind also nur getätigt worden, weil der Bauherr sie für notwendig hielt.

RECHTZEITIG KLAGE EINREICHEN

Mit Ablauf der Gewährleistung kann sich die Gegenseite im Rahmen eines Gerichtsverfahrens immer auf die Verjährung berufen! Damit ist Ihr etwaiger Anspruch nicht mehr durchsetzbar. Aber: Durch die Klageerhebung wird der Ablauf der Gewährleistung gehemmt. Daher sollte im Falle des Falles innerhalb der Gewährleistungszeit zumindest Klage beim zuständigen Gericht eingereicht werden, um eine Hemmung der Gewährleistung zu erzielen.

Auch hier muss man aufpassen: Wählt der Bauherr beziehungsweise Besteller den Schadenersatz, kann er keinen Aufwendungsersatz mehr geltend machen und umgekehrt. Daher sollte vorher immer gut überlegt werden, welcher Anspruch geltend gemacht wird.

Begehung zum Ablauf der Gewährleistungszeit

Rechtzeitig vor dem Ablauf der Gewährleistungszeit empfiehlt es sich, noch einmal eine Begehung durch das Objekt zu machen. Hier kann wieder der technische Berater eine wichtige Unterstützung sein. Gut ist, wenn es der Berater ist, der schon bei der Erstellung des Werkes zugegen war. Rechtzeitig vor Ablauf bedeutet: mindestens ein halbes Jahr vor der ablaufenden Gewährleistungszeit. Mit der Abnahme empfiehlt es sich auf jeden Fall, den Ablauf der Gewährleistungszeit zu notieren. Sollten Sie unsicher sein, welche Gewährleistungsfrist hier läuft, sollte ein juristischer Beistand zurate gezogen werden.

Der Hintergrund: Ein halbes Jahr (6 Monate) benötigen Sie, um für den Fall, dass noch Mängel festgestellt werden, reagieren zu können. Zum einen ist eine Mängelbeseitigungsaufforderung mit einer angemessenen Fristsetzung erforderlich, zum anderen ist zu überlegen, ob gegebenenfalls ein Kostenvorschussanspruch oder ein anderer Anspruch gerichtlich geltend gemacht werden soll, wenn außergerichtlich keine Einigung erzielt werden sollte. Um einen möglichen Anspruch zu hemmen, bedarf es oft der Klage vor Gericht. Ansonsten droht ein Anspruch wegen Mängeln zu verjähren. Das gilt auch für bei Abnahme gerügte, aber noch nicht beseitigte Mängel.

Nach der Gewährleistungszeit

Beachten Sie: Nach Ablauf der Gewährleistungszeit sind nur noch sehr wenige Ansprüche realistisch geltend zu machen. Es sind auf jeden Fall keine Mängelansprüche mehr, sondern in der Regel Ansprüche wegen arglistigen Verschweigens, wegen einer Pflichtverletzung oder einer Nichtoffenbarung sonstiger Art.

ARGLISTIGES VERSCHWEIGEN

Beim arglistigen Verschweigen muss in der Regel nachgewiesen werden, dass etwas verschwiegen wurde, was hätte offenbart werden müssen. Davon musste der Bauunternehmer aber auch Kenntnis haben. Das heißt, man muss ihm genau diese Kenntnis nachweisen. Erst dann kann jemand überhaupt etwas „arglistig verschweigen".

Hätte der Bauunternehmer auf etwas hinweisen müssen, hat es aber unterlassen, kann hierfür eine eigenständige Haftung neben der Mängelhaftung in Betracht kommen. Es handelt sich dabei um einen Schadenersatz. Hatte der Bauunternehmer etwa Kenntnis, dass die von ihm verwendete Farbe sich aller Voraussicht nach nicht für einen Außenanstrich eignet, hätte er zumindest darauf hinweisen müssen. Unterlässt er einen entsprechenden Hinweis, kann er sich schadenersatzpflichtig machen, weil er eine Pflicht zu diesem Hinweis hatte.

Das bedeutet, immer wenn aus einer besonderen Fachkenntnis heraus oder den besonderen Umständen eine Pflicht zum Offenbaren bestimmter Tatsachen bestand und dies unterlassen wurde, kann ein Anspruch auf Schadenersatz entstehen. Er verjährt in der regelmäßigen Verjährungszeit von drei Jahren ab Kenntnis, längstenfalls zehn Jahre ab Entstehen. Die Frage, ob mögliche Ansprüche bereits verjährt sind und welche von ihnen nach Ablauf der Gewährleistungszeit noch in Betracht kommen, sollte von einem Juristen überprüft werden.

Dazu noch ein weiteres Beispiel: Wurde ein Fundament nicht komplett unter eine Wand gesetzt (siehe Foto oben), hätte der Bauunternehmer dies sehen und ändern müssen, denn es stellt eine mangelhafte Leistung dar. Lässt er dies so, kann selbst nach Ablauf der Gewährleistung noch ein Anspruch auf Schadenersatz gegenüber dem Bauunternehmer bestehen, weil er den Mangel weder beseitigt noch offenbart hat, dass er mangelhaft geleistet hat.

Obwohl es offensichtlich ist, dass es sich hier um eine fehlerhafte Leistung handelt, muss im Falle des Ablaufs der Gewährleistung zudem nachgewiesen werden, dass der beauftragte Bauunternehmer von der schlechten Leistung Kenntnis hatte. Hat er wiederum ein anderes Unternehmen mit der Ausführung des Rohbaus beauftragt und nicht mitbekommen, dass es mangelhaft geleistet hat, fehlt es an der Voraussetzung der Kenntnis. Damit wird ein solcher Anspruch mangels Vorliegens aller notwendigen Voraussetzungen rechtlich leider nicht durchsetzbar sein.

Ein Mangel: Das Fundament befindet sich nicht gänzlich unter der Wand, diese ist also nicht hinreichend gestützt.

Grundsätzlich gilt: Ein Mängelanspruch ist immer leichter durchsetzbar als andere Ansprüche, die im Zusammenhang mit einer mangelhaften Leistung stehen können.

Mehr über arglistig verschwiegene Mängel erfahren Sie ab Seite 48.

2

Kein Bauherr wünscht sich Mängel – aber in der Realität treten sie eben doch immer wieder auf. Was müssen Sie beachten, wenn Sie Mängel erfolgreich erkennen, dokumentieren und vor allem geltend machen wollen?

10

→ **Mängel beanstanden:** Trotz aller sorgfältigen Planung und Bauüberwachung haben Sie auf Ihrer Baustelle einen Mangel entdeckt. Wie beanstanden Sie ihn korrekt, und wie machen Sie Schadensansprüche rechtssicher geltend?

WAS ERFAHRE ICH?

Eine Beanstandung zeigt, dass etwas anders ist als erwartet. Damit ist juristisch alles gemeint, was unter Umständen beanstandet werden könnte, zum Beispiel die Baustellensicherheit oder die Absperrung der Baugrube. Auch hier kann ein Mangel vorliegen, obwohl es sich (noch) nicht um einen Mangel am oder im Gebäude handelt. Was ein Mangel ist, hängt immer vom vertraglich Vereinbarten ab. Eine Beanstandung kann auch die Verletzung einer sogenannten Nebenpflicht sein. Auch die Nichteinhaltung der vertraglich vereinbarten Zeit kann beanstandet werden. In der Praxis dürfte für Sie vor allem die Frage entscheidend sein, ob Sie es mit einem Mangel oder einem Schaden zu tun haben.

Schadenersatzansprüche oder Mängelansprüche?

Sowohl der Mangel selbst kann beanstandet werden als auch die von ihm verursachten sichtbaren Schäden. Die Beschreibung, wie sich ein Mangel äußert – also wie der Schaden aussieht –, kann für eine Mängelbeseitigungsaufforderung unter Umständen ausreichen, obwohl der Schaden dargestellt wird. Damit wird aber auch das Symptom beschrieben, was für eine Mängelrüge ausreichen kann.

Juristisch gibt es einen wichtigen Hintergrund: Schadenersatzansprüche haben andere Anspruchsvoraussetzungen als Mängelansprüche. Schadenersatzansprüche setzen immer ein Verschulden voraus, Mängelansprüche nicht. Bei Schadenersatzansprüchen ist stets zu schreiben, warum der Anspruchsteller (hier: der Bauherr) meint, dass der Bauunternehmer oder Planer den Schaden hätte verhindern können: Was hätte er tun müssen, damit der Schaden nicht entstanden wäre? Und das musste der Betreffende auch grundsätzlich wissen. Er muss schuldhaft gehandelt haben. Der Schaden und wie er sich manifestiert und dass er auf das Fehlverhalten zurückzuführen ist, muss ebenfalls dargestellt werden.

Wird ein Mangel geltend gemacht, muss nur der genaue Ort und die Art und Weise, wie er sich äußert, dargestellt werden. Das bedeutet: Es muss im Beanstandungsschreiben nicht notwendigerweise die Ursache des Mangels beschrieben werden. Ist die Ursache des Mangels bekannt, kann sie dargestellt werden. Ist dies nicht der Fall oder besteht diesbezüglich Unsicherheit, genügt es, den Ort und das Erscheinungsbild (das „Symptom") darzustellen.

ACHTUNG: Um sich alle Ansprüche offenzuhalten, sollte man die Tatsachen möglichst nüchtern, konkret und präzise darstellen.

Ein Verdacht reicht nicht

Dargestellt werden kann grundsätzlich nur, was sichtbar ist, das heißt sich bereits irgendwie geäußert hat. Von dem, was nicht gesehen werden kann, kann grundsätzlich nur vermutet werden, dass dort ein Schaden und/oder Mangel vorliegt. Sicher gibt es inzwischen Messmethoden, die auch in das Bauwerk hineinschauen, diese sind aber oft teuer. Allerdings werden die Mangeluntersuchungsmethoden immer besser, weshalb auch immer mehr Möglichkeiten zur Verfügung stehen, Mängel und Schäden zu beschreiben.

Der Verdacht allein, dass ein Mangel vorhanden sei und/oder ein Schaden entstehen könnte, ist nicht ausreichend, um wirksam einen Mangel und/oder Schaden zu rügen! Denn dann liegt noch kein Mangel vor und es ist unklar, ob ein solcher jemals vorliegen wird. Auch muss der Bauunternehmer – selbst vor der Abnahme – nicht nachweisen, dass sein Werk auf jeden Fall frei von Mängeln ist, und er muss auch nicht alles Notwendige dafür unternehmen, um dies dem Bauherrn darzulegen. Das ginge zu weit. Ist kein Mangel und/oder Schaden bei der Abnahme erkennbar, liegt ein abnahmereifes Werk vor. Der Verdacht einer mangelhaften Leistung allein reicht keinesfalls aus, um die Abnahme zu verweigern.

CHECKLISTE: SACHMANGEL ERFOLGREICH BEANSTANDEN

Nach dem Erkennen eines Mangels stellt sich die Frage: Wie kann jetzt ein Anspruch durchgesetzt werden? Bevor die Durchsetzbarkeit von Mängelansprüchen konkret beantwortet werden kann, sollten Sie sich immer folgende Fragen stellen:

- Liegt schon ein Schaden vor oder ist am Werk nur ein Mangel hervorgetreten?

BEISPIEL 1: Die Armatur des Waschbeckens tropft; das Wasser läuft über das Waschbecken ab – es gibt noch keinen weiteren Schaden.

BEISPIEL 2: Ein Wasserrohr in der Wand leckt, was dazu führt, dass die Wand durchfeuchtet wird – die Durchfeuchtung der Wand ist ein weiterer Schaden, der durch das leckende Wasserrohr in der Wand entstanden ist.

- Wann wurde der Schaden und/oder Fehler sichtbar? Vor der Übergabe oder danach? Vor der rechtsgeschäftlichen Abnahme oder danach (mehr dazu ab Seite 263)?
- Wann wurde das Werk oder das Teil des Werkes erstellt?
- Wurde das Werk abgenommen?
- Wann wurde es abgenommen oder übergeben?
- Wurde vertraglich eine Verjährungszeit vereinbart? Wenn ja, welche?
- Liegen Rechnungen dazu vor?
- Wer war der Besteller/Auftraggeber?
- Was wurde genau beauftragt? Was wurde vertraglich vereinbart?
- Liegt ein Verstoß gegen die allgemein anerkannten Regeln der Technik (a. a. R. d. T.) vor (mehr dazu ab Seite 89)?
- Handelt es sich um ein Verschleißteil?
- Gibt es einen Wartungsvertrag zu dem Gewerk/Teil?
- Hätte der Schaden vermieden werden können?
- Hätte das Ausmaß des Schadens verringert werden können?
- Existiert das Unternehmen, das das Werk erstellt hat (noch)? Ist es liquide?
- Bestehen Versicherungen, die den Schaden abdecken?

Umgang mit Schäden

Das Symptom des Mangels ist oft ein sichtbarer Schaden. Es zeigt sich zum Beispiel ein Wasserschaden, obwohl die Ursache nicht das Wasser ist, sondern eine Undichtigkeit. Derartige Schäden werden oft auch als Mangelfolgeschäden bezeichnet. Vor längerer Zeit gab es eine Unterscheidung zwischen „nahen" und „entfernten Mangelfolgeschäden"; sie ist aber weggefallen. Falls Sie derartige Begriffe noch lesen, ist dieser Text veraltet. Sie sollten wissen, dass grundsätzlich jeder Mangelfolgeschaden von demjenigen zu tragen ist, der für den Mangel verantwortlich ist beziehungsweise ihn verursacht hat.

MÄNGELFOLGESCHÄDEN

Der Mangel selbst ist deutlich von den Folgeschäden, die durch den Mangel verursacht werden, zu unterscheiden – jedenfalls für den Juristen. Das bedeutet Folgendes: Wie bereits erwähnt, sind Wasserschäden die häufigsten Schäden bei Gebäuden. Die Ursache eines solchen Schadens kann (muss aber nicht zwingend!) eine fehlerhafte Erstellung des Werkes (Hauses) oder eines Teiles davon sein. Ist der Wasserschaden aufgrund eines Sachmangels entstanden, ist er der Mangelfolgeschaden des Sachmangels. Der Sachmangel wiederum kann zum Beispiel eine fehlende Abdichtung sein. Erkennbar wird das Vorhandensein des Sachmangels aber erst dadurch, das Wasser ausgetreten ist und ein Wasserschaden nach außen sichtbar wurde.

→ Liegt am Bau ein Mangel vor, muss nachgewiesen werden, dass der aufgetretene Schaden auf ihm beruht, um die Kosten der Schadenbeseitigung erstattet zu bekommen.

Ist der Schaden nachweislich auf einen Fehler bei der Ausführung zurückzuführen, kommt eine Haftung für Mängel des ausführenden Unternehmens in Betracht: die Haftung für den Mangelfolgeschaden. Ob das ausführende Unternehmen in der Lage ist, den Schaden zu beseitigen (es liegt nicht etwa im angebotenen Leistungsbereich des Bauunternehmens), ist nicht wichtig. Gegebenenfalls muss ein Drittunternehmen die Folgeschäden zu Lasten des ausführenden Unternehmens beseitigen, das dafür auch die Kosten tragen muss.

Liegt am Bau ein Mangel vor, muss nachgewiesen werden, dass der aufgetretene Schaden auf ihm beruht, um die Kosten der Schadenbeseitigung erstattet zu bekommen. Zur erfolgreichen Beseitigung des Schadens gehört auch die Beseitigung des zugrunde liegenden Fehlers, um weitere Folgeschäden zu vermeiden. Wichtig: Bei Vorliegen eines Mangels werden auch die Kosten des Aus- und Einbaus der mangelhaften Sache erstattet. Dies gilt sowohl für das Werkvertragsrecht als auch für das Kaufrecht (bezüglich der Aus- und Einbaukosten aber erst für nach dem 1.2.2018 abgeschlossene Verträge).

SCHADEN OHNE BELEGBARE MANGELURSACHE

Ist für den Schaden keine mangelhafte Leistung zu finden, kommt es darauf an, ob jemand aus einer anderen Ursache als wegen mangelhafter Leistung dafür haftet. Das kann zum Beispiel das Verletzen einer vertraglichen Nebenpflicht sein. In diesen Fällen muss der Bauherr nachweisen, dass der Schaden auf ein schuldhaftes Verhalten des ausführenden Unternehmens zurückzuführen ist – und dass dieses Verhalten zu dem Schaden in der geltend gemachten Höhe geführt hat.

Ein klassisches Beispiel für diese Haftung ist, dass verschiedene Gewerke gleichzeitig auf der Baustelle arbeiten und das eine Gewerk Leistungen des anderen beschädigt, also zum Beispiel der Fassadenbauer die eingebauten Fenster zerkratzt. Hat der Bauherr diese Gewerke einzeln vergeben, muss er hier nachweisen, dass der Fassadenbauer die Fenster schuldhaft beschädigt hat. Das gilt allerdings nur nach der Abnahme der Leistungen des Fensterbauers. Denn: Bis zur Abnahme muss dieser seine Leistungen vor Beschädigungen schützen. Unterlässt er dies, muss er die Fenster auf seine Kosten austauschen. Gegebenenfalls kann er aus unerlaubter Handlung den Schaden vom Fassadenbauer erstattet erhalten.

Erfahrungsgemäß ist es schwer nachweisbar, dass ein Mitarbeiter eines bestimmten Unternehmens etwas beschädigt hat. Um einen solchen Anspruch geltend machen zu können, sind die Anforderungen hoch und eine gute (Baustellen-)Dokumentation hilfreich.

EINSCHALTUNG EINES ANWALTS UND EINES SACHVERSTÄNDIGEN

Je nachdem, wie groß der Schaden und damit das finanzielle Risiko sind, empfiehlt es sich, im möglichen Streitfall rechtzeitig einen Rechtsanwalt einzuschalten, am besten einen Fachanwalt für Bau- und Architektenrecht. Er hat entsprechende Erfahrungen, was die Geltendmachung von Mängelrechten betrifft. Das kann insbesondere für die Kommunikation mit Versicherungen von Bedeutung sein. Denn nicht immer ist klar, welche Versicherung für den Schaden einzustehen hat. Es kann sein, dass die eigene Versicherung zunächst für den Wasserschaden aufkommt, sich dann aber wiederum an den ausführenden Unternehmer und dessen Versicherung wendet. Es ist aber auch möglich, dass Ihre Versicherung es Ihnen überlässt, sich beim ausführenden Unternehmer und dessen Versicherung die Kosten für die Beseitigung des Schadens zu holen.

ACHTUNG: Wickeln Sie einen Versicherungsfall nur ab, wenn Sie die Versicherung selbst abgeschlossen haben. Halten Sie sich ansonsten an Ihren Vertragspartner beziehungsweise den Schädigenden – und schalten Sie gegebenenfalls einen Anwalt ein.

Genauso wichtig kann es in einem solchen Fall sein, einen Sachverständigen einzuschalten, der Schadensursache und -umfang beurteilen und ein Gutachten erstellen kann. Das macht in der Regel ein Architekt oder Ingenieur. Eine besondere Qualifikation besitzt ein öffentlich bestellter und vereidigter Sachverständiger. Auch wenn das Gericht im Rahmen des Verfahrens einen anderen Sachverständigen beauftragt, hat das Gutachten eines von Ihnen beauftragten öffentlich bestellten und vereidigten Sachverständigen daher gewöhnlich eine hohe Beweiskraft. Vor Gericht ist es zwar immer noch ein Privatgutachten. Allerdings hat ein öffentlich bestellter und vereidigter Sachverständiger immer die Pflicht, objektiv zu urteilen, weshalb ein von ihm erstelltes Privatgutachten erfahrungsgemäß bei Gericht immer mehr Beachtung findet als eines von einem anderen privat beauftragten Gutachter.

Achten Sie darauf, womit der Sachverständige beauftragt wird: Eine gutachterliche Stellungnahme ist etwas anderes als ein Gutachten. Wichtig ist auch, dass der Gutachter die Dinge begutachten soll, auf die es für die Feststellung, ob ein Mangel vorliegt, ankommt.

Verlassen Sie sich nicht auf den Gutachter einer Versicherung. Zwar schaltet ab einer bestimmten Schadenssumme auch die Versicherung einen Sachverständigen ein. Dieser betrachtet den Schaden aber aus der Perspektive der Versicherung – und deren Schadensminimierung. Denn es liegt im Interesse der Versicherung und ist ihre Pflicht gegenüber allen Versicherten, so wenig wie möglich zu erstatten. Die Versicherung ist auch nicht verpflichtet, Ihnen das Gutachten herauszugeben und Ihnen zu erlauben, es vor Gericht zu verwerten. Hier kann sich ein von Ihnen beauftragter Sachverständiger mit dem Sachverständigen der Versicherung abstimmen und es ihm erleichtern, zum Beispiel die Ursache des Schadens zu finden und die Schadenshöhe nachvollziehbar darzulegen.

Für den Fall, dass ein Mangel vorliegt, können grundsätzlich auch die Kosten Ihres Sachverständigen gegenüber dem Vertragspartner, der mangelhaft geleistet hat, als Mangelfolgeschäden geltend gemacht werden. Ansonsten tragen Sie die Kosten für diesen Sachverständigen. So oder so kann Ihnen ein Sachverständiger Gewissheit geben, was oft viel wert ist.

Was ist eine Mängelrüge?

In diesem Kapitel geht es um Beanstandungen. Beanstandung ist ein Oberbegriff. Die Beanstandung von Mängeln wird allgemein als Mängelrüge bezeichnet. Eine Mängelrüge ist im Grunde nichts anderes als eine Mitteilung, dass die Leistung nicht oder nicht vertragsgemäß erbracht wurde. Sie dient dazu, diesen Missstand anzuzeigen und dem Bauunternehmer die Chance zu geben, eine Mängelbeseitigung vorzunehmen. Die Mängelrüge mit Mängelbeseitigungsaufforderung ist grundsätzlich Voraussetzung, um Ansprüche im Nachfolgenden geltend machen zu können. Die Mängelrüge ist grundsätzlich formlos. Ist die VOB/B vereinbart, muss sie allerdings schriftlich erfolgen. In den meisten Verträgen ist eine bestimmte

Form für die Mängelrüge vorgesehen, selbst wenn keine VOB/B vereinbart wurde. In jedem Fall sollte der Bauherr zu Beweiszwecken und mit Blick auf die Frage der Verjährung die Mängelrüge in Textform abfassen.

INHALT EINER MÄNGELRÜGE

Der zentrale Inhalt der Mängelrüge ist die Beschreibung des Mangels und eine Mängelbeseitigungsaufforderung. Es muss der Mangel beschrieben sein und der Ort, an dem er sich befindet.

Die Mängelrüge muss weder auf einen bestimmten Passus im Vertrag verweisen noch auf Paragrafen, das heißt auf die Anspruchsgrundlage. Es muss nur dargelegt werden, warum etwas für einen Mangel gehalten wird, zum Beispiel durch Abweichung vom vertraglich Vereinbarten. Ein Schaden muss nicht vorliegen.

Ist der Mangel nicht zu beschreiben, weil er sich zum Beispiel als diffuser Wasserschaden äußert, ist genau dieses Symptom zu beschreiben und der genaue Ort, wo es sich zeigt. Konkret: Bei einem Wasserschaden sieht man in der Regel, dass es feucht ist und die Größe der sichtbaren Feuchtigkeit. Die Ursache ist hingegen oft nicht sichtbar. Daher reicht es, das Symptom (hier: den genauen Wasserschaden und seine Lage) zu beschreiben, um den Mangel wirksam zu rügen. Nach der sogenannten Symptom-Rechtsprechung des Bundesgerichtshofs reicht dies für die Beschreibung des Mangels aus, damit die Mängelrüge hinreichend präzise formuliert ist.

Eine weitere Voraussetzung für die Mängelbeseitigungsaufforderung ist, dass man sich an den richtigen Adressaten wendet. Können verschiedene Ursachen infrage kommen, muss geschaut werden, wer hierfür als Verantwortlicher in Betracht kommt. Wurde ein Generalunternehmer als Bauunternehmen beauftragt, reicht sicher eine Mängelrüge, denn dieser hat im Zweifel alle Gewerke ausgeführt. Wurden Leistungen am Bau gewerkeweise vergeben und gibt es verschiedene Bauunternehmer, die möglicherweise mangelhaft geleistet haben, sollte die Mängelanzeige an alle in Betracht kommenden Bauunternehmer gerichtet werden.

MÄNGELRÜGEN VOR DER ABNAHME?

Da es Mängelrechte nach dem Bürgerlichen Gesetzbuch grundsätzlich erst nach der Ab-

SCHRIFTFORM UND TEXTFORM

Mängelrügen unterliegen zwar nicht zwingend einer Form – Mängel können auch nur mündlich gerügt werden –, zu Beweiszwecken und zur Dokumentation empfiehlt es sich aber auf jeden Fall, sie zumindest in Textform, besser in Schriftform zu fassen:

→ **SCHRIFTFORM** bedeutet gemäß § 126 BGB, etwas auf einem Papier zu unterschreiben. Nur wenig durchgesetzt hat sich die sogenannte elektronische Signatur (§ 126 a BGB), die der Schriftform gleichsteht.

→ **TEXTFORM** hingegen bedeutet nach § 126 b BGB, dass die Person des Erklärenden genannt sein muss und dass die Erklärung auf einem dauerhaften Datenträger abgegeben werden muss. Dazu gehören zum Beispiel auch E-Mails.

Es kann vertraglich explizit vereinbart werden, dass die Übermittlung einer Mängelrüge zum Beispiel per E-Mail ausreichend ist. Eine Nachricht in einem Messenger-Dienst dürfte auch als Textform gelten. Allerdings sollte berücksichtigt werden, dass diese gut nachvollziehbar abzuspeichern sind. Das ist nicht immer der Fall. Darüber hinaus erfüllen einige Messenger-Dienste (zum Beispiel WhatsApp) nicht den deutschen Standard für Datenschutz (DSGVO). Daher sollten Unternehmen es auf jeden Fall ablehnen, solche Messenger-Dienste zu verwenden, denn sie können mit ihnen gegen die DSGVO verstoßen.

nahme gibt, das heißt, wenn das Bauwerk rechtsgeschäftlich vom Bauherrn abgenommen wurde, kann es auch Mängelrügen begrifflich nur nach der Abnahme geben. Es hat sich jedoch eingebürgert, diese auch vor der Abnahme so zu nennen. Wie schon auf Seite 25 erläutert, kann der Bauherr vor der Abnahme nicht zu Lasten des Bauunternehmers ein Drittunternehmen mit der Mängelbeseitigung (nach Ablauf der Mängelbeseitigungsfrist) beauftragen. Nur bei einem Vertrag, bei dem die VOB/B vereinbart wurde, sollte, sofern gewünscht, vor Abnahme eine Kündigungsandrohung mit der Mängelbeseitigungsaufforderung ausgesprochen werden. In diesem Fall empfiehlt es sich auf jeden Fall, einen Anwalt einzuschalten. Denn dies ist mitunter rechtlich kompliziert.

NICHT JEDE BEANSTANDUNG IST EINE MÄNGELRÜGE

Nicht jede Beanstandung ist eine Mängelrüge! Es kann sich auch um die Geltendmachung von Schadenersatz handelt. Dies ist zum Beispiel der Fall, wenn die Leistungen gewerkeweise beauftragt wurden und ein Fensterbauer beim Einbau von Fenstern die Außendämmung beschädigt. Dann kann der Einbau der Fenster selbst immer noch mangelfrei und gut erfolgt sein. Allerdings wurde ein bereits hergestelltes Gewerk eines anderen Bauunternehmers beschädigt. In diesem Fall stellt sich die Frage, wer gegen wen Ansprüche hat. Grundsätzlich hat der Unternehmer, der die Außendämmung hergestellt hat, gegen den Fensterbauer einen Anspruch wegen unerlaubter Handlung.

Oft besteht das Problem darin, dass, wie in dem eben beschriebenen Fall, eine mangelfrei hergestellte Außendämmung vor ihrer Abnahme beschädigt wird. Dann hat der Unternehmer, der sie hergestellt hat, gegenüber dem Bauherrn grundsätzlich die Verpflichtung, das Werk mangelfrei herzustellen – und kann parallel seinen Schaden gegenüber dem Fensterbauer geltend machen, wenn er ihm dies nachweisen kann.

War das Werk des Unternehmers, der die Außendämmung hergestellt hat, allerdings bereits abgenommen, obliegt es dem Bauherrn herauszufinden, wer für die Beschädigung verantwortlich ist und wer gegenüber wem den Schaden geltend machen kann.

Beauftragt der Bauherr einen Generalunternehmer als Bauunternehmen, wird das beschriebene Prozedere so ähnlich vom Generalunternehmer intern abgewickelt.

Was ist bei Mängelrügen zu beachten?

Die Beanstandung oder Mängelrüge kann ein Schadensbild wiedergeben oder darstellen, wie sich ein Mangel äußert. Sie sollte immer den genauen Ort enthalten sowie den Umfang des Mangels oder des Schadensbildes. Es empfiehlt sich zum Beispiel, einen Riss im Mauerwerk genau zu messen und Länge und Breite präzise anzugeben. Die Mängelrüge kann und sollte mit Fotos, Plänen und Gutachten untermauert werden.

→ Die Mängelrüge muss zeitnah nach Feststellung des Mangels oder Schadens ausgestellt und angemeldet werden. Am besten beschreibt sie den Mangel und/oder Schaden möglichst neutral und sachlich.

FOTOS NUTZEN

Wird ein Bild beigefügt, sollte in ihm ein Zollstock mit abgebildet werden, um Länge und Breite maßstabsgerecht wiederzugegeben. Prinzipiell sollte bei Bildern, die beigefügt werden, zunächst eine Großaufnahme erfolgen, damit erkennbar ist, wo sich der Mangel befindet, dann eine Aufnahme, welche die Stelle des Mangels oder Schadens näher zeigt und schließlich eine Nahaufnahme mit Zollstock. So können Fotos gut verwendet werden und gegebenenfalls auch zu einem späteren Zeitpunkt eindeutig einem Mangel oder Schaden zugeordnet werden. Mehr zum Fotografieren auf der Baustelle erfahren Sie ab Seite 53.

NEUTRAL UND SACHLICH BLEIBEN

Die Mängelrüge sollte zeitnah nach Feststellung des Mangels oder Schadens erfolgen. Am besten beschreibt sie den Mangel und/oder Schaden möglichst neutral und sachlich. Schuldzuweisungen sind ebenso fehl am Platz wie Vorwürfe oder gar emotionale Ausbrüche. Wichtig: Die Ursache des Schadens oder Mangels muss nicht genannt werden. Es kann sogar schädlich sein, wenn sich der Bauherr auf eine Ursache festlegt, weil die Mängelrüge dann für eine andere, möglicherweise eigentliche Ursache, nicht gilt.

VORSICHT: NIEMALS VORGEBEN, WIE DER MANGEL ZU BESEITIGEN IST

Unter keinen Umständen – jedenfalls nicht ohne anwaltliche und fachtechnische Beratung – sollte erläutert werden, wie der Mangel zu beseitigen ist. Denn: Der Bauunternehmer kann und soll selbst entscheiden, wie er den Mangel beseitigt. Darüber hinaus könnte dies als Anordnung des Bauherrn verstanden werden, die eine gesonderte Vergütung auslösen und den Bauunternehmer sogar von seiner Haftung befreien könnte. Denn damit gibt der Bauherr die Ausführung vor – und übernimmt dafür dann auch die Haftung, egal ob die von ihm vorgeschlagene Mängelbeseitigung funktioniert oder nicht.

IMMER FRISTEN SETZEN

Es sollte immer eine Frist gesetzt werden, in welcher der oder die Mängel beseitigt werden sollen. Diese muss angemessen sein. Das ist sie immer dann, wenn die Mängelbeseitigung mit Anlaufphase realistischerweise in dieser Zeit abgeschlossen werden kann.

Die Fristsetzung ist rechtlich wirksam und bedeutend. Nach Fristablauf können Sie Ihre Rechte vor oder nach der Abnahme geltend machen und etwaige Mehrkosten gegenüber dem Bauunternehmer beanspruchen. Vorsicht: Unternehmen Sie als Bauherr vor Ablauf der

Frist schon etwas im Hinblick auf den oder die Mängel, müssen Sie die Kosten grundsätzlich selbst tragen. Denn dann haben Sie Ihre Ansprüche in aller Regel verloren. Sie sollten daher immer das selbst gesetzte Fristende abwarten, bevor Sie etwas unternehmen. Welche Möglichkeiten Sie dann haben, erfahren Sie am Ende dieses Kapitels auf Seite 41.

AUSNAHME: VERWEIGERUNG DER MÄNGELBESEITIGUNG

Verweigert das Bauunternehmen nach Abnahme die Mängelbeseitigung unberechtigt und ausdrücklich, kann der Bauherr den Mangel auf Kosten des Bauunternehmers/Bauträgers selbst beseitigen lassen, das heißt eine Ersatzvornahme einleiten – sogar, ohne den Ablauf der Mängelbeseitigungsfrist abzuwarten. Dies ist aber eine Ausnahme von der Regel. Mit der Annahme, dass eine endgültige Verweigerung, den Mangel zu beseitigen, vorliege, sollte sehr vorsichtig umgegangen werden. Denn: Die Rechtsprechung nimmt dies nur in ganz wenigen Fällen an. In der Regel wird in den entsprechenden Äußerungen des Bauunternehmens/Verkäufers keine endgültige Leistungsverweigerung zu finden sein. Dass dieser gar nicht auf die Mängelbeseitigungsaufforderung reagiert, ist jedenfalls nicht als Verweigerung anzusehen, den Mangel zu beseitigen. Das Schweigen hat keine rechtliche Bedeutung. In der Regel sollte daher der Ablauf der mit der Mängelbeseitigungsaufforderung gesetzten angemessenen Frist zur Mängelbeseitigung abgewartet werden, bevor eine Ersatzvornahme eingeleitet wird.

AUSNAHME: GEFAHR IM VERZUG

Eine Ausnahme kann auch „Gefahr im Verzug" und/oder die Schadensminderungspflicht sein. Beides sind Ausnahmetatbestände und nicht die Regel. Gibt es zum Beispiel einen Wasserschaden und Wasser droht sich sehr schnell im Haus zu verbreiten, können Sie natürlich nicht abwarten, bis es weiteren Schaden anrichtet. Sie sind vielmehr gehalten, weiteren Schaden einzudämmen und für die dafür erforderlichen Maßnahmen zu sorgen. Denn: Als Bauherr haben Sie einen Schaden selbst so gering wie möglich zu halten (Schadensminderungspflicht). Diese Pflicht haben grundsätzlich alle Vertragspartner. Echte Gefahr im Verzug liegt allerdings selten vor. Daher: Immer Vorsicht mit vorzeitig eingeleiteten Maßnahmen, wenn man das dafür verwandte Geld vom Mangel- beziehungsweise Schadensverursacher erstattet haben will!

Aber selbst in diesem Fall sollten Sie den Unternehmer zur Mängelbeseitigung mit einer kurzen Fristsetzung mit Hinweis auf die Dringlichkeit auffordern. Nur wenn wirklich kein Zuwarten möglich ist, kann ausnahmsweise auch ohne diese Mängelbeseitigung der Mangel zu Lasten des ausführenden Unternehmens beseitigt werden.

DIE MÄNGELBESEITIGUNGSAUFFORDERUNG: WAS GEHÖRT HINEIN?

- → Richtiger Adressat – alle, die für den Mangel als Verursachende in Betracht kommen
- → Objekt, Ort des Mangels oder Symptoms genau beschreiben
- → Genaue Beschreibung von Umfang des Mangels oder Symptoms
- → gegebenenfalls Fotodokumentation des Mangels, Pläne, Gutachten oder sonstige Dokumente als weitere Untermauerung
- → gegebenenfalls Auswirkungen des Mangels auf den weiteren Verlauf des Bauvorhabens, um den weiteren drohenden Schaden anzuzeigen
- → Eindeutige Aufforderung, den Mangel zu beseitigen
- → Angemessene Fristsetzung
- → NUR bei VOB/B-Vertrag vor Abnahme: gegebenenfalls Kündigungsandrohung
- → Absender ist Anspruchsinhaber oder bevollmächtigt, erkennbar und gegebenenfalls Unterschrift

WICHTIG: Beachten Sie, dass eine Mängelbeseitigungsaufforderung grundsätzlich nur nach der Abnahme gilt und nur ausnahmsweise im Falle der Vereinbarung der VOB/B auch einmal vor Abnahme. Vor der Abnahme kann dies auch erfolgen; allerdings sind die Anspruchsgrundlagen anders und daher ist es etwas anders zu handhaben.

MÄNGELBESEITIGUNGSAUFFORDERUNG RICHTIG ZUGEHEN LASSEN

Es ist Ihre Aufgabe, dafür Sorge zu tragen, dass die Mängelbeseitigungsaufforderung dem ausführenden Unternehmen oder Planer zugeht. Nur dann wird sie wirksam. Ist die Frist abgelaufen, aber die Mängelbeseitigungsaufforderung (nach Abnahme) nie dem betreffenden Bauunternehmer zugegangen, bleiben Sie als Bauherr auf möglichen Ersatzvornahmekosten sitzen.

Reagieren der Bauunternehmer und/oder Planer auf die Mängelbeseitigungsaufforderung, ist eindeutig, dass sie zugegangen ist. Problematisch ist, wenn das Bauunternehmen und/oder Planer gar nicht reagieren. Dann kann es für Sie wichtig sein, den Zugang der Mängelbeseitigungsaufforderung nachzuweisen. Sonst könnte das bauausführende Unternehmen und/oder der Planer später behaupten, die Mängelbeseitigungsaufforderung sei ihm nie zugegangen.

NACHWEIS DES RECHTSSICHEREN ZUGANGS

In diesem Zusammenhang stellt sich die Frage, welcher Nachweis für den Zugang sicher ist. Nachgewiesen werden muss, dass die Mängelbeseitigungsaufforderung zugegangen ist – nicht der Umschlag. Daher ist ein Einschreiben (auch mit Rückschein) leider nur ein Beleg, dass der Umschlag zugegangen ist. Dass sich in ihm die Mängelbeseitigungsaufforderung befand, ist damit nicht belegt.

Ein rechtssicherer Beleg entsteht, indem man sich Zeugen dazu holt (oder dies einen Dritten tun lässt), der das Einfügen der Mängelbeseitigungsaufforderung in den Umschlag bezeugen kann. Da sich das menschliche Gedächtnis nicht so viel merken kann, empfiehlt es sich, dass die betreffende Person niederschreibt, dass sie bezeugen kann, dass die Mängelbeseitigungsaufforderung am (Datum), um (Uhrzeit) in den Umschlag eingelegt wurde. Dieses Dokument sollte dann mit Datum und Originalunterschrift der betreffenden Person versehen werden.

Eine andere Möglichkeit ist es, einen Boten mit dem Dokument loszuschicken. Dieser erhält neben dem Dokument eine Kopie des Dokuments, in dem er sich dann vor Ort den Erhalt quittieren lässt. Das ist die sicherste Variante, um den Zugang beim korrekten Adressaten nachzuweisen. Bei einer schriftlichen Kündigung ist dies eher angezeigt als bei einer Mängelbeseitigungsaufforderung. Denn: Die Kündigung beendet den Vertrag. Die Mängelbeseitigungsaufforderung kann noch einmal versandt werden. Der Vertrag bleibt bestehen beziehungsweise nach Abnahme bleiben innerhalb der Gewährleistungszeit die Mängelansprüche grundsätzlich erhalten.

Das ist besonders wichtig für die schriftliche Mängelbeseitigungsaufforderung. Diese kann vertraglich vereinbart sein, was bei einem VOB/B-Vertrag der Fall ist. Dann sollte auch diese Form verwandt werden.

FAX UND E-MAIL SIND RISKANT

Für diejenigen, die noch ein Fax verwenden, sei an dieser Stelle erwähnt, dass der Sendebericht mit der Empfangszeit leider nicht ausreicht, um einen Zugang beim Empfänger nachzuweisen. Es empfiehlt sich, nach dem Versenden des Faxes anzurufen und nachzufragen, ob das Fax angekommen ist. Gleiches gilt bei Versand per E-Mail. Nur eine Bestätigung, dass die E-Mail erhalten wurde, reicht nicht aus. Denn es ist unklar, ob der Computer sich wirklich beim Empfänger befindet.

VERSENDUNG DURCH BAUÜBERWACHER / BAULEITER

Hat der Bauherr einen Bauüberwacher oder Bauleiter beauftragt, darf dieser grundsätzlich eine Mängelbeseitigungsaufforderung versenden. Dies ist keine Willenserklärung, für die er eine Vollmacht vom Bauherrn benötigt. Die Mängelbeseitigungsaufforderung sollte dieselben Informationen enthalten wie oben darge-

BEISPIELE RICHTIG NUTZEN

Im Service-Teil des Buches finden Sie einige Beispiele für Mängelbeseitigungsaufforderungen, die Sie zur Formulierung Ihrer eigenen Texte verwenden können. Seien Sie dabei aber vorsichtig: Jeder Fall ist einzigartig und erfordert ganz spezifische Formulierungen. Daher sollen die im Buch wiedergegebenen Mustertexte nur als Anregung dienen und keinesfalls einfach kopiert werden.

stellt. Dann ist für das Bauunternehmen erkennbar, für wen die Aufforderung zur Mängelbeseitigung erfolgt.

Als Bauherr bleiben Sie für den ordnungsgemäßen Zugang auch der durch Ihren Bauüberwacher/Bauleiter versandten Mängelbeseitigungsaufforderung nachweispflichtig. Es gilt das oben Gesagte.

Minderung, Ersatzvornahme oder Rücktritt

Wurde zur Mängelbeseitigung aufgefordert und erfolgt diese bis zum Ende der Frist nicht, haben Sie als Bauherr folgende Möglichkeiten:

→ **ERSATZVORNAHME**: Sie können den Mangel auf Kosten des Bauunternehmers/Bauträgers selbst beseitigen lassen.

→ **RÜCKTRITT VOM VERTRAG**: Statt der Ersatzvornahme können Sie auch den Rücktritt vom Vertrag erklären und damit das Vertragsverhältnis rückabwickeln. Es ist dann die Situation herzustellen, die vor dem – nunmehr aufgelösten – Vertrag bestanden hat.

→ **MINDERUNG**: Statt vom Vertrag zurückzutreten oder Ersatzvornahme einzuleiten, können Sie auch von Ihrem Minderungsrecht gemäß § 638 Abs. 1 BGB Gebrauch machen.

WICHTIG: Der Bauherr darf grundsätzlich wählen zwischen Minderung, Ersatzvornahme oder Rücktritt vom Vertrag. Aber: Hat er sich einmal für eine der Varianten entschieden, ist er darauf festgelegt. Sich nachträglich umzuentscheiden, ist rechtlich nicht zulässig – allenfalls bei wenigen Ausnahmen. Sie sollten sich im Zweifel rechtlich beraten lassen, ob eine solche Ausnahme bei Ihnen vorliegt. Dann sollten Sie genau überlegen, welche Rechtsfolge Sie wählen. Ein kleiner Trost: Neben diesen drei Möglichkeiten bleibt immer ein Schadenersatzanspruch bestehen, wozu allerdings dessen Anspruchsvoraussetzungen erfüllt sein müssen (siehe Seite 32).

→ **Mangel ist nicht gleich Mangel:** Die meisten der in diesem Buch beschriebenen Mängel sind Sachmängel, daneben gibt es Rechtsmängel. Es kursieren jedoch weitere Begriffe, die Sie in diesem Zusammenhang kennen sollten.

WAS ERFAHRE ICH?

Baumängel sind Sachmängel. Davon zu unterscheiden ist der sogenannte Rechtsmangel, den es unter anderem beim Werkvertrag und Kaufvertrag ebenfalls geben kann und der eine gesonderte Kategorie von Mangel darstellt. Diese Art der Mängel sollen hier zunächst genauer betrachtet werden, bevor es um Sachmängel gehen soll sowie um weitere Begriffe, die in diesem Zusammenhang immer wieder fallen.

Rechtsmängel

Ein Rechtsmangel ist kein Baumangel. Bei dem Rechtsmangel fehlt es an einem Recht, bei einem Sachmangel an der ordnungsgemäßen Herstellung. Der Rechtsmangel bezieht sich nicht auf das Gebäude und seine materiellen Eigenschaften, sondern auf Mängel, die dessen rechtliche Eigenschaften betreffen. Beim Rechtsmangel geht es zum Beispiel darum, ob der richtige Eigentümer ins Grundbuch eingetragen ist und ob auch die sonstigen möglichen Rechte korrekt im Grundbuch eingetragen sind.

Ein Rechtsmangel wird definiert als ein Mangel, der den Gebrauch einer Immobilie einschränken oder unmöglich machen kann – etwa das vertraglich zugesicherte lebenslange Wohnrecht für eine Verwandte des Vorbesitzers. Oft treten Rechtsmängel erst nach Jahren, gar Jahrzehnten ans Licht – etwa in Form einer „vergessenen" Baugenehmigung für den Ausbau einer Dachwohnung.

Rechtsmängel können beispielsweise Fehler in Verträgen sein, die folgende Themen betreffen:

- Nießbrauchrecht an der Immobilie durch einen Dritten
- Nutzungsbefugnis Dritter durch Miet-, Pacht- oder Wohnrechte
- Vereinbarte Erbpacht
- Vorkaufsrechte Dritter
- Ein im Grundbuch eingetragenes Wegerecht oder andere „Grunddienstbarkeiten"
- Eine Sozialbindung der Immobilie
- Geplantes Sanierungsgebiet
- Status einer Immobilie als denkmalgeschütztes Objekt oder kommunale Veränderungssperre
- Fehlende Baugenehmigung

Zum Tragen kommen diese Rechtsmängel bei einer Immobilie beim Kaufrecht und beim Bauträgerrecht. Geht es um den Erwerb oder Verkauf einer Immobilie, so ist gesetzlich festgelegt, dass der Vertrag notariell zu beurkunden ist. Das bedeutet, dass der Notar einen Vertragsentwurf übersendet und diesen vor Unterzeichnung und Beurkundung den Vertragspartnern vorliest und einzelne Punkte erläutert.

ACHTUNG: Nichts von den genannten Punkten prüft ein Notar vor Vertragsunterzeichnung, worauf er auch hinweist! Im Zweifelsfall haftet der Verkäufer, wenn er den Erwerber nicht rechtzeitig informiert hat – das ist bei Rechts- und Sachmängeln gleichermaßen der Fall.

RECHTSMÄNGEL VERMEIDEN

Rechtsmängel können vermieden oder weitestgehend eingedämmt werden. Es gibt gute Quellen, mit deren Hilfe Sie sich informieren können und sollten. Dazu gehören das Grundbuch, die Bauakte, das Baulastenverzeichnis zur Immobilie und die aktuellen kommunalen Baubeschlüsse. Wichtig: Wollen Sie eine Immobilie erwerben, haben Sie grundsätzlich ein Einsichtsrecht ins Grundbuch. Auch können Sie den Verkäufer fragen, ob er Ihnen einen aktuellen Grundbuchauszug zur Verfügung stellen kann. Hat er nichts zu verbergen, wird er dazu gern bereit sein. Sofern ein Einsichtsrecht vom Grundbuchamt oder dem zuständigen Amt nicht gewährt werden sollte, sollte eine entsprechende Vollmacht von dem Verkaufenden eingeholt werden, damit die notwendige Einsicht getätigt werden kann. Sollten Sie sich zum Kauf entschließen, wird der Notar in der Regel einen Grundbuchauszug einholen. Allerdings geschieht dies dann bereits im Kaufstadium, das heißt unmittelbar vor Unterzeichnung, und könnte daher schon etwas spät sein. Sicherlich können Sie bitten, dass dieser frühzeitig eingeholt und Ihnen vorgelegt wird.

Oftmals finden sich in den notariell beurkundeten Verträgen der Hinweis, dass keine Einsicht in das Baulastenverzeichnis genommen wurde. Dazu ist der Notar auch grundsätzlich nicht verpflichtet. Allerdings findet sich im Baulastenverzeichnis immer mal wieder etwas, das aufgrund der Baulast die Nutzbarkeit des Grundstücks beeinträchtigt. Es könnte sich um eine Baulast handeln, durch die Sie verpflichtet werden, Nachbarn auf Ihrem Grundstück parken zu lassen oder bestimmte Pflanzen zu setzen. Schauen Sie daher rein vorsorglich ins Baulastenverzeichnis.

IM GRUNDBUCH LESEN

Das Grundbuch enthält alle aktuellen und vergangenen Nutzungsbefugnisse, Vorkaufsrechte, Nießbrauch-, Wohn-, Pacht- oder Wegerechte. Ebenso sind die Belastungen wie Hypothek und Grundschuld eingetragen. Es gibt im Grundbuch verschiedene Abteilungen. Sie sollten sich alle ansehen. Etwaige Rechte müssen dort eingetragen sein, um gegenüber jedem wirksam zu werden. Es gilt der sogenannte öffentliche Glaube des Grundbuchs, das heißt, was dort steht, ist korrekt, sofern kein Widerspruch eingetragen ist. Widersprüche gegen die Richtigkeit des Grundbuchs sind ebenso im Grundbuch eingetragen.

Im Grundbuch kann auch ein Vorkaufsrecht eingetragen werden. Dann gilt es gegenüber jedem, der das Grundstück erwerben will. Anders ist es beim schuldrechtlichen Vorkaufsrecht. Das ist nicht im Grundbuch eingetragen und gilt nur zwischen denjenigen, die es vereinbart haben. Weiß der Erwerber nicht, dass ein schuldrechtliches Vorkaufsrecht vorliegt, kann er die Immobilie gutgläubig erwerben. Anders ist es, wenn das Vorkaufsrecht im Grundbuch eingetragen ist. Aufgrund der Eintragung kann kein guter Glaube des Erwerbers entstehen. Ähnlich ist es bei einem Wegerecht, das sowohl schuldrechtlich als auch durch Grundbucheintragung vereinbart werden kann.

Als Käufer sind Sie grundsätzlich verpflichtet, sich „schlau zu machen". Nur falls Ihnen etwas bewusst verschwiegen wird, können sich im Nachhinein noch Ansprüche gegen den Verkaufenden ergeben. Sie sind dann in der Beweispflicht dafür, dass der Verkaufende von den Umständen gewusst und diese Ihnen gegenüber verschwiegen hat. In der Regel ist es schwer, das nachzuweisen. Steht es im Grundbuch, wird man nicht annehmen können, dass etwas arglistig verschwiegen wurde.

VORSICHT SCHWARZBAU!

Die Fälle sogenannter Schwarzbauten – Anbauten oder Umbauten, die ohne Genehmigung ausgeführt wurden – häufen sich. Der Käufer muss diese zurückbauen, falls die Kommune es verlangt. Ein Schwarzbau kann ein Rechtsmangel des Kaufvertrages sein. Aber auch hier gilt, dass Käufer die Pflicht haben, dies zu überprüfen, das heißt sich von dem Verkaufenden die Baugenehmigungen für alle Gebäude(-teile) vorlegen zu lassen. Werden Ihnen diese nicht vorgelegt, können Sie fast davon ausgehen, dass es sie nicht gibt. Überprüfen Sie dann durch Einsicht in die Bauakte, ob Genehmigungen erteilt wurden. Kaufen Sie trotzdem, haben Sie in dieser Hinsicht Kenntnis gehabt. Dann wird es schwer sein, sich darauf zu berufen, dass ein Rechtsmangel vorliegt.

DIE BAUAKTE

Auch die Bauakte der betreffenden Immobilie ist, wie das Grundbuch, bei berechtigtem Interesse einsehbar. Darin erfahren Sie, ob und welche Anträge für ausgeführte Neu- und Umbauten eingereicht wurden – und ob diese auch genehmigt wurden beziehungsweise so wie genehmigt ausgeführt wurden.

BESCHLÜSSE ÜBER SANIERUNGSGEBIETE

Liegt die Immobilie in einem geplanten Sanierungsgebiet, muss es darüber einen kommunalen Beschluss geben, der öffentlich einsehbar ist. Im Zweifelsfall wird der Verkaufsvertrag dadurch unwirksam. Daher empfiehlt es sich, auch regionale Baurechtsbeschlüsse zu suchen beziehungsweise einzusehen. Was „Sanierungsgebiet" konkret bedeutet, sollte am örtlichen Fall geprüft werden. Der Verkäufer sollte danach gefragt werden.

DENKMALSCHUTZ UND VERÄNDERUNGSSPERRE

Es gibt noch weitere Fälle, bei denen aus kommunalen Bebauungsplänen beim Besitzerwechsel einer Immobilien Rechtsmängel entstehen können. Dazu gehören beispielsweise der bekannte Denkmalschutz oder eine sogenannte Veränderungssperre. Beides bedeutet, dass der neue Besitzer seine Immobilie vorübergehend oder gar nicht umbauen kann beziehungsweise darf. Auch das kann ein Rechtsmangel sein.

SOZIALBINDUNG

Nicht zuletzt: Auch die Sozialbindung einer Immobilie zählt als Rechtsmangel, wenn der Verkäufer darüber nicht rechtzeitig informiert. Unter Sozialbindung wird verstanden, dass der Bau einer Immobilie durch öffentliche Mittel gefördert wurde, was meist bedeutet, dass die Miete begrenzt ist. Und: Nach Rückzahlung aller entsprechenden Darlehen muss ein Käufer noch zehn Jahre lang warten, bis die Sozialbindung endet (Nachbindungsfrist).

VERSCHWEIGEN VON RECHTSMÄNGELN

Grundsätzlich können Verkäufer beim bewussten Verschweigen von Rechtsmängeln für alles haftbar gemacht werden, was für den Käufer den Gebrauch seiner neuen Immobilie einschränkt oder unmöglich macht. Er kann den Verkäufer verklagen, Schadenersatz oder die Rückabwicklung des Kaufvertrags fordern – das ist von Fall zu Fall unterschiedlich. Aber: Der Käufer muss bewusst Kenntnis von dem Mangel gehabt haben, um einen entsprechenden Anspruch durchsetzen zu können. Dies ist mitunter schwer beweisbar. Der Nachweis einer Kenntnis des Verkäufers von diesen Umständen ist daher bei Gericht nicht immer erfolgreich durchsetzbar.

Ein Anspruch besteht natürlich nicht, wenn der Käufer von diesen Umständen wusste oder es sich hätte denken können. Denn dann waren dem Käufer die Umstände bekannt oder der Verkäufer konnte nichts verschweigen.

Vorbeugen ist daher besser, als später langwierige Gerichtsverfahren zu führen! Gerade Rechtsmängel können durch Einsichtnahme in alle wichtigen Unterlagen leicht vermieden werden. Wichtig zu wissen: Die Verjährungsfrist für Rechtsmängel beträgt grundsätzlich fünf Jahre beim Kauf einer Immobilie. Unter Umständen kann die Verjährungsfrist auch länger sein, je nach Anspruch aber auch eine kürzere Verjährungsfrist greifen.

Sachmängel

Wie eingangs schon dargestellt, kann grundsätzlich jede Abweichung vom vertraglich Vereinbarten als Sachmangel angesehen werden. Im Vertrag kann eine Beschaffenheit vereinbart werden. Ist keine besondere Beschaffenheit vereinbart, kommt es darauf an, was der Bauherr üblicherweise erwarten durfte.

Der Sachmangel wird in der rechtlichen Literatur unterschiedlich beschrieben und eingeteilt. Vorgegeben wird durch das Gesetz und den Vertrag mit seinen Anlagen, was im konkreten Fall einen Mangel darstellt. Da es grundsätzlich immer um die Abweichung vom vertraglich Vereinbarten geht, ist es wichtig zu wissen, was vertraglich vereinbart wurde. Ist nichts hierzu vertraglich vereinbart, ist dies durch Auslegung der vertraglichen Vereinbarungen zu ermitteln. Auslegung bedeutet immer eine gewisse Unwägbarkeit; auch wenn es Fragestellungen zur mangelhaften Ausführung gibt, bei denen die Antwort ganz eindeutig ist.

Eine genauere Definition des Sachmangels kann aus § 633 Abs. 2 BGB herausgelesen werden. Dort werden zwei Arten von Sachmängeln genannt: Beschaffenheitsmangel und Verwendungsmangel.

BESCHAFFENHEITSMANGEL

Der Fall des Beschaffenheitsmangels ist in § 633 Abs. 2 S. 1 BGB erwähnt. Hiernach ist das Werk frei von Sachmängeln, wenn es die vereinbarte Beschaffenheit hat. Fehlt es an der vereinbarten Beschaffenheit, leidet das Werk eben unter einem Beschaffenheitsmangel.

Zur Beschaffenheit eines Bauwerks gehören alle Eigenschaften des Bauwerks, die den vertraglich geschuldeten Erfolg betreffen. Daher ist zunächst der Vertrag heranzuziehen und zu schauen, ob dort Beschaffenheiten vereinbart worden sind. Die Beschaffenheit muss klar als solche im Vertrag vereinbart sein.

VERWENDUNGSMANGEL

Eine Beschreibung des Verwendungsmangels findet sich in § 633 Abs. 2 S. 2 Nr. 1 und 2 BGB: Wenn die Beschaffenheit nicht ausdrücklich vereinbart ist, ist das Werk frei von Sachmängeln, sofern

- es sich für die nach dem Vertrag vorausgesetzte Verwendung eignet oder
- es sich für die gewöhnliche Verwendung eignet und eine übliche Beschaffenheit aufweist, die der Besteller erwarten kann.

Ist ein Bauwerk nicht funktionstauglich, liegt ein Mangel im Sinne der Nr. 1 des § 633 Abs. 2 S. 2 BGB vor. Dringt etwa Wasser durchs Fundament in das Haus ein, ist das Haus in dieser Hinsicht mangelhaft, da in das Fundament des Hauses kein Wasser eindringen sollte.

Viele andere Mängel fallen unter die Nr. 2 des § 633 Abs. 2 S. 2 BGB. Danach muss die bauliche Anlage bewohnbar sein und die übliche zu erwartende Beschaffenheit aufweisen. Als sogenannte konkludent vereinbarte Beschaffenheit wird auch die Einhaltung der anerkannten Regeln der Technik (das heißt insbesondere der DIN-Normen oder vergleichbarer Europäischer Normen) angesehen. Ferner gehören hierzu Unfallverhütungsvorschriften. Ein Bauwerk, das zum Beispiel nicht entsprechend den Regelungen der DIN-Normen errichtet

TOLERANZEN BEACHTEN

Nicht alles, was „schief" ist, gilt als Mangel: Beim Bauen gibt es gewisse Toleranzen, was etwa schiefe Wände oder unebene Böden angeht. Die DIN 18202 legt Toleranzen im Hochbau fest, darunter das sogenannte Höchstmaß, in dem zum Beispiel Wände von im Plan geforderten Maß (Nennmaß) abweichen dürfen. Diese Maße sind zum Teil größer, als der Laie erwartet.

Wird das Werk innerhalb dieser Toleranzen hergestellt, ist dies in aller Regel kein Mangel. Etwas anderes gilt nur, wenn vertraglich andere Toleranzen vereinbart wurden. Dies müsste allerdings ausdrücklich im Vertrag stehen – oder sich eindeutig aus den Umständen ergeben, zum Beispiel dem verwandten Bausystem. Vereinbarte Toleranzen oder die Vereinbarung von einer bestimmten Genauigkeit sind beschaffenheitsvereinbarte. Liegen keine Beschaffenheitsvereinbarungen hierzu vor, dann gelten meist die anerkannten Regeln der Technik mit den dort geregelten Toleranzen.

DIE GEBRAUCHSTAUGLICHKEIT

Im Bauwesen beschreibt der Begriff „Gebrauchstauglichkeit" (auch: „Gebrauchsfähigkeit") die Eigenschaft eines Bauwerks, die uneingeschränkte Nutzung für den vorgesehenen Zweck zu gewährleisten. Die Gebrauchstauglichkeit ist also quasi die Funktionalität des Gebäudes, die sich in § 633 Abs. 2 S. 2 Nr. 2 BGB wiederfindet. Der Begriff wurde aufgenommen, weil immer wieder die Auffassung vertreten wurde, dass diese per se geschuldet sei. Das ist so leider nicht ganz richtig – vielmehr kommt es immer darauf an, was im Vertrag steht. Die Frage des vertraglichen Nutzens ergibt sich aus dem Vertrag und dem vertraglichen Kontext und wird unter Zuhilfenahme der juristischen Auslegungsregeln ermittelt. Für den Käufer einer Immobilie gilt – außer beim Bauträgervertrag – etwas anderes, weil er ja bereits die Immobilie und seine Gebrauchstauglichkeit überprüfen kann.

worden ist, weist demzufolge bereits einen Mangel auf, ohne dass schon ein (sichtbarer) Schaden eingetreten ist. Anders ausgedrückt: Wird gegen die anerkannten Regeln der Technik gebaut, kann das Werk schon aus diesem Grund mit einem Mangel behaftet sein. Mehr über darüber erfahren Sie ab Seite 89.

Auch insoweit kann der Bauherr/Käufer ein nach den Regeln der Technik errichtetes Gebäude verlangen. Wurde zum Beispiel seitens des Bauunternehmers eine notwendige Drainage nicht oder nicht fachgerecht verlegt und dringt Nässe in den Keller ein, liegt ein Verstoß gegen die a. a. R. d. T. vor, der sich in einem sichtbaren Mangel zeigt. Es wird davon ausgegangen, dass in Keller von Wohnhäusern kein Wasser eindringen soll. Daher liegt unabhängig von der Frage der Funktionstauglichkeit des Hauses ein Mangel vor, weil die Soll-Beschaffenheit von der Ist-Beschaffenheit abweicht; insbesondere ist ein sichtbarer Schaden eingetreten. Das Bauwerk weist folglich nicht die übliche Beschaffenheit auf. (Das gilt grundsätzlich für Neubauten. Früher waren Keller feucht, weil sie der Bevorratung dienten. Daher ist nach dem Baujahr zu schauen.)

MÄNGELBESEITIGUNG

Liegt ein Sachmangel vor, hat der Bauunternehmer im Werkvertragsrecht und der Verkäufer im Kaufrecht zunächst immer das Recht, den Mangel zu beseitigen. Dabei muss er alle mit der Nacherfüllung in Verbindung stehenden Kosten selbst tragen. Das sind – seit dem 1.2.2018 auch im Kaufrecht – die Kosten für den Ausbau der mangelhaften und den Einbau der mangelfreien Sache. Sollte der Mangel nicht durch eine Mängelbeseitigung behoben werden können, besteht für den Bauherrn ein Schadensersatzanspruch gemäß § 634 Nr. 4 Alt. 1 BGB (Für den Käufer gelten andere Regelungen). Dies gilt auch, wenn

- → die Mängelbeseitigungskosten unverhältnismäßig hoch sind,
- → eine Mängelbeseitigung objektiv unmöglich ist,
- → diese dem Bauunternehmer aus unbestimmten Gründen nicht zuzumuten ist oder
- → diese wiederholt fehlgeschlagen ist.

Grundsätzlich muss der Bauherr beziehungsweise Käufer den Bauunternehmer oder Bauträger zur Mängelbeseitigung auffordern! Erfolgt keine Mängelbeseitigungsaufforderung unter Fristsetzung, bis wann der Mangel beseitigt sein muss, so kann dieses Recht aufgrund des Fehlens dieser formalen Voraussetzung verloren gehen und Sie haben kein Recht mehr auf Mängelbeseitigung gegenüber dem Unternehmer/Verkäufer wegen dieses Mangels.

Wesentliche Mängel

Welche Mängel „wesentliche Mängel" sind, bestimmt sich nach dem Einzelfall. Es gibt aber Regelbeispiele, nach denen angenommen werden kann, dass ein bestimmtes bauliches Defizit ein wesentlicher Mangel ist. Alles etwa, was die Standsicherheit eines Gebäudes beeinträchtigt, ist ein wesentlicher Mangel.

Ein wesentlicher Mangel an der Bauleistung berechtigt den Bauherrn, die Abnahme zu verweigern. Werden hingegen nur unwesentliche Mängel festgestellt, hat der Auftragnehmer gemäß § 640 Abs. 1 der 2 BGB einen

Anspruch auf die Abnahme. Allenfalls wenn eine erhebliche Anzahl vieler unwesentlicher Mängel vorhanden ist, kann dies zusammen als wesentlicher Mangel betrachtet werden.

WESENTLICH ODER UNWESENTLICH?

Unter welchen Voraussetzungen ein Mangel als wesentlich oder unwesentlich angesehen wird, hängt von den Umständen des Einzelfalles ab. Dabei sind die beiderseitigen Interessen von Auftraggeber/Bauherr/Käufer und Auftragnehmer/Bauunternehmen gegeneinander abzuwägen.

Ein wesentlicher Mangel ist in der Regel dann anzunehmen, wenn die Gebrauchstauglichkeit beziehungsweise Funktionalität des Bauwerks für den Bauherrn beeinträchtigt ist. Auch optische Mängel (siehe Seite 48) können im Einzelfall einen wesentlichen Mangel darstellen, wenn sie gravierend sind. Das kann zum Beispiel bei einem schlecht hergestellten Sichtbeton der Fall sein. Funktional betrachtet, erfüllt er zwar die für ihn vorgesehene Funktion. Sehr große und/oder viele Poren könnten jedoch einen gravierenden optischen Mangel darstellen, wenn der Sichtbeton Teil eines bestimmten planerischen Konzeptes ist. Und im Außenbereich gilt: Durch die großen Poren kann grundsätzlich Wasser durch beispielsweise Regen in den Beton eindringen und dies zu Abplatzungen führen.

WESENTLICHE MÄNGEL: BEISPIELE

Es ist leider nicht immer eindeutig allgemein festzulegen, was ein wesentlicher Mangel ist. Nachfolgend werden ein paar Beispiele genannt, die in der Regel wesentliche Mängel darstellen.

- → Dem Haus fehlt das Dach.
- → Das Gefälle der Terrasse ist deutlich falsch und führt Wasser ins Haus.
- → Die Heizung funktioniert nicht.
- → Brandschutzmängel
- → Undichter Keller (aber nicht immer)
- → Das vertraglich vereinbarte Farbkonzept wurde nicht eingehalten.
- → Haustür nicht abschließbar oder keine Haustür

Ist der Mangel nicht wesentlich, so ist er unwesentlich. Nachfolgend werden ein paar Beispiele für unwesentliche Mängel gegeben:

- → Verzogene Türen
- → Tropfender Wasserhahn
- → Tropfen auf der gemalerten Wand
- → Kratzer im Parkett

WESENTLICHE MÄNGEL UND DIE ABNAHME

Wie schon erwähnt, spielen wesentliche Mängel insbesondere im Hinblick auf die Abnahme eine entscheidende Rolle, und zwar sowohl im Rahmen des BGB-Bauvertrags als auch bei einem VOB-Bauvertrag.

Grundsätzlich gilt: Der Bauherr ist zur Abnahme des Bauwerkes verpflichtet, wenn ihr keine wesentlichen Mängel entgegenstehen. Unwesentlich ist ein Mangel dann, wenn seine Auswirkungen so unbedeutend sind, dass das Interesse des Bestellers/Bauherrn nicht schützenswert ist. Dies hängt immer von den Umständen des Bauprojektes und damit vom Einzelfall ab. Neben der Art der Beeinträchtigung spielen auch die Kosten der Mängelbeseitigung bei dieser Bewertung eine Rolle. Bei unwesentlichen Mängeln besteht oft die Möglichkeit einer unkomplizierten und kostengünstigen Nachbesserung durch den Auftragnehmer/Unternehmer.

Eine Vielzahl von Mängeln können zusammen allerdings wesentlich sein – und zwar so wesentlich, dass die Abnahme berechtigterweise verweigert werden kann. Denn es wird davon ausgegangen, dass eine Vielzahl unwesentlicher Mängel ein wesentlicher Mangel ist. Mehr zur Verweigerung der Abnahme erfahren Sie ab Seite 274.

Versteckte Mängel

Bestimmt haben Sie schon den Begriff „versteckter Mangel" gehört. Was genau versteht man eigentlich darunter? Juristisch gesehen kennt das Werkvertragsrecht gar keinen versteckten Mangel. Mängel sind danach bereits vorhanden und „verstecken" sich nicht. Sie treten nur nicht nach außen in Erscheinung, das heißt, sie sind (noch) nicht sichtbar.

MYTHEN ÜBER „VERSTECKTE MÄNGEL"

Viele Bauherrn beziehungsweise Käufer glauben, wenn ein nach Ablauf der Gewährleistungsfrist erkannter Mangel noch erfolgreich gerügt werden könne, handle es sich um einen „versteckten Mangel", den man nicht habe kennen können. Dabei wird davon ausgegangen, dass der Bauunternehmer diesen bewusst „versteckt" habe und daher eine andere Haftung gelte. Hier gilt leider: Das kann der Fall sein, muss es aber nicht.

Unzutreffend sind leider auch Annahmen, die Verjährungsfrist für Mängelansprüche von versteckten Mängeln beginne erst dann zu laufen, wenn der Mangel in Erscheinung getreten ist. Dies wird wohl angenommen, weil man davon ausgeht, dass der Bauunternehmer/Verkäufer von dem Mangel Kenntnis hatte. Dies muss jedoch keineswegs der Fall sein.

ARGLISTHAFTUNG UND ORGANISATIONSVERSCHULDEN

Hatte der Bauunternehmer/Verkäufer tatsächlich Kenntnis von dem Mangel und hätte er diesen offenbaren müssen, kommt eine Haftung wegen arglistigen Verschweigens in Betracht. Mehr dazu ab Seite 49.

In Ausnahmefällen kann auch ein Anspruch wegen Organisationsverschuldens bei dem Bauunternehmer/Verkäufer in Betracht kommen. Dem liegt der Gedanke zugrunde, dass dieser sich durch geschickten Personaleinsatz (beispielsweise durch den Einsatz von Subunternehmern) ganz bewusst unwissend halten kann.

Sowohl die Voraussetzungen für die Arglisthaftung als auch für das Organisationsverschulden sind Ausnahmen und als solche einzelfallbezogen zu betrachten. Die gerichtliche Durchsetzung der Ansprüche wegen arglistigen Verschweigens ist oft mit einem deutlich höheren Prozessrisiko verknüpft als die Geltendmachung von Mängelansprüchen. Denn: Die Beweislast für den Anspruch liegt hier beim Bauherrn/Käufer!

SUCHEN SIE RECHTZEITIG NACH MÄNGELN!

Daher gilt: Geben Sie Mängeln gar keine Chance, sich zu „verstecken", indem Sie rechtzeitig vor Ablauf der relevanten Fristen und am besten mit professioneller Unterstützung danach suchen.

Ablaufendes Kondensat: Hier äußerte sich erst nach der Abnahme der dem Schaden zugrunde liegende Mangel.

Optische Mängel

Unter optischen Mängeln versteht man Sachmängel, die die Funktion nicht beeinträchtigen, aber sichtbar sind und meist auch auffallen. Da es in diesem Fall „nur" um die Optik geht und jeder Mensch ein anderes ästhetisches Empfinden hat, kommt vom Bauunternehmer an dieser Stelle oft der Einwand, ein Anspruch auf Beseitigung des Mangels bestehe nicht, weil dies unverhältnismäßig wäre. Die Wahrheit ist: Für einen Teil der optischen Mängel trifft dies zu, für einen anderen Teil nicht.

Bei Mängeln, die das äußere Erscheinungsbild des Bauwerkes betreffen, ist es wichtig, dass eine Nachbesserung verhältnismäßig ist. Denn: Optische Mängel mindern in der Regel nicht die Funktion. Bei der Beurteilung der Verhältnismäßigkeit der Mängelbeseitigung ist unter anderem entscheidend, ob durch die Mängelbeseitigung das Risiko eines weiteren späteren Schadens besteht oder ob der zu beseitigende Mangel zu erhöhten Objektunterhaltungskosten führt. Daher ist immer abzuwägen, ob mit dem vorhandenen Mangel ein unverhältnismäßig hoher Aufwand besteht.

Aber: Der vermeintlich nur optische Mangel an einer Fassade kann auch ein funktionaler Mangel sein – oder zu einem solchen werden. Denn größere Risse und Fehlstellen in einer Fassade etwa können dazu führen, dass Wasser eindringt und dies über kurz oder lang zu Abplatzungen führt. Dies wiederum hat zur Folge, dass die Fassade (und mit ihr die Wand) am Ende nicht so lange halten wird wie vorgesehen. Somit führt der optische Mangel hier auch zu einer gravierenden Mangelhaftigkeit der Fassade. Es liegt auf der Hand: In diesem Fall wäre die Mängelbeseitigung nicht unverhältnismäßig.

In anderen Fällen kommt es darauf an, wie sichtbar der Mangel ist, ob sich das Bild der Fassade voraussichtlich noch verändern wird und so weiter. Es ist daher immer eine Einzelfallbetrachtung, ob die Beseitigung eines optischen Mangels unverhältnismäßig ist oder nicht – und ob die Mängelbeseitigung für den Bauunternehmer zumutbar ist oder nicht.

Ebenso ist zu fragen, ob vertraglich eine besondere optische Beschaffenheit vereinbart wurde. Ist dies der Fall, so kann die Abweichung davon – wie oben bereits geschildert – sogar einen wesentlichen Mangel darstellen.

Arglistig verschwiegene Mängel

Unter „Arglist" wird im juristischen Sinne keine böse Absicht verstanden. Vielmehr geht es darum, dass ein Verkäufer oder Bauunternehmer Kenntnis von einem Mangel hat und gegen seine Pflicht, diesen zu offenbaren, verstößt. Oder einfacher ausgedrückt. Er weiß, dass ein Mangel vorliegt, verschweigt dies aber. Jeder Verkäufer hat beim Verkauf des Objekts alle bekannten Umstände, wie etwa einen reparierten Schaden, und vorhandenen Mängel grundsätzlich zu offenbaren. Vielleicht weiß der Verkäufer oder Unternehmer nicht, dass es ein Mangel ist, kennt aber alle Tatsachen und Umstände. Diese sind zu offenbaren, die rechtliche Einschätzung des Verkäufers oder Unternehmers ist unerheblich.

Die Kenntnis des Verkäufers muss bei Vertragsschluss vorliegen oder bei einem Bauträgervertrag bei der Abnahme des Bauwerks durch den Erwerber (zum Beispiel den sogenannten Nachzügler). Die Kenntnis des Bauunternehmers muss bei der Abnahme vorliegen.

Ein „arglistiges Verschweigen" nach § 444 Bürgerliches Gesetzbuch (BGB) ist danach nur gegeben, wenn der Verkäufer/Bauunternehmer

- → den Mangel kennt oder ihn zumindest für möglich hält und
- → zugleich weiß oder doch damit rechnet und billigend in Kauf nimmt, dass der Käufer den Mangel nicht kennt und bei Offenbarung den Vertrag nicht oder nicht mit dem vereinbarten Inhalt geschlossen hätte.

ENTSCHEIDEND IST ALLEIN DIE KENNTNIS

Kein arglistiges Verschweigen hingegen liegt vor, wenn sich dem Verkäufer/Bauunternehmer das Vorliegen aufklärungspflichtiger Tatsachen hätte aufdrängen müssen beziehungsweise offensichtlich war. Das bedeutet: Notwendig ist immer die tatsächliche Kenntnis des Verkäufers/Unternehmers. Ein „Hätte-kennen-müssen" reicht hier nicht aus!

Es spielt ebenfalls keine Rolle, ob der Verkäufer oder Bauunternehmer diese Kenntnis in einen bestimmten Zusammenhang einordnet beziehungsweise den Sachverhalt in eine bestimmte Richtung wertet. Für die Frage der Arglist ist allein entscheidend, ob er den Mangel und/oder die den Mangel begründenden Umstände kennt. Liegt diese Kenntnis vor, ist es unerheblich, ob er die richtigen Schlüsse daraus zieht oder ob er diesen Sachverhalt als einen dem Käufer zu offenbarenden Mangel einstuft.

AUFFORDERUNG ZUR MÄNGELBESEITIGUNG

In Bezug auf alle tatsächlichen Umstände, die ein arglistiges Verschweigen nach § 444 BGB begründen, trägt der Käufer allein die Darlegungs- und Beweislast. Grundsätzlich ist er rechtlich nicht verpflichtet, den zur Mängelbeseitigung aufzufordern, der ihm etwas arglistig verschwiegen hat. Oft ist die Mängelbeseitigung aber gerade das, was der Käufer will. Gewährt er dem Verkäufer eine Frist zur Nachbesserung, führt dies nach dem Grundsatz von Treu und Glauben (§ 242 BGB) dazu, dass er eine fristgemäß erbrachte Nachbesserung gelten lassen muss. Der Käufer sollte sich nicht in Widerspruch zu seinem eigenen Verhalten setzen. Da die Nachbesserung auch das ist, was der Käufer begehrt, würde ihn diese Verfahrensart schnell zum Ziel bringen. Die Aufforderung zur Mängelbeseitigung wird teilweise als Entgegenkommen des Käufers betrachtet. Zu einem weiteren Entgegenkommen ist er dem arglistig täuschenden Verkäufer gegenüber grundsätzlich aber nicht gehalten (vergleiche BGH, Urteil vom 12.04.2013, Az.: V ZR 266/11).

OFFENSICHTLICHE MÄNGEL SIND NICHT OFFENBARUNGSPFLICHTIG

Arglistig verschwiegen werden können nur solche Mängel, die nicht offensichtlich sind. Daher sind Mängel, die einer Besichtigung zugänglich und damit ohne Weiteres erkennbar sind, gerade nicht „offenbarungspflichtig". Denn: Diese Mängel kann der Käufer ohne Weiteres bei der im eigenen Interesse gebotenen Sorgfalt selbst wahrnehmen.

Anders bei Mängeln, von denen bei einer Besichtigung zwar Spuren zu erkennen sind, die aber keinen tragfähigen Rückschluss auf Art und Umfang des Mangels erlauben. Bei solchen Mängeln muss der Verkäufer gemäß seinem Kenntnisstand den Käufer aufklären und darf sein konkretes Wissen nicht zurückhalten. Er muss jedoch nicht darauf hinweisen, dass die Schadensursache unklar ist und zum Beispiel keine weiteren Untersuchungen angestellt wurden.

WICHTIG: Ein Verkäufer, der gutgläubig falsche Angaben macht, handelt nicht arglistig. Er haftet selbst dann nicht, wenn der gute Glaube auf Fahrlässigkeit oder Leichtfertigkeit beruht (vergleiche OLG Koblenz, Urteil vom 13.9.2017, Az.: 5 U 363/17). Dies zeigt, dass eine Haftung für arglistiges Verschweigen leider sehr eng gefasst ist.

OFFENBARUNGSPFLICHTIGE MÄNGEL BEIM HAUSKAUF

In welchen Fällen eine Pflicht zur Offenbarung besteht, ist teilweise von der Rechtsprechung entwickelt worden und wird fortlaufend weiterentwickelt. Vergleichbar ist dies etwa mit dem Kauf eines Gebrauchtwagens, bei dem der Verkäufer auf vorherige Unfallschäden hinweisen muss.

Beim Hausverkauf muss der Verkäufer zum Beispiel darauf hinweisen, wenn

- → es einen Wasserschaden gab (egal in welchem Jahr),
- → das Dach schon ein bestimmtes Alter hat und eine Instandhaltung alsbald sehr wahrscheinlich ist,
- → Umbau- oder Renovierungsmaßnahmen durchgeführt wurden und was genau dabei gemacht wurde,
- → die Hausdämmung beschädigt wurde,
- → die Heizungsanlage nicht immer „rund läuft".

OFFENBARUNGSPFLICHTIGE MÄNGEL BEIM HAUSBAU ODER UMBAU

Bei der Herstellung oder dem Umbau eines Bauwerks bestehen grundsätzlich auch solche Offenbarungspflichten des Bauunternehmers. Weiß der Bauunternehmer zum Beispiel, dass der Schallschutz ungenügend ausgeführt wurde, muss er dies dem Bauherrn grundsätzlich mitteilen. Gleiches gilt für die schlechte Planungsleistung zum Beispiel eines Architekten.

Die Frage des arglistigen Verschweigens ist in diesen Fallkonstellationen in der Regel aber weniger problematisch. Denn: Im Rahmen eines Werkvertrags, Bauvertrags, Verbraucherbauvertrags oder Architekten- und Ingenieursvertrags gibt es nach der Abnahme immer noch die Gewährleistungszeit. Äußert sich der Mangel innerhalb dieser, besteht ein Anspruch auf Beseitigung nach den Mängelrechten. Ob der betreffende Mangel arglistig verschwiegen wurde, ist dabei irrelevant. Es besteht in jedem Fall ein Anspruch auf Mängelbeseitigung. Da es um die Erstellung eines Werkes geht, kann auch kein Haftungsausschluss erfolgen. Ob über die Mängelhaftung hinaus ein Anspruch wegen arglistiger Täuschung besteht, wird allenfalls gefragt, wenn die Gewährleistungszeit abgelaufen ist. Denn: Ein Anspruch wegen arglistiger Täuschung durch Unterlassen könnte noch nicht verjährt sein.

„GEKAUFT WIE GESEHEN" BEIM KAUF EINER IMMOBILIE

Sie kennen es sicher: Bestandsimmobilien werden oft mit dem Zusatz „Gekauft wie gesehen" verkauft, um die reguläre Gewährleistung auszuschließen. Ein solcher Ausschluss der üblichen Gewährleistung ist möglich und zulässig. Die meisten vertraglichen Ausschlüsse sind auch wirksam. Das bedeutet: Der Käufer kann hier keine Mängelrechte mehr gegenüber dem Käufer geltend machen. Die Haftungsausschlussklausel ist der Regelfall bei dem Erwerb von Immobilien. Ist ein solcher nicht vereinbart, haftet der Verkäufer grundsätzlich auch für Mängel, die später erst vom Käufer gesehen werden.

Der Haftungsausschluss im Kaufvertrag gilt aber nicht, wenn dem Verkäufer ein Mangel spätestens beim Kaufvertragsschluss bekannt war und er ihn arglistig verschwiegen hat, obwohl er ihn hätte offenbaren müssen (arglistig verschwiegen).

Die Ansprüche aus einem arglistig verschwiegenen Mangel sind grundsätzlich dieselben wie bei einem anderen Mangel: Der Käufer kann zur Mängelbeseitigung auffordern, muss es jedoch nicht. Allerdings kann darüber hinaus ein Schadenersatzanspruch entstehen, wenn der Käufer bei Kenntnis des Mangels einen geringeren Kaufpreis gezahlt hätte – beziehungsweise wenn das Objekt aufgrund des Mangels weniger wert ist als vertraglich vereinbart.

Die Ansprüche aus den aus Arglist verschwiegenen Mängeln verjähren drei Jahre nachdem der Käufer von diesen Mängeln erfahren hat – aber nur, wenn keine längere Frist nach § 438 Abs. 1 Nr. 2 gilt. Endgültig verjährt ist der Anspruch zehn Jahre nach Übergabe der Immobilie. Danach besteht grundsätzlich kein Anspruch mehr.

ARGLISTIG VERSCHWIEGENE MÄNGEL GELTEND MACHEN

Drängt sich Ihnen der Verdacht auf, dass Ihnen beim Kauf Ihrer Immobilie ein Mangel tatsächlich arglistig verschwiegen wurde, sollten Sie sich zunächst eine rechtliche Einschätzung von einem Fachanwalt einholen, wenn Sie darüber nachdenken, gegen den Verkäufer vorzugehen. Ein Anwalt kann am besten abschätzen, ob ein solches Vorhaben realistisch ist – und zu welchem Preis.

Oft wird an dieser Stelle die Frage gestellt, ob die Rechtsschutzversicherung die Kosten der Inanspruchnahme eines Anwalts trägt. Eine bittere Pille: Viele Rechtsschutzversicherungen tragen diese Kosten leider nicht. Wurde eine Bestandsimmobilie gekauft, kann eventuell eine Rechtsschutzversicherung greifen, welche die anfallenden Kosten des Gerichtsverfahrens trägt. Ob diese auch die Kosten einer außergerichtlichen Geltendmachung von Ansprüchen oder nur das Prüfen von diesen zahlt, ist nicht immer sicher. So oder so sollte vor der Konsultation eines Anwalts die Rechtsschutzversicherung gefragt werden, ob sie kostendeckenden Rechtsschutz gewährt. Wird dies bejaht, sollte man sich dies zumindest in Textform bestätigen lassen und dem Anwalt vorlegen, den man mandatieren möchte.

Es sollte immer in die Versicherungspolice geschaut werden, um zu ermitteln, was von der Versicherung abgedeckt ist. Streitigkeiten in Zusammenhang mit dem Neubau von Gebäuden oder Gebäudeteilen sind in der Regel durch eine Rechtsschutzversicherung leider nicht versicherbar.

VORSICHT: ARGLIST IST SCHWER NACHZUWEISEN

Für den Käufer ist die gerichtliche Durchsetzung von Ansprüchen aus arglistig verschwiegenen Mängeln oft schwer bis unmöglich. Denn: Er muss hier nicht den Mangel beweisen, was relativ einfach wäre, sondern die Kenntnis des Verkäufers von dem Mangel. Der Hintergrund ist klar: Nur wenn der Käufer überhaupt Kenntnis hat, kann er etwas offenbaren. Oft ist der Beweis einer solchen Kenntnis bei Übergabe des Objekts für den Käufer aber nicht möglich. Das ist auch dem Verkäufer bewusst.

→ Beanstandungen richtig dokumentieren: Um Ihre Rechte geltend zu machen, ist es wichtig, dass Sie jeden vorliegenden Mangel oder Schaden gut dokumentieren. Sehr hilfreich sind Fotos von der Baustelle.

WAS ERFAHRE ICH?

Wenn ein Bauherr erkennt, dass das Gebäude nicht in der richtigen Ausrichtung auf dem Grundstück geplant, oder – weil der Plan falsch herum gedreht wurde – falsch ausgerichtet aufgebaut wurde, dann ist das ein seltener Extremfall. Aber auch kleinere Mängel und Unstimmigkeiten sollte man gegenüber dem Hausbaupartner umgehend anmerken. Eine Dokumentation mit einigen Fotos und einer kurzen Erklärung ist hierbei hilfreich.

Der Vergleich von Soll und Ist

Eine Beanstandung wird durch die Gegenüberstellung des vertraglich vereinbarten Soll-Zustandes mit dem tatsächlich bestehenden und dokumentierten Ist-Zustand formuliert.

Geht es hierbei um den falschen Einsatz von Materialien, ist eine Beanstandung vergleichsweise einfach, wie folgende Beispiele zeigen:

- → Vertraglich vereinbart mit Ihrem Hausbaupartner wurde ein Haus aus hochwärmedämmenden Ziegeln. Ausgeführt wurde das Mauerwerk jedoch mit anderen, zwar ebenfalls gut wärmedämmenden Steinen, die sich – leicht an Farbe und Beschaffenheit zu erkennen – von den vertraglich geschuldeten hochwärmedämmenden Ziegelsteinen unterscheiden.
- → Der Fußbodenbelag in den Wohnräumen sollte laut Vertragsbaubeschreibung als Parkettbelag ausgeführt werden, wurde aber, aus welchen Gründen auch immer, komplett mit Fliesen ausgeführt.

In solchen Fällen gibt es einen deutlichen Unterschied zwischen dem vertraglich vereinbarten Soll-Zustand und dem auf der Baustelle erstellten Ist-Zustand. Schwieriger wird es, wenn die Abweichungen weniger offensichtlich sind. Zum Beispiel ist laut Baubeschreibung ein vollflächig verklebtes Parkett geschuldet, auf der Baustelle wird das Parkett aber schwimmend verlegt. Sofern Sie beim Verlegen nicht zufällig vorbeikommen und die abweichende Ausführung als solche erkennen – was wiederum voraussetzt, dass Sie sich darüber im Klaren sind, was Sie bestellt/gekauft haben –, ist die Abweichung im Nachhinein nur schwer zu erkennen und könnte daher bei der finalen Abnahme unbeanstandet untergehen.

Machen Sie sich daher für jedes Gewerk bewusst, was genau im Vertragswerk definiert wurde. Nur dann sind Sie in der Lage, einen qualifizierten Soll-Ist-Vergleich zu führen.

Fotografieren am Bau

In den vorherigen Kapiteln wurde bereits eines deutlich: Außer beim Werkvertrag nach VOB/B können Sie Ihre Mängelrechte erst zum Zeitpunkt der Abnahme geltend machen. Dabei sind aussagekräftige Fotos von mangelbehafteten Ausführungen ein probates Mittel, um diese Mängelrechte mit Beleg geltend zu machen. Auch später, in der Gewährleistungszeit, können Bilder helfen, die möglichen Ursachen eines bestehenden oder sich abzeichnenden Schadens einzugrenzen oder Schadstellen zu lokalisieren.

Mit Digitalkameras in allen Größenordnungen und Preisklassen sowie Smartphones mit immer besseren und leistungsfähigeren Kameras kann man heute schnell und einfach Aufnahmen in beliebiger Menge erstellen und archivieren. Einige grundlegende Punkte für eine gelungene Bilddokumentation gilt es dennoch zu beachten.

DIE BAUSTELLE SYSTEMATISCH BEGEHEN

Versuchen Sie, Ihre Baustelle immer nach derselben Systematik zu begehen. Also entweder immer im Uhrzeigersinn oder immer entgegen dem Uhrzeigersinn. Dieses System übernehmen Sie bei der Abfolge der Räume im Gebäude und auch im einzelnen Raum selbst.

Zur besseren Zuordnung der Bilder zu den Räumen fotografieren Sie immer die dazugehörige Tür – am besten von der Seite des Erschließungsflurs aus. Das Bild einer Tür signalisiert sofort: Wir befinden uns nun in einem neuen Raum.

Die Bilddateiablage sollte chronologisch aufgebaut sein (mehr dazu ab Seite 55). Führen Sie außerdem ein begleitendes Bautagebuch (auf Papier oder digital), in dem Sie Angaben zur Witterung, Feststellungen, Besprechungsnotizen und Vereinbarungen festhalten (mehr dazu ebenfalls ab Seite 55).

SCHARFE BILDER MACHEN

Wenn Sie ein Foto machen, sollte auf den Teil des Motivs scharf gestellt werden, auf den es ankommt. Klingt banal, wird in der Praxis im Eifer des Gefechts aber gern übersehen. Bilder mit Familienangehörigen und Freunden im Vordergrund sind im Regelfall nicht geeignet, um Baumängel zu dokumentieren. Prüfen Sie die Bilder immer unmittelbar, nachdem Sie sie aufgenommen haben. Gerade bei detailreichen Aufnahmen tut sich die Autofokusautomatik des Smartphones oder auch der hochwertigen Kamera schwer mit der Entscheidung, auf welches Detail scharf gestellt werden soll. Hier hilft es, von Hand nachzujustieren. Wie das geht, erfahren Sie in der Bedienungsanleitung Ihrer Kamera beziehungsweise in Online-Tutorials zum Beispiel auf YouTube.

BESSER TELEOBJEKTIV ALS SUPERWEITWINKEL

Gerade Smartphones verfügen im Regelfall über sogenannte Superweitwinkelobjektive. So charmant diese in der Anwendung sind, so optisch verzerrt kommen die Bilder bei Nahbereichsaufnahmen daher. Sollen Details dokumentiert werden, geht das besser aus einigem Abstand und unter Einsatz eines im Handel erhältlichen Smartphone-Vorsatz-Teleobjektivs, das die für Superweitwinkelaufnahmen typischen optischen Verzerrungen verhindert.

HÖCHSTMÖGLICHE AUFLÖSUNG

Fotografieren Sie mit der höchstmöglichen Auflösung aus der Kamera-App. Bei einer hohen Auflösung kann später stark ins Bild hineingezoomt werden, um bestimmte Sachverhalte zu überprüfen. Die Auflösung können Sie im Kameramenü oder in den Einstellungen der Kamera-App des Smartphones auswählen und einstellen. Achtung: Diese Einstellungen sind nicht aktiv, wenn Sie über die implementierten Fotofunktionen einer Messenger-App fotografieren. Diese sind auf die Bedürfnisse datensparenden Bildversands optimiert und haben eine sehr niedrige Auflösung.

VOM GROSSEN INS KLEINE

Fotografieren Sie immer erst eine Übersichtsaufnahme, gegebenenfalls auch mehrere, bevor Sie sich in Details verlieren. Ein großer dunkler Fleck auf einem Bild ist nutzlos, wenn man Monate später nicht mehr weiß, wo dieser Fleck war.

Vor dem Haus gelagerte nicht abgedeckte Dämmstoffrollen

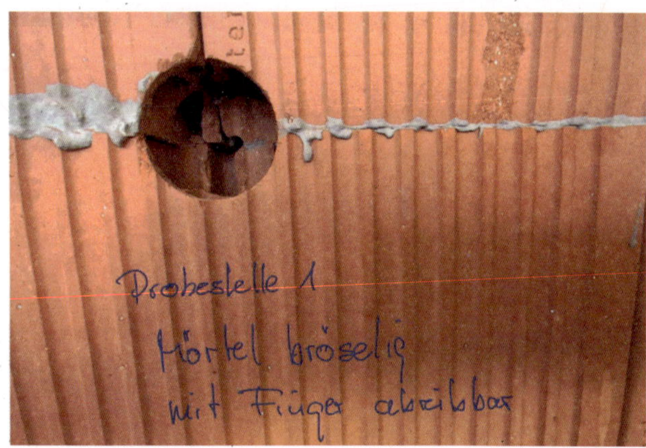

Großaufnahme der Probenahmestelle – hier mit auf dem Tablet erstellter Kommentierung

Einsatz eines Rissbreitenvergleichsmaßstabs zur Dokumentation der Fugenbreite – ein äußerst nützliches Hilfsmittel

Baustellenbild mit Produktbezeichnung der Unterspannbahn

Rissverlauf auf einer Altbauwand: hier nur Dank einer hohen Auflösung zu erkennen

Rissverlauf mit mehreren mit transparentem Klebeband befestigten Rissbreitenmaßstäben markiert

MACHEN SIE AUS MÜCKEN KEINE ELEFANTEN

Der gerade erwähnte Fleck mag auf dem jeweiligen Bild riesig aussehen, ist in Wirklichkeit aber kaum größer als ein Stecknadelkopf? Hier schafft ein Maßstab Abhilfe, zum Beispiel ein im Bild sichtbarer Zollstock oder eine Zwei-Euro-Münze. Solche Hilfsmittel erleichtern dem Autofokus der Kamera überdies das Scharfstellen auf das eigentliche Motiv.

PRODUKTBEZEICHNUNGEN UND UMVERPACKUNGEN FOTOGRAFIEREN

Baustoffe und Baumaterialien werden, zum Schutz vor Witterungseinwirkungen oder auch um die Schüttgüter zusammenzuhalten, in Verpackungen angeliefert. Fotografieren Sie diese Umverpackungen. Einerseits dokumentieren Sie so für sich selbst, welche Baustoffe und Materialien in Ihr Haus verwendet wurden. Auch im Nachhinein kann ein solches Foto wichtige Informationen liefern, zum Beispiel wenn Fliesen oder Bodenbeläge nachbestellt werden müssen oder die Ursache für Bauschäden gesucht werden muss.

Bilder von Baustoffen und/oder Baumaterialien, aus denen die Art und Weise sowie die Örtlichkeit der Lagerung auf der Baustelle hervorgeht, können nützlich sein, wenn es darum geht, im Nachhinein die Gebrauchstauglichkeit der Baustoffe zu beurteilen. Mineralfaserdämmung, die über Tage ungeschützt im Regen außerhalb des Hauses lagert, wird zwangsweise feucht und dämmt dann nicht mehr so, wie sie dämmen soll. Abdichtungsmaterialien oder Putzmörtel, die anwendungsfertig auf die Baustelle geliefert werden, müssen bei Temperaturen deutlich oberhalb des Gefrierpunktes gelagert werden. Sind diese längere Zeit dem Frost ausgesetzt, kann das nachteilige Auswirkungen auf die Produkteigenschaften haben.

ORDNUNG IST DIE GRUNDLAGE

Im Laufe einer Baumaßnahme kommen Hunderte, wenn nicht Tausende von Bildern zusammen. Diese Bilder haben nur einen gemeinsamen Nenner – Ihr Bauvorhaben. Investieren Sie etwas Zeit und Mühe in eine datierte Bildablage, die sich in ihrer Ordnerstruktur zumindest nach Tagen gliedert – die Datumsschreibweise jjjj–mm–dd oder jj–mm–tt (Jahreszahl–Monatsnummer–Tagesdatum) ermöglicht dabei eine Anordnung in chronologischer Abfolge. Eine weitere Unterordnung nach Räumen, Fassadenseiten, fotografierten Gewerken erleichtert die spätere Zuordnung, wenn in einer bauforensischen Bildanalyse auf die Dokumentation zurückgegriffen werden muss.

BESCHRIFTUNG/ERLÄUTERUNG

Ein paar erläuternde Worte, die den Raum oder die Fassadenseite (nach Himmelsrichtung) benennen, können bei einer später gegebenenfalls notwendigen Auswertung wertvolle Hilfestellungen geben. In den gängigen, teilweise als Freeware erhältlichen, Bildbearbeitungsprogrammen für den PC können Kommentare zu den einzelnen Bildern hinzugefügt werden.

→ Investieren Sie etwas Zeit und Mühe in eine datierte Bildablage, die sich in ihrer Ordnerstruktur zumindest nach Tagen gliedert.

DATENSICHERHEIT

Die Bildablage in der Cloud ist einfach und schnell. Trotzdem ist es empfehlenswert, die Bilder auch lokal auf Ihrem Rechner und/oder einer externen Festplatte beziehungsweise einem Speicherstick abzulegen.

Ihr persönliches Bautagebuch

Ihr persönliches Bautagebuch ist – richtig geführt – das wichtigste Dokumentationsmittel überhaupt. Dabei ist es unerheblich, ob Sie das Bautagebuch handschriftlich oder in einer digitalen Version führen; maßgebend ist, dass es

Baugrube	2022-01-10_Grundstück
Blechner	2022-02-01_Baugrube
Dachdeckung	2022-03-15_Keller
Dachstuhl	2022-04-08_Rohbau
Grundstück	2022-04-18_Dachstuhl
Keller	2022-04-20_Blechner
Rohbau	2022-05-02_Dachdeckung

Links: Ordnerstruktur alphabetisch; rechts: Ordnerstruktur chronologisch, Datum in Schreibweise jjjj-mm-dd immer am Anfang

kontinuierlich geführt wird. Die digitale Version bietet den Vorteil, dass Sie zu Ihren einzelnen Einträgen die im Zuge Ihres Baustellenbesuchs aufgenommenen Bilder unmittelbar zuordnen können.

Machen Sie für jeden Baustellenbesuch mindestens die folgenden Angaben/Eintragungen im Bautagebuch:

- → Datum und Uhrzeiten zu Beginn und Ende des Besuchs
- → Angaben zu Wetter, Temperatur und Wind (Windrichtung und Windstärke)
- → Teilnehmer am Baustellenbesuch, auch anwesende Vertreter Ihres Hausbaupartners oder dessen Subunternehmers
- → Welche Firmen und/oder Handwerker waren vor Ort?
- → Welche Arbeiten wurden in welchen Geschossen/Räumen ausgeführt?
- → Wenn Sie mit jemandem etwas besprochen haben, notieren Sie bitte auch , was und mit wem Sie gesprochen haben, was im Zuge dieses Gesprächs vereinbart wurde und – wenn sich daraus zu erledigende Aufgaben ergeben – wer was bis wann zu erledigen hat.
- → Während des Innenausbaus auch die Raumklimadaten: Innenraumtemperatur und relative Raumluftfeuchte im Gebäude

Bilder können Ihre Eintragungen sinnvoll ergänzen. Wenn Sie die handschriftliche Version wählen, legen Sie eine sinnvolle Struktur für die Ablage der von Ihnen gemachten Fotos fest. Diese sollten dann am besten in einer Ordnerhierarchie nach Kalendertagen mit Tagesdatum als Ordnername abgelegt werden (siehe links oben).

NUR SCHRIFTLICHES ZÄHLT

Vergessen Sie nicht, mündlich getroffene Festlegungen/Vereinbarungen auf der Baustellenbegehung später schriftlich zu bestätigen, auch wenn Sie diese im Bautagebuch bereits festgehalten haben. Mündliche Absprachen zu belegen, ist im Falle von Auseinandersetzungen mit Vertragspartnern zu einem späteren Zeitpunkt nahezu unmöglich. In der Regel reicht auch die Bestätigung in Textform, also meist per E-Mail, aus.

KONTINUITÄT GEWINNT

Gewöhnen Sie sich bitte an, Ihre „Begehungsnotizen/-berichte" regelmäßig und zeitnah zum jeweiligen Baustellenbesuch zu erstellen. Die Kontinuität dieser Berichte kommt Ihnen – sollte doch einmal vor Gericht gestritten werden – zugute. Ein einzelner, im luftleeren Raum hän-

DAS BAUTAGEBUCH ALS DIGITALES TOOL ODER FORMULAR?

Bautagebuchformulare bekommen Sie im Schreibwarenwaren- oder im Onlinehandel entweder in Block- oder in Buchform; diese eigenen sich aber eher für den gewerblichen Gebrauch. Auch die zahlreichen Apps für Smartphone oder Tablet sind eher auf eine gewerbliche Verwendung ausgerichtet und im Regelfall kostenpflichtig.

Hilfreich ist das **KOSTENLOSE DIGITALE BAUTAGEBUCH DES VPB** (Verband privater Bauherren e. V.). Da sich Verlinkungen ändern können, wurde hier bewusst auf die Angabe eines Links verzichtet. Bitte geben Sie in Ihre Suchmaschine die Begriffe „VPB" und „Bautagebuch" ein. Sie werden dann zur richtigen Seite geführt.

gender Bericht lässt sich schwerlich als Bauablaufdokumentation anführen.

Abstimmung mit dem Bausachverständigen

Als Bauherrin oder Käuferin sieht man sich einer vielköpfigen Gruppe von Bauprofis gegenüber, die eine Sprache sprechen, die von Fachbegriffen nur so strotzt. Als vorsichtig Fragender erntet man meist ungläubige Blicke oder bekommt, wenn man Glück hat, noch eine Antwort à la: „Das machen wir immer so!", oder – wenn auch weniger häufig: „Das haben wir noch nie so gemacht!"

HOLEN SIE SICH UNTERSTÜTZUNG!

Es ist natürlich ein ungleiches Verhältnis – Fachleute versus Laien. Ähnlich wie in bauvertraglicher Hinsicht (siehe ab Seite 63) können Sie sich auch im technischen und ausführungstechnischen Bereich Unterstützung ins Boot holen. Nehmen Sie Kontakt mit regional ansässigen Bausachverständigen auf, die baufachliche Beratung und baubegleitende Qualitätssicherung anbieten. So ein fachkundiger Partner an Ihrer Seite wird Ihre Fragen beantworten, Sie in baufachlichen Entscheidungen beraten, in Ihrem Auftrag und gegebenenfalls in Ihrer Begleitung verschiedene Begehungen zu bestimmten Bautenständen durchführen, darüber Begehungsberichte anfertigen und Sie – sofern gewünscht – im Vorfeld der Abnahme und bei der Abnahme begleiten. Mit dem Hinzuziehen einer oder eines Bausachverständigen stellen Sie die auf Ihrer Seite unbedingt notwendige „Waffengleichheit" und Augenhöhe für eine konstruktive Auseinandersetzung mit Ihrem Hausbaupartner her.

BAUSACHVERSTÄNDIGER ODER RECHTSANWÄLTIN?

Es ist die Aufgabe des von Ihnen beauftragten und bezahlten Sachverständigen, Ihre legitimen Interessen auf Grundlage des Vertrages und der Baubeschreibung zu vertreten und Sie bei der Durchsetzung dieser Interessen zu unterstützen. Er oder sie wird von Ihnen fürs fachlich qualifizierte „Meckern" bezahlt. Das Durchsetzen Ihrer Interessen und Ihrer vertraglichen Ansprüche obliegt jedoch Ihnen selbst, gegebenenfalls mit Unterstützung durch eine in Ihrem Auftrag tätige baufachlich versierte Rechtsanwältin oder einen entsprechenden Rechtsanwalt.

> **LESE- UND BILDBETRACHTUNGSZEITEN**
>
> Lese- und Bildbetrachtungszeiten sind für die Baubegleiter Arbeitszeiten und somit, wenn eine Vergütung nach Aufwand vereinbart ist, eine vergütungspflichtige Leistung. Sprechen Sie am besten vorher darüber, wie das geregelt ist, um böse Überraschungen zu vermeiden.

ZUSAMMENARBEIT MIT DEM BAUSACHVERSTÄNDIGEN

Wenn Sie einen Bausachverständigen oder eine Bausachverständige mit der baubegleitenden Qualitätskontrolle beauftragt haben, erfolgt diese üblicherweise zu festgelegten, zwischen Ihnen und dem oder der Bausachverständigen abgesprochenen Bautenständen. Sie sollten sicherstellen, dass Ihr Bausachverständiger den jeweils aktuellen Status quo der Baustelle kennt. Es ist daher sinnvoll und notwendig, sie oder ihn über den jeweiligen Stand der Bauarbeiten informiert zu halten. Per Telefon (Problem der Erreichbarkeit), E-Mail oder Messengerdienst ist das heute sehr einfach realisierbar. Dabei können Sie – möglichst mit gezielter Fragestellung – auch das ein oder andere Foto senden, damit sich der Sachverständige ein Bild machen oder die Ersteinschätzung eines Sachverhalts vornehmen kann, der Ihnen eigenartig vorkommt.

Verständigen Sie sich im Vorhinein mit Ihrem Bausachverständigen über die Bautenstände, zu denen Sie seine Expertise in Anspruch nehmen wollen. Kommunizieren Sie rechtzeitig, wann mit dem Erreichen eines solchen Bautenstandes zu rechnen ist.

3

Woran können Sie festmachen, ob es sich bei etwas, das Sie an Ihrem Haus stört, tatsächlich um einen Baumangel handelt? Wenn eine eindeutige Abweichung zu vertraglich Vereinbartem erkennbar ist, liegt die Sache relativ einfach. Schwierig wird es, wenn ohne klare vertragliche Grundlage eine mangelhafte Leistung nachgewiesen werden soll. Doch auch in solchen Fällen gibt es bewährte Beurteilungsgrundlagen.

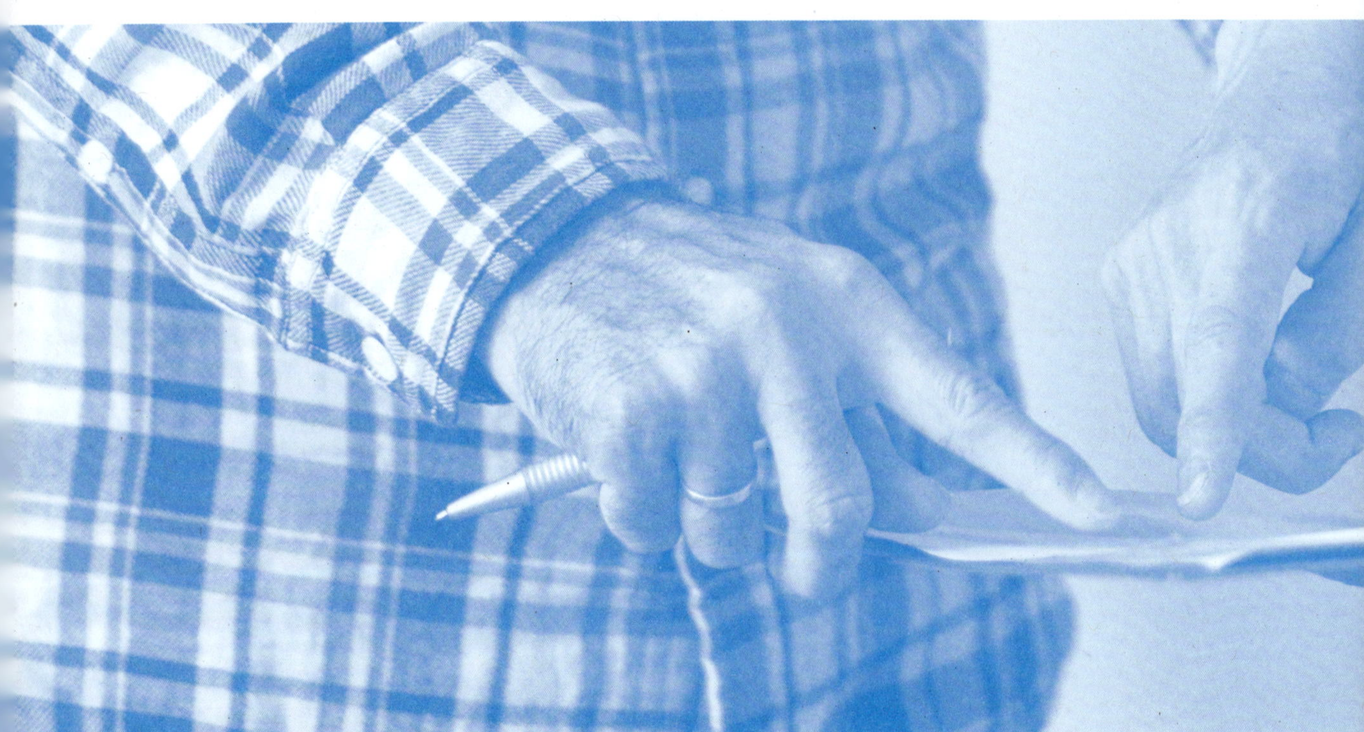

→ **Der Vertrag:** Um Abweichungen von der vertraglich geschuldeten Leistung nachzuweisen, muss zunächst ein wirksamer Vertrag vorliegen. Lesen Sie sich diesen vor Vertragsschluss unbedingt genau durch.

WAS ERFAHRE ICH?

Die wichtigste Beurteilungsgrundlage bei der Frage, ob überhaupt ein Mangel vorliegt, ist der Vertrag. Dessen Herzstück ist das Leistungsverzeichnis, die Baubeschreibung oder die Leistungsbeschreibung (siehe Seite 82). Denn darin wird bestimmt, welche Leistung für die vereinbarte Vergütung – den Preis – geschuldet ist. Das ist es, worauf Sie als Bauherr einen Anspruch haben. Nicht mehr und nicht weniger.

Nur wenn etwas vertraglich geschuldet war, kann die Nichterfüllung oder Schlechterfüllung eine mangelhafte Leistung sein. Die Abweichung einer erbrachten Leistung vom vertraglich Vereinbarten stellt zumeist einen Sachmangel dar.

Wie bereits beschrieben, gibt es nur in wenigen Vertragsarten eine verschuldensunabhängige Mängelhaftung. In der Regel muss ein Verschulden des Auftragnehmers für einen Anspruch vorliegen. Nur wenn es sich um einen Werkvertrag oder eine Unterform des Werkvertrags handelt oder das Kaufrecht zum Tragen kommt, können Mängelrechte verschuldensunabhängig geltend gemacht werden. Die Art des geschlossenen Vertrags hat daher große Bedeutung (mehr dazu ab Seite 63). Ferner finden sich im Vertrag nicht selten besondere Vertragsbedingungen, die abweichend vom Gesetz für das jeweils spezielle Vertragsverhältnis Anwendung finden.

Wie wird ein Vertrag geschlossen?

Sowohl ein Werkvertag als auch ein Kaufvertrag können grundsätzlich mündlich geschlossen werden. Eine Ausnahme bildet der Verbraucherbauvertrag, der in Textform abgeschlossen werden muss. Eine weitere Ausnahme ist der Kaufvertrag über eine Immobilie: Er bedarf immer der notariellen Beurkundung, um wirksam zu werden.

Der Abschluss eines Vertrags umfasst **ANGEBOT** und **ANNAHME**. Ist beides deckungsgleich und sind die Vertragspartner voll geschäftsfähig, ist der Vertrag zustande gekommen. Wird der Vertrag schriftlich geschlossen, bedarf es der Unterschrift beider Vertragspartner auf dem Dokument. Das Angebot stellt eine Willenserklärung dar, hier in aller Regel die eines Bauunternehmens. Dies bedeutet: Derjenige, der sie abgibt, muss voll geschäftsfähig oder vertretungsberechtigt sein, damit sie auch wirksam abgegeben werden kann.

VORSICHT VOR MÜNDLICHEN VERTRÄGEN!
Es kommt leider immer wieder vor, dass gerade Arbeiten über den Umbau eines Hauses nicht näher bestimmt werden. Die Beauftragung erfolgt nach einer Besichtigung des Objekts und einem Angebot des Bauunternehmens. Der Bauherr liest das Angebot oft nicht so genau, sondern geht davon aus, dass mit der Besichtigung schon alles klar sei. Es kann sogar sein, dass das Bauunternehmen nur ein kurzes finanzielles Angebot unterbreitet und daraufhin wird der Auftrag erteilt. Alle gehen davon aus, dass „alles besprochen" ist. Oft jedoch hat der eine ganz andere Vorstellung als der andere. Das muss zwangsläufig zu Streitigkeiten führen – und so kommt es dann oft auch. Der Knackpunkt: Es fehlt es an der Möglichkeit, zu beweisen, was beauftragt wurde, wofür die Vergütung gezahlt werden soll. Von einem mündlichen Vertragsschluss ist bei Bauvorhaben also grundsätzlich abzuraten. Der Vertrag sollte zumindest in Textform geschlossen werden und eine genaue Baubeschreibung oder ein Leistungsverzeichnis enthalten.

Die Bestandteile des Vertrags

Ein Bauvertrag besteht in der Regel aus einer Reihe von Vertragsklauseln und einer Leistungsbeschreibung, das heißt einem Leistungsverzeichnis. In der Leistungsbeschreibung oder dem Leistungsverzeichnis sollten die baulichen Leistungen dargestellt sein, die beauftragt und zu erbringen sind. Dafür ist im Vertrag eine Vergütung vereinbart. Weitere Unterlagen beziehungsweise Anlagen können Pläne oder Gutachten wie ein Boden- oder Brandschutzgutachten sein.

Die Vertragsklauseln können aus dem Vertragstext an sich sowie aus Allgemeinen Geschäftsbedingungen bestehen. Diese regeln die Art und Weise der Vertragsabwicklung und die Vergütung. Darin kann auch – abweichend vom Gesetz – geregelt sein, wie eine Mängelanzeige zu erfolgen hat. Daher sollten Sie den Vertrag vor Ihrer Unterschrift immer vollständig lesen und gut kennen. Denn: Nach Vertragsschluss wird an einem Vertrag in der Regel nichts mehr geändert. Allenfalls kann die beauftragte Leistung verändert oder erweitert werden.

Bei Schwarzarbeit sind Verträge unwirksam

Wird mit einem Vertrag gegen ein gesetzliches Verbot oder gegen die guten Sitten verstoßen, ist er unwirksam. Im Bereich des Bauens greift das zum Beispiel bei der Schwarzarbeit: Dabei wird ein vermeintlicher Vertrag „geschlossen", wonach ohne Rechnung geleistet wird, das heißt ohne Mehrwertsteuer und Zahlung von Sozialabgaben. Die Unwirksamkeit führt hier dazu, dass kein Bauvertrag, das heißt Werkvertrag geschlossen wurde – und der Bauherr somit auch keine Mängelrechte gegen das Unternehmen geltend machen kann.

RECHNUNGEN IMMER GENAU PRÜFEN
Überprüfen Sie auch die Rechnung genau. Denn: Rechnungen müssen bestimmte Mindestanforderungen erfüllen, um vom Finanzamt anerkannt zu werden. So muss eine Rechnung zum Beispiel den Aussteller nebst den

VORSICHT SCHWARZARBEIT

- → **KEINE „SCHWARZARBEIT-ABREDE":** Bereits die Abrede „ohne Rechnung" wird als Schwarzarbeitsabrede verstanden. Lassen Sie sich keinesfalls darauf ein. Da so kein wirksamer Vertrag zustande kommt, gibt es für Sie auch keine Mängelrechte.
- → **KEINE ZAHLUNG OHNE RECHNUNG:** Achten Sie immer darauf, dass vom Unternehmer für alle Leistungen ordnungsgemäße Rechnungen gestellt werden.
- → **VERMEIDEN SIE BARZAHLUNGEN:** Überweisungen lassen sich im Zweifel belegen.
- → **EINE QUITTUNG REICHT NICHT:** Die Ausstellung einer Quittung über den überlassenen Barbetrag kann mitunter nicht ausreichend sein, da unklar ist, wofür die Zahlung überhaupt geleistet wurde. Es könnte sich zum Beispiel auch um einen Kredit handeln. Daher sollte keine Zahlung ohne Rechnung erfolgen.

Vertretungsverhältnissen erkennen lassen. Ebenso bedarf es eines Datums und eines Leistungszeitraums sowie einer Rechnungsnummer. Die Steuernummer muss ebenso auf der Rechnung erscheinen.

Zahlen Sie nur, wenn die Mindestvoraussetzungen für eine ordnungsgemäß erstellte Rechnung vorliegen. Entspricht die Rechnung nicht den genannten Forderungen, verlangen Sie die Erstellung einer korrekten Rechnung.

→ Schwarzarbeit ist alles andere als ein Kavaliersdelikt – und derjenige, der Schwarzarbeit bei sich durchführen lässt, kann ebenso strafrechtlich belangt werden wie derjenige, der sie durchführt.

SCHWARZARBEIT LOHNT SICH NICHT

Auch, wenn es zunächst reizvoll erscheinen mag, Bauarbeiten in Schwarzarbeit etwas kostengünstiger ausführen zu lassen, wird es in den meisten Fällen nach hinten losgehen. Nicht zuletzt: Die Mängelrechte sind für Sie dann gänzlich verloren beziehungsweise waren nie vorhanden. Die Erfahrung zeigt auch, dass Unternehmen, die sich auf Schwarzarbeit einlassen, nicht unbedingt die besten sind – und damit auch nicht am saubersten arbeiten. Eine mangelhafte Leistung ist dann schon fast vorprogrammiert.

Hinzu kommt natürlich, dass Sie sich als Bauherr strafbar machen, weil Sie gegen ein gesetzliches Verbot verstoßen und Steuern und Sozialabgaben hinterziehen. Achtung: Schwarzarbeit ist alles andere als ein Kavaliersdelikt – und derjenige, der Schwarzarbeit bei sich durchführen lässt, kann ebenso strafrechtlich belangt werden wie derjenige, der sie durchführt.

Der Preis für einen „kostengünstigeren Preis" ist plötzlich sehr hoch, wenn man damit erwischt wird. Und das Risiko, erwischt zu werden, ist nicht unbeträchtlich. Denn immer, wenn Unstimmigkeiten bestehen, steigt die Wahrscheinlichkeit, dass der eine den anderen anzeigt. Nicht zuletzt „verplappert" sich der eine oder andere irgendwann doch. Und wird bei dem betreffenden Bauunternehmen eine Form von Razzia durchgeführt (was nicht selten der Fall ist), kann es sein, dass man darüber auf Sie als Bauherrn stößt.

Doch, wie bereits erwähnt, ist allein schon die verlorene Mängelhaftung Grund genug, auf Schwarzarbeit zu verzichten. Hinzu kommt, dass Sie, sollten gravierende Mängel auftreten, aller Voraussicht nach kein Rechtsanwalt vertreten wird – es sei denn, er ist Strafrechtler. Denn auch dem beratenden Rechtsanwalt kann, je nachdem, was er vorschlägt, drohen, sich der Mithilfe an Straftatbeständen strafbar zu machen. Da ein Rechtsanwalt im Falle einer Entdeckung seine Zulassung verlieren kann, wird er dies in der Regel nicht riskieren.

→ **Vertragsformen beim Bauen:** Die Art des Vertrags spielt beim Bauen eine große Rolle. Dabei wird zwischen verschiedenen Varianten des Werk- und des Kaufvertrags unterschieden, zudem gibt es Mischformen.

WAS ERFAHRE ICH?

Geht es um die Errichtung des Eigenheims, sprich, das Bauen, kommen als relevante Vertragsformen der Werkvertrag in Betracht, der verschiedene Unterverträge beziehungsweise spezielle Vertragsformen haben kann, und der Kaufvertrag.

Die Herstellung eines Hauses oder einer Wohnung oder der Umbau oder die Modernisierung fallen unter den Begriff des Werkvertrages. Finden sich bei den Unterarten des Werkvertragsrechts nicht die richtigen Vertragsarten, bleibt es beim Werkvertrag (siehe Abschnitt rechts). Das Wesen des Werkvertrages ist der geschuldete Erfolg, das heißt die mangelfreie Herstellung des Werkes (hier: des Hauses).

Wird hingegen eine vorhandene Immobilie erworben, ist für die Frage der Mängelhaftung der Kaufvertrag der maßgebliche Vertrag (siehe ab Seite 80). Denn hier findet Kaufrecht Anwendung. Das Wesen des Kaufvertrages ist, dass Eigentum an dem Kaufgegenstand übertragen wird. Bei der Übergabe und damit auch bei der Übereignung des Kaufgegenstandes sollte dieser ohne Mängel sein. Sind Mängel vorhanden, gibt es hier eine Mängelhaftung.

Eine Sonderrolle nimmt der Werklieferungsvertrag ein, der ab Seite 74 genauer beschrieben wird.

Der Werkvertrag

Vor dem 1. Januar 2018 gab es als Vertragsart für das Bauen im BGB prinzipiell nur den Werkvertrag. Seitdem gibt es verschiedene Unterarten zum Werkvertrag, die mit dem Bauen im Zusammenhang stehen: den Bauvertrag, den Verbraucherbauvertrag, den Architekten- und Ingenieurvertrag sowie den Bauträgervertrag.

Der Werkvertrag ist also sowohl eine Vertragsart als auch ein Oberbegriff für weitere Vertragsarten. Das Werkvertragsrecht hat einen Teil, in dem der Werkvertrag geregelt ist. Diese Regelungen gelten für alle Werkverträge, sofern sich in den spezielleren Vorschriften nicht andere Regelungen finden. In diesen allgemeinen Vorschriften finden sich unter anderem die Regelungen zur Abnahme (siehe ab Seite 262).

AKTUALISIERUNGSPFLICHT FÜR SOFTWARE

Im Kaufvertragsrecht ist eine Aktualisierungspflicht für gelieferte Software bei einem Verbrauchervertrag Bestandteil der geschuldeten Leistung, egal ob vereinbart oder nicht. Fehlt es an der Aktualisierung, stellt dies einen Mangel dar. Im Werkvertragsrecht ist dies auch vorgesehen, zumindest wenn der Vertrag mit einem Verbraucher – also zum Beispiel einem privaten Bauherren – geschlossen wird. Heute gibt es viele technische Komponenten, die in ein Haus eingebaut und durch Software gesteuert werden, zum Beispiel Heizung oder Licht, und „Smart Homes" werden immer populärer. Die Aktualisierungspflicht für die entsprechende Software ist daher auch für Bauherren zunehmend von Bedeutung.

Der Werkvertrag ist darauf gerichtet, den vereinbarten Erfolg herbeizuführen: die Herstellung des Werks. Sie muss mangelfrei erfolgen, das heißt: Das ist der geschuldete Erfolg. Der Werkvertrag umfasst für den Besteller beziehungsweise Bauherren die Hauptpflicht, die empfangene Leistung zu bezahlen. Ebenso besteht die Hauptpflicht, die Leistung des Bauunternehmers abzunehmen. Der Bauunternehmer hingegen hat die Hauptpflicht, das Werk mangelfrei zu erstellen.

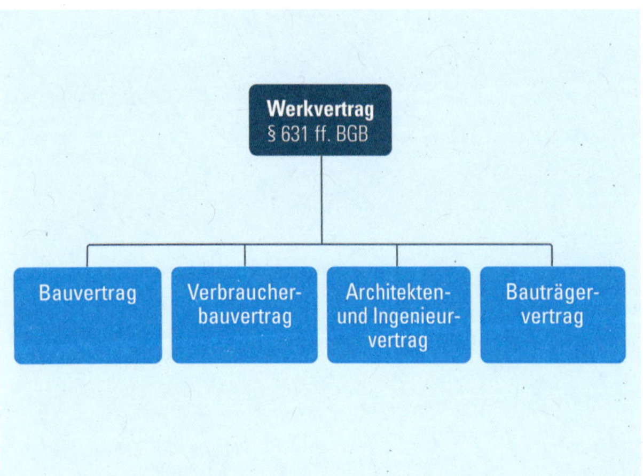

Werkvertrag nach § 631 ff. BGB mit Unterformen

ABGRENZUNG VON DIENSTVERTRAG

Der Werkvertrag wird oft vom Dienstvertrag abgegrenzt. Bei diesem ist nur das Bemühen geschuldet, kein Erfolg. Es geht bei ihm ebenfalls nicht um die mangelfreie Herstellung eines Werkes oder eine geschuldete Dienstleistung; vielmehr geht es darum, sich zu bemühen, die Dienstleistung so gut wie möglich zu erbringen. Im Dienstvertragsrecht finden sich auch keine Vorschriften zum Mängelrecht.

ABGRENZUNG VOM KAUFVERTRAG

Eine Abgrenzung vom Kaufvertrag erfolgt seltener. Im Vergleich zum Werkvertrag sieht der Kaufvertrag die Verschaffung des Eigentums an einer bereits hergestellten Sache vor. Beim Werkvertrag wird das Werk das heißt die Sache erst noch erstellt. Eine Vertragsart, die quasi zwischen Werkvertrag und Kaufvertrag steht, ist der Werklieferungsvertrag (Seite 74). Eine weitere Vertragsart, die Kaufrecht und Werkvertragsrecht kombiniert, ist der Bauträgervertrag (Seite 75).

ALLGEMEINE VORSCHRIFTEN ZUM WERKVERTRAGSRECHT

In allgemeinen Vorschriften zum Werkvertragsrecht, das heißt in den Vorschriften, die für jeden Werkvertrag gelten, ist unter anderem die Abnahme geregelt (siehe Seite 268). Ferner ist dort festgelegt, was unter einem Sach- und einem Rechtsmangel zu verstehen ist (siehe ab Seite 42). Auch sind die Verjährungsfristen benannt, und die Rechte des Bestellers oder Bauherren sind aufgeführt.

FREIE KÜNDIGUNG UND KÜNDIGUNG AUS WICHTIGEM GRUND

In § 648 BGB ist die sogenannte freie Kündigung des Bestellers oder Bauherren geregelt. Grundsätzlich hat im Werkvertragsrecht der Besteller beziehungsweise Bauherr jederzeit das Recht, den Vertrag zu kündigen. Freie Kündigung bedeutet, dass mit wirksamer Kündigung der Vertrag beendet ist, das heißt, ab diesem Stichtag endet der Vertrag. Bis zur freien Kündigung werden die erbrachten Leistungen abgerechnet. Bezüglich nicht erbrachter, aber bereits beauftragter Leistungen, findet sich in § 648 BGB eine entsprechende Vergütungsregelung. Es sind die beauftragten Leistungen abzüglich ersparter Aufwendungen zu vergüten. Ohne weiteren Nachweis wird von 5 Prozent des Auftragswertes der nicht ausgeführten Leistungen ausgegangen. Um die Grenze zwischen erbrachten und nicht erbrachten Leistungen gut nachvollziehen zu können, sollte eine gemeinsame Leistungsfeststellung durchgeführt werden.

§ 648 a BGB regelt die Kündigung aus wichtigem Grund. Ein wichtiger Grund könnte die permanente schlechte Leistung sein sowie ihre nicht fristgemäße Erfüllung. Allerdings bedarf es für die Frage, ob ein wichtiger Kündigungsgrund vorliegt und damit ob eine Kündigung aus wichtigem Grund berechtigterweise ausgesprochen werden darf, regelmäßig einer rechtlichen Einschätzung. Ansonsten ist das Risiko hoch, dass eine freie Kündigung vorliegt. Der Unterschied in Bezug auf die rechtlichen Folgen: Bei einer Kündigung aus wichtigem Grund sind nur die bislang erbrachten Leistungen zu vergüten; darüber hinaus hat der Bauunternehmer keinen weiteren Vergütungsanspruch. Bei einer freien Kündigung hingegen besteht ein Vergütungsanspruch für die nicht erbrachten Leistungen abzüglich der ersparten Aufwendungen. Im Gesetz werden hier, sofern dies nicht besonders abgewiesen ist, 5 Prozent der Auftragssumme der nicht erbrachten Leistungen angesetzt.

LEISTUNGSFESTSTELLUNG

Bei einer Kündigung aus wichtigem Grund sieht das Gesetz eine gemeinsame Leistungsfeststellung vor (§ 648 a Abs. 4 BGB). Dazu muss eingeladen werden. Fehlt eine Partei, das heißt der eine Vertragspartner, unentschuldigt, kann die gemeinsame Leistungsfeststellung allein durchgeführt werden. Sind hingegen beide Vertragspartner anwesend, erfolgt die Leistungsfeststellung gemeinsam. Diese spiegelt dann, so jedenfalls das Ziel, den Stand der erbrachten Leistung bis zum Vertragsende wider. Sie kann daher auch als Abrechnungsgrundlage für die zu erstellende Schlussrechnung verwandt werden.

BEI MÄNGELN: AUF KOSTENVORSCHUSS KLAGEN

Ist der Bauherr nicht in der Lage oder willens, die Mängelbeseitigung finanziell zunächst selbst zu tragen, ist das Werkvertragsrecht mit seinem Kostenvorschussanspruch vorteilhaft: Hier kann er auf Kostenvorschuss klagen – und den Mangel nach dessen Erhalt beseitigen. Grundsätzlich ist dies nur bei Mängeln sinnvoll, bei denen es nicht darauf ankommt, dass sie innerhalb einer bestimmten Zeit beseitigt werden, denn Gerichtsverfahren dauern, wie man weiß, in der Regel viele Jahre. Mängelrechte können grundsätzlich erst nach der Abnahme geltend gemacht werden. Sollte ein Kostenvorschuss eingeklagt worden sein, kann dieser Antrag später in Erstattung der Mängelbeseitigungskosten geändert werden, wenn im Laufe des Gerichtsverfahrens der Mangel doch beseitigt wird. Damit dies erfolgreich ist, sollten die Voraussetzungen für diesen Anspruch unbedingt eingehalten werden und der vorhandene Zustand vor beziehungsweise während der Mängelbeseitigung von einem Gutachter zu Beweiszwecken vor Gericht festgehalten werden.

Kann die Leistungsfeststellung gemeinsam durchgeführt werden, können die Streitpunkte herausgearbeitet werden. Zumindest kann das, was erbracht worden und insoweit mangelfrei ist, erfasst werden. Bei der gemeinsamen Leistungsfeststellung sollten natürlich auch Mängel festgehalten werden. Unterschieden wird dabei in der Regel zwischen Leistungen, die noch nicht oder noch nicht vollständig ausgeführt wurden, und solchen, die zwar ausgeführt wurden, aber Mängel aufweisen.

HINWEIS- UND AUFKLÄRUNGSPFLICHT

Der Werkvertrag hat noch weitere Pflichten. So bestehen in der Regel Hinweispflichten und Aufklärungspflichten. Dies sind vertragliche Nebenpflichten. Bei Nichterfüllen dieser Pflichten kann sich der eine Vertragspartner dem anderen Vertragspartner gegenüber schadenersatzpflichtig machen. Diese Pflichten sind je nach Werkvertrag leicht anders ausgestaltet. Im Bauvertragsrecht sind dies zum Beispiel die Pflicht, Behinderungsanzeigen oder eine soge-

LEISTUNGSFESTSTELLUNG BESSER AUCH BEI FREIER KÜNDIGUNG

Auch wenn es bei einer freien Kündigung nicht vorgesehen ist, empfiehlt es sich, bei jeder Kündigung eine Leistungsfeststellung durchzuführen, um nachfolgende Streitigkeiten über die Vergütung zu vermeiden oder zumindest zu minimieren.

nannte Bedenkenanmeldung an den Bauherrn zu senden. Dies gilt nicht nur für einen Vertrag nach der VOB/B. Teilweise gibt es im Vertrag geregelte Pflichten, teilweise ergeben sich diese aus dem Kontext, ohne dass diese gesetzlich oder vertraglich geregelt sind. Die Rechtsprechung hat diese entwickelt.

KOOPERATIONSPFLICHT

Eine wichtige Pflicht bei der Abwicklung von Bauverträgen ist die für alle Vertragspartner geltende Kooperationspflicht. Diese besagt zum Beispiel, dass die Vertragspartner die Pflicht haben, miteinander zu reden/verhandeln, bevor andere Maßnahme wie zum Beispiel Klageerhebung erfolgen.

RÜCKTRITT ODER KÜNDIGUNG?

Im Falle einer Pflichtverletzung kann unter Umständen der Rücktritt vom Vertrag erklärt werden. Der wichtigste Unterschied zwischen Rücktritt und Kündigung des Vertrags besteht hierin: Bei einem Rücktritt wird der Vertrag quasi auf null gesetzt, während er bei einer Kündigung mit Zugang der wirksamen Kündigung endet.

Rücktritt bedeutet, dass beide Vertragspartner so gestellt werden, als wäre der Vertrag nie zustande gekommen. Bei einem Werkvertrag über das Bauen allerdings wird in der Regel das, was bereits erstellt wurde, nicht zurückgebaut (abgerissen), sodass sich rein faktisch hier Rücktritt und Kündigung nicht wesentlich voneinander unterscheiden. Sollten Sie als Bauherr über einen Rücktritt oder eine Kündigung nachdenken, ist unbedingt dazu zu raten, wegen der Möglichkeit der Verwirkung von Rechten rechtlichen Rat einzuholen. Denn sowohl für den Rücktritt als auch für die Kündigung sind bestimmte Voraussetzungen notwendig, die für Laien schwer verständlich sind.

Der Verbraucherbauvertrag

Mit Wirkung zum 1. Januar 2018 wurden in das BGB neue Verträge beziehungsweise Vertragsarten als Unterformen des Werkvertrages eingefügt. Dazu zählt unter anderem der sogenannte Verbraucherbauvertrag, bei dem der Vertragspartner ein Verbraucher im Sinne des § 15 BGB ist. Dabei gilt: Immer, wenn man für sich im privaten Bereich ein Rechtsgeschäft abschließt, agiert man als Verbraucher.

ABGRENZUNG ZUM BAUVERTRAG

Zwischen Verbraucherbauvertrag und Bauvertrag gibt es rechtliche Unterschiede. Der Verbraucherbauvertrag ist geprägt vom Verbraucherschutz, im Bauvertrag fehlt es an entsprechenden Vorschriften. Schwierig kann die Abgrenzung dann sein, wenn die zu erstellende Immobilie (oder ihr Umbau) sowohl eine gewerbliche als auch eine Privatnutzung haben soll. Das kann zum Beispiel bei Freiberuflern der Fall sein, die ihr Zuhause parallel als Büro nutzen. Durch die Tatsache, dass jemand ein eigenes Unternehmen hat oder einem freien Beruf nachgeht, ist hier auch eine gewerbliche Komponente dabei. Daher muss im Einzelfall geprüft werden, ob es sich um einen Verbraucherbauvertrag handelt oder um einen Bauvertrag – im Zweifel sollte damit ein Jurist dazu befragt werden.

REGELUNGEN IM VERBRAUCHERBAUVERTRAG

Folgende Regelungen finden sich nur im Verbraucherbauvertrag, aber nicht im Werkvertrag oder Bauvertrag:

- → Der Verbraucher hat zwei Wochen nach Zugang der Widerrufsbelehrung ein Widerrufsrecht.
- → Der Vertrag ist in Textform zu schließen.
- → Der Vertrag muss eine Baubeschreibung enthalten (Seite 82). Diese muss vom Bauunternehmer überlassen werden, sofern

der Bauherr keinen eigenen Planer/Architekten beauftragt hat.

- → Unvollständige oder unklare Baubeschreibungen gehen im Zweifel zulasten des Bauunternehmers.
- → Zeitpunkt der Fertigstellung ist im Vertrag anzugeben.
- → Es gibt besondere Regelungen zu Abschlagszahlungen.
- → Weitere Sicherheiten für den Verbraucher sind vorgesehen.
- → Bestimmte Planungs- und/oder Bauunterlagen müssen erstellt und herausgegeben werden.
- → Der Verbraucher/der private Bauherr braucht keine Sicherheit nach § 650 f BGB zu leisten.
- → Auf die Wirkung der fiktiven Abnahme (Seite 272) ist vom Bauunternehmer hinzuweisen. Dies gilt grundsätzlich auch bei anderen Werkverträgen mit einem Verbraucher.

WIDERRUF IM VERBRAUCHER-BAUVERTRAG

Der Bauunternehmer muss den Verbraucher beziehungsweise Bauherrn in einer bestimmten Form über sein Recht zum Widerruf des geschlossenen Vertrages unterrichten. Macht dieser davon Gebrauch, gilt der Vertrag als von Anfang an nicht zustande gekommen. Die Widerrufsfrist beträgt zwei Wochen ab Zugang der Widerrufsbelehrung.

Wichtig ist, dass der Verbraucher ordnungsgemäß über sein Recht zum Widerruf belehrt wird, das heißt: zumindest in Textform (auch per E-Mail). Erfolgt diese Belehrung nicht oder nicht ordnungsgemäß, beginnt die Frist zum Widerruf nicht zu laufen. Das bedeutet im Prinzip: Sie können den Vertrag dann auch noch nach Monaten widerrufen – wenn vielleicht schon ein Teil des Hauses steht. Inzwischen gibt es allerdings eine Rechtsprechung, die einen Widerruf für rechtsmissbräuchlich hält, wenn er so spät erfolgt, dass das Haus fast fertiggestellt ist. Sie sollten ich also nicht darauf verlassen.

ACHTUNG: Wurde der Vertrag notariell beurkundet, bedarf es ausnahmsweise keiner Widerrufsbelehrung!

VORGESCHRIEBEN: EIN FERTIGSTELLUNGS-TERMIN

Neben der Baubeschreibung bedarf es beim Verbraucherbauvertrag der Angabe eines Fertigstellungstermins. Diesen hat der Gesetzgeber zum Schutz des Verbrauchers eingeführt. Viele Verträge enthielten ihn in der Vergangenheit nicht, und damit war unklar, wann der Bauunternehmer in Verzug geraten ist. Verzug bedeutet, dass er zu spät fertig wurde. Die nicht rechtzeitige Fertigstellung einer Immobilie kann ein wichtiger Kündigungsgrund sein.

FORM DES VERBRAUCHERBAUVERTRAGS

Grundsätzlich kann ein Werkvertrag oder Bauvertrag mündlich geschlossen werden, auch wenn das nicht ratsam ist. Anders der Verbraucherbauvertrag: Hier hat der Vertragsschluss stets in Textform zu erfolgen. Textform bedeutet, dass er zumindest als E-Mail oder in anderer Form schriftlich fixiert ist. Auf diese Weise soll erreicht werden, dass nachvollziehbar ist, was vertraglich vereinbart wurde.

Damit der Bauunternehmer sich Mühe gibt, die Baubeschreibung vollständig und klar abzugeben, hat der Gesetzgeber vorgesehen, dass entsprechende Auslegungsfragen zulasten des Bauunternehmers gehen.

ABSCHLAGSZAHLUNGEN UND SICHERHEITEN

Ferner sieht der Verbraucherbauvertrag besondere Regelungen zu den Abschlagszahlungen vor. Diese sind in der Regel nur zu 90 Prozent der vereinbarten Gesamtvergütung zu leisten. So soll dem Verbraucher eine gewisse Sicherheit verbleiben. Außerdem soll er eine Sicherheit in Höhe von 5 Prozent der vereinbarten Gesamtvergütung erhalten. Beim Bauvertrag unter Nichtverbrauchern wird dies oft vereinbart.

HERAUSGABE VON UNTERLAGEN

Singulär im Bauvertragsrecht ist, dass beim Verbraucherbauvertrag gesetzlich geregelt ist, dass bestimmte Unterlagen vom Bauunternehmen an den Bauherrn herauszugeben sind. Das sind im Wesentlichen die Genehmigungsunterlagen, das heißt die Planunterlagen für die Baugenehmigung. Ebenso sind es die weiteren Planungsunterlagen, die erforderlich sind, damit der Bauherr gegenüber Behörden Nachweis führen kann, dass die öffentlich-rechtlichen Vorschriften bei der Erstellung des Bauwerks eingehalten wurden.

VERBRAUCHERBAUVERTRAG: JA ODER NEIN?

Der Verbraucherbauvertrag bietet Ihnen gegenüber dem klassischen Bauvertrag Vorteile. Daher kann es sinnvoll sein, zu wissen, ob ein Verbraucherbauvertrag vorliegt oder nicht. Hier stellt sich der Laie verwundert die Frage: Ja, steht es denn nicht drauf? Nein, leider nicht! Die Bezeichnung des Vertrages ist für den Juristen nicht bindend, wichtig ist der Inhalt – durch diesen wird die Vertragsart bestimmt.

In der Vergangenheit wurde seit Einführung des Verbraucherbauvertrages in das Bürgerliche Gesetzbuch die Auffassung vertreten, dass er nur dann Anwendung findet, wenn sämtliche Leistungen an einen Bauunternehmer vom Verbraucher beziehungsweise dem privaten Bauherren vergeben wurden oder dieser mit ihnen beauftragt wurde. Wurden einzelne Gewerke vom Bauherrn in Eigenleistung erbracht, sei, so wurde vertreten, ein Bauvertrag geschlossen; und somit kein Verbraucherbauvertrag. Auch wenn nicht alle Gewerke an einem Unternehmer gegeben wurden, hielt man den Vertrag „nur" noch für einen Bauvertrag. Diese Auslegung erfolgte, weil im Gesetz von „dem Unternehmer" gesprochen wird. Daraus leitete man ab, dass die Leistungen von *einem,* nicht von mehreren Bauunternehmern erbracht würden.

Diese Auslegung oder Rechtsprechung ändert sich gerade: Nach einem Urteil des Oberlandesgerichts Hamm kann ein Verbraucherbauvertrag gemäß § 650 i BGB bereits bei Beauftragung *nur eines* Gewerks vorliegen (Urteil vom 24.04.2021 – 24 U 198/20). Hier ging es um einen Umbau und das Gewerk war für den Umbau von erheblicher Bedeutung. Danach wären die Vorschriften zum Verbraucherbauvertrag nach den §§ 650i ff. BGB bereits dann anwendbar, wenn im Zuge eines Neubaus oder erheblicher Umbauarbeiten der Bauunternehmer nur mit der Ausführung eines untergeordneten Gewerks (zum Beispiel Maler- und Verputzerarbeiten) beauftragt wird.

Die Tendenz, dass der Verbraucherbauvertrag bei einem Bauvertrag mit einem Verbraucher immer Anwendung findet, nimmt bei den Oberlandesgerichten zu – eine Entscheidung des Bundesgerichtshofes hierzu gibt es allerdings noch nicht. Daher sollte geschaut werden, in welchem OLG-Bezirk geklagt werden würde, um zu wissen, ob bei der Beauftragung an mehrere Bauunternehmen ein Verbraucherbauvertrag angenommen werden kann oder nicht. Denn in der Regel halten sich die unteren Gerichte an die Rechtsprechung ihres Oberlandesgerichts.

Trivial ist das auf gar keinen Fall, denn: Der Verbraucherbauvertrag hat Vorteile, die der Bauvertrag nicht hat. Sofern im Verbraucherbauvertrag nicht spezielle Vorschriften stehen, sind die Vorschriften des Bauvertrags entsprechend anzuwenden. Das ergibt sich aus § 650 i Abs. 3 BGB. Hinsichtlich der Mängelrechte nach Abnahme sowie für die Abnahme gelten die Vorschriften des allgemeinen Werkvertragsrechts.

ANBAU VON BALKONEN: KEIN VERBRAUCHERBAUVERTRAG

Der Anbau zweier Balkone mit Glasdach und Außentreppe an ein bestehendes Gebäude stellt keine erhebliche Umbaumaßnahme im Sinne des § 650i Abs. 1 BGB dar – und begründet daher keinen Verbraucherbauvertrag (OLG Stuttgart, Urteil vom 21.12.2021 – 10 U 149/21). Stattdessen handelt es sich um einen Bauvertrag.

Der Bauvertrag

Der Bauvertrag wurde als Vertragsart mit dem 1. Januar 2018 in das BGB eingefügt. Es ist ein besonderer Werkvertrag, und er enthält für den Bauvertrag spezifische Vorschriften. Ein Bauvertrag ist ein Vertrag über …

- die Herstellung eines Bauwerks, einer Außenanlage oder eines Teils davon oder
- die Wiederherstellung eines Bauwerks, einer Außenanlage oder eines Teils davon oder
- die Beseitigung eines Bauwerks, einer Außenanlage oder eines Teils davon oder
- den Umbau eines Bauwerks, einer Außenanlage oder eines Teils davon.

Fast alle Arbeiten an einem Bauwerk dürften darunter fallen – und somit ein Bauvertrag gemäß § 650 a Abs. 1 BGB sein.

DIE FORM DES BAUVERTRAGS

Für den Abschluss des Bauvertrages ist keine bestimmte Form vorgesehen. Er kann mündlich abgeschlossen werden. Aber: Auch hier empfiehlt es sich, den Vertrag zumindest in Textform abzufassen, wenn nicht in Schriftform (siehe Seite 36). Auch empfiehlt es sich, eine Baubeschreibung anzufertigen. Ebenso wird angeraten, ein Fertigstellungsdatum anzugeben.

UNTERSCHIEDE ZWISCHEN BAUVERTRAG UND WERKVERTRAG

Der Bauvertrag unterscheidet sich vom Werkvertrag in folgenden Punkten:

- Es gibt ein Anordnungsrecht für die Änderung von Leistungen.
- Es gibt Anpassungsvorschriften über die Vergütung bei einer Leistungsänderung.
- Wird keine Einigung über die Vergütung für die geänderte Leistung erzielt, kann diese Leistung mit 80 Prozent der Angebotssumme in Rechnung gestellt werden.
- Über die Frage des Mehrvergütungsanspruch kann eine einstweilige Verfügung erwirkt werden.
- Die Kündigung hat immer schriftlich zu erfolgen.
- Rechnungen müssen prüfbar sein.
- Es gibt eine Bauhandwerkersicherungshypothek für den Bauunternehmer, wenn der Bauherr Eigentümer des Grundstücks ist.
- Es gibt eine Bauhandwerkersicherheit nach § 650 f BGB für den Bauunternehmer, wenn kein Verbraucherbauvertrag vorliegt.

BAUVERTRAG AUCH BEI WARTUNG UND INSTANDHALTUNG

Ein Bauvertrag liegt gemäß § 650 a Abs. 2 BGB auch dann vor, wenn ein Vertrag über die Instandhaltung eines Bauwerks geschlossen wird – und zwar dann, wenn dies für die Konstruktion, den Bestand oder den bestimmungsgemäßen Gebrauch von wesentlicher Bedeutung ist. Ein Wartungsvertrag über eine Aufzugsanlage in einem Hochhaus ist somit beispielsweise ein Bauvertrag. Unter Instandhaltung werden Inspektion, Wartung, Instandsetzung und Modernisierung verstanden. Somit könnte auch ein gewöhnlicher Wartungsvertrag schon ein Bauvertrag sein.

- Bei verweigerter Abnahme ist eine Zustandsfeststellung vorgesehen.

DAS ANORDNUNGSRECHT BEI LEISTUNGSÄNDERUNGEN

Von großer Bedeutung war die Einfügung des sogenannten Anordnungsrechts des Bauherrn für geänderte Leistungen, die es so vorher im BGB nicht gegeben hatte. Grundsätzlich ist ein Vertrag so auszuführen wie beauftragt – geänderte Leistungen stellen einen neuen Vertrag dar. Das ist beziehungsweise war oft unpraktisch, weil ein neuer Vertrag auch immer bedeutet, dass neue Preise – losgelöst vom Ursprungsvertrag – angeboten und vereinbart werden können. Deshalb wurde oft die Vergabe- und Vertragsordnung für Bauleistungen (VOB) Teil B als allgemeine Geschäftsbedingung für Bauleistungen mit vereinbart (mehr auf Seite 74); denn so konnte eine Leistungsänderung angeordnet werden. Das war für Bauleistungen oft notwendig, wenn sich während der Ausführung etwas änderte. Gegen die Vorschriften der VOB Teil B bestehen allerdings schon seit Jahren unter den Juristen einige Bedenken, weshalb der Gesetzgeber dies nun anders als in der VOB Teil B geregelt hat.

Mit dem neu eingeführten Anordnungsrecht wurde festgelegt, wie die Vergütung bezüglich der geänderten Leistung anzupassen ist. Das Anordnungsrecht des Bauherrn setzt voraus, dass die Vertragsparteien zunächst erfolglos versucht haben, sich gütlich zu einigen. Eine weitere Voraussetzung ist, dass der Bauherr seine Änderung dem Bauunternehmer mitgeteilt hat. Dieses „Begehren" muss dem Bauunternehmer zugegangen sein. Eine Form ist nicht vorgesehen; zu Dokumentationszwecken empfiehlt sich zumindest Textform.

Der Gesetzgeber geht davon aus, dass die Vertragspartner in der Lage sind, über die Vergütung der infolge der Änderung zu leistenden Mehr- oder Mindervergütung ein Einvernehmen zu erzielen. Ist die Änderung für den Bauunternehmer zumutbar, ist er dem Besteller/ Bauherrn gegenüber verpflichtet, ein Angebot über die Mehr- oder Mindervergütung zu erstellen. Etwas anderes gilt, wenn der Bauherr selbst einen Planer beziehungsweise Architekten beauftragt hat. Dann ist zunächst diesem gegenüber das Leistungsänderungsbegehren auszusprechen und dieser hat – entweder im Falle einer Einigung oder im Falle der Anordnung des Bestellers/Bauherrn – ein entsprechendes Leistungsverzeichnis beziehungsweise eine Leistungsbeschreibung zu erstellen, die der Bauunternehmer dann zu bepreisen hat.

Kann keine Einigung zwischen den Vertragspartnern erzielt werden, hat der Bauherr nach Ablauf von 30 Tagen nach Zugang seines Änderungsbegehrens das Recht, diese Änderungen einseitig anzuordnen.

→ Kann keine Einigung zwischen den Vertragspartnern erzielt werden, hat der Bauherr nach Ablauf von 30 Tagen nach Zugang seines Änderungsbegehrens das Recht, diese Änderungen einseitig anzuordnen.

ACHTUNG: Der Bauunternehmer ist nicht verpflichtet, jede Änderungsanordnung auszuführen! Handelt es sich um eine Änderung des vereinbarten Werkerfolgs – nicht um eine Änderung, die zur Erreichung des vereinbarten Werkerfolgs notwendig ist –, muss ihm die Ausführung der Leistung zumutbar sein. Da der Gesetzgeber bei einer notwendigen Änderung zur Erreichung des vereinbarten Werkerfolgs davon ausgeht, dass der Bauunternehmer grundsätzlich dazu in der Lage ist, kann für diesen Fall die Ausführung der Leistung nicht von ihm verweigert werden. Die Unterscheidung zwischen beiden Varianten ist für den Laien allerdings schwer – und auch für einen Juristen erschließt sie sich nicht auf den ersten Blick. In der Regel haben sich Fachanwälte für Bau- und Architektenrecht damit umfassend beschäftigt und kennen sich entsprechend aus.

Unter welchen Voraussetzungen die Änderung für den Bauunternehmer unzumutbar ist, definiert das Gesetz nicht – vielmehr ist es durch Auslegung und Einzelfallbetrachtung zu ermitteln. Unzumutbar kann die Ausführung für den Bauunternehmer etwa sein, wenn er nur eingeschränkte technische Möglichkeiten, Kapazitäten oder Qualifikationen hat, um die vom Bauherrn begehrte Leistungsänderung auszuführen. Beruft er sich auf derartige betriebsinterne Vorgänge, trägt er allerdings die Beweislast für die Unzumutbarkeit.

EINSTWEILIGE VERFÜGUNG

Bei Streitigkeiten über das Anordnungsrecht kann der Bauherr gemäß § 650 d BGB eine einstweilige Verfügung erwirken – und muss dabei den Verfügungsgrund nicht glaubhaft machen. Eine einstweilige Verfügung fällt unter den vorläufigen Rechtsschutz. Das bedeutet: Es kann eine schnelle, aber nicht endgültige Klärung zur Frage der Höhe des Vergütungsanspruchs geben. Der Verfügungsgrund bei einer einstweiligen Verfügung ist die Dringlichkeit – und der Nachweis, dass dem Bauunternehmer keine Nachteile entstehen. Dies muss in der Regel glaubhaft gemacht werden, doch um es dem Bauherrn zu erleichtern, hat der Gesetzgeber in diesem Fall darauf verzichtet.

BEI FEHLENDER EINIGUNG ÜBER DIE VERGÜTUNG

Erforderlich ist eine Einigung der Vertragspartner über die Art und Weise der Ausführung der Leistungsänderung – eine Einigung über den Preis ist nicht zwingend erforderlich. Können die Parteien sich hinsichtlich der Vergütung nicht verständigen, sind gemäß § 650 c Abs. 1 BGB die tatsächlich erforderlichen Kosten maßgeblich, wobei angemessene Zuschläge für allgemeine Geschäftskosten, Wagnis und Gewinn zu berücksichtigen sind. Alternativ kann der Unternehmer auf die Ansätze in einer vereinbarungsgemäß hinterlegten Urkalkulation (siehe Kasten rechts) zurückgreifen. Er hat demzufolge ein Wahlrecht. Allerdings muss er dies bereits bei Vertragsschluss vereinbaren und die Urkalkulation dann auch schon hinterlegt sein.

Ist eine Einigung über die Vergütung für die geänderte Leistung nicht möglich und ordnet der Bauherr die Ausführung der Leistung an, hat der Bauunternehmer die Möglichkeit, als Abschlagszahlung 80 Prozent der in seinem Angebot angesetzten Mehrvergütung zu verlangen oder in Rechnung zu stellen. Erst bei der Schlussrechnung wird dann die gesamte ausgeführte Leistung betrachtet und vergütungstechnisch bewertet. Stellt sich dabei heraus, dass der Bauherr zu viel bezahlt hat, ist ihm der entsprechende Betrag zuzüglich Verzugszinsen zu erstatten.

Der neu zu ermittelnde Preis für die Ausführung der geänderten Bauleistung muss anhand der tatsächlichen Kosten bemessen werden. Hinzu kommen die üblichen Zuschläge. Dies ist anders als nach der VOB/B, die von einer kalkulatorischen Fortschreibung ausgeht. So können bei geänderten Leistungen höhere Preise ermittelt werden. Umgekehrt muss der Bauherr nicht akzeptieren, dass überhöhte Kalkulationspreise fortgeschrieben und zu bezahlen sind. Jedoch können die Vertragspartner auch eine Vertragskalkulation als Basis für neue Preise vereinbaren und die entsprechende Urkalkulation hinterlegen.

Durch die Coronapandemie und den Ukrainekrieg sind die Baupreise erheblich gestiegen. Allerdings wird damit in der Regel kein Anspruch auf Vergütungsanpassung verbunden sein, sondern das Thema wird nach den Grundsätzen des Wegfalls der Geschäftsgrundlage abgehandelt. In diesem Fall ändern sich nur die Preise, nicht die vertraglich vereinbarte Leistung.

Für Sie bedeutet das also: Mit der Änderung der Leistung ändert sich auch das Bau-Soll oder – anders ausgedrückt – das vertraglich Geschuldete.

WAS IST DIE URKALKULATION?

Die Urkalkulation ist die Kalkulation, die dem Vertragspreis zugrunde liegt. Diese Urkalkulation sollte vom Bauunternehmer vorgelegt werden können – oft liegt sie allerdings entweder nicht vor oder wird nicht übergeben. Aus dieser Art der Preisermittlung für geänderte Leistungen kommt der Spruch: „Guter Preis bleibt guter Preis, und schlechter Preis bleibt schlechter Preis." Wurde für die auszuführende Leistung, gemessen am Marktpreis, ein zu niedriger Preis angeboten, so wurde die geänderte Leistung auf dieser Preisermittlungsgrundlage bestimmt. Gleiches galt bei einem guten Preis.

Bei zusätzlichen Leistungen geht man davon aus, dass diese zumindest in großen Teilen nicht in der Urkalkulation vorhanden sind. Die Preisermittlungsgrundlagen für die Leistungen, die sich im Vertrag, das heißt in der Urkalkulation, befinden, können für die Findung des neuen Preises herangezogen werden; für die restlichen Preiselemente ist ein neuer Preis zu finden.

Das Gesetz geht nicht von der Urkalkulation aus; daher ist eine Berechnung der neuen Preise nach der Urkalkulation vom Gesetzgeber nur in dem im Text beschriebenen Ausnahmefall gewollt.

WANN ABSCHLAGSZAHLUNGEN NICHT FÄLLIG SIND

Auch wenn es wie eine Selbstverständlichkeit wirken mag, hat der Gesetzgeber eingefügt, dass es sich bei Rechnungen um eine prüfbare Abrechnung handeln muss – dies gilt sowohl für Abschlagsrechnungen als auch für die Schlussrechnung. Wurden nicht schon vorher dem Bauherrn Nachweise für die Leistungserbringung übergeben, muss dies mit der Rech-

RICHTIG KÜNDIGEN BEIM BAUVERTRAG

Jede Kündigung bei einem Bauvertrag hat schriftlich zu erfolgen, also auf einem Stück Papier und eigenhändig unterschrieben (siehe Seite 36). Beachten Sie:

- → **ELEKTRONISCHE SIGNATUR:** Auch die elektronische Signatur erfüllt die Schriftform, in der Praxis hat sie aber wenig Bedeutung.
- → **NICHT PER MESSENGER-APP:** Eine per WhatsApp übermittelte außerordentliche Kündigung erfüllt nicht das Schriftformerfordernis und ist nichtig (LAG München, Urteil vom 28.10.2021 – 3 Sa 362/21).
- → **KEIN SCAN, KEINE KOPIE:** Der Schriftform entspricht es nicht, wenn die Kündigung eingescannt und dann per E-Mail versandt wird. Es reicht auch nicht, eine Kopie zu überreichen.
- → **FAX IST AKZEPTABEL:** Eine Kündigung per Fax ist grundsätzlich möglich. Allerdings muss das Original nachgesandt werden, um die Schriftform auf jeden Fall einhalten zu können.
- → **ZUGANG NACHWEISEN:** Wichtig ist, dass Sie den Zugang der Kündigung nachweisen können. Denn die schriftliche Kündigung ist nur wirksam, wenn Sie auch zugegangen ist.

nung erfolgen. Eine nicht prüfbare Rechnung wird nicht fällig!

Eine Abschlagsrechnung ist zum Beispiel nicht fällig, wenn dort einfach nur steht: „Dach zu 50 % installiert, pauschal, 8 000,00 €." Hier ist nicht nachvollziehbar, welche Leistungen mit dem Betrag genau vergütet werden sollen. Unklar ist auch, worauf sich die 50 Prozent beziehen. Wenn nicht nachgewiesen werden kann, dass die Leistung so wie abgerechnet erbracht wurde, könnte es sich zumindest zum Teil um eine Vorauszahlungsforderung handeln. Der Werkvertrag kennt jedoch nur dann eine Vorauszahlung, wenn sie vertraglich vereinbart wird! Von einer Vorauszahlung kann gesprochen werden, wenn die Leistung, für die Geld verlangt wird, noch nicht erbracht worden ist.

EINTRAGUNG EINER VORMERKUNG EINER BAUHANDWERKERSICHERUNGSHYPOTHEK

Für den Bauherren nicht ganz angenehm: Ein Unternehmer, dessen Leistungen nicht bezahlt wurden, kann sich durch Eintragung einer Vormerkung per einstweiliger Verfügung im Grundbuch des Grundstücks einen sogenannten Rang sichern. Es handelt sich dabei um nichts anders als die Eintragung einer Vormerkung einer Bauhandwerkersicherungshypothek.

Die Bauhandwerkersicherungshypothek ist eine Hypothek, die das Vorleistungsrisiko des Bauunternehmers sichern soll. Denn wird dieser nicht bezahlt, so soll er nicht das „volle" Risiko tragen, dass der Bauherr insolvent wird. Die Vormerkung der Hypothek ist das Vorrecht und erfolgt oftmals durch einstweilige Verfügung. Auf Eintragung einer Bauhandwerkersicherungshypothek ist gegebenenfalls zu klagen. Dabei ist interessant: Sie kann nur eingetragen werden, wenn der Bauherr gleichzeitig auch der Grundstückseigentümer ist – und zwar für erbrachte und nicht bezahlte Leistungen.

Da die Vormerkung, auch wenn sie später gelöscht wird, im Grundbuch als gelöscht sichtbar bleibt, hat der Bauherr in der Regel ein Interesse daran, dass keine derartige Vormerkung auf Eintragung einer Bauhandwerkersicherungshypothek ins Grundbuch erfolgt, denn bei einem späteren Verkauf des Hauses könnte sie Irritationen auslösen.

WEITERE BESONDERHEITEN

Daneben gibt es für den Bauunternehmer eine Sicherheit nach § 650 f BGB, sofern es sich nicht um einen Verbraucher- oder Bauträgervertrag (siehe Seiten 66 und 75) handelt.

Wird die Abnahme verweigert (dabei ist es zunächst egal, ob berechtigt oder unberechtigt), muss eine gemeinsame Leistungsfeststellung erfolgen. Sie soll die erbrachten Leistungen sowie die Mängel und die nicht oder nicht vollständig erbrachten Leistungen enthalten und wird von beiden Vertragspartnern zusammen durchgeführt.

Hinsichtlich der Mängelrechte gelten die Vorschriften des allgemeinen Werkvertragsrechts.

Der VOB/B-Vertrag

Von einem VOB/B-Vertrag wird gesprochen, wenn die VOB/B vereinbart wurde – die Vergabe- und Vertragsordnung für Bauleistungen. Vielleicht haben Sie schon davon gehört: Öffentlich-rechtliche Auftraggeber sind verpflichtet, nach der VOB/A auszuschreiben und die Vertragsbedingungen der VOB/B zu verwenden, das heißt vertraglich als sogenannte allgemeine Geschäftsbedingungen zu vereinbaren. Auch bei privaten Bauprojekten kommt die VOB/B oft zum Einsatz.

Die VOB besteht aus drei Teilen:

→ **TEIL A** enthält die sogenannte **VERGABEORDNUNG** und damit Vorschriften, wie der öffentliche Auftraggeber Bauleistungen auszuschreiben hat.

→ **TEIL B** ist die **VERTRAGSORDNUNG**. Die VOB/B ist eine gern verwandte allgemeine Geschäftsbedingung. Sie ist vielfach kommentiert, es gibt Rechtsprechung hierzu.

→ **TEIL C** befasst sich mit **TECHNISCHEN NORMEN** und enthält zum Beispiel Normen, wie aufzumessen und damit abzurechnen ist, wenn nichts anderes im Vertrag vereinbart wurde.

MÄNGELRECHTE IN DER VOB

In Bezug auf die Mängelrechte weist die VOB/B eine Besonderheit auf: Anders als im BGB können Mängelrechte dort explizit auch **VOR DER ABNAHME** geltend gemacht werden (§ 4 Abs. 7 VOB/B). In diesem Fall wird eine Frist zur Mängelbeseitigung mit einer Kündigungsandrohung gesetzt. Erfolgt die Mängelbeseitigung nicht, kann der gesamte Vertrag gekündigt werden oder gegebenenfalls auch Teile von ihm. Allerdings bestimmt sich das danach, was angedroht wurde. Ebenso muss es sich um in sich abgeschlossene Teile handeln, damit eine Teilkündigung wirksam ist.

Wurde der Mangel nicht beseitigt, kann der Auftraggeber den gesamten Vertrag oder, sofern möglich, einen Teil kündigen – und die Mehrkosten, die durch die Mängelbeseitigung durch ein anderes Unternehmen entstehen, gegen den ursprünglichen Unternehmer geltend machen. Im reinen BGB-Vertrag ist dies so nicht möglich. Nur ein Rücktritt vom Vertrag wäre möglich.

Der Unterschied zwischen Rücktritt und Kündigung ist, dass bei einem Rücktritt quasi alles auf den Anfang zurückgesetzt wird, während bei einer Kündigung mit dem Zeitpunkt des Zugangs der wirksamen Kündigung der Vertrag gestoppt wird. Im Resultat betrifft dies ganz konkret Abrechnungsfragen bezüglich der Vergütung des ausführenden Unternehmens bis zur Kündigung beziehungsweise zum Rücktritt vom Vertrag.

DER MÄNGELBEGRIFF DER VOB

In Bezug auf den Mangelbegriff weicht die VOB/B vom BGB ab: Nach § 13 VOB/B sind explizit auch die anerkannten Regeln der Technik (a. a. R. d. T.) einzuhalten (mehr dazu ab Seite 89), während im BGB zunächst nur auf die „vereinbarte Beschaffenheit sowie die gewöhnliche Verwendung" (siehe Seite 92) abgestellt wird. Im Übrigen sind die Mängelrechte in der VOB/B vergleichbar mit denjenigen im BGB.

INHALTSKONTROLLE: DIE WIRKSAMKEIT EINZELNER KLAUSELN HINTERFRAGEN

Bei Verträgen mit Verbrauchern unterliegt jede Klausel der VOB/B der Inhaltskontrolle nach den Grundsätzen der allgemeinen Geschäftsbedingung, auch dann, wenn die VOB/B als Ganzes vereinbart ist (BGH, Urteil vom 24.7.2008 – VII ZR 55/07). Somit kann bei jeder ihrer Klauseln gefragt werden, ob diese wirksam ist oder nicht. Dazu gibt es Kommentierungen und Rechtsprechung. Das ist ein

DIE VOB/B IST EINE ALLGEMEINE GESCHÄFTSBEDINGUNG

Da die VOB/B für eine Vielzahl von Fällen formuliert wurde, ist sie eine allgemeine Geschäftsbedingung, die wiederum der Inhaltskontrolle der Vorschriften über die allgemeinen Geschäftsbedingungen unterliegt. Wie jede allgemeine Geschäftsbedingung ist auch die VOB/B in den Vertrag mit einzubeziehen. Das bedeutet bei einem Vertrag mit einer Privatperson (das heißt einem Verbraucher): Die VOB/B ist dem Vertrag als allgemeine Geschäftsbedingung beizufügen. Ist sie nicht beigefügt, wird durch Auslegung zu ermitteln sein, ob sie vereinbart worden ist.

Wird die VOB/B als allgemeine Geschäftsbedingung vereinbart, ist automatisch auch Teil C mit vereinbart. Er kommt allerdings nur dann zum Tragen, wenn sich im Vertrag keine anderen Regeln zur Ausführung und Abrechnung finden.

Grund, warum die VOB/B gern in Verträgen vereinbart wird.

ACHTUNG: Derjenige, der die VOB/B verwendet – also der Vertragspartner, der den Vertrag stellt – kann sich auf unwirksame Klauseln in der VOB/B *nicht* berufen. Stellt der Bauherr die VOB/B als allgemeine Geschäftsbedingung, kann er sich folglich nicht auf die Unwirksamkeit einzelner Klauseln berufen.

DAS ANORDNUNGSRECHT NACH VOB/B

Die VOB/B hat schon seit vielen Jahren das Anordnungsrecht für geänderte Leistungen des Bauherrn geregelt (mehr zum Anordnungsrecht im Bauvertrag auf Seite 69). Ist die VOB/B vereinbart, darf der Bauherr geänderte und zusätzliche Leistungen beauftragen. Erfolgt die Beauftragung dem Grunde nach, darf das Bauunternehmen die Ausführung der Leistung nicht verweigern, denn es ist vorleistungspflichtig. Die Beauftragung dem Grunde nach bedeutet, dass nur die Leistung und nicht die Vergütung dafür beauftragt wird. Über die Höhe der Vergütung erfolgt dann zu einem späteren Zeitpunkt eine Verhandlung – oder es kommt zum Streit. Daher können geänderte oder zusätzliche Leistungen nach Ausführung in Abschlagsrechnungen und am Ende in der Schlussrechnung abgerechnet werden. Über die Höhe der Vergütung wird meist erst am Ende der Baumaßnahme mit der Schlussrechnung im Wege von Vergleichsverhandlungen eine Einigung erzielt.

Bemessungsgrundlage war in der Regel die Urkalkulation (siehe Seite 71). Auch wenn diese Art der Preisermittlung immer wieder auch nach Einführung des Bauvertragsrechts angewandt wird, sieht das BGB seit dem 1. Januar 2018 grundsätzlich eine andere vor: nämlich nach den tatsächlich entstandenen Kosten. Da es also ein neues gesetzliches Leitbild gibt, ist unklar, ob die Preisermittlung nach der VOB/B diesem noch entspricht, das heißt, ob diese Klausel unwirksam ist. Denn: Es könnte ein Verstoß gegen die Grundsätze der allgemeinen Geschäftsbedingungen vorliegen, weil die Preisermittlung nach VOB/B sowohl den Bauherrn als auch den Bauunternehmer unangemessen benachteiligen kann:

- Wenn der schlechte Preis ein schlechter bleibt, zahlt der Bauunternehmer tatsächlich viel mehr für die Leistung, als er vom Bauherrn vergütet erhält.
- Bleibt ein guter Preis ein guter Preis, hat der Bauherr den hohen Preis zu zahlen; egal ob der Bauunternehmer hohe Kosten hat.

An dieser Stelle sei nochmals darauf verwiesen, dass nur derjenige Vertragspartner, der die VOB/B nicht stellt, sich auf eine mögliche Unwirksamkeit von Klauseln berufen kann.

VORTEILE DER VOB/B

In der VOB/B werden bauspezifische Rechte und Pflichten genannt sowie Verantwortlichkeiten zugeordnet, die ohne weitere vertragliche Vereinbarung bei einem Bauvertrag – nach wie vor – unklar sind. Die VOB/B wird als weitestgehend ausgewogen für den Bauherrn und Bauunternehmer angesehen, sodass viele sie aus dem Gesichtspunkt der Fairness gern vereinbaren.

Der Werklieferungsvertrag

Im Werkvertragsrecht steht als besondere Vertragsart noch der Werklieferungsvertrag

(§ 650 BGB). Demnach ist „auf einen Vertrag, der die Lieferung herzustellender oder zu erzeugender beweglicher Sachen zum Gegenstand hat", das Kaufrecht anzuwenden. Das bedeutet, dass der Werklieferungsvertrag eher ein Kaufvertrag ist; auf ihn finden die Vorschriften für das Kaufrecht Anwendung. Vor vielen Jahren war es allerdings so, dass auf den Werklieferungsvertrag das Werkvertragsrecht Anwendung fand. Daher ist diese Vertragsart wohl im Werkvertragsrecht verblieben.

MONTAGE GELIEFERTER BEWEGLICHER SACHEN

Beim Werklieferungsvertrag geht es immer um die „Montage gelieferter beweglicher Sachen". Genauer gesagt muss es sich, damit ein Werklieferungsvertrag vorliegt, um eine „vertretbare Sache" handeln. Vertretbare und nicht vertretbare Sachen unterscheiden sich wie folgt:

- → Photovoltaikanlagen beispielsweise können von verschiedenen Produzenten hergestellt werden und sind damit in der Regel **VERTRETBARE SACHEN**. Hier liegt also ein **WERKLIEFERUNGSVERTRAG** vor.
- → Handelt es sich hingegen bei der beweglichen Sache um eine Einzelanfertigung, die so nur in einem bestimmten Haus installiert werden kann und wo der Schwerpunkt auf der individuellen Herstellung und/oder Montage liegt, handelt es sich um eine **NICHT VERTRETBARE SACHE**. Dann liegt ein **WERKVERTRAG** vor.

Für die Abgrenzung, ob der Schwerpunkt auf der individuellen Herstellung der Sache liegt oder es sich um eine Sache handelt, die für verschiedene Bauwerke in Serie hergestellt und nur montiert wird, gelten bestimmte Kriterien. Wie schwierig diese Abgrenzung im Einzelfall sein kann, wurde im ersten Kapitel am Beispiel von Photovoltaikanlagen beschrieben (siehe Seite 15). Ähnlich verhält es sich bei der Montage von Treppenliften, die ebenfalls oft nachträglich eingebaut werden.

Die Frage, ob die Montage eines Treppenliftes ein Werklieferungsvertrag ist oder ein Werkvertrag, wurde in der Rechtsprechung in den letzten Jahren vielfach behandelt. Der BGH hat nunmehr entschieden, dass es im Wesentlichen darauf ankommt, wie individuell der Treppenlift an das Gebäude angepasst wird und ob der Schwerpunkt auf der Herstellung und Montage liegt. Im Zweifelsfall ist hier – wie auch bei einer Photovoltaikanlage – rechtliche Beratung sinnvoll.

MÄNGELRECHTE BEIM WERKLIEFERUNGSVERTRAG

Die Mängelrechte im Kaufrecht, das beim Werklieferungsvertrag gilt, unterscheiden sich grundsätzlich nicht von denen im Werkvertragsrecht. Geringfügige Unterschiede gibt es bei der Frage, was ein Mangel ist (mehr auf Seite 13). Hinzu kommt beim Werklieferungsvertrag, dass auch die sachgemäße Montage neben der Lieferung der mangelfreien Sache eine Rolle spielt. Wird etwas anderes geliefert als vertraglich vereinbart, ist das ein Sachmangel. Hinzu kommt seit dem 1.1.2022, dass eine Montage- und Installationsanleitung sowie gegebenenfalls sonstige Anleitungen geliefert werden müssen und gegebenenfalls eine Aktualisierungspflicht für die Software besteht. Montagen haben sachgemäß zu erfolgen.

Das Werkvertragsrecht bietet darüber hinaus die Möglichkeit, wegen mangelhafter Leistung einen Kostenvorschuss in Höhe der Mängelbeseitigungskosten einzuklagen (siehe Seite 65). Dies bietet das Kaufrecht nicht in dieser Form: Bei diesem muss der Käufer die Mängelbeseitigungskosten zunächst meist selbst zahlen und kann sie erst im Anschluss einklagen. Dafür bekommt er im Kaufrecht jedoch die fiktiven Mängelbeseitigungskosten erstattet, ohne den Mangel zu beseitigen. Das geht nach der neuesten Rechtsprechung des BGH im Werkvertragsrecht beziehungsweise Baurecht so nicht.

Der Bauträgervertrag

Der Bauträgervertrag, der heute immer mehr zur Anwendung kommt, hat zum einen kaufvertragliche, zum anderen werkvertragliche Elemente. Das Mängelrecht für das Bauen richtet sich nach dem Werkvertrag und damit auch nach den bauvertraglichen Vorschriften.

Bei einem Bauträgervertrag kauft der Erwerber eine Wohnung (Eigentumswohnung) oder gegebenenfalls ein Reihenhaus, welches im Wohnungseigentum gebaut wird. Dann wird wie folgt unterschieden:

- → **GEMEINSCHAFTSEIGENTUM**: Das Grundstück und auch wesentliche Elemente des Gebäudes wie zum Beispiel tragende Wände oder der Gebäude sind Gemeinschaftseigentum.
- → **SONDEREIGENTUM**: Daneben gibt es das Sondereigentum, also die Wohnung und meistens auch die dazugehörigen Kellerräume. Das Sondereigentum gehört dem oder den Eigentümern der Wohnung ausschließlich. Tragende Wände innerhalb des Sondereigentums sowie Decken und Böden stehen hingegen im Gemeinschaftseigentum.
- → **SONDERNUTZUNG VON GEMEINSCHAFTSEIGENTUM**: Außerdem gibt es noch im Gemeinschaftseigentum stehende Flächen, für die ein Eigentümer oder gegebenenfalls mehrere Eigentümer eine ausschließliche Nutzung haben und somit die anderen Eigentümer von der Nutzung dieses Bereichs ausschließlich dürfen; zum Beispiel ein Garten.

Bei einem Bauträgervertrag ist zunächst der Bauträger Eigentümer des Grundstücks. Das Grundstück wird dann in Wohnungseigentum geteilt. Für die Erwerber werden bis zum Erwerb des Volleigentums nach Abschluss des Kaufvertrags in der Regel Vormerkungen in das Grundbuch eingetragen. Das Grundstück nebst Gebäude nebst weiteren Anlagen wie Stellplätzen ist in der Regel unterteilt in Gemeinschaftseigentum und Sondereigentum. Die sogenannte Teilung des Eigentums ist in der Teilungserklärung geregelt beziehungsweise erfolgt durch sie.

ABGRENZUNG ZWISCHEN SONDEREIGENTUM UND GEMEINSCHAFTSEIGENTUM

Die Abgrenzung zwischen Sondereigentum und Gemeinschaftseigentum ist mitunter nicht ganz einfach. Wenn nichts in der Teilungserklärung oder Gemeinschaftsordnung steht, findet das Wohnungseigentumsgesetz (WEG) Anwendung. Sollte etwas in der Teilungserklärung oder Gemeinschaftsordnung stehen, was unerlaubterweise vom WEG abweicht, gilt die Regelung des WEG. Dies ist zum Beispiel bei Elementen des Brandschutzes für das gesamte Haus oder die Heizungsanlage der Fall. Hierbei kann es sich nur um Gemeinschaftseigentum handeln, weil es nicht sein kann, dass ein Erwerber dies in Teilen verändern kann. Denn meistens handelt es sich um ein Gesamtkonzept für das Haus oder die Häuser einer Wohnungseigentumsanlage.

DER BAUTRÄGERVERTRAG IST EIN MISCHVERTRAG

Ein Bauträgervertrag ist rechtlich ein Mischvertrag: Er besteht zum einen aus einem Kaufvertrag und zum anderen aus einem Werkvertrag. Der Unterschied zum Immobilienkaufvertrag liegt darin, dass bei einem Kaufvertrag der Käufer das Grundstück mit dem Bauwerk erwirbt (oder ohne Gebäude); beim Bauträgervertrag hingegen kauft er einen Teil eines Grundstücks und beauftragt gleichzeitig den Bauträger zur Erbringung einer im Vertrag näher bestimmten Bauleistung, das heißt mit der Herstellung des Gebäudes und der spezifischen Wohnung.

VORTEILE DES BAUTRÄGERVERTRAGS

Ein wichtiger Vorteil des Bauträgervertrages: Eigentumserwerb und Bauvertrag sind hier in einem Vertrag geregelt. Das bedeutet: Als Käufer können Sie im Rahmen eines Vertrages Mängelrechte sowohl für den Kaufgegenstand als auch für die Werkleistung bei ein und derselben Person geltend machen.

Ein weiterer Vorteil dieser Vertragsform ist, dass unter bestimmten Voraussetzungen ein Rücktritt vom gesamten Vertrag möglich ist – das heißt einheitlich sowohl vom Kaufvertrag als auch vom Bauvertrag. Lägen ein Werkvertrag und ein Kaufvertrag parallel vor, müsste für jeden Vertrag einzeln geprüft werden, ob ein Rücktritt möglich ist – und ein Rücktritt von einem Vertrag wirkt sich nicht auf den anderen in der Form aus, dass auch von diesem zurückgetreten werden kann. Beim Bauträgervertrag hingegen könnten Sie zum Beispiel wegen des Vorhandenseins eines Mangels den Rücktritt vom

Vertrag insgesamt erklären. Oft ist dies jedoch nicht gewünscht, denn aufgrund der in den letzten Jahren immer steigenden Immobilienpreise ist es äußerst unwahrscheinlich, eine kostengünstigere Immobilie erwerben zu können.

RECHTE BEI MÄNGELN AM SONDER- UND GEMEINSCHAFTSEIGENTUM

Bei einem Bauträgervertrag steht Ihnen im Falle eines Mangels nach Abnahme prinzipiell die Nacherfüllung, der Rücktritt, die Minderung und/oder Schadenersatz zu (siehe Seite 27). Das liest sich zunächst einfach. Beim Bauträgervertrag ist jedoch zwischen Sondereigentum und Gemeinschaftseigentum zu unterscheiden. Beim Sondereigentum ist dies in der Regel unproblematisch, weil Sie als Käufer auch alleiniger Inhaber der Mängelrechte sind. Handelt es sich bei den Käufern einer Wohnungseinheit um mehrere Personen, stehen diesen gemeinsam die Rechte wegen Mängeln am Sondereigentum zu.

Anders beim Gemeinschaftseigentum: Dieses steht der Gemeinschaft zu. Das Recht für Mängel am Gemeinschaftseigentum ist aber noch komplizierter. Der Gesetzgeber hat bislang noch keine leicht handhabbare Lösung hierzu im Gesetz manifestiert. Daher kann im Moment nur auf die Rechtsprechung und die Kommentierungen zu diesem Problem zurückgegriffen werden.

Bis zur Abnahme des Gemeinschaftseigentums kann der Käufer danach grundsätzlich die Mängelrechte selbst – auch am Gemeinschaftseigentum – geltend machen. Das heißt: Er kann auch wegen eines Mangels am Gemeinschaftseigentum Geld einbehalten. Tut er dies und tun andere Erwerber dasselbe, ist dies ein Vielfaches der Mängelbeseitigungskosten, und es stellt sich wiederum die Frage, ob es rechtlich möglich ist. Denn: Der Bauträger würde in Summe viel weniger Geld erhalten, als ihm zusteht. Daher wird unter anderem die Auffassung vertreten, dass sich der Einbehalt wegen Mängeln bezüglich des Mangels am Gemeinschaftseigentum nach den Miteigentumsanteilen richtet. Andere vertreten die Auffassung, jeder Erwerber dürfe den Einbehalt in voller Höhe tätigen.

NOTARIELLE BEURKUNDUNG – IMMER EIN MUSS?

Der Bauträgervertrag muss aufgrund der Grundstücksübertragung gemäß § 311 b BGB notariell beurkundet werden. Daraus ergibt sich auch, dass bei Änderungen darin immer die notarielle Beurkundung erforderlich ist. Achtung: Dies gilt auch für Änderungen der Baubeschreibung! In der Praxis erfolgt dies allerdings so gut wie nie. Auch werden in einigen Bauträgerverträgen Konstrukte verwandt, um die ständige notarielle Beurkundung von Leistungsänderungen zu verhindern. So werden zum Beispiel Änderungen des Vertrags, das heißt bestimmte Zusatzwünsche nach dem Bauträgervertrag, direkt mit dem ausführenden Bauunternehmen abgewickelt. Gleichwohl müssten Änderungen, die den Vertrag betreffen, immer notariell beurkundet werden. Aber auch hier gilt der Grundsatz: Wo kein Kläger, da kein Richter. Meist ist diese Frage für die Entscheidung in der Sache von keiner oder nur geringer Relevanz. Es kann aber auch anders sein. Denn ohne Einhaltung der Form könnte die Leistungsänderung als nicht vereinbart angesehen werden.

GEMEINSAME ABNAHME VON SONDEREIGENTUM UND GEMEINSCHAFTSEIGENTUM

Die Abnahme des Sondereigentums wie auch des Gemeinschaftseigentums darf rechtlich nur vom Erwerber erfolgen. Auch darf nicht per Bauträgervertrag die Abnahme einfach auf einen Vertreter übertragen werden. Hierzu gibt es mannigfache Rechtsprechung. Der Hintergrund: Es soll verhindert werden, dass ein vom Bauträger bestimmter Vertreter abnimmt, obwohl keine Abnahmereife vorliegt. Denn in der Praxis hat sich gezeigt, dass der vom Bauträger bestimmte Vertreter oft die Interessen des Bauträgers verfolgt hat.

Die Abnahme des Sondereigentums erfolgt in der Regel mit der Bezugsfertigkeit der gekauften Wohnung. Zu diesem Zeitpunkt aber ist das Gemeinschaftseigentum oft noch nicht fertiggestellt und auch nicht abnahmereif. Daher erfolgt die Abnahme des Sondereigentums oftmals vor der Abnahme des Gemeinschaftseigentums. Die Abnahme des Sondereigentums erfolgt mit der Bezugsfertigkeit der Wohnung. Ist das Gemeinschaftseigentum dann abnahmereif, fordert der Bauträger zur Abnahme auf. Wenn alle Erwerber ihre Wohnung übernommen haben, hat sich die Wohnungseigentumsgemeinschaft gebildet. Die Abnahme hat jedoch jeder Erwerber auch für das Gemeinschaftseigentum selbst zu erklären. Nur die Mängelrechte am Gemeinschaftseigentum kann ein Erwerber nicht für sich allein nach der Abnahme beanspruchen und geltend machen.

Grundsätzlich hat nur jeder Erwerber selbst das Recht, vom Vertrag zurückzutreten. Ein Rücktritt vom Vertrag ist nur vor der Abnahme des Sonder- und des Gemeinschaftseigentums möglich. Die anderen Rechte können beim Gemeinschaftseigentum in der Regel entweder nur von der Gemeinschaft als solche geltend gemacht werden oder vom Einzelnen für die Gemeinschaft. Richtig kompliziert wird es, wenn ein Erwerber das Gemeinschaftseigentum abnimmt und ein anderer nicht.

MINDERUNG BEI MÄNGELN AM GEMEINSCHAFTSEIGENTUM

Aufzupassen ist daher auch bei Minderungen für Mängel am Gemeinschaftseigentum! Denn zum einen kann der Erwerber dies nicht allein (das heißt ohne die Gemeinschaft, die anderen Erwerber), entscheiden, und zum anderen gehört der geminderte Betrag der Gemeinschaft – und dem Erwerber stehen daran allenfalls die Bruchteile seines Miteigentumsanteils zu.

In Ballungsgebieten werden heute oft Häuser *im* Wohnungseigentum gebaut. Dies liegt daran, dass sonst auf dem betreffenden Grundstück wegen notwendiger Grenzabstände nicht in dem geplanten Umfang gebaut werden dürfte. In diesem Fall stehen die Häuser also auf dem Gemeinschaftseigentum, und das Haus selbst wird Sondereigentum sein. Wird etwas gemeinschaftlich genutzt, zum Beispiel eine Tiefgarage, steht diese wiederum im Gemeinschaftseigentum.

Bei größeren Wohnkomplexen gibt es innerhalb der Wohnungseigentümergemeinschaft wiederum Untergemeinschaften, denen dann jeweils Mängelrechte zustehen, die das Gebäude oder den Gebäudeabschnitt betreffen, das beziehungsweise den die Mitglieder der Untergemeinschaften nutzen.

Das Recht der Mängel am Gemeinschaftseigentum bei Wohnungseigentumsgemeinschaften ist derzeit leider eines der komplexesten rechtlichen Themen. Das gilt insbesondere für Mängel, die während der Bauausführung auftreten. Selbst der versierte Fachanwalt für Bau- und Architektenrecht wünscht sich, dass der Gesetzgeber hier bald einfache Regelungen findet und ins Gesetz einfügt.

RICHTIG ABRECHNEN IM BAUTRÄGERVERTRAG

Anders als beim Bauvertrag braucht es beim Bauträgervertrag keine prüfbare Rechnung. Wie hier abzurechnen ist, ergibt sich aus der Makler- und Bauträgerverordnung (MaBV). Der darin enthaltene Zahlungsplan listet 13 verschiedene Gewerke auf. Allerdings darf der Bauträger nicht für jedes einzelne Gewerk eine Rechnung schreiben; er muss diese zu **MAXIMAL SIEBEN TEILZAHLUNGEN** zusammenfassen.

Der Zahlungsplan legt genau fest, wie viel Prozent der Gesamtkosten der Bauträger für die einzelnen Gewerke veranschlagen darf:

→ **30 PROZENT DER VEREINBARTEN SUMME** kann er nach Beginn der Erdarbeiten veranschlagen, wenn er auch das Baugrundstück mitverkauft. In allen anderen Fällen sind es lediglich 20 Prozent.
→ **70 PROZENT DER VEREINBARTEN SUMME** kann der Bauträger für die übrigen Gewerke veranschlagen.

Diese Summe gliedert sich nach der Makler- und Bauträgerverordnung (MaBV) so auf:

→ Rohbaufertigstellung einschließlich Zimmererarbeiten: 40 Prozent
→ Dachflächen, Dachrinnen: 8 Prozent
→ Rohinstallation der Heizungsanlagen: 3 Prozent
→ Rohinstallation der Sanitäranlagen: 3 Prozent
→ Rohinstallation der Elektroanlagen: 3 Prozent
→ Fenster mit Verglasung: 10 Prozent
→ Innenputz ohne Beiputzarbeiten: 6 Prozent
→ Estrich: 3 Prozent

- Fliesenarbeiten im Sanitärbereich: 4 Prozent
- nach **BEZUGSFERTIGKEIT UND ÜBERGABE**: 12 Prozent
- Fassadenarbeiten: 3 Prozent
- nach **VOLLSTÄNDIGER FERTIGSTELLUNG**: 5 Prozent

An gleicher Stelle wird erwähnt, dass der Bauherr oder Erwerber bei Nichterfüllung ein Zurückbehaltungsrecht der Zahlung in Höhe des Zweifachen der Mängelbeseitigungskosten für die Leistung hat. Je nachdem, wie die Rechnungen gestellt werden, sollte das Zurückbehaltungsrecht daher bei der Rechnung geltend gemacht werden, bei der die mangelhafte Sache abgerechnet wird.

Die oben genannten Beschreibungen in der Makler- und Bauträgerverordnung sind oft relativ unpräzise, weil sie sich den Leistungen der Baubeschreibung nicht immer eindeutig zuordnen lassen. Daher fällt es dem Laien teilweise schwer zu beurteilen, ob der tatsächliche Bautenstand mit dem abgerechneten im Einklang steht. **ACHTUNG**: Der Bauträger hat keinen Anspruch auf Vorauszahlung! Daher sollten Bautenstand und Zahlungsstand immer genau im Blick gehalten werden.

REGELMÄSSIGE BAUTENSTANDSBERICHTE

Dabei ist von Vorteil: Über den Baufortschritt muss der Bauträger einen Bautenstandsbericht fertigen, damit Bauherren und Baufinanzierer sicher sein können, dass er korrekt abrechnet. In ihm wird das jeweils abgerechnete Gewerk schriftlich und fotografisch genau dokumentiert – jedenfalls sollte es so sein. Oft werden Bautenstandsberichte nur sehr rudimentär erstellt. Achtung: Weist eine hergestellte Leistung Mängel auf, ist der Bautenstand für sie nicht zu hundert Prozent erfüllt, und daher kann die entsprechende Rate auch nicht zu hundert Prozent fällig sein.

MAKLER- UND BAUTRÄGERVERORDNUNG: DER ZAHLUNGSPLAN

Wichtig zu beachten ist auch: Der Bauträger muss sich bei dem im Vertrag vorgesehenen Zahlungsplan genau an die Makler- und Bauträgerverordnung halten. Weicht er davon ab, führt dies zur Unwirksamkeit des Zahlungsplans. Dies wiederum hat nach einem Urteil des BGH (BGH – VII ZR 311/99) zur Folge, dass der Erwerber erst nach Fertigstellung und Abnahme zur Zahlung der Vergütung des Bauträgers verpflichtet ist. Der Hintergrund ist klar: Die Regelung soll den Bauherrn davor schützen, zu früh zu viel zu zahlen. Im schlimmsten Fall könnte er nämlich – etwa bei Insolvenz des Bauträgers – die gesamte gezahlte Vergütung verlieren. Da der Bauträger sich an die Makler- und Bauträgerverordnung halten muss, ist er nicht „schützenswert“, wenn er von ihr abweicht.

In vielen Bauträgerverträgen findet sich die Regelung, dass der Bauträger die geschuldete Leistung einseitig verändern kann. Doch auch dies ist nicht ohne Weiteres möglich, selbst wenn es vertraglich vorgesehen ist. Denn eine einseitige Änderung des Bauträgers muss für den Erwerber zumutbar sein. Die Gründe für die einseitige Änderung sollten zudem triftig sein – und müssen dem Erwerber hinreichend ausführlich und verständlich mitgeteilt werden.

In der Praxis ist immer wieder festzustellen, dass der Bauträger diese Voraussetzungen nicht erfüllt: Er baut anders als vereinbart, verändert also die geschuldete Leistung eigenmächtig, indem er zum Beispiel billigere Materialien wählt oder vereinbarte Ausstattungen einfach weglässt. Wie damit faktisch umzugehen ist, sollte mit entsprechenden Beratern besprochen werden, wenn der Erwerber den vertraglichen Zustand erhalten will.

WICHTIG: Auch Schadensersatzansprüche des Erwerbers dürfen grundsätzlich nicht vertraglich ausgeschlossen oder beschränkt werden!

MAKLER- UND BAUTRÄGERVERORDNUNG GILT NICHT IMMER

Die Makler- und Bauträgerverordnung findet nur dann Anwendung, wenn der künftige Bauherr (sprich: Erwerber) ein noch zu errichtendes Haus inklusive Grundstück (alternativ: das Erbbaurecht an einem Baugrundstück) von einem Bauunternehmen, sprich dem Bauträger, kauft. Dafür wird ein notarieller Vertrag abgeschlossen, der den Grundstückserwerb beziehungsweise die Erlangung des Erbbaurechts gemeinsam mit der Bauverpflichtung umfasst.

Zu beachten ist noch, dass in der Regel sowohl der Erwerber als auch die Wohnungseigentümergemeinschaft in aller Regel Verbraucher im Sinne des § 15 BGB sind.

Für das Sachmängelrecht bezüglich der herzustellenden Immobilie finden die Vorschriften des Werkvertrages Anwendung; ansonsten finden die Mängelrechte des Kaufrechts Anwendung.

Der Kaufvertrag

Mit dem klassischen Kaufvertrag wird eine bereits vorhandene Immobilie an einen Erwerber, den neuen Eigentümer, verkauft.

In der Regel finden vor der Unterzeichnung des Kaufvertrages Besichtigungen des Hauses statt. Es empfiehlt sich, bei mindestens einer davon einen Bausachverständigen oder Architekten mitzunehmen. Denn dieser hat ein geschultes Auge, mögliche Mängel zu erkennen und beizeiten zu benennen.

Das ist vor allem deshalb sinnvoll, weil die meisten Kaufverträge über eine bestehende Immobilie einen Haftungsausschluss für Mängel haben. Dieser betrifft sowohl sichtbare als auch nicht sichtbare Mängel und ist meistens wirksam – es sei denn, der Verkäufer hat einen Mangel arglistig verschwiegen (siehe Seite 49). Nur dann kann noch eine Haftung für den Mangel möglich sein. Ohne Haftungsausschluss haftet der Verkäufer für jeden Sachmangel.

WANDEL DES MANGELBEGRIFFS IM KAUFRECHT

Die Mängelrechte im Kaufrecht sind denen im Bauvertragsrecht/Werkvertragsrecht ähnlich: Der Käufer kann Nacherfüllung verlangen, mindern oder zurücktreten. Ebenso kann ein Anspruch auf Schadenersatz bestehen (mehr zu den Mängelrechten ab Seite 27).

Der Sachmangelbegriff wurde seit dem 1. Januar 2022 im Kaufrecht erweitert. Insbesondere wurde bezüglich des Kaufs gelieferter Software einiges geändert. Das Gesetz spricht hier von „Kaufsachen mit digitalen Elementen". Diese unterliegen künftig einer sogenannten Aktualisierungspflicht (siehe Seite 64). Im Hinblick auf die typischen Baumängel ist der Mangelbegriff aber mit dem des Werkvertragsrechts vergleichbar.

VORSICHT HAFTUNGSAUSSCHLUSS!

Die übliche Fallkonstellation im Rahmen des Kaufvertrages ist, dass ein bereits fertiges Haus gekauft wird – und sich nach dem Bezug oder nach der Übergabe dann herausstellt, dass das Objekt noch weitere Mängel hat als die bislang bekannten. Üblicherweise enthalten die entsprechenden Kaufverträge, wie schon erwähnt, einen Haftungsausschluss, frei nach der Kurzformel: „gekauft wie gesehen". Sie bedeutet konkret ganz einfach, dass das gekauft wurde, was besichtigt wurde. Bei der Besichtigung hätten Mängel festgestellt werden können – geschah dies aber nicht oder verzichtet der Erwerber darauf, sie vor dem Kauf beseitigen zu lassen, geht dies zu seinen Lasten.

ARGLISTIG VERSCHWIEGENE MÄNGEL

Ausgenommen davon sind nur arglistig verschwiegene Mängel. Dies hört sich gravierender an, als es ist. Fakt ist: Ein Mangel ist immer nur dann arglistig verschwiegen, wenn der Verkäufer ihn schon kannte und die Pflicht bestand, ihn zu offenbaren, ohne dass es geschah. Aber: Genau das muss erst einmal bewiesen werden.

Im Falle einer gerichtlichen Auseinandersetzung trägt die Beweislast dafür, dass der Verkäufer den Mangel kannte, der Käufer. Dabei kommt es auf die tatsächliche Kenntnis an, nicht auf das „Hätte-kennen-müssen". Geregelt ist dies in § 444 BGB. Genau das macht es für den Käufer so schwer, entsprechende Ansprüche durchzusetzen. Verkäufer, die bewusst einen Mangel verschweigen, den sie hätten offenbaren müssen, kennen diese hohen Anforderungen an die Beweislast für den Erwerber oft. Sie rechnen vielleicht sogar damit, dass der Käufer die Kenntnis des Verkäufers einfach nicht nachweisen kann.

Liegt nachweislich ein Mangel vor, den der Verkäufer hätte offenbaren müssen und den er kannte, so ist ein Mangel arglistig verschwiegen. Die Folge ist, dass dem Käufer trotz Haftungsausschluss für diesen Mangel die Mängelrechte des Kaufvertragsrechts zustehen. Er kann dann zur Mängelbeseitigung des Mangels auffordern – und im Falle der Nichtbeseitigung mindern, zurücktreten, Aufwendungs- oder Schadensersatz verlangen. Wie dieser sich berechnet, ergibt sich anhand des konkreten Sachverhalts. Umstritten ist, ob eine Mängelbeseitigungsaufforderung erfolgen muss oder wegen des schon fehlenden Vertrauens des Käufers in den Verkäufer unterbleiben kann. Im Zweifel ist hierzu rechtlicher Rat einzuholen.

Die Erbpacht

Soll ein Haus gekauft werden, empfiehlt es sich, sich genau darüber zu informieren, ob an dem Grundstück mit dem Haus das Eigentum verschafft wird (klassischer Verkauf von Eigentum) oder das Haus nur in Erbpacht verkauft werden soll.

WAS IST ERBPACHT?

Zunächst sieht der Erwerber gar keinen Unterschied. Teilweise wird Erbbaurecht genauso gehandelt wie der Verkauf von Eigentum – abgesehen vom Preis. Vor allem in Ballungsgebieten, wo Wohnraum knapp ist, kann dies der Fall sein. Meist ist eine Pacht günstiger als ein Kauf.

Die Pacht hat in der Regel eine gewisse (meist relativ lange) Laufzeit, zum Beispiel 60, 80 oder 99 Jahre, und nach Ablauf der Laufzeit muss der Pachtgegenstand – das Haus – an den Eigentümer zurückgegeben werden, wenn der Pachtvertrag nicht verlängert wird. Für die Laufzeit des Pachtverhältnisses verliert der Eigentümer quasi das Recht auf sein Grundstück und damit auch auf das eigene Haus. Merke: Mit „erben“ hat die Erbpacht also nichts zu tun.

Grundstücke mit Erbbaurechtsverträgen werden häufig von Gemeinden, Kirchen oder Stiftungen angeboten. Aber auch Privatpersonen können Erbbaurechtsgeber sein. Oft steht im Hintergrund der Wunsch, ein Grundstück finanziell zu verwerten, es aber langfristig (noch) nicht hergeben zu müssen.

DER ERBBAURECHTZINS – EINE ART MIETE

Der Erbbaurechtsnehmer zahlt für die vertraglich vereinbarte Zeit den sogenannten Erbbaurechtzins, in der Regel monatlich, quartalsmäßig oder jährlich. In diesem Punkt ist die Pacht vergleichbar mit der Miete. Ein wichtiger Unterschied: Anders als der Mieter kann der Pächter die Früchte aus dem Grundstück und dem Haus ziehen, es also zum Beispiel seinerseits an einen Dritten vermieten. **ACHTUNG:** Üblicherweise steigt der Erbbauzins im Laufe der Jahre, das heißt er ist nicht gleichbleibend.

GRUNDERWERBSSTEUER BEIM ERBPACHT-VERTRAG

Auch bei einem Erbpachtvertrag muss auf das Grundstück Grunderwerbssteuer gezahlt werden – doch sie berechnet sich auf andere Weise als beim „normalen“ Kauf eines Grundstücks: anhand der vereinbarten Jahrespacht, einem bestimmten Umrechnungsfaktor und der Laufzeit des Pachtvertrages. Im Ergebnis ist die Grunderwerbsteuer bei der Erbpacht in der Regel günstiger als beim klassischen Kauf.

WO LIEGT KONFLIKTPOTENZIAL?

Der Erbbaurechtsgeber bleibt die ganze Zeit über Eigentümer des Grundstücks – der Erbbaurechtsnehmer ist aber Eigentümer der Immobilie. Diese besondere Konstellation kann zu Streitigkeiten zwischen Erbbaurechtsgeber und Erbbaurechtsnehmer führen. Manchmal will der Erbbaurechtsgeber bei Veränderungen am Bauwerk, zum Beispiel Umbauten oder Modernisierungen, ein Mitspracherecht ausüben. Es steht ihm in der Regel nicht zu. Will der Erbbaurechtsnehmer sein Erbbaurecht jedoch verkaufen, hat der Erbbaurechtsgeber ein Mitspracherecht.

→ Die Baubeschreibung: Eine Baubeschreibung ist eine detaillierte Beschreibung des Gebäudes, das errichtet werden soll. Bei der Frage, ob Mängel vorliegen, ist sie eine wichtige Beurteilungsgrundlage.

WAS ERFAHRE ICH?

In der Baubeschreibung werden verschiedene Punkte genau aufgelistet, etwa Konstruktion, Qualitäten und Materialien eines Gebäudes oder einer Wohnung. Sie sollen so ausführlich beschrieben sein, dass sich die Leistung, für die eine Vergütung zu zahlen ist, hinreichend klar nachvollziehen lässt beziehungsweise diese hinreichend klar bestimmt ist.

Bei der Einreichung von Bauvorhaben bei den Behörden für zum Beispiel die Erlangung der Baugenehmigung hat der Planer die Baubeschreibung mitzuliefern. Alle Einzelheiten der Bauausführung müssen darin enthalten und genau beschrieben sein, auch Themen wie die Versorgung mit Wasser und Energie und die Art der Wärmeerzeugung gehören in die Baubeschreibung. Bei einem Bestandsgebäude müssen die Sanierungen beschrieben sein und das Enddatum der Sanierung genannt werden. Zudem sind die Betriebskosten anzugeben, inklusive Heizkosten. Dies vor dem Hintergrund der möglichen Energieeinsparungen. Bei neu zu erstellenden Eigentumswohnungen können diese per Quadratmeter geschätzt werden. Letzteres ersetzt nicht die Baubeschreibung.

Handelt es sich um eine private Immobilienfinanzierung, muss der Bauherr die Baubeschreibung auch bei seiner Bank vorlegen, um einen Kredit zu beantragen.

Die Baubeschreibung ist ein Bestandteil des Vertrags. Bei einem Grundstückskauf und einem Vertrag mit einem Bauträger beurkundet ein Notar die Baubeschreibung, und sie wird so Bestandteil des Kaufvertrags.

Die Baubeschreibung dient also zur Beschreibung des Leistungsumfangs. Sie ist daher quasi das Herzstück des Vertrages und sollte die beauftragten Leistungen so genau wie möglich beschreiben. Sie sollte immer von einem Experten wie einem Gutachter, einem Bauingenieur oder Architekten sowie gegebenenfalls von einem Anwalt geprüft werden.

Nun hat bekanntlich jeder seine eigenen Vorstellungen und seinen persönlichen Blickwinkel. Daher sollte die Baubeschreibung so gelesen werden, wie ein objektiver Dritter sie verstehen darf. Machen wir uns aber klar: Das Bauunternehmen hat ein Interesse daran, die eigenen Risiken und den Umfang der zu erbringenden Leistung so gering zu halten wie möglich. Daher kann man davon ausgehen, dass eine Baubeschreibung eines Bauunternehmens meist wenig funktional und nicht immer präzise ist. Denn: Je mehr Funktionen das Bauunternehmen schuldet, desto mehr Risiken bestehen, dass eben die geschuldeten Funktionen nicht erreicht werden können. Immerhin bestimmt die Baubeschreibung den Umfang der Haftung. Das Bauunternehmen hat ein Interesse, die eigenen Risiken so gering wie möglich zu halten.

Worauf genau Sie bei der Baubeschreibung achten müssen, erfahren Sie in diesem Kapitel. Dabei wird auch zwischen verschiedenen Formen der Baubeschreibung unterschieden.

Die vorvertragliche Baubeschreibung

Bei einem Verbraucherbauvertrag (siehe Seite 66), der ab dem 1. Januar 2018 geschlossen wurde, ist der Bauunternehmer nach § 650j BGB verpflichtet, dem Bauherrn eine detaillierte Baubeschreibung in Textform nach inhaltlich vorgeschriebener Form zur Verfügung zu stellen, und zwar rechtzeitig bevor dieser den Vertrag unterschreibt.

Die vorvertraglich zur Verfügung gestellte Baubeschreibung wird anschließend gewissermaßen automatisch Vertragsbestandteil – es sei denn, die Vertragspartner vereinbaren etwas später eine andere Baubeschreibung. Dies wird nur dann der Fall sein, wenn der Bauherr selbst oder ein von ihm Beauftragter die wesentlichen Planungsvorgaben vornimmt.

So jedenfalls der Grundgedanke des Gesetzgebers. Achten Sie daher darauf, dass Sie sich ausreichend Zeit nehmen, die vorvertragliche Baubeschreibung kritisch zu lesen, und lassen Sie sich nicht überrumpeln und zu einem schnellen Vertragsabschluss drängen.

Außerdem hat auch ein Bauträger gegenüber dem Erwerber für die Errichtung oder den Umbau eines Hauses nach den Anforderungen in § 650j BGB und gemäß Artikel 249 – § 1 und 2 im EGBGB eine vorvertragliche Baubeschreibungspflicht zu erfüllen. Bei den anderen Vertragsformen ist eine Baubeschreibung für den Vertrag nicht nach dem Gesetz erforderlich; jedoch ist dringend dazu zu raten, auch bei den anderen Vertragsformen – außer beim Kaufvertrag – eine Baubeschreibung/Leistungsbeschreibung zumindest in Textform zu vereinbaren.

DAS EXPOSÉ

Das Exposé ist keine Baubeschreibung, sondern eine Art Werbeprospekt. Es wird vor Vertragsschluss vom Immobilienbüro oder Bauträger angefertigt und Interessenten bei einer Besichtigung oder danach zur Verfügung gestellt – heute oft auch digital als PDF. Ein Exposé beschreibt, was gebaut beziehungsweise gekauft werden soll – wenn auch nicht so detailliert wie die Baubeschreibung –, und informiert etwa über Lage, Beschaffenheit und Ausstattung der Immobilie. Auch die Darstellung der Energieeffizienz ist heute Bestandteil des Exposés.

Ein Exposé zeigt die Immobilie vorwiegend in gutem Licht. Grundsätzlich ist es, anders als die Baubeschreibung, **RECHTLICH NICHT BINDEND**. Nur in seltenen Fällen wird es notariell beglaubigt und so Teil des Vertrags. Doch auch, wenn dies nicht geschieht, kann es manchmal herangezogen werden, wenn es um die Frage geht, was vereinbart wurde oder worauf der Käufer beziehungsweise Bauherr vertrauen durfte. Es ist also anzuraten, ein Exposé (auch ein digitales) sorgfältig aufzubewahren.

WAS GEHÖRT IN DIE BAUBESCHREIBUNG?

Form und Inhalt der Baubeschreibung werden in Artikel 249 – Informationspflichten bei Verbraucherbauverträgen – im Einführungsgesetz zum BGB (EGBGB mit §§ 1 und 2 in BGBl. I. Nr. 23/2017, Seite 976) vorgeschrieben. Danach sind in der Baubeschreibung die „wesentlichen Eigenschaften des angebotenen Werks in klarer Weise" darzustellen. Mindestens soll sie Informationen zu folgenden Schwerpunkten nach dem vorgegebenen Katalog in § 2 des Artikels 249 EGBGB enthalten:

→ „allgemeine Beschreibung des herzustellenden **GEBÄUDES** oder der vorzunehmenden Umbauten, gegebenenfalls Haustyp und Bauweise,

→ Art und Umfang der angebotenen Leistungen, gegebenenfalls der Planung und der **BAULEISTUNG**, der Arbeiten am **GRUNDSTÜCK** und der **BAUSTELLENEINRICHTUNG** sowie der Ausbaustufe,

→ Gebäudedaten, Pläne mit Raum- und Flächenangaben sowie Ansichten, Grundrissen und Schnitten,

IN TEXTFORM, KLAR FORMULIERT UND VOLLSTÄNDIG

Der Gesetzgeber schreibt bei Verbraucherbau- und Bauträgerverträgen die Baubeschreibung in Textform vor. Eine Baubeschreibung kann folglich nicht nur „mündlich" erfolgen. Unter Textform können auch digitale Medien verstanden werden. Ferner muss der Text der Baubeschreibung klar und transparent formuliert werden und soll die notwendigen Informationen liefern. Für Sie als Bauherren wichtig: Sollte sich eine Baubeschreibung bei der Ausführung als unvollständig oder unklar erweisen, gehen Auslegungsfragen nach § 650k Abs. 2 BGB zulasten des Bauunternehmers, sofern es sich um einen Verbraucherbauvertrag handelt.

- gegebenenfalls Angaben zum Energie-, zum Brandschutz- und zum Schallschutzstandard sowie zur Bauphysik,
- Angaben zur Beschreibung der Baukonstruktionen aller wesentlichen Gewerke,
- gegebenenfalls Beschreibung des Innenausbaus,
- gegebenenfalls Beschreibung der gebäudetechnischen Anlagen,
- Angaben zu Qualitätsmerkmalen, denen das Gebäude oder der Umbau genügen muss,
- gegebenenfalls Beschreibung der Sanitärobjekte, der Armaturen, der Elektroanlagen, der Installationen, der Informationstechnologie und der Außenanlagen." (§ 2 Art. 249 EGBGB)

Die Aufzählung führt auf, was üblicherweise mindestens vorliegen sollte. Aber: Nicht alle diese Informationen liegen für jedes Bauvorhaben immer vor. Umgekehrt können bei einem Projekt andere Informationen von Bedeutung für die Baubeschreibung sein, die hier nicht aufgelistet sind. Insofern ist die Auflistung nicht abschließend beziehungsweise vollständig.

FERTIGSTELLUNG DES WERKS

In der Baubeschreibung muss der „Zeitpunkt der Fertigstellung des Werks" vom ausführenden Bauunternehmen verbindlich angegeben werden. In der Regel wird hierzu eine Datumsangabe nach Kalender verlangt. Erfolgt aus sachlichen Gründen keine feste Terminangabe, ist die Dauer der Baudurchführung anzugeben, zum Beispiel in Wochen oder Monaten.

WIE PRÜFEN SIE DIE BAUBESCHREIBUNG?

Die vorvertragliche Baubeschreibung sollten Sie sorgfältig lesen und verifizieren. Es empfiehlt sich, bereits hierfür einen technischen Sachverständigen hinzuzuziehen. Insbesondere sollte die Vollständigkeit der Baubeschreibung überprüft werden. Die Ihnen vorliegende Baubeschreibung sollte enthalten:

- eine allgemeine Beschreibung der Bauleistung
- Informationen zu Nutzung, Umfang, Konzept das heißt Gesamtkonzept des Gebäudes sowie die entsprechenden Pläne
- eine Beschreibung des Bauplatzes und der Gegebenheiten vor Ort
- die Bauleistung sowie die Art der Ausführung
- alle notwendigen Merkmale zur Statik und Konstruktion und gegebenenfalls notwendige Berechnungen
- Darstellung der Leistungen zum Beispiel in Form von Termin- und Konstruktionsplänen
- Fabrikate, Qualitäten und Preise
- Schallschutz
- Art und Umfang Heizungsanlage
- Wohnraumbelüftung
- Dämmung
- Außenfassade
- Gartengestaltung und weitere Außenanlagen

Die Vertragsbaubeschreibung

Die sogenannte Vertragsbaubeschreibung ist die Baubeschreibung, die dem Vertragsschluss zugrunde gelegt wird. Sie sollte Anlage eines in Textform verfassten Vertrages sein. Vor Vertragsschluss muss der Bauunternehmer, wie schon erwähnt, eine Baubeschreibung übergeben. Etwas anderes gilt, wenn der Bauherr selbst einen Planer beauftragt hat. In diesem Fall wird dieser die Baubeschreibung erstellen.

Die Baubeschreibung kann ein Text sein oder auch eine Auflistung, zum Beispiel ein Leistungsverzeichnis.

Das ist teilweise mehr als nach dem EGBGB (Einführungsgesetz zum Bürgerlichen Gesetzbuch) vorgesehen – aber auf jeden Fall für eine ordnungsgemäße Bauabwicklung sinnvoll. Daher sollten diese Aspekte überprüft werden.

WELCHE BAUBESCHREIBUNG KOMMT IN DEN VERTRAG?

Weicht die vorvertragliche Baubeschreibung von der vertraglich vereinbarten ab, gibt es zum einen die vorvertragliche Baubeschreibung und zum anderen die Vertragsbaubeschreibung. Wichtig: Die spätere Baubeschreibung (das heißt die Vertragsbaubeschreibung) ist diejenige, die für den Vertrag gilt! Sie sollte dem Vertrag auf jeden Fall beigefügt werden. Zu Dokumentationszwecken empfiehlt es sich, das Datum der Erstellung auf die Vertragsbaubeschreibung zu schreiben.

Ändert sich die vorvertragliche Baubeschreibung nicht, wird diese mit Vertragsschluss automatisch zur Vertragsbaubeschreibung. Auch sie sollte dem Vertrag beigefügt sein.

ACHTUNG: Der Bauträgervertrag wird immer notariell beurkundet – sonst ist er unwirksam. Dem Vertrag ist die Baubeschreibung beizufügen. Darauf wird auch der Notar achten. Ob diese alle erforderlichen und/oder sinnvollen Angaben enthält, wird ein Notar jedoch nicht überprüfen. Vor Unterzeichnung sollte diese noch einmal auf ihre Vollständigkeit und ihren Stand überprüft werden. Die notariell beurkundete Baubeschreibung ist die für den Bauträgervertrag maßgebliche, da vertraglich vereinbart.

WAS GESCHIEHT, WENN LEISTUNGEN FEHLEN?

Die Vertragsbaubeschreibung ist die, nach der gebaut wird. Sollten sich in ihr Lücken befinden, müssen die Leistungen gegebenenfalls ergänzt werden. Bei solchen Ergänzungen handelt es sich um **ZUSÄTZLICHE LEISTUNGEN**. Diese müssten gesondert beauftragt werden.

WAS GENAU BEDEUTET „HOCHWERTIG"?

Bei jeder Baubeschreibung muss auf den Aussagewert verwendeter Formulierungen geachtet werden. Sicher wirkt es zunächst verheißungsvoll, wenn darin steht „hochwertig". Aber Vorsicht: Was unter „hochwertig" genau zu verstehen ist, ist nirgendwo klar definiert! Es ist also ein Begriff, der ausgelegt werden kann und muss. Deutlich wird nur: Die betreffende Sache soll einen hohen Wert haben. Wie dieser aber zu messen ist und was die Basis ist, bleibt oft unklar. Mit derartigen Formulierungen sind Streitgespräche vorprogrammiert. Selbst wenn es zu bestimmten Begriffen Gerichtsentscheidungen gibt, müssen diese keineswegs auf den vorliegenden Fall anwendbar sein. Meist handelt es sich um einzelfallabhängige Entscheidungen.

Sinnvoller ist es also, sehr präzise zu schreiben, was genau geschuldet wird. Zum Beispiel können bestimmte Marken angegeben werden, um auszudrücken, was unter „hochwertig" zu verstehen ist. Haben Sie vor Vertragsschluss grundsätzlich Einfluss auf die Baubeschreibung, empfiehlt es sich, auf präzise Angaben zu bestehen. Bei Bauträgerverträgen ist dieser Einfluss erfahrungsgemäß begrenzt, weil Bauträgern daran gelegen ist, für alle dieselbe Baubeschreibung zu verwenden, weil für alle derselbe Standard und dieselbe Ausführung gelten soll. Abweichungen davon werden gemeinhin als Sonderwünsche bezeichnet.

Das wären solche Leistungen, bei denen gegebenenfalls der Bauherr das Anordnungsrecht ausüben müsste (siehe Seite 69). Bei einem Bauträgervertrag müsste dies – um der gesetzlich vorgeschriebenen Form gerecht zu werden – notariell beurkundet werden.

Sonderwunschvereinbarungen

Der etwas sperrige Begriff „Sonderwunschvereinbarungen" kommt aus dem Bauträgerrecht. Dort heißen Änderungen des Bauauftrags „Sonderwünsche". Bei einem Bauvertrag oder Verbraucherbauvertrag werden diese „Sonderwünsche" gemeinhin als „Nachtragsleistungen" bezeichnet. Sonderwunschvereinbarungen sind in zweierlei Hinsicht denkbar: Leistungen werden geändert oder kommen als neue Leistungen hinzu. Sonderwunschvereinbarungen können auch schon bei Vertragsschluss getroffen werden. Dann sind es solche, die vom Standard des Bauträgers abweichen.

LEISTUNGSÄNDERUNGEN

Sogenannte Leistungsänderungen sind bei Verbraucherbauverträgen und Bauverträgen sowie bei Architekten- und Ingenieurverträgen grundsätzlich Bestandteil des Vertrages, das heißt, sie ändern den Leistungsinhalt. Es wird kein neuer Vertrag geschlossen. Das Prozedere wurde schon auf Seite 69 dargestellt. Grob zusammengefasst, vollzieht es sich wie folgt:

- → Der Bauherr äußert das Begehren einer Leistungsänderung.
- → Stellt der Bauherr die Planung, muss er dem Bauunternehmer ein Leistungsverzeichnis zur Verfügung stellen.
- → Stellt der Bauherr keine Planung, hat der Bauunternehmer dem Bauherrn ein Angebot über die begehrte Leistungsänderung zu stellen.
- → Einigkeit ist nicht nur über die Höhe der Vergütung zu erzielen, sondern zunächst über die Art und Weise der Ausführung.
- → Wird keine Einigkeit erzielt und ist dem Bauunternehmer die Ausführung der Leistung zumutbar, hat der Bauherr nach Ablauf von 30 Tagen ab Zugang des Begehrens der Leistungsänderung das Recht, die Leistung dem Grunde nach anzuordnen.

Die Frist von 30 Tagen kann mitunter lang sein. Daher gibt es immer wieder Bestrebungen, sie zu verkürzen. Bislang hat allerdings kein Gericht bestätigt, dass entsprechende Klauseln, die diese 30 Tage verkürzen, wirksam vereinbart werden können – jedenfalls nicht in allgemeinen Geschäftsbedingungen.

Die Vertragsordnung für Bauleistungen (VOB/B), die in der Praxis oft Anwendung findet, hat bisher keine solche Frist zur Anordnung der geänderten oder zusätzlichen Leistungen. Die VOB/B ist eine allgemeine Geschäftsbedingung. Sie unterliegt daher der Inhaltskontrolle der Grundsätze der allgemeinen Geschäftsbedingungen. Daher könnte dies gegen das neue gesetzliche Leitbild von 30 Tagen bis zur Ausübung des Anordnungsrechts verstoßen – und damit wäre diese Klausel unwirksam. Somit würde das BGB hierfür gelten. Wichtig zu wissen: Bislang gibt es zu dieser Frage – auch hinsichtlich der VOB/B – noch keine abschließende höchstrichterliche Entscheidung.

PREISE VORAB VEREINBAREN

Wenn Leistungsänderungen und/oder Sonderwünsche absehbar sind, können die Vertragspartner bei jeder Vertragsart auch vorab Preise für diese Leistungen vereinbaren. An diese sind dann beide Vertragspartner fest gebunden.

NACHTRAGSLEISTUNGEN

Nachtragsleistungen können in allen in Betracht kommen Vertragsformen – außer dem Bauträgervertrag – grundsätzlich formlos vereinbart oder angeordnet werden. Zu Dokumentationszwecken empfiehlt sich allerdings zumindest die Textform. Stellt der Bauunternehmer das Angebot oder der Planer das Leistungsverzeichnis, ist die beauftragte Leistung in der Regel dokumentiert, wenn sich im Nachgang nichts ändert – also mündlich besprochen und beauftragt worden ist.

Wird eine Einigung über die Art der Ausführung erzielt, aber keine Einigung über den Preis, müssen grundsätzlich die tatsächlich aufgewendeten Kosten nebst Zuschlägen vergütet werden. Ist eine Urkalkulation vereinbart und hinterlegt, kann der Preis anhand von ihr ermittelt werden (mehr dazu auf Seite 71). Achtung: Bei einem Vertrag, bei dem auch die VOB Teil B vereinbart wurde, ist die Preisermittlungsgrundlage eine andere, mehr dazu auf Seite 73. Ob dies allerdings gegen die Grundsätze der allgemeinen Geschäftsbedingungen verstößt, ist derzeit unklar, weil es noch keine höchstrichterliche Entscheidung hierzu gibt.

SONDERFALL BAUTRÄGERVERTRAG

In Bauträgerverträgen finden sich oft Regelungen über Sonderwünsche. Dort ist geregelt, bis wann diese erfolgen können und unter welchen Voraussetzungen der Bauträger verpflichtet ist, sie auszuführen. Das sogenannte Anordnungsrecht des § 650 b BGB findet ausdrücklich gemäß § 650 u Abs. 2 BGB auf den Bauträgervertrag keine Anwendung, ebenso wenig die Preisanpassungsvorschrift.

Damit kann dies in Bauträgerverträgen anders vereinbart sein. Dort wird teilweise vorgesehen, dass es bestimmte Ausführungsstandards gibt, die „per Sonderwunsch" beauftragt werden können. Manchmal ist auch eine sogenannte Bemusterung vorgesehen. (Be-)Musterung bedeutet, dass der Bauherr sich Muster von Bauprodukten (etwa Fliesen) anschaut und dann entscheidet, was davon zur Ausführung kommen soll. Wird dann eine andere Qualität ausgewählt als in der Baubeschreibung vorgesehen, ist dies ein Sonderwunsch.

Bauträger beziehungsweise Notare sind teilweise sehr kreativ. Es gibt verschiedene Regelungen zu Sonderwünschen in den Kaufverträgen. Sie ändern sich immer wieder, und dabei scheinen sich bestimmte Trends abzuzeichnen. Derzeit gibt es in einigen Bauträgerverträgen die Regelung, dass Sonderwünsche mit dem ausführenden Bauunternehmen direkt abzuwickeln sind. Insofern würde sich der Kaufvertrag ändern, weil gewisse Leistungen nicht ausgeführt werden – oder nicht so, wie sie im Kaufvertrag in der Baubeschreibung vorgesehen sind.

SONDERWÜNSCHE BEIM BAUTRÄGERVERTRAG NOTARIELL BEURKUNDEN

Vereinbarungen über Sonderwünsche müssen bei Bauträgerverträgen notariell beurkundet werden. Gleiches gilt insofern auch für den Wegfall von Leistungen des Bauträgervertrages. Für sie gilt dieselbe Formvorschrift wie für den Bauträgervertrag (siehe Seite 75). Das OLG München (Urteil vom 14.8.2018 – 9 U 3345/17 Bau) hat allerdings unter anderem entschieden, dass die Nichtbeurkundung der Sonderwunschvereinbarungen nicht zur Unwirksamkeit des Kaufvertrages insgesamt führt.

In der Praxis werden Sonderwünsche oder Änderungen des Bauträgervertrages nur selten notariell beurkundet. Wird die Form nicht eingehalten, ist die Vereinbarung über die Sonderwünsche grundsätzlich unwirksam, da sie eben nicht der Form entspricht. Erfahrungsgemäß ist die Nichteinhaltung dieser Formvorschrift allerdings kein Streitpunkt zwischen Vertragspartnern. Sie kann es aber werden, wenn die Sonderwünsche, die der Bauträger gebaut hat, vom Erwerber nicht gezahlt werden! Dann geht es um die Frage, ob diese wirksam beauftragt wurden oder nicht. Bei einem nicht wirksamen Vertrag, das heißt einer nicht wirksamen Nachtragsvereinbarung, ist weder die Änderung noch die Vergütung vereinbart. Daher müsste hier nach dem Mehrwert für den Erwerber gefragt werden, wenn er die Leistung so behalten will. Gegebenenfalls kann er auch den Rückbau verlangen. Beruft der Erwerber sich auf die Formunwirksamkeit nach Erbringung der Leistung, könnte es sein, dass der Bauträger von sich aus die Leistung wieder zurückbaut und so wie ursprünglich vorgesehen erstellt. Dies dürfte er auch ohne Einverständnis des Erwerbers. Denn der Bauträger stellt dann nur den vertraglich vereinbarten Zustand her, das heißt, er verhält sich vertragsgemäß. Darüber hinaus ist der Bauträger in der Regel auch noch Eigentümer des Grundstücks beziehungsweise des Wohnungseigentums.

Eigenleistungsvereinbarungen

In vielen Verträgen über Fertighäuser, aber auch in Bauträgerverträgen, gibt es immer wieder Vereinbarungen über vom Bauherrn durchzuführende Eigenleistungen. Eigenleistung bedeutet, dass der Bauherr einen Teil der handwerklichen Leistungen zur Fertigstellung des Hauses selbst erbringt – in der Regel, um die Kosten des Hausbaus oder Umbaus niedrig zu halten beziehungsweise zu minimieren. Er greift dabei selbst ganz wörtlich zum Hammer, zur Schaufel oder zum Pinsel und arbeitet nach seinen Fähigkeiten und Kräften mit. Eine auf den ersten Blick verlockende Methode, um Geld zu sparen – doch sie birgt auch Fallstricke

EINFLUSS VON EIGEN-LEISTUNGEN AUF DEN VERTRAG

Werden Eigenleistungen durch den Bauherrn erbracht, wird der Bauunternehmer nicht mit der gesamten Herstellung des Neubaus oder Umbaus beauftragt. Somit könnte kein Verbraucherbauvertrag, sondern ein Bauvertrag vorliegen (zu den Folgen siehe Seite 68).

– übrigens würde es auch dann unter „Eigenleistung" fallen, wenn der Bauherr ein anderes Unternehmen mit diesen Leistungen beauftragt.

TYPISCHE PROBLEME

Es gibt immer wieder Schwierigkeiten mit der Eigenleistung des Bauherrn, wenn diese inmitten der Leistungen des Auftragnehmenden oder Bauträgers zu erbringen ist. Denn dann ist entweder der Unternehmer oder Bauträger nicht zum vereinbarten Zeitpunkt fertig und der Bauherr kann nicht beginnen beziehungsweise stellt nicht rechtzeitig fertig, damit das Folgegewerk durch das Bauunternehmen oder den Bauträger nahtlos fortgesetzt werden kann. Auch kann der Bauherr selbst seine Leistung so schlecht oder spät erbringen, dass der Bauträger oder Bauunternehmer in der Ausführung seiner Leistung behindert ist oder diese sogar unmöglich wird.

Ein anderes Problem besteht darin, dass der Bauherr mit seiner Eigenleistung Leistungen des Bauunternehmens buchstäblich „beschädigen" kann – nicht mit Vorsatz natürlich, aber aus Unachtsamkeit oder aufgrund mangelnder handwerklicher Erfahrung. Ist dann nicht eindeutig klar, wer die Beschädigung zu verantworten hat, ist dies über die Beweislast zu erledigen. Was bedeutet das konkret?

EIN RISIKO FÜR DAS BAUUNTERNEHMEN

Vor der Abnahme liegt die Beweislast des mangelfreien Werkes beim Bauunternehmer. Nach der Abnahme muss der Bauherr beweisen, dass das Bauunternehmen beziehungsweise der Bauträger eine mangelhafte Leistung erstellt hat. Finden die Eigenleistungen des Bauherrn mittendrin statt, ist in der Regel keine Abnahme der Leistungen des Bauunternehmers erfolgt. Damit trägt der Bauunternehmer das Risiko, dass die bereits fertiggestellte Leistung vom Bauherrn beschädigt wird. Kann der Bauunternehmer nicht nachweisen, dass der Bauherr dies zu verantworten hat (was die Regel sein dürfte), hat er die Beschädigungen des Bauherrn auf eigene Kosten zu beseitigen, weil er zur Abnahme ein mangelfreies Werk übergeben muss.

Dies war und ist für den Bauunternehmer natürlich wenig lukrativ und risikoreich. Daher sieht man in verschiedenen Verträgen inzwischen, dass Eigenleistungen des Bauherrn zwingend entweder vor Beginn der Bauarbeiten durch das Bauunternehmen zu erbringen sind oder nach Fertigstellung und Abnahme der Bauleistungen des Bauunternehmens. Auf diese Weise reduziert das Bauunternehmen sein Risiko, für Fehler des Bauherrn zu zahlen, so weit wie möglich.

→ Die allgemein anerkannten Regeln der Technik: Bei der Beurteilung möglicher Baumängel werden Sie vielleicht der Abkürzung a. a. R. d. T. begegnen. Dahinter verbirgt sich ein Standard, den Bauleistungen eigentlich erfüllen sollen.

WAS ERFAHRE ICH?

Bauunternehmen, Handwerksbetriebe, Architekten, Bauingenieure und Sachverständige müssen eine Vielzahl von Gesetzen, Normen und technischen Regelwerken kennen und ihre Einhaltung – je nach vertraglicher Verpflichtung – bei der Planung, der Ausschreibung und der Bauüberwachung oder auch im Rahmen einer Sachverständigenbegutachtung sicherstellen und überprüfen. Dabei legen die sogenannten „(allgemein) anerkannten Regeln der Technik" (a. a. R. d. T.) fest, welcher (Mindest-)Standard bei Werk-, Bau- oder Architektenverträgen in der Regel geschuldet wird, sofern sich aus dem Vertrag nichts anderes ergibt.

Was ist eine allgemein anerkannte Regel der Technik?

Eine Legaldefinition, das heißt eine Definition in einem Gesetz, was unter den a. a. R. d. T. genau zu verstehen ist, gibt es leider nicht. In der Rechtsprechung wurde entwickelt, dass eine anerkannte technische Regel der Technik angenommen werden kann, wenn diese in der Praxis erprobt und bewährt ist und sich bei der Mehrheit der Praktiker durchgesetzt hat. Zudem muss eine technische Regel in der Wissenschaft als theoretisch richtig gelten. Es ist also stets eine Anerkennung in Theorie und Praxis erforderlich.

Als anerkannte Regeln der Technik können darüber hinaus sämtliche auf Erkenntnissen und Erfahrungen beruhende geschriebene und ungeschriebene Regeln der Technik betrachtet werden, deren Befolgung beachtet werden muss, um Gefahren auszuschließen, und die in den betreffenden Fachkreisen bekannt sind und dort ebenfalls als richtig anerkannt werden.

Eine allgemein anerkannte Regel der Technik kann schriftlich fixiert oder auch nur mündlich überliefert sein.

NUR „ANERKANNT" ODER „ALLGEMEIN ANERKANNT"?

Der Begriff „allgemein anerkannte Regeln der Technik" (a. a. R. d. T.) wird so erst seit der Einführung dieses Standards in die Honorarordnung für Architekten- und Ingenieure (HOAI) im Jahr 2009 verwendet. Üblicherweise wurde vorher von den „anerkannten Regeln der Technik" (a. a. R. d. T.) gesprochen. Beide Begriffe wurden und werden zwischenzeitlich nebeneinander oder synonym verwendet.

QUALITÄTSSTANDARDS NACH DER DREI-STUFEN-THEORIE

Neben dem Terminus a. R. d. T. gibt es nach der sogenannten Drei-Stufen-Theorie des Bundesverfassungsgerichts (BVerfG) die Qualitätsstandards „Stand der Technik" und „Stand der Wissenschaft und Technik", die höhere Standards beschreiben als die a. R. d. T. Auf der untersten Stufe befinden sich danach die anerkannten Regeln der Technik, die, wie schon erwähnt, allgemein anerkannt sein müssen und wegen des dazu erforderlichen breiten fachlichen Konsenses erst relativ spät Innovationen und technische Fortschritte aufgreifen.

Dynamischer ist der „Stand der Technik" auf der zweiten Stufe, der auf eine solche breite Anerkennung verzichtet und technischen Neuerungen schneller zur Durchsetzung verhilft. Auf eine Bewährung und Durchsetzung in der Praxis kommt es hier (noch) nicht an. Der höchste und dynamischste Standard der Drei-Stufen-Theorie ist der „Stand von Wissenschaft und Technik", bei dem noch wissenschaftliche Erkenntnisse hinzukommen, die über die technischen Möglichkeiten hinausgehen und dadurch die Anforderungen weiter nach oben dehnen.

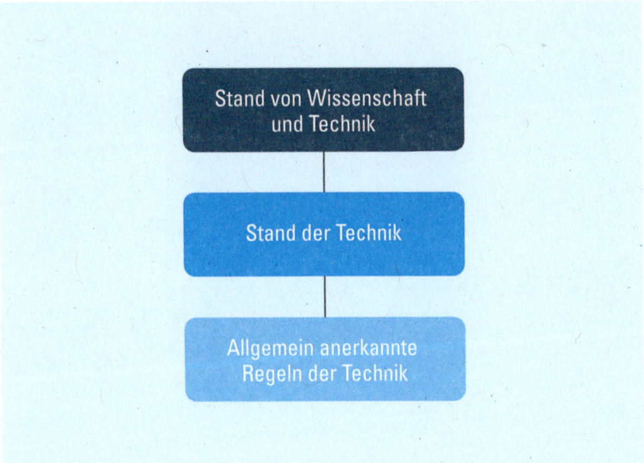

Stand von Wissenschaft und Technik

Stand der Technik

Allgemein anerkannte Regeln der Technik

Nach der Drei-Stufen-Theorie der Qualitätsstandards sind die allgemein anerkannten Regeln der Technik der Mindeststandard.

WANN IST EINE REGEL DER TECHNIK „ALLGEMEIN ANERKANNT"?

Das Oberlandesgericht Rostock hatte sich neben anderen Gerichten mit der Frage auseinanderzusetzen, wann eigentlich eine technische Regel „allgemein anerkannt" ist. In seinem Beschluss vom 23. September 2020 (Az.: 4 U 86/19) erklärt es, dass eine technische Regel dann allgemein anerkannt ist, „wenn sie der Richtigkeitsüberzeugung der technischen Fachleute im Sinne einer allgemeinen wissenschaftlichen Anerkennung entspricht und darüber hinaus in der Praxis erprobt und bewährt ist. Auf diesen beiden Stufen muss die technische Regel der überwiegenden Ansicht, das heißt, der Mehrheit der technischen Fachleute entsprechen."

Insbesondere für schriftlich niedergelegte technische Regelwerke besteht eine (durch Zeitablauf widerlegliche) Vermutung der allgemeinen Anerkennung und praktischen Bewährung. Dazu zählen in Deutschland insbesondere Normen des Deutschen Instituts für Normung e. V. (DIN-Normen), ETB (einheitliche technische Baubestimmungen des Instituts für Bautechnik), VDI-Richtlinien, VDE-Vorschriften, DVGW-Richtlinien sowie auch Herstellervorschriften und -richtlinien.

In einigen noch ausgeübten traditionellen Gewerken wie dem Zimmererhandwerk gibt es auch rein mündlich überlieferte technische Regeln.

Wann gelten die a. a. R. d. T.?

Die Baubeschreibung bei einem Verbraucherbauvertrag, Bauvertrag, Werkvertrag oder auch Bauträgervertrag ist erfahrungsgemäß oft so rudimentär, dass die anerkannten Regeln der Technik mehrfach herangezogen werden müssen, um herauszufinden, was der Bauherr üblicherweise erwarten durfte. Interpretationen eines Vertrages bergen jedoch immer Risiken und sind oft nicht ohne gerichtliche Auseinandersetzung durchsetzbar. Häufig ist strittig, was vertraglich geschuldet ist – genauer gesagt welcher Standard zum Zeitpunkt der rechtsgeschäftlichen Abnahme geschuldet ist.

Grundsätzlich gilt das, was vertraglich vereinbart wurde. Im Bürgerlichen Recht – insbesondere beim Werk-, Bau-, Verbraucherbau-, Bauträger-, Architekten- und Ingenieur- und beim Kaufvertrag – vereinbaren die Vertragsparteien häufig, dass die Bauleistung den a. a. R. d. T. entsprechen müsse. Es ist aber auch möglich, dass die Vereinbarungen von den a. a. R. d. T. abweichen (mehr dazu auf Seite 92).

VEREINBARUNG DER A. R. D. T. IN VOB/B

Ein Beispiel für eine Vereinbarung enthält Teil B der Vergabe- und Vertragsordnung für Bauleistungen (VOB), der von den Vertragsparteien in ihren Vertrag einbezogen werden kann (siehe Seite 73). In § 4, Nr. 2, Abs. 1 sowie § 13 Nr. 7 VOB/B werden die a. R. d. T. erwähnt, was für ihre vertragliche Vereinbarung spricht. Speziell in den Allgemeinen Vertragsbedingungen für die Ausführung von Bauleistungen wird in § 4 sowie in § 13 VOB/B auf die anerkannten Regeln der Technik Bezug genommen.

DIE FUNKTION DES BAUOBJEKTS

Wird, etwa vor Gericht, nach der üblichen Beschaffenheit oder der gewöhnlichen Verwendung gefragt, ist vor allem die Funktion des betreffenden Bauobjekts wichtig: Für ein Wohnhaus wird eine andere Beschaffenheit erwartet als für eine Garage.

UND OHNE VOB/B?

Ist die VOB/B nicht vereinbart, gilt Folgendes:

- → Nach § 633 Abs. 2 BGB, der sowohl für den Bauvertrag (§§ 650a ff. BGB) als auch für den Architektenvertrag (§§ 650p ff. BGB) Anwendung findet, ist ein Werk frei von Sachmängeln, wenn es die vereinbarte Beschaffenheit hat.
- → Fehlt es an einer Beschaffenheitsvereinbarung, ist das Werk frei von Sachmängeln, wenn es sich für die vorausgesetzte, sonst gewöhnliche Verwendung eignet und eine Beschaffenheit aufweist, die bei Werken gleicher Art üblich ist und die der Besteller erwarten kann.

Hier wird der Begriff der a. R. d. T. zwar – anders als im ansonsten ähnlich lautenden § 13 Abs. 1 VOB/B – nicht explizit genannt, aber von der Rechtsprechung meist vorausgesetzt beziehungsweise hineingelesen. Insofern kommt der Terminus der a. R. d. T. sowohl beim VOB/B-Vertrag zum Tragen als auch beim BGB-Vertrag.

BESCHAFFENHEITSVEREINBARUNGEN

Gibt es sogenannte Beschaffenheitsvereinbarungen, befinden diese sich in der Regel in der Baubeschreibung – ein Grund mehr, warum Sie die Baubeschreibung oder aber das Leistungsverzeichnis vor Vertragsschluss von einer sachkundigen Person prüfen lassen sollten! So können gegebenenfalls noch Beschaffenheitsvereinbarungen hineinformuliert werden. Dann wird aus der vorvertraglichen Baubeschreibung eine (geänderte) vertragliche Baubeschreibung.

Mangels Beschaffenheitsvereinbarung muss zumindest für die Bemessung des vertraglich Geschuldeten häufig auf die Eignung für eine „gewöhnliche Verwendung" und die „übliche Beschaffenheit" (Seite 45) abgestellt werden. Dies gilt, wenn nichts vertraglich vereinbart wurde.

FALLBEISPIEL SCHALLSCHUTZ

Eine Wohnung wurde so errichtet, dass man die Nachbarn darin „gut verstehen" konnte, denn es kam die vertraglich vereinbarte DIN 4109 zum Einsatz, die nicht zwischen Wohnraumnutzung und industrieller Raumnutzung differenzierte. Das wollte der Erwerber einer Eigentumswohnung nicht hinnehmen und klagte gegen den Bauträger.

Der BGH erörtert in seinem entsprechenden Urteil vom 14. Juni 2007 (Az.: VII ZR 45/06), welcher Schallschutz für die Errichtung von Eigentumswohnungen geschuldet ist, sei in erster Linie durch Auslegung des Vertrags zu ermitteln. Wird ein üblicher Qualitäts- und Komfortstandard geschuldet, muss sich das einzuhaltende Schalldämmmaß an dieser Vereinbarung orientieren. Der Umstand, dass im Vertrag auf eine „Schalldämmung nach DIN 4109" Bezug genommen werde, lasse schon deshalb nicht die Annahme zu, es seien nur die Mindestmaße der DIN 4109 vereinbart, weil diese Werte in der Regel keine anerkannten Regeln der Technik für die Herstellung des Schallschutzes in Wohnungen seien, die **ÜBLICHEN QUALITÄTS- UND KOMFORTSTANDARDS** genügten.

Im Rahmen dieser Entscheidung legte der BGH auch fest, dass der Erwerber nach den Umständen erwarten kann, dass eine Wohnung in Bezug auf den Schallschutz üblichen Qualitäts- und Komfortstandards entspricht. Will der Bauträger davon vertraglich abweichen, muss er den Erwerber deutlich hierauf hinweisen – und ihn über die Folgen einer solchen Bauweise für die Wohnqualität aufklären. Der Verweis des Unternehmers in der Leistungsbeschreibung auf „Schalldämmung nach DIN 4109" genügt hierfür nicht. Vielmehr ist darauf hinzuweisen, welche Folgen dies konkret womöglich nach sich zieht, dass man etwa seine Nachbarn hören kann.

Diese Entscheidung war bahnbrechend. Sie zeigte, dass auf das jeweilige Objekt abzustellen ist, das gebaut wird, um die übliche Beschaffenheit zu bestimmen. Das gilt auch dann, wenn nach den a. a. R. d. T. gebaut wurde. Denn diese (DIN 4109) waren hier eine Mindestanforderung deutlich unter dem Niveau für Wohnraum. Außerdem wurde die Hinweispflicht des Bauunternehmers und des Planers festgelegt, wenn von der üblichen Beschaffenheit, die der Bauherr erwarten darf, abgewichen wird.

Beabsichtigt das Bauunternehmen oder der Planer von Anfang an Abweichungen von den a. a. R. d. T., muss hierüber und über die Folgen in der Regel explizit und gut sichtbar aufgeklärt werden.

ABWEICHUNGEN VON DEN A. A. R. D. T. SIND EIN MANGEL

Die Entscheidung im Fallbeispiel Schallschutz (siehe Kasten links) zeigt, dass es nicht nur auf die a. a. R. d. T. ankommt, sondern auf den Vertrag insgesamt. Liegt keine ausdrückliche Beschaffenheitsvereinbarung vor und/oder ergibt sich aus den Umständen nichts anderes, werden die a. a. R. d. T. bei Verträgen als mindestens vereinbarte Beschaffenheit angesehen. Das bedeutet: Abweichungen von den a. a. R. d. T. sind ein Mangel.

Der Mangelbegriff des Werkvertragsrechts und auch des Kaufrechts sieht allerdings nur dann einen Rückgriff auf die allgemein anerkannten Regeln der Technik vor, wenn sich im Vertrag hierzu nichts anderes findet. Denn zunächst heißt es, dass ein Mangel vorliegt, wenn die vereinbarte Beschaffenheit nicht die im Vertrag vorausgesetzte ist. Erst, wenn der Vertrag dazu nichts hergibt, erfolgt die Prüfung, „ob sich das Werk für die gewöhnliche Verwendung eignet und eine Beschaffenheit aufweist, die bei den Werken der gleichen Art üblich ist und die der Besteller/Bauherr nach der Art des Werkes erwarten kann" (siehe § 633 BGB). Werden die a. a. R. d. T. nicht bereits als stillschweigend vereinbarte Beschaffenheit gewertet, sind sie zumindest bei dem zu erwartenden Werk maßgebend, das heißt mit vereinbart.

Zusammenfassend kann gesagt werden, dass die a. a. R. d. T. meistens einen Mindeststandard der geschuldeten Leistung darstellen, wenn im Vertrag oder durch zusätzlich Vereinbarung hierzu nichts anderes geregelt wurde.

Vorsätzliches Zurückbleiben hinter den a. a. R. d. T.

Ausnahmsweise sind die anerkannten Regeln der Technik für die Beurteilung eines Mangels dann nicht relevant, wenn die Vertragspartner etwas anderes (Abweichendes) vereinbart haben. Handelt es sich um etwas Höherwertiges, als nach den a. a. R. d. T. geschuldet ist, dürften die a. a. R. d. T. eingehalten sein.

Daneben können sich die Vertragspartner auf eine unterhalb der üblichen Qualität liegende Bauausführung verständigen – die sogenannte Beschaffenheitsvereinbarung nach unten. Dann entspricht das vertraglich Vereinbarte ausdrücklich *nicht* den a. a. R. d. T. – und wäre ohne diese gesonderte Vereinbarung in den allermeisten Fällen mangelhaft.

BESCHAFFENHEITSVEREINBARUNG NACH UNTEN IM ALTBAU

Da bei einem größeren Umbau, also beim Bauen im Bestand, der Bauunternehmer oder Planer oft „mit dem leben muss, was vorhanden ist", wird eine solche Beschaffenheitsvereinbarung nach unten oft relevant. Denn in Altbauten ist es aus technischer Sicht nahezu unmöglich, sämtliche aktuellen anerkannten Regeln der Technik einzuhalten, da diese in erster Linie für Neubauten entwickelt werden. Ein anderer Hintergrund ist der Wunsch des Bauherrn, Baukosten zu sparen. Auch dann kann er sich für eine Ausführung entscheiden, die unterhalb der üblichen Qualität liegt und nicht den anerkannten Regeln der Technik entspricht.

Eine Beschaffenheitsvereinbarung nach unten ist in der Regel in der Leistungsbeschreibung oder im Vertragstext zu finden. Schon deshalb sollten der Vertrag und die Leistungsbeschreibung, das heißt das Leistungsverzeichnis, sorgfältig gelesen werden. Da es sich um den Leistungsinhalt und nicht um eine allgemeine Geschäftsbedingung handelt, ist eine solche Vereinbarung in der Regel auch wirksam.

ANFORDERUNGEN AN DIE BESCHAFFENHEITSVEREINBARUNG NACH UNTEN

Allerdings hat die Rechtsprechung an eine Beschaffenheitsvereinbarung nach unten hohe Anforderungen gestellt:

Der BGH fordert, dass der Bauunternehmer, Planer oder Bauüberwacher den Bauherrn

→ deutlich auf das Abweichen vom allgemein üblichen Qualitätsstandard hinweisen und
→ ihn über die Folgen aufklären muss.

Dies gilt vor allem bei einem fachunkundigen (privaten) Bauherrn. Etwas anderes mag ausnahmsweise bei Vertragsparteien anzunehmen sein, die sich fachlich „auf Augenhöhe" begegnen. Das dürfte aber die Ausnahme sein.

HAFTUNGSFREISTELLUNGSVEREINBARUNG

Sollte eine Abweichung nach unten unumgänglich sein oder vom Bauherrn gewünscht werden, muss dies im Vertrag klar und eindeutig geregelt werden. Ebenso sollte über die Risiken, die damit verbunden sind, ausdrücklich und deutlich erkennbar hingewiesen werden. In diesem Zusammenhang kann eine Haftungsfreistellungsvereinbarung getroffen werden. Dies erfolgt in der Regel bei Vertragsschluss; kann aber auch später noch erfolgen.

→ Der Mangelbegriff des Werkvertragsrechts und auch des Kaufrechts sieht allerdings nur dann einen Rückgriff auf die allgemein anerkannten Regeln der Technik vor, wenn sich im Vertrag hierzu nichts anderes findet.

Wichtig bei beiden Varianten: Es muss konkret benannt werden, worin die Abweichung besteht – und wovon abgewichen wird und warum. Die entsprechende DIN-Norm, von der abgewichen wird, sollte explizit genannt sein. Auch sollte auf die möglichen Folgen einer Abweichung von den a. a. R. d. T. hingewiesen werden. Ebenso sollte vereinbart werden, dass der Bauherr diesbezüglich auf Gewährleistungsansprüche verzichtet. Wie bei allen zu treffenden Vereinbarungen ist dies Verhandlungssache.

Beim Bauen im Bestand ist ein solches Vorgehen oft üblich, weil dem Bauunternehmer, dem Planenden und dem Bauüberwachenden keine unvorhersehbaren Risiken aufgebürdet werden sollten. Oft fehlt es bei bestehenden Bauten an einer guten, das heißt vollständigen Dokumentation des Baues, sodass der Bauunternehmer, Planer oder Bauüberwachende nur Annahmen treffen kann, die auf das konkrete Projekt nicht zutreffen müssen. Diese Annahmen können technisch einwandfrei sein und trotzdem bei dem konkreten Bauprojekt nicht zutreffen. Denn dass der Bestand anders als geplant ist, stellt sich erst bei dem Bauen im Bestand heraus.

→ Oft fehlt es bei bestehenden Bauten an einer guten, das heißt vollständigen Dokumentation des Baues, sodass der Bauunternehmer, Planer oder Bauüberwachende nur Annahmen treffen kann, die auf das konkrete Projekt nicht zutreffen müssen.

Interessante Fallbeispiele

Um es noch mal zu betonen: Wird von den allgemeinen anerkannten Regeln der Technik abgewichen, ist darauf im Vertrag klar und deutlich hinzuweisen – insbesondere, wenn unklar ist, was die Abweichung bewirken kann. Andernfalls liegt ein Mangel vor. Das zeigt die im Kasten auf Seite 92 beschriebene Entscheidung. Im Folgenden sollen weitere Gerichtsurteile als Beispiele herangezogen werden, die verschiedene Aspekte des Themas hervorheben.

FALLBEISPIEL: INRECHNUNGSTELLUNG REICHT NICHT ALS HINWEIS

Ein Verstoß gegen die anerkannten Regeln der Technik kann nicht durch Zustimmung im Einzelfall „geheilt" (kompensiert) werden, so das Oberlandesgericht Stuttgart in einem Urteil vom 9. Juli 2019 (Az.: 10 U 14/19). In diesem Fall war der Kläger Bauherr eines Einfamilienhauses, also eines Neubaus. Der Keller sollte wegen drückenden Wassers wasserundurchlässig als sogenannte Weiße Wanne ausgeführt werden – dabei handelt es sich um eine Konstruktionsform, bei der Bodenplatte und Wände aufwendig abgedichtet sind, sodass sie buchstäblich einem eingegrabenen Pool ähneln („Wanne"). Unter der Bodenplatte sollte eine ganz bestimmte Dämmung verwandt werden, die gegen Wasser beständig ist. Der Bauunternehmer wählte jedoch eine andere Dämmung als die vertraglich vereinbarte. Das Herstellerdatenblatt zu der vom Bauunternehmer verwendeten Dämmung weist darauf hin, dass diese Dämmung keine bauaufsichtliche Zulassung für die Verwendung unter tragenden Bodenplatten sowie bei drückendem Wasser hat. Das bedeutet also: Nach den a. a. R. d. T. hätte diese Dämmung so nicht verbaut werden dürfen.

Das OLG Stuttgart nahm in diesem Fall eine vereinbarte Beschaffenheit bei der Dämmung an. Daher war die Abweichung von der vertraglich vereinbarten Dämmung bereits ein Mangel. Die Besonderheit des Falles lag allerdings darin, dass der Bauunternehmer auf der Abschlagsrechnung die Dämmung abgerechnet und der Bauherr diese Rechnung bereits bezahlt hatte. Das Bauunternehmen argumentierte in dem Prozess, die Ausführung sei damit genehmigt. Jedoch wies die Abschlagsrechnung nicht die ausgeführte Dämmung aus, sodass das Gericht meinte, die Zahlung auf die Abschlagsrechnung sei eben gerade keine Genehmigung der tatsächlichen Ausführung.

Der in diesem Beispiel geschilderte Fall zeigt, dass die Inrechnungstellung einer ausgeführten Leistung nicht als Hinweis dafür ausreicht, dass vom Vertraglichen abgewichen wird.

FALLBEISPIEL: HINWEISPFLICHT BEI ERKENNBARER ABWEICHUNG VON A. A. R. D. T.

Das Oberlandesgericht Brandenburg hat sich in einem Urteil vom 9. Juli 2020 (Az.: 12 U6 70/19) mit der Frage auseinandergesetzt, wann die a. a. R. d. T. unterschritten werden dürfen oder wann von ihnen abgewichen werden darf.

Im zu entscheidenden Fall ging es wieder um Abdichtungen im Keller: Der betreffende Bauherr wollte seinen bestehenden Keller zu Wohnzwecken ausbauen lassen. Dies setzt grundsätzlich natürlich eine Dichtigkeit voraus. Er hatte hierzu einen Architekten beauftragt, doch dieser hatte Abdichtungen geplant, die im Ergebnis nicht das gewünschte Ziel erbrachten: Der Keller wurde feucht. Der Architekt hatte den Bauherrn nicht darauf hingewiesen, dass ein Keller einheitlich abgedichtet werden muss. Das heißt: Er hatte ihn nicht darauf hingewiesen, dass die von ihm geplante und ausgeführte Art nicht den anerkannten Regeln der Technik entsprach. Dies stellt an sich ein Mangel dar.

Hier ging es um eine reine Planungsleistung. Der Punkt ist aber grundsätzlich auch auf das Bauunternehmen zu übertragen, das die betreffende Leistung ausgeführt hat: Es hätte darauf hinweisen müssen, dass die geplante Ausführung nicht den anerkannten Regeln der Technik entsprach – selbst dann, wenn die Planung von dem vom Bauherrn beauftragten Architekten stammte. Insofern hätte das Bauunternehmen hier eine Hinweispflicht. Es müsste Bedenken anmelden. Nur wenn die Bedenken gegen die Art der Ausführung vom Bauunternehmen ordnungsgemäß angemeldet wurden, wird es von seiner Haftung für die mangelhafte Ausführung befreit.

Erhält der Bauherr das Leistungsverzeichnis oder die Leistungsbeschreibung vom Bauunternehmen, ist in dieser ausdrücklich auf das Abweichen von den a. a. R. d. T. hinzuweisen. Natürlich nur dann, wenn dies gut erkennbar war. Nicht immer ist dies für ein ausführendes Unternehmen erkennbar.

FALLBEISPIEL: ENERGIESPAREN UND A. A. R. D. T.

In Zeiten des Einsparens von Energie haben sich die Gerichte auch damit auseinandergesetzt, ob die Energieeinsparverordnung (EnEV) eine a. a. R. d. T. ist. Ist sie es, könnten die dortigen Anforderungen als übliche Beschaffenheit gewertet werden – und wären damit vertragliche Grundlage für die geschuldete Bauleistung. Ist sie keine, wären sie nicht vertraglich geschuldet, wenn es nicht an anderer Stellung vereinbart worden ist.

→ Erhält der Bauherr das Leistungsverzeichnis oder die Leistungsbeschreibung vom Bauunternehmen, ist in dieser ausdrücklich auf das Abweichen von den a. a. R. d. T. hinzuweisen.

Im Zusammenhang mit Fördermitteln der Kreditanstalt für Wiederaufbau (KfW) kann dieser Punkt von Bedeutung sein. In den Verträgen ist meist ein Hinweis auf die Fördermittel enthalten, die in Anspruch genommen werden. In solchen Fällen wird man wohl davon ausgehen, dass früher die EnEV –jetzt GEG (Gebäudeenergiegesetz) – dann auch vertraglich vereinbart ist. Aber: Auch hier gibt es Spielraum für die Auslegung. Die Vereinbarung über ein KfW50-Haus etwa kann zum Beispiel als zu dürftig angesehen werden. Denn es kann unklar sein, was konkret hierzu erforderlich ist!

Das Oberlandesgericht Stuttgart sah in einer Entscheidung vom 30. April 2020 (Az.: 13 U 261/18) einen Verstoß gegen die Vorgaben der Energiesparverordnung (EnEV) als einen Verstoß gegen die anerkannten Regeln der

Technik an. Im zu entscheidenden Fall ging es um einen Bauträgervertrag. Der Erwerber einer Eigentumswohnung hatte gegenüber dem Bauträger gerügt, dass bestimmte Räume in der von ihm erworbenen Eigentumswohnung keine eigenen Heizschlangen der Fußbodenheizung aufwiesen, sondern nur Anbindungen zu den übrigen Heizkreisen und dass diese Heizung so nicht gesondert regelbar war. Dies sei in der Baubeschreibung anders vereinbart gewesen. Darüber hinaus legte er ein Sachverständigengutachten vor, aus dem hervorging, dass diese Art der Ausführung gegen die Energieeinsparverordnung (EnEV) verstieß.

→ Auch wenn einzelne Gerichte die Energieeinsparverordnung (EnEv) als a. a. R. d. T. angesehen haben und dies somit auch für das GEG gelten würde, sollte sich kein Bauherr darauf verlassen.

Das Oberlandesgericht Stuttgart sah hier eine Abweichung von der vereinbarten Beschaffenheit, weil die Ausführung eindeutig von der Baubeschreibung abwich. Darüber hinaus kann ein Verstoß gegen die a. a. R. d. T. vorliegen. Das OLG nahm hier ohne weitere Erläuterung an, dass die Vorgaben der Energieeinsparverordnung a. a. R. d. T. seien. Dies muss allerdings nicht zwingend so angenommen werden. Denn: Es geht bei der Energieeinsparverordnung vorwiegend um Klimaschutz und Energieeinsparung, nicht um die technische Ausführungsart.

Wichtig zu wissen: Seit März 2022 regelt das Gebäudeenergiegesetz (GEG) das, was vorher in der EnEv geregelt war (siehe unten).

Rechtsnormen

Auch bestimmte Rechtsnormen können für die geschuldete Leistung bei einem Bauvorhaben von Bedeutung sein. Im Bereich des Bauens sind jedoch nicht die sozialen Rechtsnormen gemeint (zu denen auch die moralischen Normen gehören), sondern die in einem Gesetz niedergeschriebenen Rechtsnormen.

Unter Rechtsnormen wird Verschiedenes gefasst, zum Beispiel Gesetze, Definitionen oder auch Verordnungen. Die Zivilprozessordnung (ZPO) ist eine Rechtsnorm, in der das Gerichtsverfahren im Zivilprozess sowie die Zwangsvollstreckung geregelt werden. Das Bürgerliche Gesetzbuch (BGB) regelt verschiedene Beziehungen wie zum Beispiel das Erbrecht. Im Baurecht sind es zivilrechtliche Beziehungen zwischen privaten Akteuren wie (Bau-)Unternehmern und Verbrauchern. Das öffentliche Baurecht wiederum regelt die Beziehung im Bereich des Bauens zwischen der Kommune und im weitesten Sinn dem Staat und den Privaten.

Das Recht auf eine Baugenehmigung ist zum Beispiel an bestimmte Voraussetzungen geknüpft – und die Baugenehmigung ist zu erteilen, wenn diese vorliegen.

BEISPIEL GEBÄUDEENERGIEGESETZ

Auch das Gebäudeenergiegesetz (GEG) ist eine Rechtsnorm – allerdings ist es fraglich, wie diese zwischen Privaten wirkt, wenn die dortigen Vorschriften nicht explizit zwischen den Vertragspartnern vereinbart wurden. Das Gebäudeenergiegesetz enthält Vorgaben vom Staat. Diese werden ohne vertragliche Vereinbarung aber nicht zwingend Vertragsbestandteil.

Auch wenn einzelne Gerichte die Energieeinsparverordnung (EnEv) als a. a. R. d. T. angesehen haben (Seite 95) und dies somit auch für das GEG gelten würde, sollte sich kein Bauherr darauf verlassen. Im Übrigen ist es ohnehin besser, die betreffende Leistung (Wärmedämmung, Heizungsanlage) so konkret wie möglich zu beschreiben.

DIN-Normen

Normen dienen allgemein dazu, Abläufe und Vorgänge zu vereinheitlichen und wirtschaftlicher zu machen – nicht zuletzt auf dem Bau. Ein Beispiel: Es ist viel einfacher, wenn alle Hersteller Mauersteine nach einem festen Maßsystem herstellen, sodass sie immer zusammenpassen.

In solchen Fällen kommen häufig die bekannten DIN-Normen zum Einsatz. DIN steht für das Deutsche Institut für Normung, das diese Normen gegebenenfalls zusammen mit den europäischen Normungsorganisationen (CEN/CENELEC) oder internationalen Normungsorganisationen ISO/IEC erarbeitet.

Um eine DIN-Norm festzulegen, ist ein Konsens erforderlich: Die beteiligten Experten einigen sich dabei auf eine gemeinsame Version der Inhalte, und zwar unter Berücksichtigung des Stands der Technik.

DIN-Normen werden alle fünf Jahre auf ihre Aktualität hin überprüft und gegebenenfalls überarbeitet oder zurückgezogen, wobei sich dieser Prozess durchaus über Jahre hinziehen kann.

DIN-NORMEN SIND IMMER A. A. R. D. T.

DIN-Normen gehören in Deutschland grundsätzlich zu den allgemein anerkannten Regeln der Technik. Auf dem Bau sind typische DIN-Normen zum Beispiel die DIN EN 771–1/DIN 20000–401 für Mauerziegel oder die DIN EN 771–2/DIN 20000–402 für Kalksandsteine („KS-Steine").

Handwerksregeln

Handwerksregeln sind Regeln, welche die Handwerker kennen, die aber nicht niedergeschrieben sein müssen. Im Normalfall werden sie nicht zu den a. a. R. d. T. zu rechnen sein – es sei denn, sie sind im gesamten Bauhandwerk Konsens. Eine solche Regel gibt es aber, soweit erkennbar, nicht.

IMMER SPEZIFISCHERE PRODUKTE

Herstellervorgaben gewinnen immer mehr an Bedeutung. Denn die Produkte werden immer spezifischer und eignen sich nicht für jeden Einsatz. Der Einsatz des richtigen Klebers für Fliesen beispielsweise ist oft nicht so trivial, wie es sich anhört. Immer wieder wird ein nicht tauglicher Kleber in Bädern verwendet, was dazu führt, dass sich Fliesen von der Wand lösen und nur schwer wieder zu befestigen sind, weil der Untergrund nun nicht mehr glatt ist und neu vorbereitet (sprich: aufwendig abgeschliffen) werden müsste.

Herstellervorgaben

Immer mehr Hersteller von Bauprodukten machen für die Installation und Verwendung ihrer Produkte feste Vorgaben. Diese befinden sich oft in dem Produktblatt des betreffenden Produktes. So limitieren die Produkthersteller ihre Haftung. Denn sie wissen, für welchen Gebrauch sich ihre Produkte eignen, und kennen damit auch die Grenzen ihrer Einsetzbarkeit. Oft benötigen Produkte auch Zulassungen. Sie dürfen dann nur für die zugelassene Verwendung genutzt werden. Daher hat der Hersteller darauf hinzuweisen, wofür sein Produkt verwandt werden darf.

HERSTELLERVORGABEN IN DER RECHTSPRECHUNG

Das Oberlandesgericht Brandenburg hat in einem Urteil vom 15. Juni 2011 (Az.: 4 U 144/10) entschieden, dass eine entgegen den Vorgaben des Herstellers vorgenommene Ausführung einen Mangel darstellt, wenn der Auftraggeber dadurch Gefahr läuft, die Herstellergarantie zu verlieren. Ebenfalls liegt ein Mangel vor, wenn die Ausführung nach den Herstellervorgaben zu einem bestimmten optischen Erscheinungsbild (hier: gleichmäßige Fugenbreite) führt, die mit der abweichenden Ausführungsart nicht erreicht wird.

Das Oberlandesgericht München hat in einem Beschluss vom 11. August 2020 (Az.: 27 U 2207/20) entschieden, dass das Werk mangelhaft ist, wenn der Unternehmer die

Montageanleitung des Herstellers nicht beachtet, obwohl er sich vertraglich ausdrücklich dazu verpflichtet hatte, den Einbau entsprechend den Herstellerangaben vorzunehmen.

Nach einem Urteil des Oberlandesgerichtes Hamm vom 9. November 2018 (Az.: 12 U 20/18) liegt allerdings kein Mangel vor, „wenn die Herstellervorgaben eingehalten wurden und die allgemein anerkannten Regeln der Technik keine höheren Anforderungen an das Werk stellen".

Nach dem Oberlandesgericht Düsseldorf (Urteil vom 9.10.2018, Az.: 23 U 43/17) können Herstellerrichtlinien sogar a. a. R. d. T. sein. Das ist der Fall, wenn sich diese in der Theorie als richtig erwiesen und in der Praxis bewährt haben. Dies ist aber immer in einer Einzelfallbetrachtung zu sehen, wobei die weiteren äußeren Umstände einbezogen werden müssen.

In jedem Fall können Herstellerrichtlinien Teil einer Beschaffenheitsvereinbarung zwischen den Vertragspartnern sein. Ist dies der Fall, stellt eine Nichteinhaltung der Herstellerrichtlinien aufgrund der getroffenen Beschaffenheitsvereinbarung einen Mangel dar, wie das Oberlandesgericht Schleswig mit einem Urteil vom 26. Juli 2016 (Az.: 1 U 19/14) feststellte. **WICHTIG:** Im Einzelfall muss immer geprüft werden, wann eine Beschaffenheitsvereinbarung vorliegt.

MONTAGEANLEITUNGEN NICHT AUTOMATISCH A. A. R. D. T.

Das OLG Hamm (Urteil vom 02.09.2015, Az.: 12 U 199/14) sieht in Montageanleitungen von Herstellern keine a. a. R. d. T. Allerdings könnten diese so vertraglich vereinbart werden, dass ihre Einhaltung als Beschaffenheitsvereinbarung zu sehen sei.

Die angeführten Rechtsprechungen zeigen, dass Montageanleitungen und Herstellerhinweise keine unverbindlichen Empfehlungen sind, sondern ernst genommen werden müssen. Heizungsanlagen etwa haben eine Montageanleitung und Herstellerhinweise. Werden diese nicht eingehalten, kann der Bauherr die Garantie beziehungsweise Gewährleistung für die betreffende Anlage verlieren. Insofern sollte bei Leistungen, die der Bauunternehmer erbringen muss, stets darauf geachtet werden, dass Herstellerhinweise, Montageanleitungen ... berücksichtigt werden, gegebenenfalls ist ein Vertrag entsprechend zu ergänzen. Auch dies kann ein Bausachverständiger erkennen – und den Bauherrn entsprechend beraten.

Prüfzeugnisse und Zulassungen

Bauprodukte müssen heute in der Regel zugelassen sein. Baustoffe werden mit einem Etikett über ihre Zulassung gekennzeichnet. Grundsätzlich dürfen nur zugelassene Baustoffe verbaut werden. Ist ein Baustoff nicht zugelassen, kann er dennoch unter bestimmten Voraussetzungen eingebaut werden. Es kann zu einer sogenannten Zustimmung im Einzelfall kommen. Wird ein nicht zugelassenes Bauprodukt verwandt, so ist der Bauherr darauf entsprechend hinzuweisen.

VERWENDBARKEITSNACHWEISE

Wenn von Prüfzeugnissen und Zulassungen die Rede ist, sind damit verschiedene Verwendbarkeitsnachweise gemeint. Üblicherweise wird dabei wie folgt unterschieden:

- → bauaufsichtliches Prüfzeugnis (abP)
- → allgemeine bauaufsichtliche Zulassung (abZ)
- → Zustimmung im Einzelfall (ZiE).

Im letzten Fall (ZiE) handelt es sich um Verwendbarkeitsnachweise nicht geregelter Bauprodukte und Bauarten gemäß den Landesbauordnungen. Dies wird auf einem Bauprodukt durch das Übereinstimmungszeichen kenntlich gemacht.

DIE BEDEUTUNG DER BAUREGELLISTE

Welche Art von Verwendbarkeitsnachweis erforderlich ist, bestimmt das Deutsche Institut für Bautechnik (DIBt) und wird im Einvernehmen mit der obersten Bauaufsichtsbehörde in der Bauregelliste bekanntgemacht. Die Gültigkeitsdauer der Bauregelliste ist begrenzt: Aus baurechtlicher (und damit öffentlich-rechtlicher) Betrachtung ist die Gültigkeit für den Baustoff bis zum Zeitpunkt der Bauausführung, das heißt des Einbaus, maßgebend; aus zivilrechtlicher Sicht muss die Gültigkeit mindestens für die Dauer der Ausführung und Montage der Bauleistung bis zur Abnahme gegeben sein.

→ Weitere Beurteilungsgrundlagen:

Zur Beurteilung von Mängeln können weitere Kriterien herangezogen werden – etwa der Begriff der „mittleren Art und Güte" oder auch geeignete Referenzobjekte.

WAS ERFAHRE ICH?

Was gilt, wenn vertraglich nichts oder wenig fixiert ist? Es sollte bereits deutlich geworden sein, dass es gerade dann schwierig werden kann, die eigenen (Mängel-)Rechte durchzusetzen. Im Folgenden geht es um weitere Beurteilungsgrundlagen, die in solchen Fällen zum Einsatz kommen.

Von mittlerer Art und Güte

Im allgemeinen Schuldrecht im Bürgerlichen Gesetzbuch gibt es eine Regel (§ 243 BGB), die besagt, dass bei einer sogenannten „Gattungsschuld" eine Sache „von mittlerer Art und Güte" geschuldet ist.

GATTUNG

Eine Gattung wird gebildet aus Gegenständen mit gleichen Merkmalen. Gattungsmerkmale können vertraglich bestimmt werden oder sich aus der Verkehrsanschauung ergeben. Ein Haus oder eine Wohnung ist in der Regel ein Unikat und keine Gattung, sodass der Begriff leider nicht direkt auf das Thema Bauen angewandt werden kann. Allerdings könnte man dies unter Umständen schon bei einem Fertighaushersteller annehmen – oder wenn das Haus aus einem Drucker kommt, wie es inzwischen technisch möglich ist.

Ausstattungs- oder Einrichtungsgegenstände sind jedoch immer Gattungen. So ist zum Beispiel bei Fenstern nur festgelegt, wie groß diese sind und welche Schallschutzklasse sie haben. Welche Fenster genau eingebaut werden, entscheidet der Bauunternehmer oftmals in Abstimmung mit dem Architekten (welcher auch der Architekt des Bauunternehmers sein kann) oder mit dem Fensterbauer.

GATTUNGSSCHULD

Bei einer vereinbarten Gattungsschuld steht zum Zeitpunkt des Vertragsschlusses lediglich die Gattung fest, aus der eine Sache geliefert werden soll. Erst nach dem Vertragsabschluss, im Rahmen der Erfüllung, entscheidet der Bauunternehmer, welche Sache aus der Gattung geleistet werden soll. Der Bauunternehmer hat ein Auswahl- und Aussonderungsrecht.

WICHTIG: Das Recht, die Konkretisierung der Gattung durchzuführen, kann aber auch beim Bauherrn liegen. Dies ist dann aber vertraglich so vorzusehen.

BEISPIEL BAUTRÄGERVERTRAG

In Bauträgerverträgen finden sich in den Baubeschreibungen verschiedene Ausführungen,

zwischen denen der Bauträger oder Bauherr/Erwerber wählen darf. Teilweise ist vorgesehen, dass der Erwerber bemustert. Das ist oft bei Fliesen und Kacheln sowie bei Badkeramik der Fall. Der Bauträger wählt zum Beispiel die Türbeschläge und die Schließanlage aus. Oft ist kein Fabrikat oder bestimmtes Produkt vorgegeben.

WAS BEDEUTET „VON MITTLERER ART UND GÜTE"?

Unter „mittlerer Art und Güte" wird die Durchschnittsqualität verstanden. Man müsste sich anschauen, welche Qualitäten es gibt und was eine niedrige und eine hohe Qualität ist. Davon ist dann wieder das Mittel zu nehmen. Was genau dies bezogen auf ein Haus bedeutet, ist letzten Endes immer eine Festlegung im Einzelfall.

Der allgemein vorausgesetzte Gebrauch

Der Mangelbegriff ist auch funktional zu sehen – und zwar in Bezug auf den Leistungsumfang einer zweckentsprechenden und funktionstauglichen Herstellung der Werkleistung. So sieht es auch das Oberlandesgericht Düsseldorf in seinem Urteil vom 26. März 2013 (Az.: 23 U 87/12). In diesem Urteil war das Werk (die Beschichtung einer Tiefgarage) grundsätzlich mangelfrei hergestellt – es entsprach allerdings nicht dem geschuldeten Leistungserfolg. Ausgeschrieben war für die Beschichtung ein „starres Beschichtungssystem". Es zeigten sich später daher Risse. Vorher war ein rissüberbrückendes System als Beschichtung

WAS IST MIT DEM GESUNDEN MENSCHENVERSTAND?

Der berühmte „gesunde Menschenverstand" hilft bei der Frage, was vertraglich geschuldet ist, am Ende leider wenig. Juristen haben stattdessen genaue Auslegungsregeln, nach denen der Vertragsinhalt zu bestimmen ist.

PRÄZISE SEIN

Bei der Vereinbarung eines Referenzobjekts beziehungsweise einer Referenzfläche ist darauf zu achten, dass klar beschrieben wird, wo sich diese befindet und in welcher Hinsicht sie genau als Referenz vereinbart werde.

aufgebracht worden. Daher hätte der Bauunternehmer den Bauherren genau dies mitteilen müssen und eine andere Beschichtung als die vom Bauherrn gewünschte vorschlagen müssen. Wird durch den Bauunternehmer erkannt, dass der Leistungserfolg gegebenenfalls gefährdet ist, muss er diese Bedenken gegenüber dem Bauherrn anmelden.

Somit kommt auch eine bestimmte Funktionalität zum Tragen: Das hergestellte Werk muss dem Leistungserfolg entsprechen. Ist dies durch die beauftragte Leistung nicht erreichbar, hat der Bauunternehmer zumindest darauf hinzuweisen.

Was der allgemein vorausgesetzte Gebrauch ist, bestimmt sich immer nach dem Einzelfall. Eine grundlegende Definition gibt es hierfür nicht beziehungsweise ist schwer. Gleiches gilt auch für die erforderlichen Hinweispflichten.

Referenzobjekte

Als vereinbarte Beschaffenheit ist grundsätzlich auch die Vereinbarung eines Referenzobjekts denkbar. Zu beachten ist allerdings, dass dies nie ganz gleich ist, da das ausgewählte Objekt an einer anderen Stelle steht als das Bauwerk des Bauherrn, sodass bei ihm andere Bedingungen gelten können (zum Beispiel eine andere Bodenbeschaffenheit).

Die Vereinbarung von Referenzobjekten ist dann sinnvoll, wenn es um nicht eindeutig technisch festzulegende Qualitäten geht, wie zum Beispiel Sichtbeton. Mit einer Referenzfläche in einem anderen Objekt kann die vereinbarte Beschaffenheit präziser gefasst werden. Zum Beispiel kann am Referenzobjekt die Porengröße festgelegt werden, die Art der Zuschlagstoffe oder die genaue Art und Weise der Herstellung. Solche Eigenschaften sind in einer Baubeschreibung oft nur schwer in Worte zu fassen. Auch Fotos als Vereinbarungsgrundlage können die tatsächlichen Gegebenheiten am Ende oft nur unzureichend wiedergeben.

Pläne und Berechnungen

Pläne und Berechnungen können ebenso Beschaffenheitsvereinbarungen oder Vereinbarungen über die Funktionalität eines Bauwerks sein. Berechnungen über die Energieeffizienz etwa gewinnen hier an Bedeutung. Es hängt aber immer davon ab, wie diese Pläne und Berechnungen mit vereinbart wurden. Nicht alle Pläne und Berechnungen sind vertraglich so vereinbart, dass bei Abweichung von ihnen eine mangelhafte Leistung hergeleitet werden kann. Damit Pläne und Berechnungen als Beschaffenheitsvereinbarungen gelten, muss in dem Vertrag deutlich werden, dass es auf diese Pläne oder Berechnungen ankommt oder denen quasi zu folgen ist. Im Zweifel empfiehlt es sich, sowohl eine technische als auch eine juristische Fachperson hierzu zu befragen.

4

Bauen ist Kunst. Nicht nur Handwerkskunst, sondern die Kunst der Umsetzung einer Idee in einen konkreten Plan. Daneben steckt in einem Bau viel Rechenkunst – die bautechnischen Nachweise für Standsicherheit, Erdbebensicherheit, Schallschutz, Wärmeschutz. Und nicht zuletzt ist es eine Kunst, einen Ablauf so zu organisieren, dass sich an seinem Ende die Planung als dauerhaftes Gebäude auf dem Grundstück manifestiert.

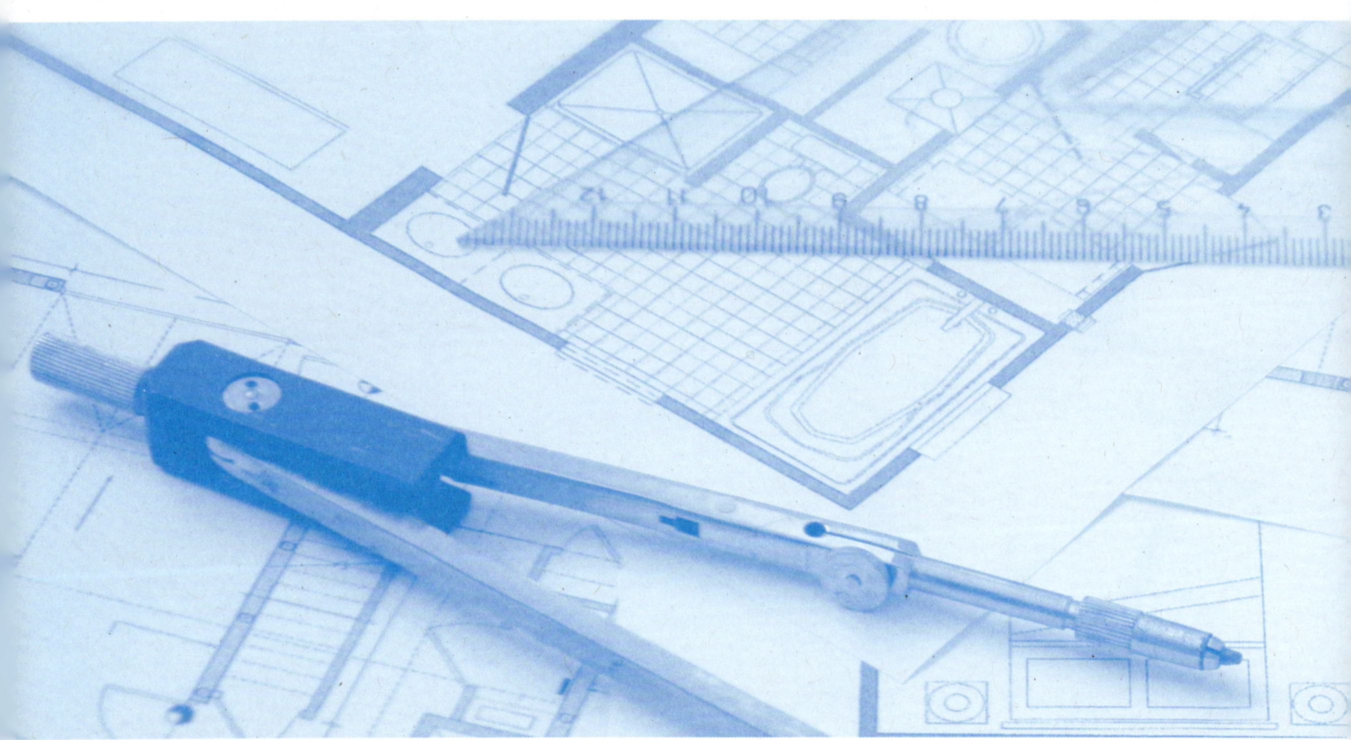

→ **Die Voraussetzungen:** Sie als Bauherren sollten sich weitestgehend darüber im Klaren sein, wie Ihr Lebensentwurf und Wohnbedarf der nächsten zehn bis 20 Jahre aussieht, ob Sie grundsätzlich in diesem Haus bleiben möchten oder mit einem Wiederverkauf in absehbarer Zeit liebäugeln.

WAS ERFAHRE ICH?

Die grundlegenden Konzeptionen von frei stehenden Einfamilienhäusern, Doppelhäusern und Reihenhäusern haben sich im Lauf der vergangenen Jahrzehnte aufgrund von technischen Entwicklungen, gestiegenen Komfortansprüchen und persönlichem Wohnraumbedarf weiterentwickelt. Wenn sich früher mehrere Geschwister ein Zimmer geteilt haben, ist heute das Kinderzimmer pro Kind Standard. Den Gegenentwurf dazu bilden die Tiny Houses, die sich zunehmender Beliebtheit erfreuen – allerdings nur mit einem hohen Grad an Selbstorganisation und Beschränkung des persönlichen Eigentums bewohnt werden können.

Das, was als Ihr zukünftiges Eigenheim geplant werden soll, muss zu Ihren Bedürfnissen passen, ansonsten geben Sie viel Geld für ein Bauwerk aus, in dem das Wohnen Mühe macht. Natürlich muss auch das Grundstück zum geplanten Gebäude passen. Hier legt der bestehende Bebauungsplan die Maßstäbe, die für die Genehmigungsfähigkeit der Planung weitgehend einzuhalten sind. All das soll/muss auf Dauer für Sie finanzierbar sein.

Grundlegende Anforderungen an Gebäude

Es gibt einen Katalog grundlegender Anforderungen an ein Gebäude, die von Ihnen als Erwerber/Besteller erwartet werden können, ohne dass es einer besonderen vertraglichen Vereinbarung bedarf.

- → Neu zu errichtende Gebäude müssen standsicher sein. Das bedeutet, dass sie sowohl die ihnen aufgrund ihrer materiellen Beschaffenheit innewohnenden Lasten (das Eigengewicht der Bauteile) als auch die üblichen auf sie einwirkenden Belastungen und Kräfte sicher nach unten in den Baugrund ableiten müssen.
- → Gebäude, die in Erdbebenzonen stehen, müssen die Einwirkungen aus Erdbebenvorkommnissen in bestimmten Größenordnungen so aufnehmen können, dass die Bewohner und Nutzer die Gebäude bei/nach einem Erdbeben sicher verlassen können. Sie dürfen also nicht – wie Kartenhäuser – schlagartig einstürzen.

- → Gebäude und Bauteile verformen sich unter den auf sie einwirkenden Lasten. Diese Verformungen dürfen die Gebrauchstauglichkeit eines Bauwerks nicht einschränken, daher sind die normativen bestehenden Vorgaben einzuhalten.
- → Gebäude müssen so brandsicher sein, dass im Brandfall ein Verlassen des Gebäudes über den ersten Rettungsweg – im Regelfall sind das die Haupttreppe und die Haustür oder eine Nebentüre – oder aber den zweiten Rettungsweg, dann zumeist mithilfe der Feuerwehr, möglich ist.
- → Gebäude zu Wohnzwecken müssen ausreichend beheizbar sein und über Strom-, Wasser-, Abwasser- und Kommunikationsanschlüsse verfügen.
- → Dazu müssen sie die Bewohner vor Witterungseinflüssen bewahren. Hierfür müssen die Außenbauteile diverse Anforderungen erfüllen.
- → Gebäude müssen die vorangestellten Anforderungen dauerhaft erfüllen. Unter dauerhaft sind Zeiträume von 50 und mehr Jahren zu verstehen. Damit die Gebäude diese Anforderungen dauerhaft erfüllen können, bedarf es einer regelmäßigen, nutzungsbegleitenden und durch Sie zu leistenden oder zu beauftragenden Wartung.

Die verschiedenen Bauleistungen sind mindestens nach den allgemein anerkannten Regeln der Technik auszuführen (siehe Seite 89). Das ist der Mindeststandard, der ohne ausdrückliche vertragliche Vereinbarung in der Regel ohnehin geschuldet ist.

Die nachfolgenden Ausführungen zu Baumängeln im Zuge der Planung und der Ausführung sind bitte immer unter Berücksichtigung der vorangestellten grundlegenden Anforderungen an Gebäude zu betrachten.

Kontrollinstanzen beim Bau

Wo gearbeitet wird, passieren Fehler. Es kann vorkommen, dass etwas vergessen wird oder nicht so ausgeführt, wie es ausgeführt werden sollte. Dieser Tatbestand ist vollkommen normal, daher gibt es mehrere Kontrollinstanzen, die die Ausführung und die Ausführungsqualität der unter- und nachgeordneten Ebenen und die durch das Unternehmen selbst geleistete Arbeit kontrollieren sollten. Ganz bewusst haben wir hier den Konjunktiv verwendet, denn im Einfamilienhausbau und leider zunehmend auch im Geschosswohnungsbau sieht es aus der Erfahrung des Sachverständigen bedauerlicherweise häufig anders aus.

Die Funktionen und Aufgabenstellungen der Bauleitung ist differenziert zu betrachten. Es gibt den Bauleiter, der gegenüber der Baubehörde für die Ausführung nach der Baugenehmigung verantwortlich zeichnet. Diese Aufgabe kann durch den direkt von Ihnen beauftragten Architekten oder Bauleiter wahrgenommen werden. Sind Planung und Bauleitung beim Bauträger oder beim Hausbauunternehmer, können diese Aufgaben durch den von diesem beauftragten Architekten oder die Bauleitung des Hausbauunternehmers wahrgenommen werden.

Ein in Ihrem Auftrag tätiger Bauleiter hat maßgebende Kontrollaufgaben. Kommt es dabei zu Beanstandungen, hat Ihre Bauleitung die Beseitigung der Beanstandungen durchzusetzen. Der Bauleitung des Hausbauunternehmers ist zwar Ihnen gegenüber als Bauleiter benannt, hat aber in erster Linie die Interessen ihres Arbeitgebers zu verfolgen, um die Baustelle im kalkulierten Kosten- und Zeitrahmen abzuwickeln. Die Kontrolle beschränkt sich daher häufig auf die Anwesenheit der beauftragten Firmen, damit der vorgesehene Bauablauf eingehalten werden kann.

Die Haus- und Wohnungsbauunternehmen tendieren dazu, Baustellenmanagement und Bauleitung einander gleichzusetzen und vergessen dabei möglicherweise gezielt, dass Baustellenmanagement eine **STEUERUNGSAUFGABE**, Bauleitung aber eine **KONTROLLAUFGABE** ist. Denn eine konsequent ausgeführte Qualitätskontrolle birgt natürlich die Gefahr, dass mögliche Notwendigkeiten zu Nachbesserungen den ohnehin schon störanfälligen Bauablauf empfindlich behindern könnten. Das ist natürlich nicht im Sinne des Hausbauunternehmens, weshalb die Qualitätskontrolle häufig genug unter den Tisch fällt.

Bauherren und Käufer tun daher gut daran, von Anfang an die Ausführungsqualität selbst zu kontrollieren oder sich fachkundige Unterstützung zu holen, die in ihrem Auftrag und unter Wahrung Ihrer Interessen die Ausführungsqualität kontrolliert (mehr ab Seite 21). Eine mangelhafte Ausführung muss nicht immer einen Schaden zur Folge haben, kann aber – insbesondere, wenn Feuchtigkeit ins Spiel kommt – auch schwerwiegende Mangelfolgeschäden hervorrufen und die Wohnqualität und/oder die Gebrauchstauglichkeit erheblich einschränken.

Die folgenden Kapitel mit Bildern „aus dem ungeschminkten Baustellenleben" sollen Ihnen helfen, während des Bauablaufs grobe Ausführungsfehler als solche zu erkennen. Die immer wieder gern angeführte Argumentation: „Das haben wir schon immer/noch nie so gemacht!", ist kein Beleg für eine richtige Ausführung.

Im Folgenden gehen wir von Werkvertragsverhältnissen aus – in Form eines Verbraucherbauvertrags, Bauträgervertrags, einzelner Bauverträge sowie Verträgen mit Planern, Fachplanern, Bauleitern und Sachverständigen. Das bedeutet, dass Ihre Vertragspartner den **WERKERFOLG** ihrer Leistungen schulden.

Typische Ursachen von Bauschäden

Ein Großteil der an bestehenden und neuen Gebäuden auftretenden Schäden wird durch Feuchtigkeit hervorgerufen. Diese Schäden sind meist sehr weitreichend und erfordern umfassende Untersuchungen, eine kleinräumige Mängelbeseitigung (kleine Ursache – große Wirkung), aber auch eine großräumige Sanierung angrenzender Bereiche sowie die Beseitigung der Mangelfolgeschäden. Daher sollte sowohl Ihr Augenmerk als auch gegebenenfalls das Ihres Sachverständigen bei den Baustellenbesichtigungen und -begehungen auf Planungs- und Ausführungsmängeln speziell in diesem Bereich gerichtet sein.

Der Handwerkerspruch „Wasser hat einen kleinen Kopf" ist ernst zu nehmen. Wenn die Gebäudehülle auch nur die kleinste Lücke aufweist, werden Tropfen und Rinnsale in genau diese Lücke eindringen und den angrenzenden Bereich durchfeuchten. Die typischen großen Gefahrenstellen dafür liegen

- → in der Bauwerksabdichtung der erdberührten Bauteile,
- → in der Abdichtung im Übergang zu den nicht mehr erdberührten Bauteilen knapp über dem Gelände,
- → beim Baukörper selbst in Anschlussfugen der Öffnungsbauteile (Fenster, Türen),
- → in der Dachkonstruktion/der Dacheindeckung/der Flachdachabdichtung,
- → in der Fassade (sowohl Fläche als auch Anschlüsse zu Öffnungsbauteilen).

Wasser kommt auch über kleine Undichtigkeiten in den wasserführenden/abwasserführenden Leitungen oder infolge der Nutzung von Dusche/Badewanne ins Gebäude, wenn lokale Mängel in diesen Bauleistungen vorliegen. Eine weitere, nicht zu unterschätzende Feuchtequelle ist die fehlende Luftdichtigkeit, die den Eintritt feuchter Luft in feuchtesensible Bauteile (zum Beispiel ausgedämmte Holzkonstruktionen) ermöglicht. Das alles bedeutet nichts anderes, als dass es im Gebäudeinneren feucht wird. Wo es längere Zeit feucht ist, sind Schimmelpilze nicht weit (siehe ab Seite 251).

Die Planung legt – angefangen bei den ersten Konzeptionen – die Grundlagen für die Mangelfreiheit des Gebäudes, auch soweit es die Einwirkungen von Feuchtigkeit angeht. Wird das Gebäude falsch auf dem Grundstück angeordnet – und das betrifft sowohl die Lage im Grundstück als auch die Höhenlage –, fließt bei Starkregenereignissen das Wasser zum Haus hin und im Zweifel durch das Haus hindurch. Werden die Dichtigkeitsanforderungen an Lichtschächte oder Kellerfenster bei Kellergeschossen nicht beachtet oder werden die Belange der Bauwerksabdichtung, die sich aus dem Baugrundgutachten ergeben, planerisch nicht berücksichtigt, sind die maßgeblichen Grundlagen für eine mangelhafte kaum noch korrigierbare Ausführung bereits in der Planung vorweggenommen.

Hier ist es von besonderer Bedeutung, wer den Auftrag für Planung erteilt hat. Sind es von Ihnen direkt beauftragte Planer und Fachingenieure, dann müssen Sie als deren Auftraggeber sich die Planungsfehler im Verhältnis zu den bauausführenden Unternehmen zurechnen lassen. Ist die Planung Bestandteil des Auftrags zur Hauserstellung, ist Ihr Hausbaupartner für Planungsmängel verantwortlich.

Klären Sie vorab Ihre Einflussmöglichkeiten auf die Planung. Berücksichtigen Sie bei einer selbst beauftragten Hausplanung die weitere Auftragserteilung an Haustechnikfachplaner (Stichworte: Smarthome, Lüftungs- und Heizungsplanung, Gebäudeenergetik).

Die Herausforderung ist es, Planungsirrtümer frühzeitig – am besten noch in der Planungsphase bis zum Baugesuch – zu erkennen, sodass sie ohne Nachteile für die Bauherren/Käufer korrigiert und beseitigt werden können. Das wäre eine der maßgeblichen Aufgaben einer qualifizierten Bauleitung.

Möglicherweise ist das ein Grund dafür, warum die mit der Bauleitung betrauten Personen eine wirklich qualifizierte Bauleitung mit den erforderlichen Qualitätskontrollen nicht ausführen oder aber nicht ausführen dürfen. Zu den Rechtsfolgen eines arglistig verschwiegenen Mangels siehe Seiten 49 und 80.

VERSTECKTE EINSPARUNGSABSICHTEN

Ein wesentlicher weiterer Grund für eine nicht regelgerechte Ausführung von Bauarbeiten können Einsparungsabsichten beim Materialeinkauf oder aber bei der Leistungserbringung sein. Haushersteller, die große Stückzahlen, beispielsweise mehrere Tausend Häuser pro Jahr fertigen, könnten durchaus auf die Idee kommen, durch Einsparungen im Materialeinkauf, die sich pro Hauseinheit in einer niedrigen vierstelligen Summe niederschlagen, den möglichen Gewinn zu maximieren. Bei einer Einsparung von nur 1000 Euro pro Haus ergibt sich bei 1000 Häusern im Jahr eine Gesamteinsparung von 1 000 000 Euro. Sofern diese Einsparungen nicht dazu führen, dass regelwidrig gebaut oder konstruiert wird, ist dagegen nichts einzuwenden. Wenn doch, kann das zu Mängeln führen, weil die Leistung hinter den anerkannten Regeln der Technik zurückbleibt. Das an sich begründet bereits die Mangelhaftigkeit der Ausführung. Solche Beanstandungspunkte sollte man als Auftraggeber mit spezialisierten Juristen klären.

SORGFÄLTIGE BEDARFSERMITTLUNG

Das teuerste Haus ist das, das sich noch während oder kurz nach der Fertigstellung als zu klein oder für die Lebensumstände als ungeeignet herausstellt! Bevor Sie einen Planer beauftragen oder die Angebote von Fertighausherstellern recherchieren, sollten Sie sich als Bauherr oder als Käuferin über Ihren genauen Bedarf im Klaren sein sowie darüber, wie Sie beabsichtigen, diesen Bedarf baulich umzusetzen.

Der bauliche Bedarf umfasst unter anderem:

- → Lage der Immobilie, zum Beispiel im Hinblick auf die vorhandene Infrastruktur oder die Entfernung zum Arbeitsplatz
- → Budget, Kostenobergrenzen getrennt nach Grundstück und Haus
- → Qualitätsansprüche und Komfortansprüche im Hinblick auf die Gebäudeausstattung
- → Anspruch an die energetische Qualität und die Nachhaltigkeit des Gebäudes
- → Wiederverkaufswert des Gebäudes bei Erwerb/Errichtung als Geldanlage oder bei absehbarem Weiterverkauf
- → Erforderliche Raumanzahl in Abhängigkeit von der bestehenden oder der sich absehbar ergebenden Lebenssituation
- → Wohnen Haustiere mit im Haus? Daraus ergibt sich ein Bedarf für robustere Bodenbeläge und Türen, besonders bei großen Hunden.
- → Flächen- und Ausstattungsbedarf für beabsichtigte Homeoffice-Tätigkeiten
- → Flächen- und Ausstattungsbedarf infolge einer gewerblichen Nutzung (Werkstätten, Kfz- und Maschinenstellplätze)
- → Flächen- und Ausstattungsbedarf infolge des/der eigenen Hobbys
- → Teilbarkeit in zwei Wohneinheiten bei verändertem Flächenbedarf
- → Flächenbedarf der einzelnen Räume. Personen, die auf Mobilitätshilfen angewiesen sind, brauchen in nahezu allen Räumen größere Bewegungsflächen.
- → Möglichkeit, im Alter weiterhin im Haus zu wohnen; Wohn- und Aufenthaltsräume für Pflegepersonal

→ **Konzeption und Anträge:** Wenn Sie sich über Ihren Wohn- und Nutzungsbedarf im Klaren sind, geht es mit dem Hausbaupartner Ihrer Wahl an die konzeptionelle Umsetzung dieser verschiedenen Bedarfe auf dem vorhandenen Grundstück.

WAS ERFAHRE ICH?

Die nachfolgenden Ausführungen betreffen sämtliche Werkvertragsarten im Baubereich mit Ausnahme des Bauträgervertrages.

Die Konzeption sollte die bestehenden behördlichen Auflagen bezüglich der Bebaubarkeit bereits berücksichtigen. Wenn Ihr Traumhaus die Form und Größe eines Leuchtturms haben soll, lässt sich das in einem Wohngebiet mit eineinhalbgeschossigen Einfamilienhäusern mit hoher Wahrscheinlichkeit nicht umsetzen. In diesem Fall hätten Sie aber schon ein ungeeignetes Grundstück gekauft. Viele Hausbaupartner bieten bereits Musterplanungen beziehungsweise Musterhäuser an, die sich dann mittels standardisierter Zusatzbauteile wie Erker, Gauben, Quergiebeln oder Balkonen an Ihren Bedarf anpassen lasen.

Nach Abschluss der Konzeptionsphase, also wenn Sie mit Ihrem Hausbaupartner Einigkeit erzielt haben, kommt es zur Erstellung der Bauantragsplanung. Schlafen Sie lieber eine Nacht länger über diesen Antrag und lassen sich nicht allzu sehr unter Entscheidungsdruck setzen.

Bei aller Euphorie, von der diese Phase geprägt wird, machen Sie sich bitte immer wieder bewusst: Nichts ist so teurer, als am Ende der Bauzeit – in welcher Beziehung auch immer – festzustellen, das falsche Haus gebaut zu haben.

Konzeptionsphase

In der Konzeptionsphase geht es darum, Ihren persönlichen mittelfristigen baulichen Bedarf (Zeitraum 10 bis 15 Jahre), den Sie gemäß der Checkliste auf Seite 107 ermittelt haben, in eine solide Planung umzusetzen. Das ist die Aufgabe des von Ihnen beauftragten Architekten oder des Planers, den Ihr Hausbaupartner mit dieser Aufgabe betraut.

Eine dann nicht mehr bedarfsgerechte Plankonzeption oder eine fehlerhafte Gesamtkostenschätzung über die Baukosten für das Haus plus Kosten für zusätzlich notwendige Baumaßnahmen, die auf die Besonderheiten des Grundstücks zurückzuführen sind, kann Sie in den finanziellen Ruin führen. Eine erhebliche Überschreitung Ihres finanziellen Spielrahmens schon bei der Bauplanung könnte als Nichterreichen des Werkerfolgs betrachtet werden.

BAUGRUND ALS KOSTENFAKTOR

Wenn das Grundstück und seine Eigenheiten (Baugrund- und Gefällesituation, mögliche Schadstoffbelastungen, die Nachbarbebauung, Zufahrtsmöglichkeiten) bereits bekannt sind, sollen diese von Anfang an in die grundlegende Planung des Gebäudes und der Außenanlagen einfließen und auch in der Kostenschätzung seriös bewertet werden. Zur Beurteilung, ob die kostenmäßige Bewertung tatsächlich seriös ist, bedarf es Erfahrung und Sachverstand. Diese Fachkenntnis und die entsprechende Beratungs- und Unterstützungsleistung sollten Sie, wenn Sie nicht selbst umfassende bauchfachliche Kenntnisse haben, durch Einschaltung eines Sachverständigen einkaufen.

Bauantrag

Die Bauantragsplanung beziehungsweise Baugesuchsplanung zielt darauf ab, die bislang erarbeitete Planungskonzeption zu einer genehmigungsfähigen Planung zu verdichten, die die Auflagen des jeweils geltenden Bebauungsplans (siehe oben „Baugrund als Kostenfaktor") erfüllt oder – wenn in Teilbereichen davon abgewichen wird – entsprechende Befreiungsanträge beinhaltet. Sie muss neben den Vorgaben des Bebauungsplans die örtlichen Gegebenheiten des Baugrundstücks und die angedachte Gebäudeposition berücksichtigen. Dazu gehören im Einzelnen die Lage auf dem Grundstück mit Grenzabständen oder Grenzbebauung, die Gelände- und Gefällesituation, die Vorgabe zum Rückstauniveau, die Kanalsituation für die Entwässerung sowie die Zugänglichkeit und Anfahrbarkeit während der Nutzung. Sollen Nebengebäude wie beispielsweise Garagen und/oder Carport ebenfalls beantragt werden, ist dies in gesonderter Form zu vereinbaren.

In der Bauantragsplanung wird die äußere Gestalt des Hauses (Länge, Breite, Höhe, Dachneigung, Form, Höhenlage zur Erschließungsstraße, Lage auf dem Baugrundstück) des zukünftigen Gebäudes festgeschrieben. Weiterhin werden die Form und die Größe der einzelnen Räume, die Anordnung der Fenster und Fenstertüren, der Treppe(n) sowie die Anordnung der Innentüren festgelegt. Hier ist darauf zu achten, dass ausreichend breite Türanschläge vorgesehen werden, damit ein Schrank üblicher Größe hinter einer Tür Platz hat und/oder die Türen 90 Grad aufschlagen können.

Eine nicht genehmigungsfähige Bauantragsplanung ist per se mangelhaft. Sie wird im Zuge des Genehmigungsverfahrens abgelehnt, was zumindest Zeit und in der Regel (Bereitstellungszinsen, Verlängerung der Mietzahlungen) auch Geld kostet.

Eine Bauantragsplanung, die in den weiteren Planungsschritten oder in der Baurealisierung keine regelgerechte Ausführung ermöglicht, ist aber ebenso mangelbehaftet, wobei sich die tatsächliche Mangelhaftigkeit erst später am dann errichteten Gebäude manifestiert. Für Sie als bautechnischer Laie ist der Umstand einer mangelhaften Planung in der Regel schwer zu beurteilen, zumal Ihr Fokus als Betrachter auf der Gesamtkonzeption liegt. Sofern Sie die Planung nicht selbst fachkundig beurteilen können, ist zu empfehlen, sie durch eine fachkundige Person prüfen zu lassen.

VORSICHT BEI HANGLAGEN

Für die bei Hanglagen erforderlichen Abfangungsbauwerke und die gegebenenfalls notwendigen Hangsicherungen mit den dazu erforderlichen erdstatischen Nachweisen braucht es zusätzliche Investitionen, die sich auch bei scheinbar geringem Umfang schnell zu fünf- und sechsstelligen Beträgen auswachsen können. Diese Leistungen und die dafür aufzuwendenden Kosten sind üblicherweise in den Angebotspreisen für das Typen- oder Fertighaus nicht enthalten.

Bauantragsplanung

Die Bauantragsplanung ist vom Auftraggeber (also von Ihnen) als Antragsteller zu unterzeichnen und bei der Baubehörde einzureichen. Prüfen Sie diese Pläne in aller Ruhe und gleichen Sie die Planung, soweit das in der Phase bereits möglich ist, mit dem in der Vertragsbaubeschreibung (siehe Seite 84) beschriebenen Soll ab.

Prüfen Sie die Tiefen der Türanschläge im Hinblick auf Ihre Einrichtungswünsche und die Abmessungen der vorgesehenen Möblierung. Da es sich hierbei um Pläne im Maßstab 1:100 (1 Zentimeter im Plan = 100 Zentimeter am Bau) handelt, können die Abmessungen mit einen Geodreieck oder Lineal leicht überprüft werden. Prüfen Sie zum Beispiel, ob Ihre Schränke , wenn so vorgesehen, hinter den Türen auch Platz finden.

Ist das Gebäude auf Basis einer fehlerhaften Planung erst einmal genehmigt, sind die dann erforderlichen grundlegenden Veränderungen nur noch möglich, wenn eine Baugesuchsänderung eingereicht wird. Das kostet zusätzliches Geld und Zeit.

Entwässerungsgesuch

Zu jeder Bauantragsplanung gehört ein Entwässerungsgesuch. Im Entwässerungsgesuch wird die Anlage zur Schmutz- und Regenwasserableitung Ihres zukünftigen Eigenheims und des Grundstücks dargestellt. Die Planung muss so erfolgen, dass die Vorgaben der kommunalen Entwässerungssatzung eingehalten werden.

Das Entwässerungsgesuch umfasst in der Regel die Grundrisse aller Geschosse Ihres zukünftigen Hauses mit den hervorgehobenen Entwässerungsgegenständen und mindestens einen vertikalen Schnitt mit Darstellung der Entwässerungsstränge. Im Entwässerungsgesuch sind die Höhenlage der Rückstauebene und – wenn erforderlich – die Einrichtungen zur Rückstausicherung anzugeben.

Üblicherweise erfolgt der Anschluss an die öffentliche Kanalisation über auf dem Grundstück vorhandene Kontrollschächte. Diese gehören zum Verantwortungsbereich des öffentlichen Netzbetreibers. So diese Kontrollschächte nicht oder noch nicht vorhanden sind, müssen sie erstellt werden. Hierbei ist entscheidend, in welchem Zustand Sie das Grundstück erworben haben. Bei einem erschlossenen Grundstück schuldet die Kommune beziehungsweise die Stadt die Erschließung sowohl für die Versorgungsleitungen als auch die Entsorgungsleitungen. Diese waren im Grundstückskaufpreis eingerechnet. Haben Sie ein nicht erschlossenes Grundstück gekauft – zum Beispiel bei einer Bebauung in zweiter Reihe, beim verdichteten Bauen im innerstädtischen Bereich oder in einer Außenlage mit Sondergenehmigung – müssen Sie unter Umständen die je nach Aufwand nicht unerheblichen Kosten dafür tragen. Diese Leistungen und die dafür aufzuwendenden Kosten sind bei Typen- und Fertighausverträgen üblicherweise nicht enthalten.

DRÄNANLAGE ODER DRÄNAGE

Im Regelfall muss die Einleitung von Dränagewasser im Zuge des Entwässerungsgesuchs beantragt werden. In den meisten Entwässerungssatzungen ist die Einleitung ausgeschlossen, da die Einleitung die zumeist alten und häufig nicht mehr ausreichend dimensionierten kommunalen Entwässerungsanlagen überlasten würde.

→ **Planungsphase:** Die Ausführungsplanung ist eine in größerem Maßstab erstellte und detailliertere Planung. Hier werden ergänzende Maße und Informationen etwa zu Wand- und Deckendurchbrüchen, Innenmaßketten und dergleichen eingearbeitet.

WAS ERFAHRE ICH?

Die Werkplanung als Ausführungsplanung gemäß Leistungsphase 5 nach HOAI Anlage 10 bei Architektenplanung wird oft ergänzt durch Detailpläne in noch größerem Maßstab, um etwa Anschluss- und Schnittstellensituationen darzustellen. Maßstäbe von 1:50 (1 Zentimeter im Plan sind 50 Zentimeter) oder gar 1:10 bis hin zu 1:1, also einer realitätsgetreuen Abbildung, werden aufgerufen.

Ausführungsplanung

Die häufig als Werkplanung bezeichnete Ausführungsplanung ist eine Planungsleistung, die Sie als Bauherr bei Beauftragung eines Fertig- oder Typenhauses gewöhnlich nicht ausgehändigt bekommen. Sie können die Herausgabe der Werkplanung allerdings beim Abschluss des Vertrages zusätzlich vereinbaren.

Während die Bauantragsplanung im Maßstab 1:100 (1 Zentimeter im Plan = 1 Meter in der Realität) erstellt wird, erfolgt die Werkplanung im Maßstab 1:50 (2 Zentimeter im Plan = 1 Meter in der Realität) und mit deutlich mehr ausführungsrelevanten Detailangaben. So weit die Theorie.

Häufig wird in der Praxis ganz auf eine Werkplanung verzichtet oder die ohnehin vorliegenden Baugesuchspläne werden statt im Maßstab 1:100 im Maßstab 1:50 dargestellt und um Angaben zur Haustechnik ergänzt. Auch die beste Werkplanung kann grundsätzliche Fehler in einem Baugesuch nicht mehr ungeschehen machen. Verantwortlich arbeitende Planer, die eben nicht nur „hochzoomen", werden diese Fehler hoffentlich entdecken, korrigieren, gegebenenfalls unter Änderung des Baugesuchs.

Aufgrund des größeren Maßstabs sind in einer „echten" Werkplanung deutlich mehr Informationen enthalten als in der Bauantragsplanung. Die Werkpläne sind dann auch die Grundlage für die weiterführenden Planungen des Tragwerksplaners und der haustechnischen Gewerke. Die einzelnen Fachunternehmen erstellen häufig auf Basis der Werkplanung ihre gewerkespezifischen Montagepläne.

In eine umfassende Werkplanung fließen die koordinierten Informationen der anderen Planungsbeteiligten ein. Die Ausführungsplanung wird ergänzt durch mehr oder weniger zahlreiche Detailpläne, die in aller Regel die Schnittstellen beim Aufeinandertreffen mehrerer Gewerkeleistungen abbilden.

Leider gibt es im Verbraucherbauvertrag oder dem Bauträgervertrag keinen eindeutig gesetzlich verankerten Anspruch darauf, dass Ihr Hausbaupartner Ihnen die Ausführungs- oder Montageplanung übergeben muss. Das lässt sich aber im Zuge des Vertragsabschlusses beim Verbraucherbauvertrag beziehungsweise Architektenvertrag nur in Leistungsphase 1 bis 4 verhandeln, führt möglicherweise jedoch zu Mehrkosten. Aus technischer Sicht ist es für Sie als Erwerber sinnvoll, sich die fortgeschriebene Ausführungs- und Montageplanung spätestens mit der Fertigstellung, das heißt vor der Abnahme, übergeben zu lassen. Sie bekommen dadurch auch eine Grundlage für spätere Umbauten des Gebäudes.

Statik- und Tragwerksplanung

Die Standsicherheit ist eine, wenn nicht *die* grundlegende Eigenschaft eines Gebäudes. Sie muss zwingend gegeben sein. Der Statiker errechnet unter Ansetzen standardisierter, in Normen definierter Lastannahmen die Größenordnung der Kräfte, die sich zukünftig auf das Bauwerk auswirken. Auf dieser Grundlage werden die lastabtragenden Bauteile und ihre Knotenpunkte dimensioniert und konstruiert.

Dazu gehören im Wohnungs- und Geschosswohnungsbau in erster Linie die Lasten aus Eigengewichten und Verkehrslasten, die sich von oben nach unten aufsummieren und am unteren Ende des Bauwerks sicher und schadensfrei in den Baugrund abgetragen werden müssen. Hinzu kommen Wind- und Schneelasten sowie die Ansätze für die Beanspruchung durch Erdbeben, die je nach offiziell definierter Windlast-, Schneelast- oder Erdbebenzone zu berücksichtigen sind. In Abhängigkeit von den ermittelten Lasten wird dann die Dimensionierung der Bauteile, beziehungsweise der innere Aufbau – zum Beispiel die Dicke und Dichte der Bewehrungsanordnung bei Stahlbetonbauteilen – vorgenommen. Diese Dimensionierungen der einzelnen Bauteile findet ihren baurelevanten Niederschlag in der **TRAGWERKSPLANUNG**, die die notwendigen planerischen Angaben für die Erstellung des Baukörpers – zum Beispiel die Abmessungen und Geometrie, die Angaben zu Festigkeitsklassen des Mauerwerks oder des Betons oder zu Bewehrungsanordnung nach Anzahl und Stabdicken/Mattentypen der Betonarmierung – enthält. Bei Holzkonstruktionen werden hier Angaben zu den Dimensionen der einzelnen Tragglieder (Breite und Höhe, Abstand zueinander), der erforderlichen Holzqualität und die Angabe der Knotenpunktausbildung mit Vorgabe der Befestigungsmittel nach Art und Anzahl gemacht.

Unterlaufen hierbei eklatante Fehler, können das nur erfahrene Fachleute erkennen, und auch die müssten nach einer ersten Inaugenscheinnahme nachrechnen. Da die statische Berechnung und die Tragwerksplanung in der Regel gar nicht – oder wenn überhaupt, dann zum Zeitpunkt der Abnahme – übergeben wird, werden diese Fehler vielleicht erst im Zuge der Bauausführung erkannt, wenn sich berufserfahrene Sachverständige die Frage stellen, wie das, was da gerade gebaut wird, denn jemals stehen bleiben soll.

Ein maßgeblicher Gesichtspunkt der Tragwerksplanung ist die Gebrauchstauglichkeit des späteren Bauwerks. Darunter ist eine Beschränkung der Verformung unter üblichen Lasten zu verstehen. Eine Decke darf sich bis zu einem bestimmten Maß durchbiegen, aber nicht so weit, dass Schränke in Schieflage geraten oder sich deren Türen und Schubladen von allein öffnen. Nicht übliche Lasten, zum Beispiel ein großes Aquarium, eine Fitnessstation mit Gewichten, ein großer Whirlpool in der Raummitte müssen gegebenenfalls gesondert berücksichtigt werden. Wenn Sie solche Lasten einbringen wollen, muss dies frühzeitig bekannt gegeben und in der Tragwerksplanung berücksichtigt werden. Die Informationspflicht darüber liegt bei Ihnen. Daraus kann ein konstruktiver Mehraufwand resultieren, weil solche außergewöhnlich großen Lasten natürlich auch sicher aufgenommen und weitergeleitet werden müssen. Dies kann Auswirkungen bis hin zur Festigkeitsklasse des Estrichs und Dicke des Fußbodenaufbaus haben. Ein höherer Fußbodenaufbau wiederum muss konstruktiv in der Gesamtplanung – Tür- und Brüstungshöhen, Treppen und so weiter – berücksichtigt werden.

Haustechnikplanung

Die Haustechnik beim Einfamilien- oder Doppelhaus gliedert sich üblicherweise in die Gewerke Elektro, Heizung, Sanitär und Lüftung. Dementsprechend sollten die Gewerke auch geplant werden.

Diese Haustechnikgewerke stehen – abgestimmt auf die energetischen Eigenschaften der Gebäudehülle unter den politischen Vorgaben und der ökologisch notwendigen Prämisse des energieeffizienten Bauens. Diese ist durch den Energieberater für den Energieeinsparnachweis (siehe Seite 118) nachzuweisen. Die Haustechnikplanung muss die Vorgaben der Energieberatung und des Energieeinsparnachweises erfüllen.

Was früher vergleichsweise trivial war, ist heute dank der Vielzahl an Schnittstellen der Gewerke untereinander eine komplexe Aufgabenstellung, die gewerkeübergreifend abgestimmt und optimiert werden sollte. Wird die Planung direkt von Ihnen beauftragt, achten Sie darauf, auch die entsprechenden Fachplanungen zu beauftragen. Die Koordinierungspflicht liegt üblicherweise bei den mit der Planung beauftragten Architekten.

Im Zuge der Bauausführung treffen die zu den Gewerken gehörenden Leitungen und Kabel im Bodenaufbau aufeinander und sollten dort möglichst ohne Leitungskreuzungen (Stellen, an denen die Leitungen übereinander hinweggeführt werden müssen) verlegt und zu den Verbrauchern und Entnahmestellen geführt werden. Es sollte daher unabdingbar sein, dass ein Experte im Auftrag der Bauherren die von unabhängig voneinander arbeitenden Fachplanern erstellten Gewerkeplanungen verantwortlich koordiniert und abstimmend optimiert. Das ist leider zumeist nicht der Fall.

ENERGIEEINSPARUNG

Energiesparendes Bauen zielt primär darauf ab, wenig Energie zu verbrauchen. Das bedeutet in erster Linie eine Minimierung der für die Gebäudenutzung anfallenden Kosten.

Der Energieverbrauch in Wohngebäuden verteilt sich auf die Bereiche Warmwasserbereitung, Beheizung, Beleuchtung eventuell Belüftung und das Betreiben von Haushaltsgeräten und Unterhaltungselektronik. Hinzu kommt unter Umständen noch der Energiebedarf für eine sommerliche Klimatisierung/Kühlung. Einige Grundsätze dazu:

- → Ein gut wärmegedämmte Gebäudehülle und eine kompakte Gebäudeform reduzieren/minimieren die Wärmeverluste über die Hüllfläche.
- → Glasflächen dämmen erheblich schlechter als gut wärmegedämmte Wände oder Dachflächen.
- → Eine optimal luftundurchlässige Gebäudehülle minimiert die unerwünschten Lüftungswärmeverluste und, noch wichtiger, sie schützt vor feuchtebedingten Bauschäden.
- → Rollläden und Sonnenschutzanlagen, die im Sommer zur Abschirmung der Sonneneinstrahlung verwendet werden, reduzieren die Aufheizung und damit den Energiebedarf für die Kühlung der Innenräume.
- → Wärme und warme Luft steigen nach oben. Je höher die Wohnräume sind, um größer ist der Wärmebedarf. Maßgebend ist hierbei die Kopfhöhe der sitzenden oder stehenden Nutzer; am Kopf ist – bei bekleideten Menschen – die Abgabe der Körperwärme am größten.
- → Stromsparende Haushaltsgeräte reduzieren den Strombedarf.
- → Dezentrale Warmwasserbereitung verhindert Leitungswärmeverluste.
- → Wärmedämmung warmwasserführender Rohre auch der Heizungszuleitungen reduziert Wärmeverluste auf dem Weg zwischen Wärmeerzeuger und Verbrauchsstelle.

Die aktuellen politischen Entwicklungen und das wachsende Klimabewusstsein haben zu einem Umdenken, um nicht zu sagen politisch geforderten Paradigmenwechsel bei der Konzeptionen in der Elektro- und Heizungsplanung geführt. Die aktuell geltende Maxime lautet Energieeinsparung und weitestgehende Nutzung regenerativer Energien – maßgeblich Windkraft und Solarstrom/Solarthermie.

Die verschiedenen Anlagen und Anlagenkomponenten der Haustechnikgewerke müssen für die Erzielung eines standortspezifisch optimalen Energieverbrauchsniveaus so perfekt wie möglich aufeinander abgestimmt werden. Diese koordinierende und optimierende Instanz ist derzeit in den Planungs- und Inbetriebnahmeprozessen noch nicht implementiert.

Elektroplanung

Wenn Sie die Planung beauftragen, berücksichtigen Sie dabei auch eine entsprechende Fachplanung. Elektroausstattung ist mehr als Anzahl und Positionierung von Steckdosen, Brennstellen und Schaltern. Hier spielen mittlerweile die Anforderungen an Smarthome-Ausstattungen eine zunehmende Rolle. Dies ist im Hinblick auf die Zukunftsfähigkeit ihres auch im Alter noch weitgehend selbstständig nutzbaren Eigenheims durchaus überlegenswert.

Sie sollten sich über Ihren Bedarf an Elektroausstattung im Klaren sein, wenn Sie sich mit den Unterlagen, die Ihnen vom Hausbauanbieter übergeben werden, auseinandersetzen. Jede Steckdose, jeder Schalter, jede Brennstelle (Stromauslass für Leuchten), die Sie zusätzlich zum Standard einbauen lassen wollen, kostet zusätzlich Geld.

AUSSTATTUNGSTABELLE

Einen Anhalt zur Ausstattungsqualität bietet die im Serviceteil enthaltene Ausstattungstabelle nach den Qualitätsstufen *, ** oder ***. Diese beschäftigt sich in erster Linie mit der Verteilung der vertraglich geschuldeten Elektrogegenstände (Schalter, Steckdosen, Daten- und Mediendosen, Brennstellen) in den Räumen. Sehr häufig wird hier mit Ihnen als Auftraggeber baubegleitend geplant und die eigentliche Lage vor Ort besprochen und in die Pläne übertragen. Im Zuge dieses Termins werden dann auch die Sonderwünsche – zusätzlich gewünschte Mehr- oder Zusatzausstattung – mit erfasst. Sofern Sie Glück haben, werden die Festlegungen noch von Hand in eine Plankopie eingetragen. Hier kommt dann das Bautagebuch mit ins Spiel. Dokumentieren Sie dort alle im Zuge dieser Vororttermine getroffenen Festlegungen.

SMARTHOME

Zur konventionellen Elektroinstallation kommen in zunehmendem Maße die Smarthome-Funktionalitäten hinzu. Diese müssen entweder über eine reichlich kostenaufwendige Leitungsinstallation als Bussystem erstellt oder über das mittlerweile in allen neuen Haushalten obligatorische WLAN-Netzwerk gesteuert werden.

REGENERATIVE ENERGIEN

Im Zuge der Energiewende werden zunehmend Photovoltaikanlagen mit Batteriespeichern angeboten und eingebaut. Diese Investition sollte erst nach einer Ertragsberechnung gemacht werden, die zeigt, was am jeweiligen Standort an tatsächlichen Solarerträgen im Jahresmittel erzielbar ist. Hierbei spielen zum Beispiel bei einer Lage in Fluss- oder Seeniederungen die Anzahl der Nebeltage sowie Verschattungen aus der weiteren und näheren Umgebung eine maßgebliche Rolle. Die sinnvolle Implementierung der Speicher in die Hausinstallation ist für eine Optimierung der Eigenverbrauchsquote von entscheidender Bedeutung. Sofern der im Abschnitt Heizungsanlage behandelte Wärmeerzeuger stromgeführt ist – Wärmepumpen jeder Art –, sollte auch dieser Verbraucher in der Planung und Auslegung der elektrischen Anlage berücksichtigt werden. Bei Wärmepumpen muss der Hausanschlusskasten immer einen zusätzlichen Zählerplatz haben, da der Wärmepumpenstrom nach gesonderten Tarifen abgerechnet wird.

Heizungsplanung

Die Heizungsplanung besteht aus der Wärmebedarfsberechnung und der Dimensionierung der wärmeübertragenden Heizflächen. Die Wärmebedarfsberechnung erfolgt raumweise unter Ansatz der lokalen Klimadaten und der thermischen Eigenschaften der diese Räume gegenüber dem Außenbereich abschließenden Bauteile (Außenwände mit Fenstern und Haustür, Bodenplatten, Kellerdecken gegenüber unbeheizten Räumen, Decken gegenüber Außenluft und/oder Dachflächen). Hierbei liegt das Risiko potenzieller Mängel im fehlerhaften Ansatz der örtlichen Klimadaten und/oder fehlerhaften Berechnungen. Bemerkbar machen sich die Fehler erst, wenn das Gebäude – vorausgesetzt die Anlagen zur Wärmeerzeugung und Warmwasserbereitung, Lüftung und Klimatisierung arbeiten ansonsten einwandfrei – in der kalten Jahreszeit nicht ausreichend warm beziehungsweise im Sommer zu warm werden. Die Bewohner könnten dies durch ein mehr oder weniger an Kleidung bis zu einem gewissen Grad ausgleichen. Aber: Werden die Räume im Winter nicht ausreichend warm, sind auch die Innenoberflächentemperaturen der raumumschließenden Bauteile eher niedrig. Es wird zu Tauwasserausfall und Feuchteanreicherung an den raumseitigen Bauteiloberflächen kommen und damit werden beste Bedingungen für die Entstehung von Schimmelpilzen geschaffen. Dem müsste gegengesteuert werden, indem die Heizung aufgedreht wird. Dies führt zu einem erhöhten Energieverbrauch und zu entsprechenden Mehrkosten.

KONVENTIONELLE WASSERGEFÜHRTE HEIZUNGSANLAGEN

Die wärmeübertragenden Heizflächen (Heizkörper, Fußboden- oder Wandheizung) müssen so beschaffen sein, dass die beheizten Räume – differenziert in Räume mit erhöhtem Wärmebedarf wie Bäder und Aufenthaltsräume – bei einer definierten Außentemperatur eine Mindesttemperatur nicht unterschreiten. Ist es draußen (deutlich) kälter als die Bemessungstemperatur – nach der DIN 4108 werden hier minus 5 Grad Celsius angesetzt –, darf die Raumtemperatur niedriger sein.

Der Wärmebedarf der einzelnen Räume wird dann aufsummiert und ergibt so die Anforderung für die Mindestheizwärmeleistung des Wärmeerzeugers. Im Regelfall muss der Wärmeerzeuger nicht nur die Heizungsanlage versorgen, sondern auch die Warmwasserversorgung der Küche, der Bäder und Waschküchen sicherstellen, daher ist er im Normalfall größer dimensioniert.

POTENZIELLE MÄNGEL BEI DER HEIZUNGSPLANUNG

Ist der Wärmeerzeuger falsch dimensioniert, hat das Auswirkungen auf das Gebäude: Hat er zu wenig Leistung, wird es im Gebäude nicht ausreichend warm und er produziert ohne Unterlass Wärme. Ist er zu groß dimensioniert, hat zu viel Leistung, kommt er nur selten oder gar nicht in einen optimalen Auslastungsgrad, er fängt an zu takten und fährt in kurzen Zeitabständen in seiner Leistung rauf und wieder runter. Garde bei Wärmepumpen mit Außengerät wird das deutlich hörbar und stört die eigene Ruhe, aber auch das Verhältnis zu den Nachbarn.

Neben der Deckung der Heizlast ist auch die Wärmeverteilung ein leider häufig unterschätztes Thema. Die Aufenthaltsräume sollten gleichmäßig warm werden. Ein großer mit hohen Temperaturen bullernder Heizkörper in einer Raumecke kann sicher den Heizwärmebedarf eines Raumes decken, aber unmittelbar am Heizkörper ist es dann zu warm und dort, wo die Sitzgruppe steht, braucht es dann schon wieder die Weste oder die Decke, um sich auch in den kälteren Jahreszeiten noch wohlzufühlen.

WÄRMEERZEUGER

Als Wärmeerzeuger kommen hier regenerativ (Scheitholz, Pellets, Hackschnitzel, Biogas) oder fossil (Erd-/Flüssiggas und derzeit noch Erdöl) befeuerte Wärmeerzeuger, stromgeführte Wärmepumpen oder aber Wärmetauscher bei Nah-/Fernwärmenetzen in Betracht.

Je nach Lage des Bauvorhabens in kälteren Klimaregionen, wie zum Beispiel in den Küstengebieten oder den Mittelgebirgsregionen, weicht der zu wählende Wärmeerzeuger im Hinblick auf seine Heizwärmeleistung von der für das Referenzklima Potsdam im Energieeinspar- oder auch Wärmeschutznachweis ermittelten Vorgabe ab. Hier könnte sich ein Nachsteuerungsbedarf beim KfW-Förderantrag ergeben. Sofern in solchen kälteren Regionen der Wärmeerzeuger nach den Vorgaben des Energieeinsparnachweises gewählt wird, kann es zu Problemen mit der Deckung des Wärmebedarfs kommen.

WÄRMEPUMPEN

Aktuell setzt die Politik in ihren Förderprogrammen stark auf die ausschließlich stromgeführten Wärmepumpen. Allerdings, und das ist die Crux, kann die Versorgungssicherheit angesichts des Atom- und Kohleausstiegs mit regenerativen Energieanteilen nur bedingt sichergestellt werden, zumal der politisch gewollte Ausbau der Elektromobilität erhebliche Leistungszuwächse erfordert.

Ein weiteres Problem ergibt sich bei längeren Kälteperioden und in den sogenannten Dunkelflauten (keine solaren Erträge, unzureichende Erträge aus Windkraftanlagen, weil zu wenig Wind). Dann werden insbesondere die Luft-Wasser-Wärmepumpen zu Strom-Direktheizungen (1 kWh Strom ergibt circa 1 kWh Wärme), die die Pufferspeicher der Heizungsanlage oder – wenn diese bei Low-Budget-Anlagen überhaupt nicht vorhanden sind – das Heizungswasser direkt über Heizstäbe/Heizschwerter erwärmen. In Gebieten mit vielen Wärmepumpen als Wärmeerzeuger kann dies zu Problemen bei der Bereitstellung und Deckung des dann erforderlichen Strombedarfs führen. Bei der Konzeption ist daher immer auch die Leistungsfähigkeit der örtlichen Stromversorgung zu beachten!

→ Die Fördermittelanträge für energieeffiziente Bauten müssen vor Baubeginn gestellt werden!

An der Küste, in den höheren Lagen der Mittelgebirge und in der Voralpenregion sind längere Winter und niedrigere Außentemperaturen die Regel.

WARMLUFTHEIZUNGEN

Bei Warmluftheizungen, wie sie im Fertighausbau häufig angeboten werden, entfällt die Installation einer wassergeführten Heizung.

AKTUELLE INFOS GIBT ES AUF TEST.DE

Es gibt verschiedene Fördermöglichkeiten, die an unterschiedliche Bedingungen gekoppelt sind. Beim Thema Förderungen ändert sich oft vieles in kurzer Zeit. Aktuelle Informationen finden Sie auf der Webseite **TEST.DE/FOERDERUNG-HAUS-HEIZUNG**. Hier gibt es auch einen Rechner, der Ihnen hilft, ein für Sie geeignetes Förderprogramm zu finden.

Stattdessen werden die Räume über die Zufuhr vorgewärmter Luft (Wärmetauscher plus elektrisches Heizregister) über die Lüftungsanlage beheizt. Um die Behaglichkeit an den bevorzugten Aufenthaltsorten sicherzustellen, werden dort im Regelfall zusätzlich elektrisch geführte Infrarotheizpaneele an Decke oder Wand angeordnet. Der Hausersteller erspart sich hierbei die Kosten der heizwasserführenden Leitungen, denn die Lüftungsanlage mit Wärmerückgewinnung muss, um an der Wärmedämmung der Gebäudehülle sparen zu können, ohnehin eingebaut werden.

Beim Erwärmen der kalten Außenluft sinkt deren relative Luftfeuchte deutlich ab. Was draußen noch ersichtlich neblige Kaltluft war, wird als erwärmte Zuluft im Gebäudeinneren zu einer staubtrockenen Angelegenheit. Zu niedrige relative Raumluftfeuchten können zu Atemwegsproblemen führen. Insbesondere Kinder mit schweren Atemwegsinfekten sind davon betroffen und können beispielsweise mit Pseudokrupp reagieren.

Wärmeschutznachweis und Förderanträge

Wir alle haben von der Globalproblematik der Klimaerwärmung beziehungsweise von der Notwendigkeit gelesen oder gehört, das Ausmaß der Klimaerwärmung zu reduzieren. Wir alle haben ein angesichts der exorbitant stei-

MEHR ZU WÄRMEPUMPEN IM RATGEBER „WÄRMEPUMPEN FÜR HEIZUNG UND WARMWASSER", STIFTUNG WARENTEST 2022.

genden Energiepreise verständliches eigenes Interesse daran, Heizkosten in erheblichem Umfang zu sparen.

Daher wurden beginnend ab 1995 mit der 2. Wärmeschutzverordnung, die sich bis heute in mehreren Verschärfungsstufen über die Energieeinsparverordnung (EnEV) bis hin zum heutigen Gebäudeenergiegesetz (GEG) entwickelt hat, vom Gesetzgeber Mindestanforderungen für den Dämmstandard der thermischen Gebäudehülle vorgegeben.

Der Energieeinspar- oder auch Wärmeschutznachweis wird auf der Grundlage der Baueingabeplanung erstellt. Die Erstellung basiert auf vorgegebenen Rechenverfahren, die im Hinblick auf ihre Anwendung vom Einreichungsdatum des Bauantrags abhängen. Hierbei wird ein fiktives Referenzgebäude berechnet, das in Form und Ausführung der thermischen Hülle des geplanten Gebäudes entspricht. Veränderungen an der thermischen Hülle, zum Beispiel Vergrößerung/Verkleinerung der Fenster oder zusätzliche An- oder Dachaufbauten verändern die Geometrie. Veränderungen in der Baustoffauswahl, zum Beispiel infolge von Lieferschwierigkeiten und dem Ausweichen auf ein anderes Produkt mit anderen thermischen Eigenschaften, verändern auch die Eigenschaften der thermischen Hülle. Beides macht eine Neuberechnung erforderlich.

Förderanträge zum energieeffizienten Bauen werden auf Basis der Wärmeschutzberechnung erstellt. Wenn der für das Referenzgebäude errechnete Energieeffizienzstandard um vorgegebene Prozentsätze unterschritten wird, greifen unterschiedliche Förderprogramme der KfW und/oder regionaler Fördermittelgeber. Die Fördermittelanträge für energieeffiziente Bauten müssen vor Baubeginn gestellt werden!

Ebenso gefördert wird, wenn rechtzeitig beantragt, die obligatorische Baubegleitung durch gelistete Sachverständige für die Energieeffizienz von Gebäuden. Diese führen die baubegleitenden Qualitätskontrollen der Umsetzung der Baumaßnahmen zur Energieeffizienzerzielung durch und bestätigen die Ausführung mit der Durchführungserklärung.

EFFIZIENTE DÄMMSTÄRKE

Diese Grafik zeigt die Grenzen der Effizienzsteigerung durch Wärmedämmung: Sie bezieht sich auf eine auf der Wandaußenseite einer Ziegelwand angeordnete Wärmedämmung, ein Wärmedämmverbundsystem. Von links nach rechts nimmt die Dämmstärke immer um einen 1 cm zu. Auf der y-Achse ist der U-Wert abzulesen. Der U-Wert gibt den Wärmestrom durch ein Bauteil – in diesem Fall die Wand zwischen der warmen Raumseite und der kalten Außenseite – an. An diesem Wärmedurchgangswert lassen sich die Dämmeigenschaften eines Bauteils ablesen und verschiedene Bauteilaufbauten miteinander vergleichen. Je niedriger der U-Wert, umso besser dämmt ein Bauteil. Wie Sie sehen können, lässt sich die Effizienz durch eine dickere Dämmschicht nur bedingt steigern. Berücksichtigt man dann noch den Einfluss der energetisch gesehen viel schlechter dämmenden Fensterflächen, bleibt der Effekt der Dämmstärkenmaximierung recht schnell auf der Strecke. Zumal zu bedenken ist, dass das Haus nach außen hin nicht größer werden kann. Eine Erhöhung der Dämmstärke führt folgerichtig zu einer immer kleiner werdenden Wohnfläche.

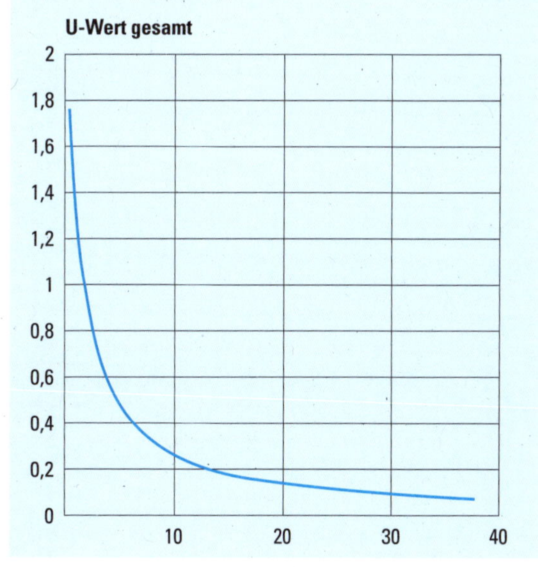

FÖRDERUNG HEISST IMMER AUCH FORDERUNG

Wer Fördergelder in Anspruch nehmen will, muss die dafür erforderlichen Voraussetzungen erfüllen. Bei den ohnehin schon hohen Anforderungen des aktuell geltenden Gebäudeenergiegesetzes (GEG), bedeutet das im Normalfall erhebliche zusätzliche Investitionen in haustechnische Anlagenkomponenten. Diese haustechnischen Zusatzanlagen – Lüftungsanlagen mit Wärmerückgewinnung, solarthermische Anlagen zur Brauchwassererwärmung und/oder zur Heizungsunterstützung, Photovoltaikanlagen (PV-Anlagen), elektrisch betriebene Wärmepumpen – die erforderlich werden, um die rechnerischen Vorgaben zur Einhaltung der je nach Förderstufe zu unterschreitenden Grenzwerte zu erzielen, erfordern beträchtliche Zusatzinvestitionen. Es ist aktuell infrage zu stellen, ob die real erzielbaren Effizienzgewinne (Reduzierung des Endenergieverbrauchs) in vertretbaren Zeiträumen (zehn bis maximal 15 Jahre) zu einem Return of Invest (ROI) führen können. Innerhalb dieser Zeitspanne wird sich nach den bisherigen Erfahrungen die Notwendigkeit ergeben, Teile der haustechnischen Anlagen oder sogar die ganze Anlage zu erneuern, was erhebliche Folgeinvestitionen aufs Neue erforderlich macht.

Eines sollte unter keinen Umständen vergessen werden: Es sind nicht die Gebäude, die die Energie verbrauchen, es sind die Nutzer. Die nachhaltigste, weil dauerhafteste Energieeinsparmaßnahme ist eine gut dämmende Gebäudehülle, konkret: ein Haus, das wenig Wärme verliert, beziehungsweise keine Energie benötigt, um in den warmen/heißen Sommermonaten erträgliche Innentemperaturen zu gewährleisten! Dieser Maßnahme sind aber technische und wirtschaftliche Grenzen gesetzt, die mit der Einhaltung der Vorgaben nach dem Gebäudeenergiegesetz (GEG) schon weitgehend erreicht sind. Ansonsten beginnt die Energiewende im Kopf der Energieverbraucher und mit einer Veränderung des Verbrauchsverhaltens.

Im gleichen Maße, wie der Primärenergieverbrauch des Gebäudes nach oben klettert, reduziert sich die Energieeffizienz des Gebäudes. Vor diesem Hintergrund wäre es wünschenswert, dass man Ihnen als Bau-/Kaufinteressent darlegt, welche Summen Sie in zusätzliche Wärmedämmung und/oder in zusätzliche technische Gebäudeausrüstung investieren müssen, um den Grenzwert zu erreichen, der für die angestrebte Förderstufe notwendig ist. Außerdem sollte Ihnen mitgeteilt werden, was Ihnen dieses Mehr an Energieeffizienz unter Zugrundelegung einer realitätsnahen Energiepreisentwicklungsprognose (aktuell schwierig) an Betriebskosten jährlich einsparen wird. Erfolgt eine solche Darlegung nicht, könnte hier bereits ein Mangel der Vertragsgestaltung vorliegen.

DIE KRUX MIT DEM ENERGIEEINSPARNACHWEIS

Nach geltender Rechtslage ist der Energieeinsparnachweis nach einem durch Rechtsverordnung und Normierung vorgegebenen Verfahren durchzuführen. Dabei wird der fiktive Energieverbrauch des Gebäudes für einen für Ihr Bauvorhaben mit hoher Wahrscheinlichkeit nicht zutreffenden theoretischen Standort in der Referenzklimazone Potsdam berechnet. Das dabei errechnete Ergebnis für die öffentlich-rechtliche Einstufung des Gebäudes hilft Ihnen nur nicht viel, wenn Ihr Gebäude in einer ungünstigeren regionalen Klimazone mit niedrigeren Jahresmitteltemperaturen, längeren Kälteperioden oder höheren Windbelastungen liegt. Ein für die Klimaregion Potsdam passender Wärmeerzeuger, wie die immer wieder gern gewählte vergleichsweise preiswerte Luft-Wasser-Wärmepumpe, erweist sich in den mittleren und höheren Lagen der Mittelgebirge oder in der Voralpenregion als eher schlechte und teurere Variante. Somit passen die Aussagen im Gebäudeenergiepass auch nur für das Gebäude, das fiktiv in der Klimaregion Potsdam berechnet wurde, nicht aber für das real zu errichtende Gebäude an den Küstenregionen von Nord- und Ostsee, im Schwarzwald, dem Harz oder auf den Höhenzügen des Voralpenlandes. Streng genommen ist dieses Verfahren also schon vom Ansatz her alles andere als ideal, es lässt sich – da vom Gesetzgeber vorgegeben – leider nicht umgehen.

Baugrundgutachten

Das Baugrundgutachten ist ein durch ein spezialisiertes Ingenieurbüro erstelltes Gutachten zu den Besonderheiten der Baugrundsituation auf Ihrem Baugrundstück. Hierzu wird der Baugrund unter Einsatz verschiedener Untersuchungsmethoden erkundet und die Tauglichkeit für die geplante Bebauung beurteilt.

Ein Baugrundgutachten sollte richtig sein und es sollte eindeutige Aussagen zu den baurelevanten Themen machen.

Die baurelevanten Themen sind:

- → Baugrundaufbau im Hinblick auf das Setzungsverhalten und das Vorhandensein von Wasser im Baugrund, gegebenenfalls mit Angaben zur Erforderlichkeit einer Wasserhaltungsmaßnahme
- → Angaben zur Belastbarkeit des Baugrunds – immerhin bringt das neue Gebäude einige 100 wenn nicht über 1000 Tonnen an Last, die in den Baugrund hinein abgetragen werden müssen, ohne dass das Gebäude durch Baugrundverformungen Schäden erleidet oder sich schädigend auf bestehende Nachbargebäude auswirkt.
- → Gründungsempfehlungen und Arbeitsempfehlungen für die Erdarbeiten
- → Eignung des Aushubs zur Wiederverfüllung der Arbeitsräume um das Gründungsbauteil
- → Bodendurchlässigkeit – eine Angabe, aus der hervorgeht, wie schnell anfallende Niederschläge im Boden versickern können, beziehungsweise wie nass es im Boden ist. Diese Angabe ist maßgebend für die feuchtetechnische Bemessung der Abdichtungsfunktion des Gründungsbauteils.
- → Geogene (natürlich vorhandene) oder anthropogene (auf den Menschen zurückzuführende) Schadstoffbelastungen im Baugrund. Dementsprechend muss der abzufahrende Aushub klassifiziert und gegebenenfalls auf Spezialdeponien entsorgt werden.

Die im Baugrundgutachten gemachten Angaben haben einen erheblichen Einfluss auf die Festlegungen zur Bauausführung und somit Einfluss auf die Baukosten. Gleichzeitig geht mit der Abgabe der Erklärungen ein Haftungsrisiko des/der Erklärenden einher. Der Beurteilende haftet für die Richtigkeit seiner Erklärungen und für die daraus entstehenden Folgen. Nicht wenige der zum Teil vorwiegend im Auftrag der Hausbaufirmen tätigen Büros erstellen Baugrundgutachten, die sich gerade im Bereich der Festlegungen zur Bauwerksabdichtung zwischen den sehr unterschiedlichen Lastfällen (Bodenfeuchtigkeit und drückendes Wasser) nahezu beliebig interpretieren lassen. Manche umfassen lediglich zwei bis drei DIN-A4-Blätter, andere 30 oder mehr Seiten, ohne dass sich nennenswert mehr Informationen daraus entnehmen lassen.

Die Qualitätsunterschiede liegen hierbei nicht in der Prosa der nahezu beliebig aufzublasenden Textbausteine, sondern in der Sorgfalt bei der Ermittlung der Untersuchungsergebnisse und Eindeutigkeit der Festlegungen und Aussagen des/der Baugrundsachverständigen. Bei der Interpretation und Beurteilung der Aussagen des Baugrundgutachtens hilft der/die von Ihnen beauftragte Sachverständige, ansonsten legt es der Verantwortliche der mit der Erstellung des Gründungsbauteils beauftragten Bauunternehmung mehr oder weniger qualifiziert nach eigenem Ermessen aus.

Die Baugrunderkundung erfolgt – wenn so eine Baumaschine vor Ort ist – als Baggerschürfe, ansonsten haben die Erkundungstrupps standardisierte Geräte dabei (eine leichte oder mittelschwere Rammsonde), um Schlagzahluntersuchungen und Rammkernbohrungen zu machen.

Maßgebend für die Qualität der Aussagen über den Baugrund, also dem Bereich des Erdmantels unter dem zu errichtenden Gebäude, ist eine ausreichende Erkundungstiefe dieser das Erdreich penetrierenden Untersuchungen. Häufig ist dann in den Gutachten zu lesen, dass die Bohrung nach 1,5 bis 3 Metern aufgrund der Baugrundverhältnisse zum Erliegen gekommen sei.

Mit dieser Erkundungstiefe ist keine qualifizierte Aussage über den Baugrund, seine Belastbarkeit und sein Setzungsverhalten möglich. Das Baugrundgutachten ist per se mangelhaft, wenn nicht sogar wertlos.

WAS KANN BEIM BAUGRUNDGUTACHTEN SCHIEFGEHEN?

→ **Falsches Grundstück**
Es kommt zwar selten vor, aber es kann passieren, dass bei der Baugrunderkundung die Grundstücke verwechselt werden oder dass die Baugrunderkundung auf einem falschen Grundstück durchgeführt wird, weil Angaben ungenau sind.

→ **Zweitverwertung**
Was auch schon vorgekommen ist: Ein Büro, das mit der Baugrunderkundung im Zuge der Bebauungsplanerstellung beauftragt war, hat die Erkenntnisse dieser Untersuchung ein zweites Mal verwertet und als Baugrundgutachten an die einzelnen Grundstückserwerber verkauft. Das kann man natürlich für die Grundstücke machen, auf denen die Sondierungen konkret durchgeführt wurden, nicht aber für die Grundstücke, die im Zuge des ursprünglichen Auftrags gar nicht untersucht wurden. Ein Baugrundgutachten betrifft immer die Situation unter einem konkreten Grundstück.

→ **Unzureichende Erkundungstiefen**
Bei einem Baugrundgutachten ist beabsichtigt, Informationen über die Beschaffenheit des Baugrunds unter dem Gebäude zu erlangen. Kommen die Sondierungen schon oberhalb der Gründungssohle zum Erliegen, heißt es oft: „Der Aufwand für die Sondierung war zu groß." In Wirklichkeit war lediglich ein für die bestehenden Bodenverhältnisse ungeeignetes Bohr- oder Rammbohrgerät an Ort und Stelle. In diesem Fall haben Sie zwar ein Dokument, auf dem „Baugrundgutachten" steht, das aber nur eine Beurteilung des Erdkörpers ermöglicht, den Sie ohnehin ausheben. Ein solches Gutachten ist mangelhaft.

→ **Mangelnde Angaben zur Versickerungsleistung**
Angaben zur Versickerungsleistung des Baugrunds sind insbesondere dann notwendig, wenn die örtliche Entwässerungssatzung ein Versickern des Regenwassers auf dem Grundstück vorschreibt (was immer häufiger der Fall ist, da die seit Jahrzehnten bestehenden Abwassernetze der Kommunen zunehmend überlastet werden). Hierdurch kann sich, zum Beispiel bei lang anhaltenden oder sehr starken Regenfällen, die Feuchtigkeitssituation im Baugrund ändern. Auch gut durchlässige Böden können dann an ihre Grenzen stoßen, sodass im Bereich des Bauwerks drückendes Wasser auftritt. Die örtliche Entwässerungssatzung sollte bei den Empfehlungen zur Abdichtung des Gebäudes unbedingt berücksichtigt werden.

→ **Unkonkrete Festlegungen**
Unkonkrete Festlegungen im Baugrundgutachten führen immer wieder zu Problemen. Wenn sich der Baugrundgutachter nicht festlegt oder aber zur Reduzierung von Haftungsrisiken nicht dahingehend festlegen lassen möchte, welche Ausführung er konkret empfiehlt, haben Sie als Auftraggeber keine verbindliche Grundlage für die Ausführung der Gründungsbauteile. Ein solches Dokument ist das Papier nicht wert, auf dem es gedruckt ist. Die Beurteilung dieser Sachverhalte sollten Sie aber dem bautechnisch versierten Berater/Sachverständigen überlassen.

→ **Uneindeutigkeit**
Ein Baugrundgutachten soll die Unsicherheiten im Hinblick auf die Beschaffenheiten und Eigenschaften des Baugrundes durch die Gewinnung von bewertbaren Erkenntnissen reduzieren. Das kann entweder das Risiko reduzieren oder Kosten sparen. Eine Bewertung muss daher eindeutig sein. Fragen Sie demzufolge mit Nachdruck nach.

→ **Entsorgungskosten**
Je nach Klassifizierung des Aushubs fallen teilweise hohe Entsorgungskosten für die Abfuhr des überschüssigen Aushubs an. Diese Kosten gehören zu den Nebenkosten, die Ihnen von ihrem Hausbaupartner genannt werden, wenn Sie Grundstückseigentümer sind und die Kosten der Erdbauarbeiten nicht im Gesamtpreis enthalten sind, oder Sie die Arbeiten direkt vergeben müssen. Die Klassifizierung erfolgt im Baugrundgutachten zumindest in einem ersten Schritt anhand der gewonnen Bodenproben.

→ **Mangelnde Empfehlungsvarianten**
Die Baugrundbegutachtenden machen aufgrund der gewonnenen Erkenntnisse Gründungsempfehlungen in mehreren Varianten. Bei besonders ungünstigen Verhältnissen kann es sinnvoll sein, über die Option mit oder ohne Keller zu bauen nachzudenken. Wenn ohnehin erhebliche Zusatzausgaben für eine Gründung in tieferliegende tragfähige Bodenschichten notwendig werden, könnte eine Ausführung mit Keller die wirtschaftlichere Alternative sein. Bei hohem Wasseranfall im Boden könnte der Verzicht auf den geplanten Keller die Kosten für die andernfalls notwendige Wasserhaltung und die Zustandsfeststellung an den Nachbargebäuden ersparen. Die Kosten für eine Wasserhaltung können schnell einmal in den fünfstelligen Bereich kommen.

Regelmäßig nicht enthalten, sondern, wenn erforderlich, dann gesondert zu beauftragen, sind Angaben und Vorgaben zu Böschungssicherungen und erdstatische Berechnungen von Hang- und Baugrubensicherung. Hinweise dazu im Baugrundgutachten wären hilfreich, sind aber gerade bei bundesweit tätigen, quasi zu Discountpreisen operierenden Massenanbietern nicht zwingend Leistungsbestandteil.

Es gibt eine ganze Menge Sachverhalte, die bei der Erstellung eines Baugrundgutachtens zu beachten sind. Die technischen Dinge sind in der Regel normativ geregelt und sollten von einem technisch versierten Berater beurteilt werden.

ENTSCHEIDUNGSRELEVANTES DOKUMENT

Das Baugrundgutachten ist ein unter Umständen entscheidendes Dokument für die Gesamtkonzeption ihres Bauvorhabens, vielleicht sogar das Argument, ein Bauvorhaben auf einem erworbenen Grundstück gar nicht zu realisieren, weil die Kosten für Maßnahmen der Hangsicherungsmaßnahmen oder für eine möglicherweise erforderliche geschlossene Wasserhaltung mit Folgekosten Größenordnungen erreichen würden, die fast an die Baukosten des Hauses heranreichen.

Die Erkenntnisse, die aus dem Baugrundgutachten gewonnen werden, sind maßgebend für die Konzeption der Gründungsbauteile im Hinblick auf Dimensionierung und Anforderungen an die Wasserdichtigkeit derselben. Unabhängig vom Baugrundgutachten schuldet Ihnen ihr Hausbauunternehmer beziehungsweise das Unternehmen, das gegebenenfalls in ihrem direkten Auftrag die Gründungsbauteile erstellt, eine radondichte Ausführung der erdberührten Bauteile. Diese grundlegende Anforderung gilt für das gesamte Gebiet der Bundesrepublik Deutschland.

5

Sind die Planungen abgeschlossen und ist die Baufreigabe erteilt, folgt die Realisierung des Bauvorhabens und Schritt für Schritt manifestieren sich die zu Papier gebrachten Vorstellungen als dreidimensionaler Baukörper auf dem Baugrundstück. Nun sind Sie gefordert, genau hinzuschauen und zu dokumentieren.

→ **Vor dem Baustart:** Die Baugenehmigung ist erteilt, der Baubeginn steht kurz bevor. Schon jetzt, kurz vor dem Baustart, gibt es einiges zu beachten.

WAS ERFAHRE ICH?

Jetzt wird es spannend, denn es geht endlich an die Ausführung all dessen, was zuvor geplant und konzipiert wurde. Wichtig für Sie in der Ausführungsphase ist, genau zu wissen, was als Vertragssoll definiert wurde. Die Baubeschreibung und die finalen Pläne sollten als Dokumente immer greifbar und vor Ort aufrufbar sein. Smartphone und/oder Tablet machen's möglich. Wenn Sie hier Umstände feststellen, die Ihnen komisch vorkommen oder erkennbar falsch oder fehlerhaft sind, dann beanstanden Sie diese Punkte unverzüglich und vor allem frühzeitig gegenüber Ihrem Hausbaupartner oder – wenn Sie die Teilleistung direkt beauftragt haben – gegenüber dem jeweiligen Auftragnehmer. Beachten Sie mögliche Informationspflichten den direkt von Ihnen beauftragten Nachfolgegewerken gegenüber. Nicht, dass die Handwerker auf der Baustelle stehen und nicht arbeiten können, weil zunächst die Mängel beseitigt werden müssen. Wenn Bausachverständige mit im Boot sind, stimmen Sie sich mit diesen Personen über das weitere Vorgehen ab.

Safety first

Damit Sie in der Lage sind, zu dokumentieren und zu kontrollieren, ist es notwendig, dass Sie die Baustelle jederzeit betreten können. Machen Sie sich aber klar, dass eine Baustelle ein potenziell gefährlicher Ort ist.

SICHERHEITSREGELN FÜR BAUSTELLENBESUCHE

Gerade für Sie – als im Regelfall nicht baustellenerfahrener Besucher – bieten sich auf der Baustelle zahlreiche Verletzungsrisiken. Beachten Sie daher Folgendes:

- → Wenn Sie allein auf die Baustelle gehen, stimmen Sie sich mit einer weiteren Person über die zeitlichen Abstände telefonischer Rückmeldungen ab. Bleiben Ihre Rückmeldungen aus, kann die betreffende Person nachfragen oder gleich die Rettungskette in Gang setzen.
- → Gehen Sie nie ohne Handy auf die Baustelle und achten Sie darauf, dass der Akku ausreichend geladen ist. Nur so können Sie in einer Notlage Hilfe holen.
- → Ein Erste-Hilfe-Kasten sollte immer vor Ort sein.
- → Baustellen sind für Kinder ein aufregender, aber höchst gefährlicher Abenteuerspielplatz. Daher gilt: Behalten Sie Ihren Nachwuchs immer im Auge und seien Sie alarmiert, wenn es bei Anwesenheit der spielenden Kinder plötzlich ruhig wird.
- → Baugruben und Gräben, aber auch aufgeschüttete Erdhaufen sind hochgefährlich, ein Kubikmeter Erdreich wiegt annähernd

zwei Tonnen. Werden Personen – insbesondere grabende Kinder – verschüttet, besteht auch bei scheinbar kleinen Volumina akute Lebensgefahr.

→ Tun Sie sich, Ihrer Gesundheit und Ihrer Garderobe etwas Gutes und betreten die Baustelle nur mit robuster, schmutzunempfindlicher Kleidung, festem Schuhwerk, am besten Sicherheitsschuhen der Klasse S3, und Helm. Das Verletzungsrisiko ist einfach zu groß und die Folgen sind häufig schwerwiegend.

BAUSTELLENVERORDNUNG

In Deutschland wurde 1996 die Baustellenverordnung (BauStellV) eingeführt. Adressat dieser Verordnung ist der Auftraggeber – also Sie! Dieser muss sich darum kümmern, dass die Vorgaben der Baustellenverordnung durch Bestellung eines geeigneten Koordinators umgesetzt werden. Kommt es wegen Sicherheitsmängeln auf der Baustelle zu Arbeitsunfällen, sind Sie als Bauherr (nicht aber als Käufer) immer mit im Boot und müssen in die Haftung miteintreten. Die von Ihnen beauftragten Fachunternehmen, Planer oder Sachverständigen haben Ihnen gegenüber eine umfassende Aufklärungs- und Beratungspflicht. Wurden Sie darüber nicht (ausreichend) informiert, sollten Sie dringend vor dem eigentlichen Beginn der Bauarbeiten nachfragen.

STRASSENSPERRUNG

Für den Kranaufbau und die Baustelleneinrichtung werden unter Umständen Bereiche öffentlicher Straßen und Gehwege gebraucht. Hierfür wird eine verkehrsrechtliche Anordnung zu Straßensperrungen benötigt. Im Bauvertrag sollte geregelt sein, wer für die Beantragung, die Kennzeichnung und Absperrung sowie die Kosten (Gebühr und Flächenmiete) zuständig ist. Im Regelfall sind das Sie und nur in Ausnahmefällen der Bauunternehmer.

BAUZAUN

Insbesondere entlang von Schulwegen oder Bushaltestellen sollte an der Hinterkante des Gehwegs ein Bauzaun erstellt werden, um ein unbeabsichtigtes oder unbefugtes Betreten der Baustelle zu erschweren. Hierfür ist im Regelfall der Grundstückseigentümer verantwortlich.

Erdarbeiten

Die Erdarbeiten sind nach den Vorgaben des Baugrundgutachtens auszuführen. Die Baugrubenränder sind dabei nach DIN 4480 „Baugruben und Gräben" so abzuböschen, dass ein sicheres Arbeiten in der Baugrube möglich ist. Ist eine regelkonforme Abböschung nicht möglich, müssen bei steileren Abböschungen Maßnahmen getroffen werden, die ein Abrutschen der Böschung sicher verhindern. Diese sind im Baugrundgutachten zu beschreiben Bei feuchteempfindlichen Böden, die bei Wassereinwirkung anfangen zu fließen, ist eine Abdeckung der Böschung mit Folien erforderlich, die gegen ein Abheben durch Windeinwirkung zu schützen sind. Die Beurteilung der Baugrundsituation obliegt dem verantwortlichen Bauleiter, dem Fachbauleiter und dem die Leistung ausführenden Unternehmer.

Der Unterbau der lastverteilenden Ausgleichsschicht muss ebenfalls nach den Vorgaben des Baugrundgutachtens aus dem dort angegebenen Material erstellt und – damit die vorgesehene Lastabtragung realisiert werden kann – nach den dort festgeschriebenen Vorgaben verdichtet werden. Diese Verdichtung ist nachzuweisen!

PROBLEMFÄLLE BEI DER DIREKTVERGABE

Häufig klammert der Hausbaupartner die Erdarbeiten aus seiner Leistungserbringung aus und überlässt diese und die damit verknüpften Entwässerungskanal- und Hausanschlussarbeiten einschließlich der gesamten damit verbundenen Koordination den Bauherren. Mängel bei den Erdarbeiten können sich auf das gesamte Bauwerk auswirken, daher ist hier, wenn die Erdarbeiten durch den Bauherrn direkt vergeben werden, eine besonders aufmerksame Kontrolle und Überwachung notwendig.

Beispielsweise beanstandet der Rohbauer nach seinem Eintreffen auf der Baustelle zur Erstellung der Bodenplatte die Ausführung der Erdarbeiten durch das von den Bauherrn be-

Laut Baugrundgutachten sollte ein Schotterpolster von 1 m Dicke eingebaut werden. Tatsächlich vorhanden waren 10 bis 15 cm.

Akute Lebensgefahr für Bauarbeiter: viel zu steile Baugrubenböschung – obendrein mit Abgrabung an der grenzständigen Garage

Auch diese Böschung ist noch zu steil, sie könnte bei starken Regenfällen ins Rutschen kommen.

auftragte Erdbauunternehmen. Mögliche Beanstandungspunkte lauten:

- „Die aus kapillarbrechendem Material erstellte Frostschutzschicht ist nicht stark genug ausgeführt." Diese Beanstandung ist berechtigt, im Baugrundgutachten wird eine Schichtdicke von mindestens 1 Meter gefordert, tatsächlich ausgeführt ist nur eine Schichtdicke von 10 Zentimern.
- Die erstellte Baugrubensohle, also die Ebene (auch Planum genannt), auf der die Bodenplatte des Hauses erstellt werden soll, weist Höhendifferenzen von ungefähr 20 Zentimetern auf.

Der Rohbauer muss angesichts der bestehenden Situation, die eine Erstellung der Bodenplatte nicht erlaubt, unverrichteter Dinge wieder abziehen und wird dem Bauherren aller Voraussicht nach die Kosten für die vergebliche Anfahrt in Rechnung stellen. Außerdem verschiebt sich der Beginn der Rohbauarbeiten aufgrund der engen Terminsituation auf unbestimmte Zeit. Damit ist auch der Terminplan für die Erstellung des Fertighauses auf der Bodenplatte Makulatur.

TYPISCHE MÄNGEL BEI ERDARBEITEN

- **NICHT ABGEDECKTE BÖSCHUNGEN, DIE INFOLGE VON REGENFÄLLEN IN DIE BAUGRUBE ABRUTSCHEN**
  Dadurch entsteht zumindest erhöhter Arbeitsaufwand, daneben hat es nachteilige Auswirkungen auf die Arbeiten am Gründungsbauteil. Gegebenenfalls besteht Lebensgefahr für diejenigen, die sich zum Zeitpunkt einer Rutschung in der Baugrube aufhalten.
- **FEHLERHAFTER AUSHUB**
  Die Baugrubensohle wurde zu hoch oder zu tief angelegt, möglicherweise aufgrund eines Rechenfehlers oder weil der Nivellierlaser falsch aufgestellt wurde.
- **FALSCHES ARBEITSVERFAHREN, SODASS DIE BAUGRUBENSOHLE BEFAHREN WERDEN MUSS**
  Bei weichen, leicht verformbaren Böden kommt es hierbei zur Bildung von Fahrrillen und Aufwölbungen in der Baugrubensohle,

die sich nachteilig auf den lastabtragenden Unterbau auswirken können.

→ **UNZUREICHENDE VERDICHTUNG BEI DER VERFÜLLUNG DER ARBEITSRÄUME**
Dies führt im Nachhinein zu erheblichen Setzungen im Bereich der Außenanlagen und Verkehrsflächen. Hier sind die Vorgaben des Baugrundgutachtens zu beachten.

→ **UNZUREICHENDE VERDICHTUNG DES LASTABTRAGENDEN UNTERBAUS**
Das könnte dazu führen, dass es aufgrund mangelnder Tragfähigkeit zu unterschiedlichen Setzungen der Bauwerkgründung kommt.

Falsche Schutzlage/Trennlage vor der Perimeterdämmung. Auch hier ist eine mehrlagige Trennlage mit Gleitfolie einzubauen. Vor allem aber müssen die Noppen der Noppenbahn vom Gebäude weg angeordnet werden. Außerdem sind die Perimeterdämmplatten in den Fugen nicht miteinander verklebt, wie es für den Lastfall „drückendes Wasser W2.1-E" notwendig ist.

Versorgungsleitungen und Dränage

Versorgt wird ein Gebäude mit Wasser, Strom, Telefon, Medien, Gas (wenn vorhanden und eingebaut) oder Wärme aus öffentlichen beziehungsweise privaten Wärmenetzen. Die Entsorgung umfasst die Wegleitung von Schmutzwasser in den öffentlichen Kanal sowie von Regenwasser in den öffentlichen Kanal, sofern das noch zulässig ist.

In vielen Kommunen ist es zur notwendigen Entlastung des öffentlichen Kanalsystems mittlerweile vorgeschrieben, dass das anfallende Niederschlagswasser auf dem Grundstück zurückgehalten oder sogar versickert werden muss. Sofern dies bei Ihrem Bauvorhaben so ist, gehören die Rückhalte- beziehungsweise Versickerungseinrichtungen zur Entwässerungsanlage.

Hierbei geht es um folgende Leistungsbestandteile: die Erstellung der Rohr- und Leitungsgräben, das Verlegen der Kanalrohre samt Kanalanbindung ins Haus und an den öffentlichen Kanal und das Verlegen der Versorgungsleitungen in frostfreien Tiefen sowie das Wiederverfüllen der Leitungsgräben.

Maßgebend für die Ausführung dieser Gewerke sind das Entwässerungsgesuch (siehe Seite 110) und die tatsächliche Situation vor Ort. Hier kann es tatsächlich Abweichungen geben, sind die Bestandspläne nicht aktuell.

Für die Kanal- und Rohrleitungsgräben gilt die DIN 4480 „Baugruben und Gräben". Demzufolge müssen Grabenböschungen in Abhängigkeit der Grabentiefe und des anstehenden Bodens abgeböscht werden. Die Grabensohle ist eben und bei Kanalleitungen mit dem notwendigen Gefälle zu erstellen und vor der Rohrverlegung zu verdichten.

Rohrleitungen, Erdkabel und Kanalrohre sind zu „betten". Das bedeutet, dass sie in einem feinkörnigen, steinfreien Material – Sand oder feinkörniger Riesel (feiner Kies, 3 bis 5 Millimeter ohne Feinkornanteil) – gelagert und mit diesem Material umhüllt werden.

Durch diese großvolumige Rohrbettung und -ummantelung werden die verlegten Rohre und Kabel bestmöglich vor einer Beschädigung beim Verdichten der Grabenverfüllung geschützt.

TYPISCHE MÄNGEL BEI DER ROHRLEITUNGSVERLEGUNG

→ **ROHRGRÄBEN NICHT AUSREICHEND TIEF AUSGEHOBEN**
Gerade bei wasserführenden Rohren, also bei der Wasserleitung und den Abwasser- und Regenwasserrohren, ist eine Verlegung in frostfreier Tiefe erforderlich, um ein Einfrieren zu verhindern.

- **ROHRGRÄBEN SIND NICHT AUSREICHEND ABGEBÖSCHT**
  Es besteht die Gefahr, dass Böschungen abrutschen und Personen im Rohrgraben verschüttet werden.
- **DIE GRABENSOHLE DER KANALGRÄBEN IST NICHT AUSREICHEND EBEN ODER MIT FALSCHEM GEFÄLLE ERSTELLT**
  Abwasser muss vom Haus wegfließen, die Kanalleitung daher beim Eintritt ins Erdreich ein ausreichendes Gefälle zum Kanal haben. Eine ansteigende Verlegung oder eine Verlegung mit Senken ist zu vermeiden. In solchen Senken fließt das Wasser nicht vollständig ab, die im Abwasser enthaltenen Feststoffe setzen sich ab und verstopfen im Laufe der Zeit das Rohr.
- **ÜBERDIMENSIONIERTE ABWASSERGRUNDLEITUNGEN**
  Heutige Spülkästen haben deutlich weniger Spülwasservolumen als die alten Spülkästen, sie verbrauchen nur noch zwei Drittel bis die Hälfte der Wassermenge früherer Anlagen. In Einfamilienhäusern können/müssen die Abwasserleitungen im Durchmesser auf DN 70 oder DN 90 Millimeter (Innendurchmesser) reduziert werden. Diese Reduzierung ist erforderlich, damit die abzutransportierenden Feststoffe – Fäkalien und Klopapier – sicher ausgetragen werden. In den Grundleitungen kommt also auch nur diese geringe Wassermenge pro Spülvorgang an. Von daher ist die Rohrdimensionierung eine entscheidende Größe für eine dauerhaft unbeeinträchtigte Grundstücksentwässerung. DN 100 oder DN 90 bis zum Kontrollschacht ist für Einfamilienhäuser im Regelfall ausreichend. Hier sollte bei der Erstellung des Entwässerungsgesuchs genau bemessen werden.
- **LANGE GRUNDLEITUNGSSTRECKEN UNTER BODENPLATTEN**
  Leitungen sollten auf kürzestem Weg aus der vom Gebäude überdeckten Fläche hinausgeführt werden. Leitungen unter einem Gebäude sind nicht mehr zugänglich, können im Nachhinein weder verändert noch – sollten sie schadhaft sein oder werden – jemals wieder repariert werden. Daher sollten Schmutzwasserleitungen in Kellergeschossen unter der Decke verzogen (dort sind sie zugänglich) oder bei Gebäuden ohne Keller auf kürzestem Weg nach außen geführt werden.
- **UNDICHTE ABWASSERLEITUNGEN**
  Dieses Phänomen tritt auf, wenn die Rohre an einzelnen Stellen nicht richtig zusammengefügt/-gesteckt werden, die Dichtungen in den Rohrmuffen beschädigt sind oder die Rohre Schäden aufweisen beziehungsweise beim Verfüllen und Verdichten der Rohrgräben beschädigt wurden. Hierdurch kann es zum Abwasseraustritt ins Erdreich und zu einer Kontamination desselben (= Umweltschaden) kommen. Festgestellt wird das durch die Dichtheitsprüfung, die, wenn die Rohre unter der Bodenplatte verlegt werden, möglichst vor der Erstellung der Bodenplatte erfolgen sollte.
- **UNZUREICHENDE ODER KOMPLETT FEHLENDE ROHRBETTUNG**
  Dies kann zu Schäden an den Leitungen und damit zum Abwasseraustritt ins Erdreich führen.
- **FEHLENDE RÜCKSTAUSICHERUNG** bei der Entwässerung der Kellerlichtschächte

DRÄNAGE

Eine Dränage oder auch Dränanlage ist ein außerhalb des Gebäudes verlegtes Rohrleitungssystem mit Wartungs- und Spülschächten, das der Ableitung von Wasser im Baugrund dient. Aufgabe der Dränage ist es, die Wassereinwirkung aus dem Baugrund auf die erdberührten Gebäudeteile zu verringern. Eine Dränage ist nur sinnvoll, wenn das in ihr abgeführte Wasser wirkungsvoll abgeleitet werden kann. Das geht entweder durch Anschluss an die öffentliche Kanalisation oder durch die Direkteinleitung in ein Fließgewässer. Beides bedarf der ausdrücklichen Genehmigung. Achtung: Eine nicht genehmigte Einleitung kann sehr teuer werden, wenn die zuständige Kommune rückwirkend Einleitungsgebühren erhebt.

Aufgrund der bei Erd- und Kanalbauarbeiten zulässigen Ebenheitstoleranzen der Grabensohlen sind kleinere Senken der

Dränageleitungen unvermeidbar und damit kein Mangel. Die Funktionstauglichkeit einer Dränage ist dann gegeben, wenn das anfallende Wasser zuverlässig abgeleitet wird. Hierbei wirken das Dränagerohr und das um das Rohr angeordnete Filterpaket aus kornabgestuftem Erdmaterial zusammen.

Eine Dränage sollte immer gegen Rückstau gesichert sein, damit bei Vollfüllung des Kanals beziehungsweise Hochwasserständen im Fließgewässer kein zusätzliches Wasser zum Gebäude geführt wird. Dies gilt insbesondere dann, wenn die Lichtschächte für den Keller in die Dränage entwässern.

Dränagen werden häufig ausgeführt, um den Aufwand für eine druckwasserdichte Ausführung der Gründungsbauteile in Stahlbeton oder eine druckwasserdichte Ausführung der Bauwerksabdichtung zu vermeiden. Ein solches Vorgehen ist möglich, allerdings müssen die Bewohner – oder Sie als Hauseigentümer – dann die dauerhafte Funktionstauglichkeit der Dränage gewährleisten. Dies geht nur, wenn die Dränage regelmäßig kontrolliert, gewartet und instandgehalten wird. Da diese Arbeiten normalerweise nur von Spezialfirmen sachgerecht und gegenüber der Gebäudeversicherung belegbar ausgeführt werden, kommen über die Jahre erhebliche Kosten zusammen.

Die Schmutzwassergrundleitung wurde ohne Rohrbettung verlegt. Man erkennt die großen Kieselsteine ringsherum. Wenn hier der Leitungsgraben verdichtet wird, wirken die Kieselsteine wie Hammerschläge auf das Rohr und können es beschädigen.

TYPISCHE MÄNGEL BEI DRÄNAGEN

→ **FEHLENDE ANSCHLÜSSE DER DRÄNAGE AN DEN REGENWASSERKANAL BEZIEHUNGSWEISE DEN VORFLUTER (FLIESSGEWÄSSER)**
Eine Dränage, die nirgendwo angeschlossen ist und das Wasser, das sie eigentlich abführen sollte, nicht ableiten kann, ist wertlos, im buchstäblichen Sinne herausgeworfenes Geld. Sie kann eine großflächigere Versickerung erreichen, mehr aber auch nicht.

→ **NICHT GENEHMIGTER ANSCHLUSS DER DRÄNAGE AN DEN KANAL BEZIEHUNGSWEISE DEN VORFLUTER**
In der Regel handelt es sich um einen Planungsfehler bei der Erstellung des Entwässerungsgesuchs.

→ **FALSCHE HÖHENLAGE DER DRÄNAGE**
Üblicherweise erfolgt die Verlegung der Dränage unterhalb der Bodenplatte beziehungsweise der Fundamente, da sie den kritischen Übergang Bodenplatte zu Kelleraußenwand von der Wassereinwirkung entlasten soll. Liegt sie zu hoch, tritt der beabsichtigte Entlastungseffekt nicht ein; liegt sie zu tief, kann es zu einem einseitigen Wasserentzug kommen, was eine ungleichmäßige Setzung des Gebäudes zur Folge haben kann.

→ **FALSCHES ROHRLEITUNGSMATERIAL**
Für die Dränage an Gebäuden sind ausschließlich form- und lagestabile Stangenrohre als Voll- oder Teilsickerrohr zu verwenden. Die immer wieder anzutreffenden – als Rollenware gelieferten – gelben Dränageleitungen sind der gärtnerischen beziehungsweise landwirtschaftlichen Verwendung vorbehalten.

→ **FEHLENDE KONTROLL- UND SPÜLSCHÄCHTE**
Bei jeder Richtungsänderung, zum Beispiel an Gebäudeecken, muss ein Kontrollschacht angelegt werden, durch den die Dränage durchgeführt wird. Dies dient der Kontrollierbarkeit für die Kamerabefahrung und dem Einbringen von Rohrreinigungsgerät oder Rohrfräsen, um die Durchlässigkeit der Dränage wieder herzustellen.

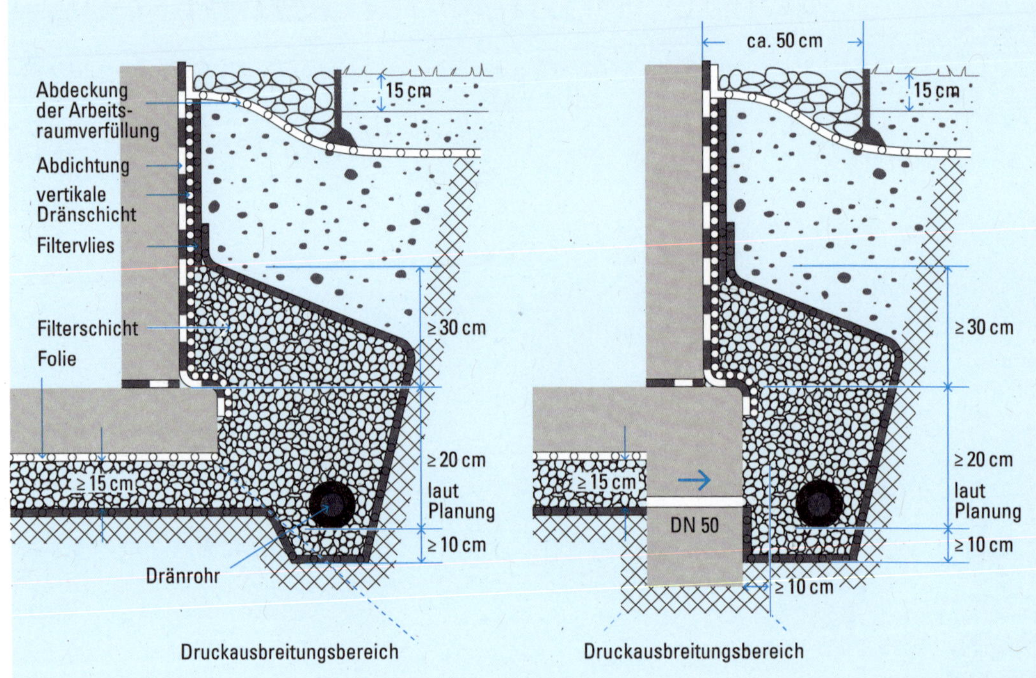

Dränung mit Bodenplatte ohne Fundament (links), Dränung mit Bodenplatte und Fundament (rechts)

„Das machen wir über eine Dränage!", ist im Zuge der Planung leicht gesagt. Die regelgerechte Umsetzung auf der Baustelle ist da schon erheblich schwieriger und komplexer und bedarf einer begleitenden Kontrolle durch die verantwortliche Bauleitung und/oder eines beziehungsweise einer von Ihnen beauftragten Sachverständigen. Allein schon die Erstinvestition in eine Dränage ist erheblich. Der eigentliche Aufwand – die regelmäßige Wartung und Instandhaltung mit den damit verbundenen Kosten – ist da noch gar nicht berücksichtigt und kommt noch obendrauf.

Zu den angesprochenen Kosten zählt in besonderem Maße ein hoher Wasserverbrauch, der sich erst während der Nutzung einstellt und somit auch erst dann adäquat abschätzen lässt. Es empfiehlt sich daher, die Kosten für die Varianten des wasserdichten Kellers – durch außen liegende Abdichtung oder durch ein WU-Betonkonstruktion – mit spitzem Bleistift gegenzurechnen.

Trotz aller Wartungsarbeiten hält auch eine Dränanlage nicht ewig. Je nach Feinstanteilen im umgebenden Erdkörper haben sich Filterpackungen und Filtervlies irgendwann zugesetzt. Die Dränge muss aus diesem Grund nach 20 oder 30 Jahren mit hoher Wahrscheinlichkeit erneuert werden.

→ Vorbereitende Arbeiten: Bevor es mit der eigentlichen Erstellung des Gebäudes losgeht, sind vorbereitend einige Arbeiten und Zuarbeiten zu leisten.

WAS ERFAHRE ICH?

Ohne die Erfüllung der nachfolgend beschriebenen Arbeiten findet kein eigentlicher Baubeginn statt. Hier sind mitunter verschiedene Verantwortlichkeiten, die sich aus der Auslegung des Vertrages und/oder der Baubeschreibung ergeben, miteinander zu koordinieren. Prüfen Sie rechtzeitig, ob Sie als Bauherr Leistungen beizustellen oder abzurufen haben. Ihr Hausbaupartner darf, muss Sie aber nicht an die von Ihnen zu erbringenden Vorleistungen erinnern.

Vermessungsarbeiten

Sind die Baugrube ausgehoben, die Grundleitungen verlegt, der Bauwerksunterbau eingebracht und verdichtet, geht es an die eigentliche Erstellung des Gebäudes. Damit es später auf dem Grundstück dort steht, wo die Planung es vorsieht, wird die Position durch einen bestellten Vermesser exakt eingemessen. Dies geschieht durch Anzeichnen der Gebäudeachsen (Außenkante der Außenwände) auf einem vom Gebäude abgerückten „Schnurgerüst".

Sofern dieses Einmessen nicht im Vertragsumfang des Bauunternehmens enthalten ist, müssen Sie sich um die rechtzeitige Beauftragung eines Vermessers kümmern. Die Terminierung der Einmessung ist in Absprache mit Ihrem Hausbauunternehmen zu treffen.

Baustelleneinrichtung

Für die Baustelleneinrichtung kann es zwei Verantwortliche geben: das Bauunternehmen und den Bauherren. Lesen Sie deshalb bitte die Vertragsunterlagen zum Bau und auch die Baubeschreibung (siehe Seite 82) sehr genau und ausführlich durch! Treten in diesem Bereich Abweichungen auf oder werden die Einrichtungen nicht fristgerecht bereitgestellt, kann es passieren, dass Ihr Hausbaupartner unverrichteter Dinge wieder abzieht oder aber den Beginn seiner Arbeiten verschiebt.

BAUWASSERANSCHLUSS

Den Antrag für den Bauwasseranschluss sollten Sie, sofern Sie verantwortlich sind, so früh wie möglich stellen. Antragsadressat ist der örtliche Wasserversorger. Ist der Antrag gestellt, kann die Einrichtung des Anschlusses mit wenigen Tagen Vorlauf abgerufen werden.

Der Bauwasseranschluss wird über den auf dem Bauplatz liegenden Hauswasseranschluss sichergestellt. Hier wird durch den Wasserversorger eine Wasserentnahmeeinrichtung mit vorgeschalteter Zähleinrichtung montiert. Sollte dies aus verschiedenen Gründen nicht möglich sein, erfolgt der Wasseranschluss über ein Standrohr, das für die Zeit der Wasserentnahme an einen in der Straße befindlichen Unterflurhydranten angekoppelt wird und nach Ende der Wasserentnahme wieder abzubauen ist. Wichtig: den Wasserverbrauch durch regelmä-

EINBAU DER TREPPENANLAGE

Im Zuge des Vertragsabschlusses sind folgende Punkte unbedingt zu klären:

- → Wann erfolgt der Einbau der Treppenanlage?
- → Wenn spät im Bauablauf, dann: Wer ist für die provisorische Aufstiegshilfe zuständig?
- → Wer koordiniert Anlieferung, Auf- und Abbau der Bautreppenanlage?
- → Wie ist das mit den Arbeiten am Fußbodenaufbau – Estrich, Fußbodenheizung, Bodenbelag im Bereich der Treppe?

ßiges Ablesen der Zähleinrichtung im Auge behalten. Der Bauwasseranschluss ist vor Frost zu schützen oder, sofern über den Winter nicht gearbeitet wird, am besten durch den örtlichen Wasserversorger stillzulegen und zu entleeren.

BAUSTROMANSCHLUSS

Mit Baubeginn, spätestens aber mit Beginn der Rohbauarbeiten müssen ein Baustrom- und ein Bauwasseranschluss vorhanden sein. Im Bauvertrag sollte geregelt sein, wer für die Beantragung sowie die Kosten (Gebühr und Verbrauchskosten) zuständig ist. Im Regelfall sind das Sie und nur in Ausnahmefällen der Bauunternehmer.

Der Baustromanschluss ist beim zuständigen Stromversorger anzumelden. Je früher die Anmeldung vorliegt, umso besser, damit die Anschlüsse dann auch am entscheidenden Tag zur Verfügung stehen. Der Anschlusskasten selbst wird über einen ortsansässigen Elektroinstallationsbetrieb angemietet, durch diesen bereitgestellt und angeschlossen. Dieser Elektriker kümmert sich für die Dauer der Bauzeit auch um etwaige weitere Verteilerkästen und die Wartung. Achtung: Hierbei handelt es sich um eine kostenpflichtige Leistung!

Die Installation eines Bauanschlusskastens darf nur durch ein zertifiziertes Unternehmen mit einer geprüften Elektrofachkraft erfolgen. Die Vorgabe für die Ausstattung und die Größenordnung der Kraftstromanschlüsse erfolgt durch den Bauunternehmer. Bei längerer Bauzeit könnte eine Überprüfung der Baustromkästen notwendig werden.

BAUSTELLENTOILETTE

Ein Baustellen-WC muss mit Beginn der Arbeiten vorhanden sein, das ist in den Arbeitsschutzvorschriften so geregelt. Im Bauvertrag sollte geklärt sein, wer in welchem Zeitraum für die Bestellung sowie die Kosten (Miete und Reinigung) zuständig ist.

Je nach Vertrag müssen Sie als Bauherr zumindest zeitweise die Baustellentoilette zur Verfügung stellen. Das gilt vor allem für die Bauabschnitte, während derer die von Ihnen direkt beauftragten oder in Eigenleistung zu erstellenden Bauarbeiten stattfinden. Bitte auch hier die Baubeschreibungen und den Bauvertrag ausführlich lesen. Sofern Sie verantwortlich sind, fahren Sie frühzeitig durch die umgebenden Baugebiete und schauen sich um, welche Anbieter von Chemietoiletten dort vertreten sind. Dann können Sie die entsprechenden Angebote einholen und das Bauklo beim wirtschaftlichsten Anbieter anmieten. Hier können die Reinigungs- und Entleerungsintervalle ein maßgebender Kostenfaktor sein. Je nach Größe der Belegschaft sind die Wartungsintervalle zu wählen.

BAUTREPPE

Ein heißes Eisen ist die Bautreppe. Je nach Haushersteller wird die Treppe zu ganz unterschiedlichen Zeitpunkten geliefert. Manche bauen die Geschosstreppe im Zuge der Rohbauarbeiten oder bei Fertighäusern während der Hausmontage ein. Andere warten damit bis kurz vor Schluss, damit die anderen Arbeiten durch die Treppe ungehindert erfolgen können und diese nicht durch die Bauarbeiten beschädigt wird. Hier sind provisorische Aufstiegshilfen zwingend notwendig.

Eine Leiter taugt insbesondere für den Materialtransport ins höher liegende Geschoss nur bedingt. Wenn Ihr Hausbaupartner keine über die Bauzeit nutzbare Bautreppe bereitstellt, muss eine solche angemietet werden.

→ **Die Rohbaugewerke:** Der eigentliche Rohbau ist ein Sammelbegriff für die massive Bauweise mit Beton, Stahlbeton und Mauerwerk. Der Abschluss der Rohbauarbeiten wird nach Aufstellung des Dachstuhls in der Regel mit dem Richtfest im Beisein aller am Bau Beteiligten gefeiert.

WAS ERFAHRE ICH?

Im Normalfall werden in dieser Bauphase die erdberührten Bauteile, zum Beispiel die Bodenplatte, wenn vorhanden der Keller mit Kellerdecke sowie die Wände und Decken der aufgehenden Geschosse, erstellt.

Stahlbetonarbeiten

Betonbauteile werden üblicherweise in Kombination mit Stahleinlagen erstellt. Es handelt sich hierbei um den Kombibaustoff Stahlbeton. Der Stahl selbst ist in der Regel nicht zusätzlich gegen Verrosten geschützt. Der Korrosionsschutz erfolgt über die Einbettung des Stahls in den Beton, die demzufolge dicht umschließend und mit ausreichendem Abstand zur Bauteilaußenkante erfolgen muss. Diesen Abstand zur Bauteilaußenkante nennt man Betondeckung. Die Angaben zur Betondeckung der einzelnen Bauteile macht der Statiker in den Bewehrungsplänen. Das Beispiel auf Seite 134, Foto 1 zeigt, wie das aussehen kann.

Ist die Betondeckung zu gering, kommt es nach einiger Zeit zur Sauerstoffkorrosion an den Stahleinlagen. Dies führt zu einer blumenkohlartigen Vergrößerung der korrodierenden Bewehrung und in der Folge zu Rissbildungen im Beton, die wiederum den Wasser- und Sauerstoffzutritt zur Bewehrung erhöhen und damit weitere Korrosion hervorrufen.

Um dies zu verhindern, sind die Vorgaben zur Betondeckung bei der Erstellung der einzelnen Bauteile unbedingt einzuhalten. Außerdem bedarf es einer sorgfältigen Betonnachbehandlung.

BETONNACHBEHANDLUNG

Unter Betonnachbehandlung versteht man Maßnahmen, die ein zu schnelles Austrocknen der Betonoberflächen verhindern. Unter Sonneneinstrahlung, hohen Außentemperaturen und Wind können die freiliegenden Oberflächen der neu erstellten Betonbauteile zu schnell austrocknen, was zwangsweise auch zu Rissen in den Oberflächen führen würde. Diese Schwindrisse gilt es zu vermeiden, da sie sich gegebenenfalls bis zur Bewehrung hin erstrecken, die dann der Korrosion ausgesetzt

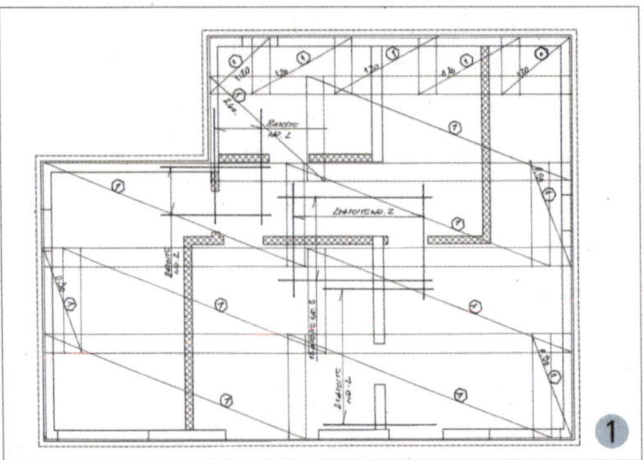

1 Beispiel für einen Bewehrungsplan
2 Krasses Beispiel für Bewehrungskorrosion; Ursachen sind eine unzureichende Betondeckung und -qualität.

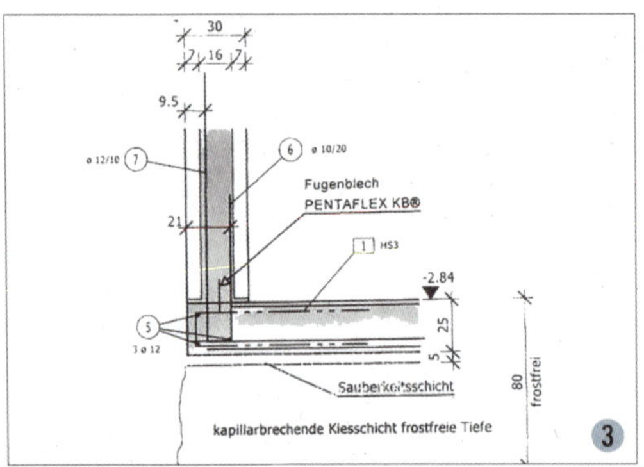

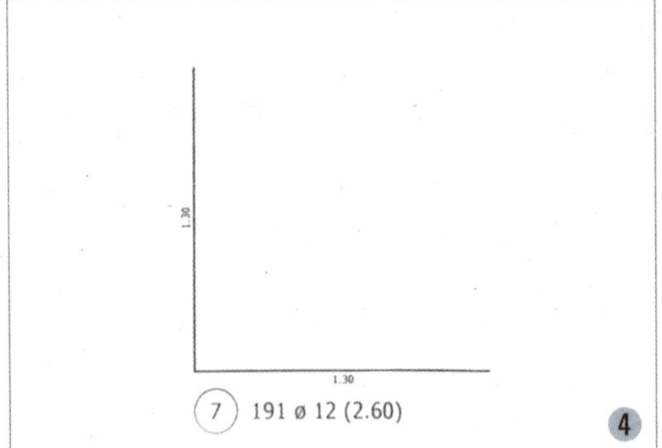

3 und 4 Vorgaben für die Positionierung der Stahlposition 7. 12er-Eisen alle 10 Zentimeter aus realen Plänen herausfotografiert

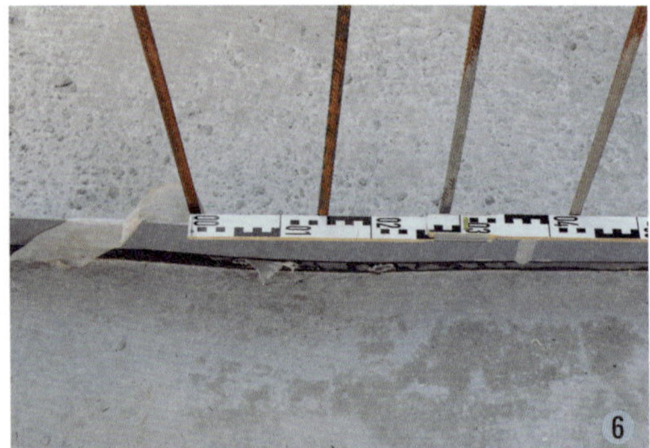

5 Übrige Eisen der Position 7, die Bodenplatte war fertiggestellt.
6 Die Vorgabe von 10 Zentimetern als Abstand zwischen den Eisen wurde deutlich überschritten.

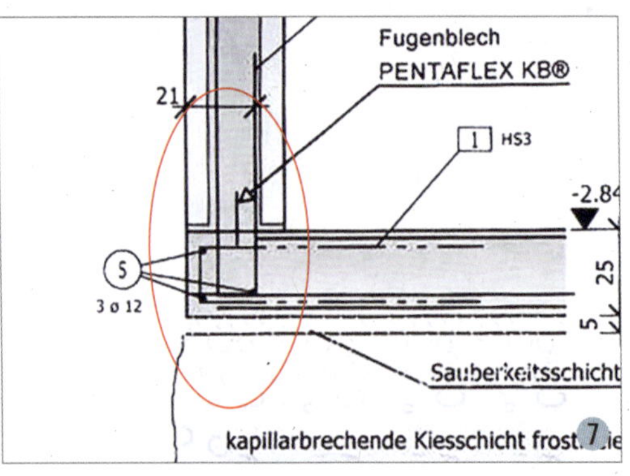

7 Planangabe „Fugenblech … KB“, eine Maßnahme zur Erstellung eines wasserundurchlässigen Betonbauwerks
8 Nahezu an den Bewehrungseisen anliegendes Fugenband

ist. Eine bestmögliche Reduzierung trocknungsbedingter Schwindrisse ist gerade bei erdberührten Bauteilen wie Bodenplatte und Kelleraußenwänden von entscheidender Bedeutung für die Wasserundurchlässigkeit des Bauwerks und auch für die Radondichtheit der erdberührten Betonbauteile. Eine Betonnachbehandlung ist im Grunde genommen nichts anderes als ein verzögertes Abtrocknen der luftberührten Betonoberflächen. Dies kann zum Beispiel durch Abdecken mit Plastikfolie und moderates Bewässern erfolgen.

ANHALTSWERTE FÜR ÜBLICHE BETONDECKUNGEN IM WOHNUNGSBAU

Bauteil	Betondeckung
Bodenplatte gegen Erdreich	35 mm
Wände gegen Erdreich	35 mm
Wände gegen Innenraum	25 mm
Decke nach unten	25 mm
Bodenplatte/Decke nach oben	20 mm

DIE BEWEHRUNG

Bewehrung ist der Sammelbegriff für die Stahleinlagen im Beton. Diese werden nicht willkürlich vorgenommen, sondern auf Grundlage der statischen Berechnung durch den Tragwerksplaner in Anzahl, Biegeform, Durchmesser und Verlege-/Einbauabstand vorgegeben. Die Bewehrungskontrolle selbst erfolgt durch den Bauleiter oder aber den Statiker. Bei Bauvorhaben, die zusätzlich eine Prüfstatik erfordern, nimmt der Prüfstatiker die Bewehrung ab und gibt die Bauteile zum Betonieren frei.

Als Bauherr können Sie nicht viel mehr tun als beispielsweise die Bewehrung zu fotografieren und gegebenenfalls die Anzahl der Anschlusseisen oder deren Abstand nachzuzählen (siehe Fotos 5 und 6 links). Darüber hinaus kann es durchaus hilfreich sein, auch die Bewehrung zu fotografieren, die nach Fertigstellung der Betonierarbeiten scheinbar übrig geblieben ist. Im Beispiel links (Foto 6) wurde der geforderte Abstand um jeweils knapp 5 Zentimeter überschritten, was bedeutet, dass ein Drittel der vorgesehenen Bewehrung nicht eingebaut wurde.

Ein einzelner übrig gebliebener Bewehrungsstahl ist unkritisch, aber wenn eine große Anzahl von Eisen übrig bleibt, kann das darauf hindeuten, dass Teile der erforderlichen und von Ihnen zu bezahlenden Bewehrung nicht eingebaut wurden.

WASSERUNDURCHLÄSSIGE STAHLBETONBAUWERKE

Häufig werden bei nicht unterkellerten Gebäuden die Bodenplatte oder bei unterkellerten Gebäuden die Bodenplatte und die erdberührten Kelleraußenwände als wasserundurchlässige Stahlbetonkonstruktionen ausgeführt. Dazu bedarf es einer sorgfältigen Konstruktionsplanung durch den Tragwerksplaner, entsprechender Qualitätsvorgaben für den zu verwendenden Beton und die rissbreitenbeschränkende Bewehrung und einer äußerst sorgfältigen handwerklichen Ausführung bei der Herstellung dieser Bauteile.

Solche Konstruktionen kommen häufig dann zum Einsatz, wenn im Baugrundgutachten (siehe Seite 119) wenig wasserdurchlässige Bodenarten unterhalb des Bauwerks beschrieben werden. Hierbei werden dann zur Abdichtung zusätzliche Einbauteile wie Fugenbleche oder Fugenbänder in die Anschlussbereiche zwischen den verschiedenen Bauteilen eingesetzt. Die Vorgaben des Tragwerksplaners sind dabei verbindlich einzuhalten.

Für wasserundurchlässige Stahlbetonbauwerke gibt es die folgenden drei Entwurfsgrundsätze:

- → Entwurfsgrundsatz 1 erfolgt ohne zulässige Trennrisse.
- → Entwurfsgrundsatz 2 erfolgt mit zulässigen Trennrissen, die sich durch Sedimentation selbst verschließen.
- → Entwurfsgrundsatz 3 erfolgt mit zulässigen Trennrissen bei vorgesehenen Abdichtungsmaßnahmen.

Für Wohngebäude kommen nur die Entwurfsgrundsätze 1 oder 3 infrage, da nur bei diesen beiden von Beginn an eine Wasserundurchlässigkeit besteht. Wenn aber ohnehin zusätzliche Abdichtungsmaßnahmen vorgesehen sind, könnte man auch auf den Aufwand für ein wasserundurchlässiges Stahlbetonbauwerk verzichten und stattdessen eine erdseitige Abdichtung nach den geltenden Regelwerken vorsehen.

Auf Bild 7 auf Seite 134 sind die Planangaben eines Fugenblechs zu sehen – in diesem Fall mit Bitumenbeschichtung, in die sich der Beton verkrallt, was eine bessere Wasserdichtigkeit am Übergang Bodenplatte/erdberührte Außenwand erzeugt. Auf dem Detailschnitt (Bilder 3 und 7) ist gut erkennbar, dass das Fugenblech in der Wandmitte zwischen den beiden aus der Bodenplatte ragenden Anschlusseisen sitzt. In der Ausführung dagegen (Foto 8) liegt das Blech direkt an den Bewehrungseisen an, es kann an diesen Stellen nicht satt vom Beton umschlossen werden und daher seine Aufgabe – die Dichtigkeit in der Bodenwandfuge zu verbessern – nicht erfüllen.

→ Rissbildungen in kleinerem Umfang sind bei Betonbauteilen nicht vollständig zu verhindern und demzufolge kein Mangel.

Beton und auch der Kombinationsbaustoff Stahlbeton sind gut wärmeleitende Baustoffe. Sie eignen sich nur dann für die Gebäudehülle, wenn zusätzliche Maßnahmen zur Wärmedämmung vorgesehen sind. Die Wärmedämmung lässt sich dabei sowohl raumseitig als auch außenseitig anordnen. Es sind nur Wärmedämmstoffe zulässig, die für die jeweilige Einbausituation nachweislich geeignet beziehungsweise zugelassen sind. Die Beurteilung zur Eignung des Dämmstoffes sollten Sie nur gemeinsam mit einem/einer Sachverständigen treffen.

RISSE IM BETON

Reiner Beton ist ein auf Druck sehr hoch belastbarer Baustoff. Wird er auf Zug belastet, kommt es zu Rissen bis hin – bei extremen Belastungen – zum Abriss des kompletten Betonquerschnitts. Daher werden in Bauteilen, in denen Zugkräfte auftreten, die vorher erwähnten Stahleinlagen als Bewehrung eingebaut. Die Stahleinlagen übernehmen die Zugkräfte, die auf das jeweilige Bauteil wirken. Gerade bei Stahlbetondecken, die sich bereits durch ihr Eigengewicht nach unten durchbiegen, kommt es auf der Deckenunterseite planmäßig zur Bildung kleinerer Risse. Dies ist erforderlich, damit die im Beton eingelegten Bewehrungseisen die Zugbelastungen überhaupt aufnehmen. Rissbildungen in kleinerem Umfang sind bei Betonbauteilen nicht vollständig zu verhindern und demzufolge kein Mangel. Werden die Oberflächen überputzt oder anderweitig beschichtet, können die entstandenen Risse durch geeignete Maßnahmen gefüllt oder überbrückt und somit unsichtbar gemacht werden.

Mauerarbeiten

Beim Massivbau werden die lastabtragenden Wände, sofern sie nicht in Beton erstellt werden, mit industriell gefertigten Mauersteinen ausgeführt. Auch nichttragende Wände – meist erkennbar an der geringeren Wanddicke – werden häufig aus Mauerwerk erstellt. Die Mauersteine werden dabei schichtweise in sogenannten Verbänden übereinander gesetzt. Die kraftschlüssige Verbindung zwischen den einzelnen übereinander angeordneten Schichten (Steinlagen) erfolgt durch Mörtel oder bei sogenannten Plansteinen durch Verkleben mit einem vom Steinhersteller beigestellten mineralischen Kleber. Mittlerweile gibt es für verschiedene Steinmaterialien auch Klebeschaum aus der Dose.

Das zentrale Regelwerk für die Maurerarbeiten ist die europäische Norm DIN EN 1996:2013–02, der sogenannte Euro Code 6 (EC 6) „Bemessung und Konstruktion von Mauerwerksbauten" in der jeweils aktuellen Fassung. Hinzu kommen die Verarbeitungsrichtlinien der Steinhersteller und die Vorgaben der Zulassungsdokumente.

Die Vorgaben für die Mauerarbeiten an Ihrem Haus beruhen auf den Ergebnissen der statischen Berechnung, der Schallschutzanforderungen und der Wärmeschutzberechnung. Unter Beachtung dieser Vorgaben und der vertraglich vereinbarten Ausführung der Mauerwerke werden die Festlegungen für die verschiedenen Wandmaterialien formuliert. Dargestellt werden diese Vorgaben in den Schalplänen und sollten eigentlich auch in die Werkpläne übernommen werden.

TYPISCHE MÄNGEL BEI MAUERARBEITEN

→ **ABWEICHUNG VON DER VEREINBARTEN BESCHAFFENHEIT** (siehe Seiten 45, 91)
Sofern in der Vertragsbaubeschreibung Festlegungen zur Steinqualität des Mauerwerks getroffen wurden, stellt eine Abweichung von dieser Festlegung einen Mangel dar. Diese Abweichungen können in der aktuellen Situation (März 2023) durchaus auf Lieferschwierigkeiten zurückzuführen sein, was aber nichts an der Tatsache der abweichenden Beschaffenheit ändert. In so einer Situation muss Ihr Hausbaupartner Sie über diesen Sachverhalt informieren und mit Ihnen eine abweichende Vereinbarung über die Ausführung des Mauerwerks treffen. Die Beurteilung dieses Sachverhalts sollte den Fachleuten vorbehalten bleiben. Sie als Bauherr können durch eine entsprechende Bilddokumentation, bei der Sie die auf den Verpackungen/Folienhüllen der Mauersteine angegebenen Angaben fotografieren, eine spätere Prüfung erleichtern.

→ **ABWEICHUNGEN VON DER STATISCHEN BERECHNUNG**
Die Materialvorgaben in den Schalplänen sind für die Ausführung der Mauerarbeiten verbindlich. Dies gilt neben der Materialität insbesondere für die Rohdichte und die Festigkeit der Mauersteine. Werden Steine anderer Qualität verbaut, könnte dies schwerwiegende Folgen für die Standsicherheit, die Schalldämmwirkung oder die energetischen Eigenschaften der thermischen Hülle haben. Auch in diesem Fall sollte die Feststellung und Beurteilung den Fachleuten überlassen bleiben. Die Dokumentation durch Fotografieren der Angaben auf den Umverpackungen durch Sie als Bauherren ist für derartige Beurteilungen im Nachhinein sehr hilfreich.

→ **NICHT EINGEHALTENES MINDESTÜBERBINDEMASS**
Die einzelnen, übereinander aufgesetzten Steinlagen werden so angeordnet, dass die vertikalen Fugen zwischen den Steinen – die Stoßfugen – gegeneinander versetzt sind. Die Mauerwerksnorm fordert einen Versatz von mindestens 0,4 x Steinhöhe, bei sehr niedrigen Steinen, wie sie üblicherweise für Verblendmauerwerk verwendet werden, wird ein Versatz von mindestens 4,5 Zentimeter gefordert. Dieses Versatzmaß oder auch Mindestüberbindemaß ist – von vereinzelten Ausnahmen abgesehen – in der gesamten Wandfläche einzuhalten (siehe Seite 229).

Gerade bei den fertigungsbedingt kurzen Steinen des hochdämmenden Ziegelmauerwerks kann sich ein chargenspezifisch unterschiedliches Schwindmaß der Steine beim Trocknen und Brennen nachteilig auf das Überbindemaß auswirken (siehe Seite 138, Foto 2). In solchen Fällen ist im Zuge des Aufmauerns ein Nachjustieren der Steinlagen erforderlich. Auf Foto 3 (mit dem pinken Streifen) weist der markierte Kasten auf einen erkennbaren Strukturwechsel im Außenmauerwerk hin, der durch Verwendung von Dämmziegeln eines anderen Ziegelwerkes zustande kam. Grund hierfür: Lieferengpässe.

OFFENE STOSSFUGEN

Modernes Mauerwerk wird heutzutage – Sichtmauerwerk ist hiervon ausgenommen – ohne Stoßfugenvermörtelung ausgeführt, das heißt die Steine werden dicht nebeneinander („knirsch") gesetzt. Die dabei entstehenden Stoßfugenbreiten sollen im Hinblick auf die noch auszuführenden Putzarbeiten eine Breite von 5 Millimetern nicht überschreiten. Breitere Stoßfugen – diese können sich aufgrund der Bauwerksabmessungen durchaus ergeben –

1 Passendes Überbindemaß (hier > 10 cm)
2 Unzureichendes Überbindemaß: knapp 4 cm statt geforderter 10 cm bei Steinhöhe 25 cm (0,4 x Steinhöhe)

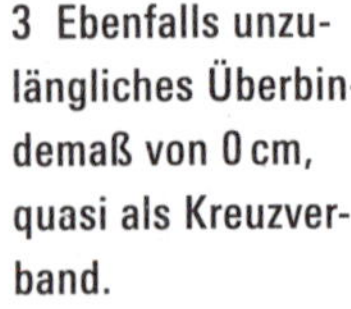

3 Ebenfalls unzulängliches Überbindemaß von 0 cm, quasi als Kreuzverband.
4 Mauerwerk mit nicht ausgemörtelten breiten Stoßfugen

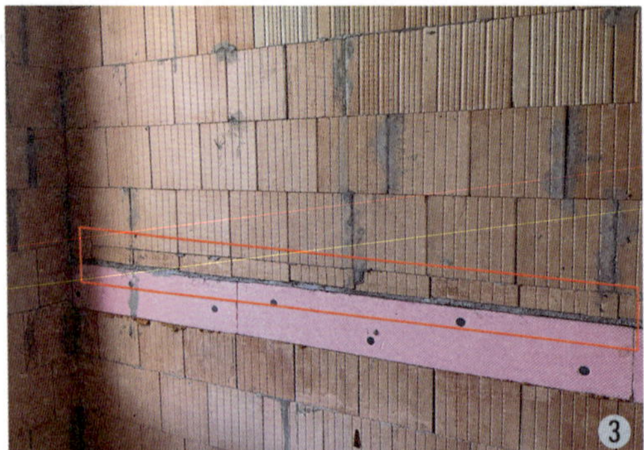

5 Breite Stoßfugen (> 1,5 cm) sind vor Putzarbeiten (innen und außen) mit Dämmmörtel vollsatt zu schließen.
6 Extrem schlecht verarbeitetes Porenbetonmauer werk

7 Im unteren Bereich erkennbarer Versuch, Fehlstellen und überbreite Stoßfugen mit Mörtelantrag zu kaschieren
8 Porenbetonmauerwerk Brüstung ohne Stoßfugenverklebung

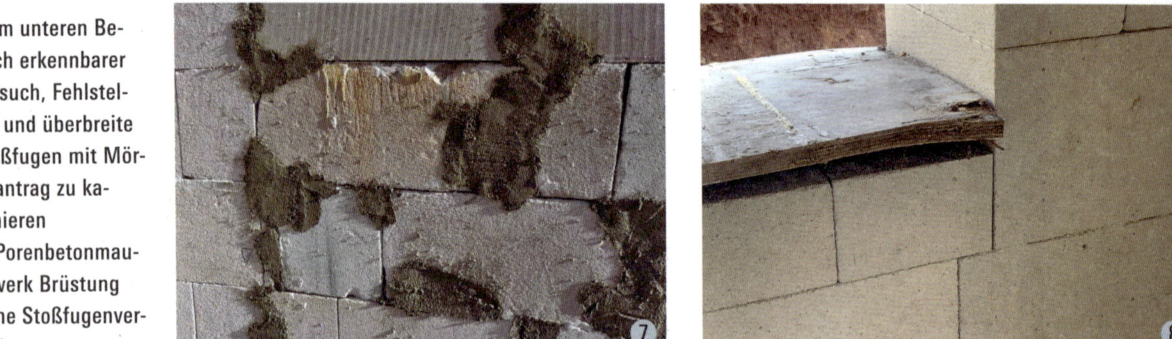

sind auszumörteln (siehe Fotos Seite 138). Auf Foto 5 ist eine solcher sehr breiten Stoßfugen zu sehen, die dem Ausgleich der Maßtoleranzen oder nicht ganz optimierten Gebäudemaßen geschuldet sind. Auf Foto 7 (links unten) sind derart viele Fehlstellen und überbreite Stoßfugen im Mauerwerk vorhanden, die mit Mörtelantrag kaschiert werden sollten, dass die einzig logische Konsequenz eigentlich nur noch Abriss lauten kann.

WICHTIG BEI HOCHWÄRMEDÄMMENDEM PORENBETONMAUERWERK

Mit der Steigerung des U-Werts (siehe Seite 117) des Außenmauerwerks traten bei zahlreichen Bauten, die mit Porenbeton erstellt worden waren, vertikal verlaufende Eckrisse im Abstand der Außenwandstärke von den Gebäudeecken auf. Die Verbesserung des Wärmedämmwerts beeinflusste das Schwindverhalten des hydraulisch abbindenden Mauerwerks nachteilig.

Um dies zu verhindern, wurden seitens des führenden Porenbetonherstellers Ausführungsvorgaben für die Ausbildung der Gebäudeecken und bei Fensterbrüstungen gemacht. Im Bereich der Lagerfugen sind hier Armierungsgwebestreifen einzulegen und eine Stoßfugenverklebung des Mauerwerks ist gefordert. Diese Vorgaben sind durch den Verarbeiter zwingend einzuhalten, was leider nur an wenigen Baustellen berücksichtigt wird. Auf Foto 8 ist eine Brüstung im Porenbetonmauerwerk zu sehen, dem die vom Steinhersteller vorgegebene Stoßfugenverklebung fehlt. Ob das Armierungsgewebe eingelegt ist, kann nicht mehr zerstörungsfrei festgestellt werden.

TRENNLAGE IN DER ERSTEN LAGERFUGE

Immer wieder trifft man an Baustellen auf Trennlagen aus Bitumenpappe in der Lagerfuge zwischen der ersten und zweiten Steinlage. Das bestehende Regelwerk war in dieser Hinsicht über Jahrzehnte hinweg nicht eindeutig, sodass eine solche Trennlage sowohl in der Wandaufstandsfuge als auch in der ersten Lagerfuge ausgeführt werden konnte. Mittlerweile wurden die Festlegungen konkretisiert: Die Trennlage muss in der Wandaufstandsfuge angeordnet werden. Eine davon abweichende Ausführung entspricht nicht mehr den anerkannten Regeln der Technik und stellt somit zwangsläufig einen Mangel dar.

UNTERMÖRTELUNG UNTER STÜRZEN UND ROLLLADENKÄSTEN

Die Systemstürze und die Systemrollladenkästen der Steinhersteller sind, so fordern es die Fachregeln, im Auflagerbereich zu untermörteln. Hintergrund dieser Forderung ist, dass sich die Stürze unter der einwirkenden Auflast aus der aufliegenden Decke und den gegebenenfalls noch darüber liegenden Geschossen etwas durchbiegen. Ein solches Durchbiegen führt zu einer Lasterhöhung an der Auflagerkante und könnte zum Brechen der Steinkante führen. Ein unter dem Sturzauflager angeordnetes Mörtelbett kann diese Verformung schadenfrei aufnehmen. Außerdem soll die Untermörtelung die unweigerlichen Maßtoleranzen der in Massenproduktion gefertigten Stürze ausgleichen.

TYPISCHE MÄNGEL DURCH MANGELHAFT AUSGEFÜHRTES MAUERWERK

Typische Schäden, die aufgrund eines mangelhaft ausgeführten Mauerwerks entstehen, sind Risse. Diese entstehen im Regelfall nach dem Auftragen des Putzes. Sie machen sich dann als dunkle Linien auf den zumeist hell gefärbten Bauteiloberflächen bemerkbar und fallen meist direkt ins Auge. Häufig ist es ein einmaliger Vorgang, und die Risse treten nach der Reparatur und Überarbeitung nicht mehr auf. Es gibt allerdings auch Risse, die aufgrund von thermischen Längenänderungen, Durchbiegung und Schwingungen im Mauerwerk immer wieder auftreten. Risse, die „wachsen", bedürfen der näheren Betrachtung durch einen Sachverständigen und/oder den Tragwerksplaner.

Bei Rissen in der Außenfassade ist die Schlagregendichtheit der bewitterten Fassaden nicht mehr gewährleistet und es kann zu Feuchteschäden am oder im Gebäude kommen.

Bauwerksabdichtung

Mit Ausnahme von Pfahlbauten, wie es sie heute noch in Küstenregionen beziehungsweise in tropischen Ländern gibt, haben alle Gebäude mit ihren Gründungsbauteilen – Fundamente, Bodenplatte und Außenwände des Kellers – unmittelbaren Kontakt mit dem Baugrund.

Baugrund ist immer feucht. Somit sind bautechnische Vorkehrungen zu treffen, um eine schädigende Einwirkung der im Baugrund vorhandenen Feuchtigkeit auf das Gebäude und seine Innenräume zu vermeiden.

Bei Stahlbetonbauteilen ist eine wasserundurchlässige Ausführung möglich (siehe Abschnitt „Wasserundurchlässige Stahlbetonbauewerke", Seite 135), was entsprechende Bauteildicken, Betonqualitäten und gegebenenfalls Zusatzmaßnahmen erfordert.

Im Übergang zu den zumeist gemauerten oder aber in Holzbauweise errichteten Außenwänden des Erdgeschosses bedarf es zusätzlicher Maßnahmen, die unter das Stichwort Bauwerksabdichtung fallen.

So sind die bodennahe oder in den Boden einbindende Übergangsfuge vom Gründungsbauteil zu den Außenwänden im Erdgeschoss sowie der untere etwa 30 bis 50 Zentimeter hohe Wandbereich der Außenwände gegen Feuchteeinwirkung aus dem Baugrund und gegen Spritzwassereinwirkung zu schützen. Früher waren Gebäude häufig mit einem Sockel ausgeführt, durch den das Erdgeschoss zwei bis drei Stufen über dem Gelände lag. Eine Ausführung der Gebäude mit Sockel ist in den meisten aktuellen Bebauungsplänen nicht mehr vorgesehen. Somit kommt der Bauwerksabdichtung im Hinblick auf die Dauerhaftigkeit und Schadenfreiheit der Gebäude maßgebliche Bedeutung zu.

Eine mangelhafte und/oder fehlerhafte Ausführung dieser Abdichtungsarbeiten wirkt sich sehr nachteilig auf das Gebäude und seine Innenräume aus. Werden Mauerwerkswände feucht, weil die Abdichtung nicht in ausreichender Dicke oder mit Fehlstellen angetragen wurde, werden die Wände irgendwann auch auf der Raumseite feucht und es kommt zu Schimmelpilzbildung. Bei Wänden in Holzbauweise kann es zusätzlich zum Schimmel zur Entwicklung von holzzerstörenden Pilzen an den tragenden Holzbauteilen kommen. Das kann einen weitgehenden Verlust der Tragfähigkeit der befallenen Hölzer zur Folge haben, was langfristig auf eine Gefährdung der Standsicherheit des Gebäudes hinausläuft.

KONTROLLE IST WICHTIG!

Die Bauwerksabdichtung gehört zu den besonders überwachungspflichtigen Gewerken (siehe Seite 21), wenn auch die Erfahrung zeigt, dass diese Überwachung im Regelfall nicht ausreichend stattfindet. Sie können, sofern Sie eine oder einen Bausachverständigen beauftragt haben, diesen auch explizit mit der Kontrolle der Bauwerksabdichtung beauftragen. Für diese Kontrollen und die gegebenenfalls erforderlichen Nachbesserungen sind dann im Bauzeitenplan/Bauablaufplan die notwendigen Zeitfenster fix einzuplanen und dem Sachverständigen zu kommunizieren.

Es liegt in Ihrem ureigensten Interesse als zukünftiger Eigentümer oder Eigentümerin des im Bau befindlichen Gebäudes, sich feuchtebedingte Schäden vom Hals zu halten. Daher

DER BAUZEITENPLAN/ BAUABLAUFPLAN

Die zeitlich nacheinander gestaffelten Fertigungsabschnitte eines Bauvorhabens – der Bauablauf – lassen sich in Balkenplänen sehr gut darstellen. So ist abzulesen, wann ein Fertigungsschritt beginnen und wann er enden soll. Der Bauleiter braucht einen solchen Plan, um die Firmen und Materialien so abzurufen, dass sie zum richtigen Tag am richtigen Bauvorhaben sind. Für Sie ist der Ablaufplan ein Anhalt für die vorgesehene zeitlich gestaffelte Gewerkeabfolge.

Im Regelfall sind über die Bauzeit verschiedenen Korrekturen und Anpassungen am Ablaufplan notwendig, wobei ein vertraglich verbindlich vereinbarter Fertigstellungstermin oder eine verbindlich vereinbarte Bauzeit trotzdem als bindend vorausgesetzt werden können.

sollten Sie gerade während der Abdichtungsarbeiten regelmäßig vor Ort sein und die Arbeiten fotografisch dokumentieren. Kontrollieren Sie bei solchen Terminen bitte auch die Trockenschichtdicken der aufgebrachten Abdichtungslagen. Die Trockenschichtdicken sind vom verwendeten Fabrikat des Abdichtungsstoffs abhängig, daher schauen Sie sich auf der Baustelle nach den Behältern um, in denen die Abdichtung geliefert wird.

HÄUSER MIT KELLER

Bei Häusern mit Keller sind die erdberührten Bauteile des Kellers – in der Regel die Bodenplatte und die erdberührenden Kelleraußenwände – entweder als wasserundurchlässige Betonkonstruktion angelegt oder mit einer vollflächig aufgetragenen Bauwerksabdichtung versehen, die für die im Baugrundgutachten angegebene Wasserbeanspruchung geeignet sein muss. Die Bodenplatte wird hierbei in der Regel als wasserundurchlässiges Betonbauwerk erstellt.

Die Wände können durch das Aufbringen einer vergleichsweise dünnen, membranartigen Schicht, die gegebenenfalls aus mehreren Lagen besteht, abgedichtet werden. Diese Bauwerksabdichtung kann entweder mehrlagig mit Bitumen-Schweißbahnen oder mit vollflächig aufgebrachten einlagigen Kunststoffbahnen ausgeführt werden. Geeignet für diese Bauwerkabdichtung sind auch die viel häufiger anzutreffenden Ausführungen mit Beschichtungsstoffen, zum Beispiel mit einer kunststoffmodifizierten Bitumendickbeschichtung (früher KMB, heute PMBC abgekürzt), eine Reaktivabdichtung aus bitumenfreier Dickbeschichtung oder mineralische Dichtungsschlämme.

Die Schichtenfolge, die die Abdichtungsmembranen bilden, muss sicher und langfristig am Bauwerk haften. Damit dies sichergestellt werden kann, geben die Hersteller der Abdichtungsstoffe oder -bahnen Verarbeitungstemperaturen für die von ihnen gelieferten Materialien an. Diese Verarbeitungstemperaturen betreffen sowohl die Bauteile, auf denen die Abdichtung angetragen werden soll, als auch die Lufttemperaturen. Die Bauteile müssen so warm sein, dass das Wasser, das in vielen Abdichtungsstoffen als Lösungsmittel enthalten ist, nicht auf den Kontaktflächen gefriert oder ausfällt/kondensiert. Sollte dies geschehen, ist die vollflächige Haftung der Abdichtung auf der Oberfläche nicht mehr gewährleistet, es kann zu Aussackungen und zu Rissbildungen kommen.

Die Hersteller geben aber nicht nur Verarbeitungstemperaturen, sondern auch Lagertemperaturen vor. In der Regel sind Abdichtungsstoffe frostfrei zu lagern, das heißt, die Lufttemperaturen an der Lagerstelle sollten nicht unter 5 Grad Celsius sinken.

Bei besonders heißer Witterung und entsprechend aufgeheizten Bauteiloberflächen könnte das in den Abdichtungsstoffen enthaltene Wasser bei Kontakt mit den Bauteilen so schnell verdunsten, dass der abbindende/aushärtende Prozess des Abdichtungsstoffs nicht abgeschlossen werden kann. Eine solche Abdichtung ist dann nicht ausreichend dauerhaft und beständig.

Achten Sie deshalb insbesondere an den Tagen vor, während und nach dem Antragen der Abdichtung oder vor den Abdichtungsarbeiten auf die Temperaturgänge (sorgfältige Einträge im Bautagebuch).

GUTE DOKUMENTATION

Die Abdichtungsarbeiten sollten sowohl durch den Ersteller der Abdichtung als auch durch die Bauleitung im Hinblick auf alle Arbeitsschritte dokumentiert werden. Dazu gehören auch die Angaben zur herrschenden Witterung, also Temperatur, Niederschlagsituation und Luftfeuchtigkeit. Diese Dokumentation wird zum einen in der maßgebenden Norm DIN 18533 und zum anderen in den Regelwerken für die verschiedenen Abdichtungsstoffe gefordert. Sie ist Teil der **FACHUNTERNEHMERERKLÄRUNG**, die Ihnen zur Übergabe des Hauses vorzulegen ist.

TYPISCHE MÄNGEL BEI DER DOKUMENTATION DER BAUWERKSABDICHTUNG

Die Dokumentation ist im Zuge der Abdichtungserstellung begleitend durchzuführen. Eine Aufstellung der Dokumentation im Nachhinein, beispielsweise wenn Sie die Dokumentation zur Abnahme einfordern, ist nicht zulässig.

Das ausführende Unternehmen muss in der Dokumentation die jeweils angetragenen Schichtdicken (Nassschichtdicke) für mehrere Stellen angeben. Es ist dabei eher ungewöhnlich, wenn an allen Messstellen die Mindestnassschichtdicke nach Herstellervorgaben angetragen wurde.

Werden – was auch schon vorkam – Abdichtungsarbeiten in einem Keller binnen eines halben Tages oder auch in einem Tag erledigt, ist etwas faul an der Sache. Dies ist ein Indiz dafür, dass die Trocknungszeiten der einzelnen Schichten nicht eingehalten wurden. Die Abdichtungsarbeiten wurden dann mit hoher Wahrscheinlichkeit mangelhaft ausgeführt.

Und wenn die Dokumentation nicht erfolgt? Dann kann weder das ausführende Abdichtungsunternehmen noch Ihr Hausbaupartner nachweisen, dass die Abdichtungsarbeiten korrekt und regelkonform ausgeführt wurden. Allein das Fehlen der Dokumentation begründet einen Mangel der Abdichtungsarbeiten.

Ungeachtet dessen: Wenn Sie zeitlich und örtlich die Möglichkeit haben, sollten Sie während der Ausführung der Bauwerksabdichtung regelmäßig vor Ort sein und die Arbeiten fotografisch dokumentieren. Wenn Sie einen Sachverständigen mit der baubegleitenden Qualitätskontrolle beauftragt haben, versuchen Sie, diesen frühzeitig über den Ausführungszeitraum der Bauwerksabdichtung zu informieren, dann kann auch er die Ausführung überprüfen.

SCHICHTDICKEN MESSEN

Schichtdicken lassen sich am besten mit Vergleichsmaßstäben überprüfen. Als Vergleichsmaßstab können zum Beispiel Münzen, Zollstockabschnitte oder Holz/Kunststoffleisten einer bestimmten Dicke dienen. Eine 5-Cent-Münze ist 1,5 Millimeter dick, eine 50-Cent-Münze 3 Millimeter dick, ein handelsüblicher Zollstock ebenfalls 3 mm. Mit zweien dieser Vergleichsmaßstäbe und einer Wasserwaage können Schichtdicken stichprobenartig zerstörungsfrei kontrolliert werden.

VORBEHANDLUNG UND AUSFÜHRUNG DER BAUWERKSABDICHTUNG

Um die Dauerhaftigkeit der Abdichtungsarbeiten zu gewährleisten, sind die abzudichtenden Bauteile und auch die Übergänge zu anderen Bauteilen in geeigneter Art und Weise vorzubereiten.

- Die Flächen müssen staub- und fettfrei sein. Die hierzu notwendige Reinigung kann nass oder trocken erfolgen. Erfolgt sie nass, muss vor dem Beginn der Applikationsarbeiten das Abtrocknen der Oberflächen abgewartet werden.
- Es ist nicht möglich, Abdichtungen – egal welcher Art – 90 Grad ums Eck zu führen. Kanten sind deshalb vorher zu brechen (abzuschrägen oder auszurunden), Kehlen sind auszurunden.
- Der untere Bereich der Bauwerksabdichtung muss eine kraftschlüssige und dauerhaft wasserdichte Verbindung mit den Bauteilen eingehen, auf die die Abdichtung aufgebracht wird. Dazu ist im Fußpunktbereich bei Betonbauteilen der Zementleim zu entfernen. Dies geht nur mechanisch mittels einer maschinengetriebenen Drahtbürste.
- Außerdem müssen die Bauteiloberflächen ausreichend fest und tragfähig sein. Die Oberflächen von Betonwänden und Mauerwerkswänden, auch von geputzten Mauerwerkswänden entsprechen im Regelfall dieser Anforderung. Dämmplatten aus Polystyrol oder Polyurethan im Regelfall nicht!
- Die zu bearbeitenden Flächen müssen hohlraumfrei sein. Unebenheiten wie Mauerwerks- oder Fertigteilfugen sowie größere Poren in Betonoberflächen sind in einem ersten Arbeitsgang, der sogenannten Kratzspachtelung, zu schließen.
- Wird die Abdichtung mit Beschichtungsstoffen ausgeführt, die auf die Wände appliziert werden, muss das Auftragen in mehreren Arbeitsschritten und Lagen erfolgen. Die Anzahl der Arbeitsschritte hängt von der zu erreichenden Trockenschichtdicke ab, die für die im Baugrundgutachten definierte Wasser-Einwirkungsklasse erforderlich ist (siehe „Schichtdicke messen" links unten).

Fertigteilkeller mit Abdichtung der Elementwandfugen und der Bodenaufstandsfuge

Ist das alles in der Dokumentation enthalten? Ja, die Vordrucke der Norm, die auch von den Herstellern der Abdichtungsstoffe und Materialien bei der Lieferung mit übergeben werden, fragen alle diese Punkte mit Material- und Zeitangaben ab. Hierbei sind insbesondere die Zeitangaben – Datum und Uhrzeit – von Interesse. Die Materialien müssen an- oder sogar durchtrocknen können, bevor weitere Schichten oder Lagen aufgetragen werden. Es ist die Aufgabe des Verarbeiters, sicherzustellen, dass die notwendigen Trocknungszeiten eingehalten werden.

PRODUKTGARANTIE

Die Hersteller von Abdichtungsstoffen geben in der Regel eine über die normale Gewährleistungsfrist hinausgehende Produktgarantie ab. Damit diese wirksam werden kann, macht der Hersteller zur Bedingung, dass nur Komponenten verwendet werden, die durch die herstellereigene Qualitätskontrolle geprüft und freigegeben sind. Eine Mischung von Komponenten verschiedener Fabrikate ist in der Regel unzulässig.

Dies gilt im Übrigen nicht nur für die Abdichtungsarbeiten, sondern genauso für die Komponenten von Putzsystemen, Wärmedämmverbundsystemen, Fliesenklebern und Flächenabdichtungen unter den Fliesen sowie die Komponenten der Luftdichtheitsebene.

→ **Der erweiterte Rohbau:** Ein Baukörper besteht aus mehr als Bodenplatte, Wänden und Decke. Die Gewerke, die die Form und Hülle bilden, werden als erweiterter Rohbau bezeichnet.

WAS ERFAHRE ICH?

Am Ende des erweiterten Rohbaus steht ein nach außen hin abgeschlossener Baukörper, der nur noch durch befugte Personen betreten werden kann beziehungsweise sollte.

Zimmerarbeiten

Unter Zimmerarbeiten im umgangssprachlichen Sinne sind zumindest im Massivbau die Arbeiten an der tragenden Holzkonstruktion des Dachstuhls zu verstehen. Bei Häusern in Holzbauart ist dieser Begriff gegebenenfalls weiter zu fassen.

Die sich aus der statischen Berechnung ergebenden Dimensionierungen für die Breite und Höhe der einzelnen Konstruktionshölzer sowie deren Abstand zueinander plus die Angaben zu Größe, Anzahl und Ausführung der Schnittstellen und Knotenpunkte erfolgen durch den Tragwerksplaner. Dieser erstellt hierzu üblicherweise einen sogenannten **SPARRENPLAN**.

Eine zimmermannsmäßige Dachkonstruktion besteht üblicherweise aus Bauteilen, die dem Dach die Form geben – also den Sparren – und den Elementen, die die Sparren mit dem Baukörper verbinden. Hierbei handelt es sich häufig um waagerecht angeordnete Balken, die sogenannten Pfetten. Daneben gibt es noch Bauteile, die das Dach in der Länge und/oder der Breite aussteifen sollen, also Stützen mit Kopfbändern, Kehlbalken, Deckenbalken, und so weiter.

Üblicherweise werden die einzelnen Bestandteile der Dachkonstruktion aus Nadelholzzuschnitten erstellt, die in Sägewerken nach den Vorgaben der Tragwerksplanung angefertigt wurden. Für besonders hoch belastete Bauteile werden häufig standardisierte Brettschichtholz- oder auch Stahl-Einbauteile verwendet. Nach den Vorgaben der Holzbaunorm – Euro Code 5 – müssen die auf der Baustelle angelieferten Holzbauteile auf eine Holzfeuchte von 20 Prozent getrocknet sein. Der Kauf eines preisgünstigen Holzfeuchtemessgeräts für Kaminholz kann bei einer Prüfung vor Ort durchaus hilfreich sein.

Sollte das Holz beregnet werden – das Bauen findet auf der Baustelle und nicht in der Halle statt –, ist das kein Problem, solange das

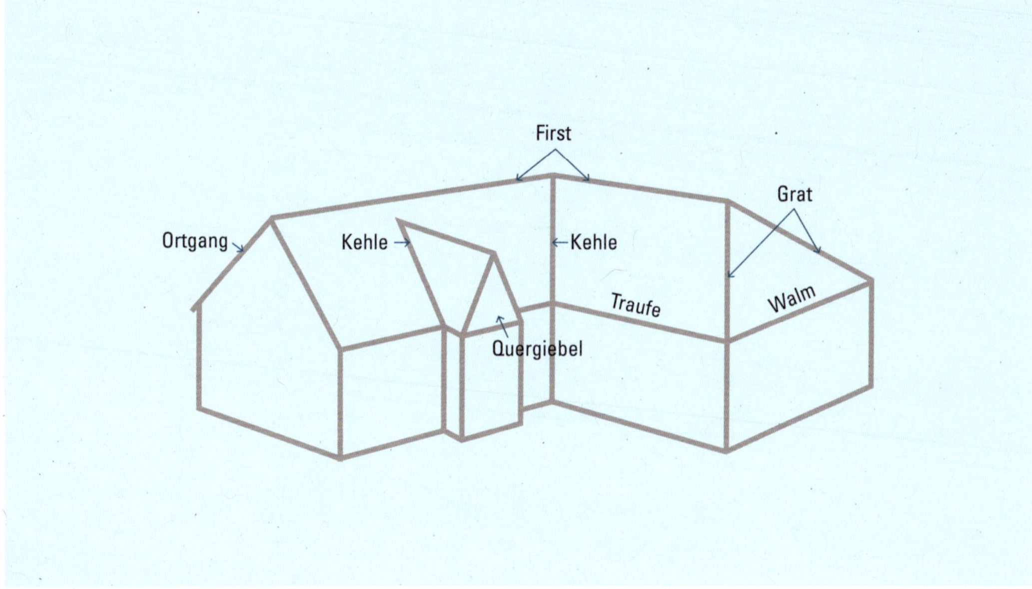

Um sich mit den Handwerkern austauschen zu können, sollten Sie die wichtigsten Bezeichnungen rund ums Dach kennen.

Holz wieder austrocknen kann. Der weitere Ausbau muss dann so lange verzögert werden, bis das Holz wieder ausreichend abgetrocknet ist. Wird aufgrund knapp kalkulierter Bauzeiten nicht ausreichend lange gewartet, kann es zu einer unzuträglichen Feuchtebelastung in der Holzkonstruktion kommen.

Fotografieren Sie auch diese Bauphase, aber vermeiden Sie es im Interesse Ihrer eigenen Sicherheit, in oder auf der Dachkonstruktion herumzuklettern. Das Risiko, sich bei einem Sturz schwere Verletzungen zuzuziehen, ist hoch.

Was Sie fotografieren können, sind zum Beispiel die Ausführung der verschiedenen Knotenpunkte. Der Anschluss der Sparren an den Pfetten oder Kehlbalken, der Anschluss der Kehlbalken an den Mittelpfetten, die Verankerung der Pfetten auf oder an den Giebelwänden.

In den meisten Fällen ist die Holzkonstruktion des Dachstuhls nach der Fertigstellung des Hauses nicht mehr sichtbar. Die Zwischenräume zwischen den einzelnen Sparren werden aufgrund der energetischen Anforderungen an die Gebäudehülle üblicherweise durch einen eingebauten Wärmedämmstoff ausgefüllt.

SICHTBARER DACHSTUHL

Verschiedene Haushersteller bieten einen sichtbaren Dachstuhl an. Hier ist die Wärmedämmung über der raumseitigen Bekleidung über der Sparrenoberkante eingebaut. Bei Sichtholzkonstruktionen sind die Hölzer in jedem Fall gehobelt und häufig sogar geschliffen, die Querschnittkanten sind üblicherweise leicht ausgerundet oder über Eck abgeschrägt (gebrochen). Bei Sichtholzkonstruktionen sind die Hölzer möglichst gut gegen Beschädigungen, die im Zuge des Baufortschritts auftreten können, zu schützen. Dies geschieht durch das Einpacken in möglichst diffusionsoffene Folien und durch Ankleben provisorischer Kantenschutzprofile.

DAMPFSPERRE

Nach außen zur Dachdeckung hin, unmittelbar über den die Dachform bildenden Sparren, ist bei nicht sichtbaren Dachstühlen entweder ein vollflächig ausgebildetes Unterdach mit oder ohne wärmedämmende Eigenschaften oder aber eine Unterspannung vorhanden. Diese Ebene soll verhindern, dass Feuchtigkeit, die infolge von Windeinwirkung durch die Dacheindeckung in den Dachaufbau eintritt, weder

Binderdachstuhl über einem Bungalow. Die die einzelnen Teile miteinander verbindenden Nagelplatten sind deutlich zu erkennen.

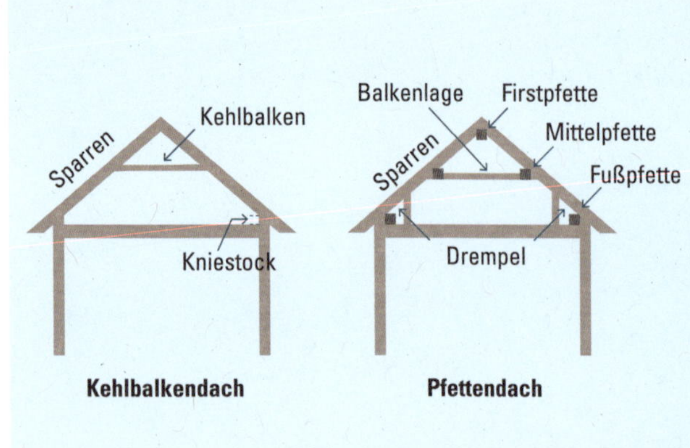

So werden die Bestandteile eines Kehlbalkendachs und eines Pfettendachs bezeichnet.

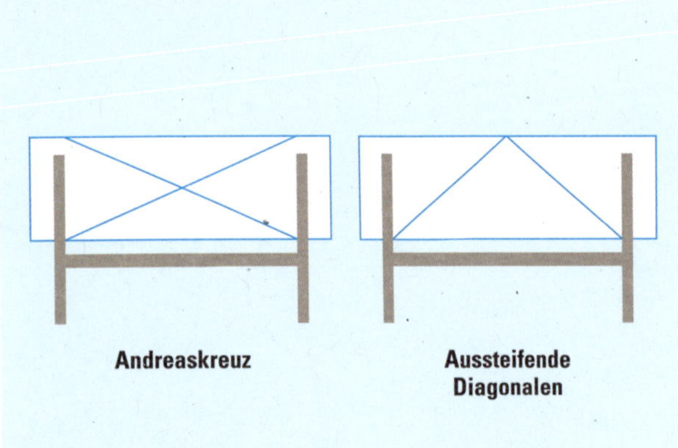

Als Schutz gegen Windeinwirkung ist die Aussteifung der Dachkonstruktion wichtig.

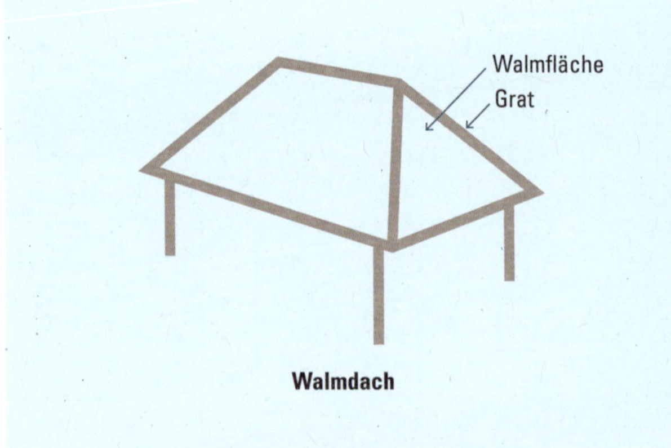

Eine häufig anzutreffende Dachform ist das sogenannte Walmdach.

Windrispe mit Pause (gestrichelte Linie). Es handelt sich hierbei um einen Dachstuhl mit ausbaufähigem Dachgeschoss.

Stählerner Balkenschuh als Auflager, noch unausgenagelt

an die Konstruktionshölzer noch an die Wärmedämmung gelangt. Üblicherweise werden hierzu diffusionsoffene Kunstfaser-Spinnvliese oder Folien verwendet. Ihre Funktionalität lässt sich am ehesten mit der Funktion von dampfdurchlässigen Membranen bei hochwertiger Sportkleidung vergleichen: Dampf geht durch, aber es kommt kein Wasser rein.

DIE HÖLZERNE TRAGKONSTRUKTION

Bei der Tragkonstruktion ist zu unterscheiden zwischen in speziellen Fertigteilwerken vorgefertigten Dachbindern aus schlanken, brettartigen Profilen, die im Regelfall durch Nagelplatten kraftschlüssig miteinander verbunden werden, und zimmermannsmäßig erstellten Dachtragwerken aus Sparren und Kehlbalken oder Sparren und Pfetten.

Die Sparren tragen zunächst einmal ihr Eigengewicht, dann das Gewicht der zwischen ihnen eingebrachten Dämmung (bei Zwischensparrendämmung), die Last der raumseitigen Innenbekleidung sowie die Lasten der Dacheindeckung mit Unterkonstruktion. Außerdem müssen sie obendrein die Kräfte aufnehmen, die aus den wechselnden Einwirkungen von Regen, Wind und Schnee resultieren. Maßgebend für die Sparrendimension ist – bei einer Zwischensparrendämmung – im Regelfall die Dicke der Dämmung, die sich aus der Wärmeschutzberechnung ergibt. Sind also laut Wärmeschutzberechnung 24 Zentimeter erforderlich, beläuft sich die Sparrenhöhe auf dasselbe Maß.

Die Sparren geben die Lasten entweder an horizontal liegende, im Regelfall 90 Grad zur Sparrenlage angeordnete, horizontale Tragglieder ab, oder sie leiten sie direkt in die darunterliegende Deckenebene und den gegenüberliegenden Sparren ein.

Die einzelnen Sparrenpaare sind gegen Windeinwirkung in Längsrichtung, die den Dachstuhl zum Umkippen bringen würden, auszusteifen. Diese Aussteifung erfolgt über Windrispenbänder (stählerne Lochbänder, die diagonal über die Dachfläche genagelt werden). Bei gegliederten Dachaufbauten mit Queranbauten könnten auch die Queranbauten die Aussteifung übernehmen.

Werden Windrispenbänder verbaut, dürfen diese Bänder in ihrem Verlauf nicht unterbrochen werden, da ansonsten die Lastweiterleitung nicht mehr stattfindet. Das Prinzip eines aussteifenden Diagonalkreuzes kennt man auch von Regalen. Die von links oben kommende Rispe auf dem Bild links unten, Seite 146, wurde gekappt, um das Dachflächenfenster setzen zu können. Die Kraftweiterleitung ist damit unterbrochen. Dies ist ein Mangel!

Die einzelnen lastabtragenden Bauteile der Dachstuhlkonstruktion werden heutzutage zumeist mit stählernen Verbindungsmitteln miteinander verbunden. Die traditionellen Zimmermannsverbindungen werden lediglich noch im Zuge der Zimmererausbildung erstellt. Die stählernen Verbindungsmittel werden durch die Planangaben im Sparrenplan vorgegeben. Dort finden sich auch die Angaben, wie diese auszunageln sind. Beim Abbund auf dem Bild rechts unten wurde die Unterseite des Deckenbalkens ausgeklinkt, damit die Balkenunterkante später in einer Ebene mit der Unterkante des Unterzuges liegt, an denen die Deckenbalken angeschlossen sind.

UNTERDACH

Das Unterdach ist eine auf den Sparren oder – wenn vorhanden – der Dachschalung erstellte Ebene, deren vordringliche Aufgabe darin besteht, Feuchtigkeit schadenfrei abzuleiten, die – infolge Wind und Regen oder Schnee und Wind oder weil sich eine Dachplatte verschiebt oder durch Großhagel beschädigt wird – unter die Dacheindeckung getrieben wird. Gefordert ist immer mindestens ein regensicheres Unterdach, bei Unterschreitung der Mindestdachneigungen der Dachsteinmodelle auch ein wasserdichtes Unterdach. Zur Anwendungen kommen hier diffusionsoffene Spinnvliese oder Folien unterschiedlicher Qualität. Damit das Unterdach die ihm zugedachte Aufgabe erfüllen kann, muss es regendicht, gegebenenfalls sogar wasserdicht erstellt werden. Es darf während der Dachdeckungsarbeiten nicht beschädigt werden.

Unterdach

Unterdach mit Konterlattung auf Schalung

Unterdach mit Fehlstelle

DIE UNTERKONSTRUKTION DER DACH-EINDECKUNG

Die Dacheindeckung muss hinterlüftet sein, um Feuchtigkeitseinträge von außen oder von innen, über die Bauzeit eingetragene Feuchte oder im Holz vorhandene Restfeuchte schadenfrei abführen zu können. Als anerkannte Regel der Technik gelten hierbei mindestens 200 Quadratzentimeter pro Meter Trauflänge – ein Spalt, der bezogenen auf 1 Meter Trauflänge mindestens 2 Zentimeter hoch sein muss. In Verbindung mit einen Gitter, das das Einfliegen und Einnisten größerer Insekten und Vögel verhindert, sollte hierbei mindestens eine Konterlattenhöhe von 2,4 Zentimeter, besser 3 Zentimeter gewählt werden. Eine solche Ausführung hat sich auch an den Dachüberstandsbereichen an Traufen und Ortgängen bewährt.

Die Befestigung der Konterlatten (Hinterlüftungsebene) und Latten muss so erfolgen, dass sie dauerhaft beständig bleibt. Hierzu sind feuerverzinkte Nägel, Edelstahlnägel oder Edelstahlklammern in vorgegebenen Längen zu verwenden. Andere Befestigungsvarianten, zum Beispiel galvanisch verzinkte Klammern für den Innenausbau, sind nicht zulässig.

Dachdeckungsarbeiten

Die Dacheindeckung von geneigten Dächern bei Einfamilienhäusern erfolgt in den meisten Fällen mit Betondachsteinen oder Tondachziegeln nach Vorgabe der Baubeschreibung beziehungsweise vereinbarten Sonderwünschen. Diese Bauteile werden in eine Unterkonstruktion aus Konterlattung und Lattung eingehängt und je nach Windeinwirkung mit Klammern oder Verdrahtung gegen das Abheben durch Windsog gesichert.

Andere Dacheindeckungsmaterialien wie Blechscharen, kleinflächige Blechtafeln oder Faserzementdeckungen, Holzschindel- oder Reetdeckungen kommen aufgrund des erhöhten Arbeitsaufwands in den Hauptdachflächen eher selten zur Anwendung. Auf sie wird im Rahmen dieses Buches nicht eingegangen.

Die Unterkonstruktion für das Verlegen von Betondachsteinen oder Dachziegeln besteht aus einer längs der Sparren befestigten Konter-

Ortgang, gänzlich ohne Hinterlüftung: satt auf der Unterspannbahn aufliegende Lattung, über die Ortgangschalung verlegt

Befestigung allein mit Klammern: Edelstahlklammern sind ok, die hier benutzten galvanisch verzinkten Klammern aber ein Mangel!

Konterlattung, 30 mm hoch: guter Hinterlüftungsquerschnitt; doppelte Latte zur Lastaufnahme der Schneerückhaltevorrichtung

Schlechter Lattungsstoß auf einer Latte: deutliche Aufspaltung der Dachlatten durch mit Pressluftnagler schräg eingetriebene Nägel

Richtige Lattungsstöße: auf Konterbrett oder auf doppelter, aus zwei nebeneinanderliegenden Latten erstellten Konterlattung

Korrosion an galvanisch verzinkter Klammer nach Wassereintritt unter die Dacheindeckung

lattung, die den Hinterlüftungsquerschnitt der Dacheindeckung sicherstellen soll, und der dazu quer angeordneten Dachlattung. Als Hinterlüftungsquerschnitte für die Dachdeckung ist in den maßgebenden Regelwerken ein Querschnitt von mindestens 200 Quadratzentimeter/Meter Trauflänge empfohlen. Dieser Mindestquerschnitt hat sich seit Jahrzehnten bewährt und gilt somit als Mindestanforderung und anerkannte Regel der Technik.

→ Die Hinterlüftung soll sicherstellen, dass unterhalb der Dacheindeckung anfallendes Kondensat durch die entstehende Thermik ohne Schäden für die Baukonstruktion abtrocknen oder auf der Unterspannbahn ablaufen kann.

Bei größeren Dachlängen erhöht sich der erforderliche Hinterlüftungsquerschnitt. Doch auch diese Querschnitte sind in den gängigen Regelwerken des deutschen Dachdeckerhandwerks angegeben. Die Hinterlüftung soll sicherstellen, dass unterhalb der Dacheindeckung anfallendes Kondensat durch die entstehende Thermik ohne Schäden für die Baukonstruktion abtrocknen oder auf der Unterspannbahn ablaufen kann. Leider gibt es einige Haushersteller, die sich unter Angabe fragwürdiger Gründe nicht an die anerkannten Regeln der Technik halten. Reicht der Konterlattungsquerschnitt nicht aus, um den erforderlichen Lüftungsquerschnitt sicherzustellen, sind zusätzliche Lüftungssteine zu montieren.

Die Konterlattung und die Lattung sind nach den Vorgaben im Regelwerk des deutschen Dachdeckerhandwerks (DHH) zu befestigen. Zur Anwendung kommen hier durch Verzinkung korrosionsgeschützte Nägel oder Edelstahlklammern. Die Verwendung verzinkter Klammern ist nach den genannten Regelwerken zwar nicht verboten, wird aber nicht empfohlen. Dennoch bildet auch hier das Regelwerk die anerkannte Regel der Technik und damit die Mindestanforderungen ab. Ein Zurückbleiben hinter den anerkannten Regeln der Technik, zum Beispiel die Verwendung verzinkter Klammern für die Befestigung von Konterlattung und Lattung, stellt demzufolge einen Mangel dar.

DACHSTEINE UND DACHZIEGEL

Die Betondachsteine und die Betondachziegel sind nach den Herstellervorgaben zu verlegen. Hierbei sind in Abhängigkeit von der Dachneigung die vorgegebenen maximal zulässigen Deckmaße unbedingt einzuhalten. Je nach der vorgesehenen Dachstein-/Ziegelvariante und der vorhandenen Dachneigung ist im Zuge der Vorbereitungsarbeiten das Unterdach in der entsprechenden Anforderung zu erstellen. Wird die vom Hersteller vorgegebene Regeldachneigung des jeweiligen Dachdeckungsmaterials unterschritten, sind bauliche Zusatzmaßnahmen im Bereich des Unterdachs notwendig.

Neben den in der Dachfläche verlegten Standardsteinen gibt es spezielle Formsteine, zum Beispiel den Dunstrohrstein für die Strangabluft der Abwasserleitung, Formziegel für das Hinausführen von Anbindeleitungen in einer Photovoltaikanlage oder einer thermischen Solaranlage, Formsteine zur Aufnahme von Dachtritten und Dachleitern und anderes mehr. Außerdem gibt es die Firststeine/-ziegel und die Ortgangsteine/-ziegel.

Die Firststeine werden auf einer sogenannten Firstlatte, die im Zuge der Erstellung der Unterkonstruktion gesetzt wird, befestigt. Die Verlegerichtung sollte dabei mit einer Überlappung zur windabgewandten Seite hin erfolgen. An den Firstenden kommen gesonderte Formsteine oder Endscheiben zur Anwendung. Auch für den Übergang/die Einbindung eines Grates in den First gibt es die entsprechenden

Formsteine. Sollten diese nicht passen, sind die Dachplatten entsprechend zu beschneiden und an ihren Schnittstellen dauerhaft und schlagregendicht zu verkleben.

Im Regelfall werden heutzutage belüftete First- und Grat-Firstkonstruktionen gebaut. Der Mindestlüftungsquerschnitt im Firstbereich beträgt dabei 100 Quadratzentimeter/Meter. Sollte die Firstkonstruktion den erforderlichen Lüftungsquerschnitt nicht sicherstellen können, sind unmittelbar unter dem First entsprechende Lüftungssteine anzuordnen.

Dacheindeckung und gegebenenfalls auch die Formziegel sind im Bereich von Kehlen und Graten oder aber auch von Dacheinbauten zu beschneiden, Fachbegriff: beizuschroten. Dies muss so erfolgen, dass die verbleibenden Ziegel oder Dachsteine sicher auf dem Dach aufliegen.

WINDSOGSICHERUNG

Dachsteine/-ziegel müssen gegen Abheben durch Windsog gesichert werden. Die Vorgaben hierzu liefern die Fachregeln des Deutschen Dachdeckerhandwerks und die Verlegeanleitungen der Dachdeckungshersteller. In Abhängigkeit von Windzone, Plattengröße und Form sind die Windsogsicherungen zu montieren.

Blechnerarbeiten

Der Begriff der Blechnerarbeiten umfasst eine ganze Reihe unterschiedlicher Leistungen am Bau. Diese müssen nicht unbedingt alle an Ihrem Haus erfolgen, sie werden jedoch hier kurz beschrieben.

Zu den Blechnerarbeiten am Haus gehören:

- Regenrinnen und Fallrohre an Steildächern und oder Balkonen
- Dacheinläufe und außen liegende Fallrohre an Flachdächern und Dachterrassen/-loggien
- Wandbekleidungen zum Beispiel an Dachgauben oder Quergiebeln
- Dacheindeckungen ganzer Dachflächen, möglicherweise auch des Hauptdachs, im Regelfall aber an den schwächer geneigten Dachflächen vor Dachaufbauten
- Abdeckungen von Mauerkronen oder Attiken, Brüstungsabdeckungen
- Trittschutzbleche im Bereich genutzter Flachdächer

Die Blechner-, Klempner- oder auch Flaschnerarbeiten werden mit verschiedenen Metallen ausgeführt. Gebräuchlich sind Zink und Titanzink, Kupfer, Aluminium, Stahl und Edelstahl mit unterschiedlichen Oberflächenschutzsystemen.

Treffen verschiedene Metalle aufeinander oder stehen über Wasserabfluss miteinander in elektrischem Kontakt, können galvanische Elemente entstehen, die zu einer Korrosion an den jeweils chemisch unedleren Metallen führen können. Wird zum Beispiel eine Gaubenwand-

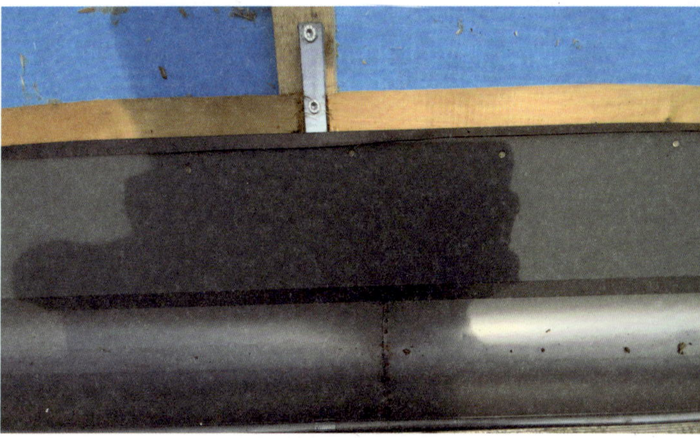

Kupfernieten in einer Zinkrinne führen zur Korrosion der Rinne.

ELEKTROCHEMISCHE SPANNUNGSREIHE

Auch am Bau gilt die aus dem Chemieunterricht bekannte „Spannungsreihe“: Das edlere Metall korrodiert das unedlere Metall; dabei fungiert Ersteres als Kathode und Letzteres als Anode, die sich langfristig auflöst.

AUFBAU EINER FLACHDACHABDICHTUNG

Der Aufbau einer Flachdachabdichtung (von unten nach oben) besteht in der Regel aus

- → Unterbau in Massiv- oder Holzbauweise, zumeist eine Decke oder ein Deckenbereich
- → Dampfsperre/Dampfbremse
- → Dämmpaket, gegebenenfalls mit Gefälleausbildung
- → Abdichtungslage, je nach Systemwahl ein- oder mehrlagig
- → Schutzlage, wenn oberhalb der Abdichtung ein weiterer Dachaufbau vorgesehen ist
- → Dachaufbau in verschiedenen Ausführungen

verkleidung aus Kupferblech über einer Dachrinne und Regenfallrohren aus Zink oder Titanzinkblech angeordnet, kann es dort durch das ablaufende Wasser, das auch Kupferionen transportiert, zu Korrosionserscheinungen kommen.

Blechnerarbeiten werden üblicherweise mit metallischen Baustoffen ausgeführt. Metalle haben eine hohe thermische Längenausdehnung, die bei der Ausführung konstruktiv berücksichtigt werden muss. Dies geschieht im Allgemeinen durch den Einbau von sogenannten Dilatationsausgleichstücken, die die thermischen Längenzunahmen beziehungsweise Verkürzungen schadenfrei aufnehmen.

TYPISCHE MÄNGEL BEI BLECHNERARBEITEN

- → Häufig anzutreffen ist ein Gegengefälle in den Dachrinnen. In den Bereichen mit Gegengefälle bleibt Wasser stehen und es kann sich ein regelrechtes Biotop für Mikroorganismen und Insektenbrut entwickeln.
- → Bei fehlenden oder einer ungenügenden Anzahl von Dilatationsausgleichen (bewegliche Übergänge) kommt es infolge der thermischen Längenänderungen in längeren Blechbauteilen zu Zwängungen, die zu Schäden führen können. Bei Längenzuwachs wölben sich die Bauteile dann auf und lösen sich von den Flächen ab, die sie bedecken sollen.
- → Bauteile, die bei warmer Witterung eingebaut wurden, verkürzen sich später bei sinkenden Temperaturen. Hierdurch kann es zu Ablösungen in den Anschlussbereichen zu anderen Bauteilen kommen. Hierdurch können unter Umständen Abrissschäden entstehen und in die entstehenden Fugen/Hohlräume kann Wasser eintreten.
- → Erfahrene Verarbeiter sollten die Notwendigkeit der elektrochemischen Isolation von verschiedenen Metallen quasi im Blut haben. Ein edleres Blech darf, um Korrosion zu vermeiden, nicht über einem unedleren Blech angeordnet sein.

Flachdachabdichtung

Flachdächer über Wohnräumen sind hochkomplexe, mehrschichtig aufgebaute Bauteile. Kein Wunder, dass es hier sowohl bei ungenutzten als auch bei begehbaren Flachdächern immer wieder zu teilweise schwerwiegenden Bauschäden kommt.

In den maßgeblichen Regelwerken, das sind die DIN 18531 „Abdichtung von Bauwerken: Dächer" und der vom Zentralverband des Deutschen Dachdeckerhandwerks herausgegebene Flachdachrichtlinie ist die Planung der Flachdachabdichtung mit ihren Anschlüssen an aufgehende Bauteile (Wände, Stützen, Pfeiler) oder durchdringende Bauteile (Rohrleitung, Geländerstützen, Abläufe) die maßgebliche Grundvoraussetzung für eine mangelfreie Erstellung.

Üblicherweise handelt es sich bei den abgedichteten Flächen um Dächer oder Dachbauteile. Diese können zum Beispiel als begehbarer Außenbereich über einem Erker, als Dachterrasse oder Dachloggia wohnlich genutzt werden. Oder es sind „erschwert zugängliche Flächen", also nicht genutzte Dächer mit oder ohne Aufbauten.

Meistens fängt es gerade im Ein- und Zweifamilienhausbau schon bei der Planung an zu knirschen. In den allerseltensten Fällen liegt tatsächlich eine vollständige und umfassende Werk- und Detailplanung für die Abdichtung vor. Viele Haushersteller überlassen – vielleicht, weil sie oder ihre Planer es gar nicht besser wissen – das Thema Abdichtung und Detailausbildung bei der Flachdachabdichtung dem ausführenden Handwerker. Dabei wird gern übersehen, dass vielfach schon die planerische Grundkonzeption aufgrund nicht korrespondierender Anschlusshöhen an den aufgehenden Bauteilen oder Öffnungsbauteilen eine regelgerechte und somit grundsätzlich mangelfreie Ausführung der Dachabdichtung gar nicht zulässt. In solchen Fällen kann es auch der beste Betrieb nicht mehr richten – das Werk, die Flachdachabdichtung, ist schon in der Planvorgabe mangelhaft angelegt und bleibt es auch.

Ob die Planung stimmt, können auch gute Sachverständige im Vorhinein nur anhand einer umfassenden Werk- und Detailplanung überprüfen. Wenn es eine solche Planung nicht gibt, kann die Prüfung und Beurteilung erst im Zuge der Ausführung erfolgen. Wenn es dann zu Beanstandungen kommt, ist das Kind meistens schon in den Brunnen gefallen, die korrekte Mangelbeseitigung wird letztendlich verweigert oder – gestützt auf fragwürdige Stellungnahmen anderer Sachverständiger deren Expertise käuflich ist – mit möglichst minimalem Aufwand ausgeführt.

Umso wichtiger ist in diesem Fall eine Inaugenscheinnahme durch den Sachverständigen/die Sachverständige Ihres Vertrauens. Wenn in diesem Zuge Feststellungen getroffen und dokumentiert werden, die Beanstandungen oder sogar eine Mängelrüge (siehe ab Seite 135) rechtfertigen, sollten Sie dies gegenüber Ihrem Hausbauunternehmen unbedingt geltend machen und diesem mit Zugangsbeweis (Zustellungseinschreiben) zur Kenntnis bringen.

ENTWÄSSERUNG

Zur Flachdachabdichtung gehört auch die Flachdachentwässerung mit den Abläufen/Einläufen und den Notüberläufen. Das Gesamtsystem aus Abdichtung und Wasserableitungen muss so konzipiert sein, dass das Gebäude dauerhaft – das heißt über Jahrzehnte – vor Regen Schnee und Hagel geschützt ist. Dieser Schutz muss auch dann gewährleistet sein, wenn es zu Aufstausituationen kommt, zum Beispiel bei heftigen Starkregenfällen, die in Zukunft voraussichtlich deutlich zunehmen werden.

WARTUNG NICHT VERGESSEN!

Flachdächer müssen regelmäßig, mindestens einmal im Jahr, gewartet werden! Dabei muss das Entwässerungssystem des Dachs sauber gehalten werden. Um Wasserrückstau zu vermeiden, geht es vor allem darum, Ablaufgitter, Entwässerungsrinnen und Notüberläufe zu reinigen, Schmutzablagerungen und Pflanzenaustrieb sind zu entfernen, Nahtverbindungen und Durchdringungen müssen überprüft werden. Hierzu sollte man mit einem Dachdeckerbetrieb seines Vertrauens einen Wartungsvertrag abschließen.

UNTERBAU

Worauf ist zu achten? Das fängt bereits beim Unterbau an. Dieser muss für die Aufnahme der Abdichtung konstruktiv und bauphysikalisch geeignet sein. Konstruktiv bedeutet in diesem Falle: ausreichend tragfähig, sowohl was das Eigengewicht der Dachkonstruktion als auch die Lasten aus der Nutzung oder die zusätzlichen Beanspruchungen aufgrund der regionalen Schneelast und der Windlasten angeht.

Die bauphysikalische Eignung ist dann gegeben, wenn der Unterbau ausreichend konvektionsdicht ist und keine feuchte, warme Raumluft in den Unterbau gelangen kann. Dies ist, insbesondere bei Flachdachkonstruktionen auf Decken in Holzkonstruktion keine einfach zu erfüllende Forderung. Kommt es infolge der Wasserdampfkonvektion in den Unterbau zum Wasserausfall in der Konstruktion, sind die tragenden hölzernen Bauteile auf Dauer gefährdet. In der Fachwelt spricht man von „selbstkompostierenden Dächern". In der Fachliteratur und auch in den zahllosen Bauforen im Internet findet sich eine große Anzahl zum Teil spektakulärer Schadensfälle, die auf eine teilweise oder auch komplette Neuerstellung der betroffenen Gebäude hinausgelaufen sind. Bei Gebäuden in Holzbauweise oder in Massivbauweise mit Holzbalkendecken sollte ein erfahrener Sachverständiger diesen Sachverhalt und die Ausführung beurteilen.

Bituminöse Dampfsperrbahn – bis zur Fertigstellung der Dachabdichtung als Notabdichtung genutzt

Dampfsperre – hier hat sich der Wandanschluss gelöst.

Flachdachabdichtung auf Balkon. Wo ist der Wandschluss am Abschluss der Balkonplatte?

DAMPFSPERRE

Die Dampfsperre und die Flachdachabdichtung an alle angrenzenden Bauteile ist so anzuschließen, dass kein Wasser ins Bauwerk oder den Flachdachaufbau eindringen kann. Die Abdichtung darf in der Fläche, aber auch in allen Anschlussbereichen kein noch so kleines Loch, keine Lücke, keine Fehlstelle aufweisen. Wenn doch, findet das Wasser seinen Weg.

Die Dampfsperre ist vollflächig zu verlegen. Möglicherweise ist in der Konstruktion eine Dampfdruck-Ausgleichsschicht vorgesehen, durch die vorhandene Baurestfeuchte abtransportiert werden kann. In diesem Fall wird die Dampfsperre lose verlegt, in allen anderen Fällen ist sie vollflächig mit dem Unterbau zu verkleben. Dieser muss hierzu in beiden Fällen ausreichend tragfähig, sauber und trocken sein. Eine Beschädigung der Schicht ist in jedem Falle zu vermeiden. Treten Beschädigungen auf, sind sie in geeigneter, systemkonformer Art und Weise zu reparieren.

Die Dampfsperre ist an die angrenzenden Bauteile der abgedichteten Dachfläche anzuschließen. Hier kommt es häufig zu Ausführungsfehlern. Daneben wird die Dampfsperre häufig auch als provisorische Abdichtung über die Bauzeit verwendet. Die in dieser Zeit entstandenen Schäden sind dabei vor Durchführung der weiteren Arbeiten sachgerecht zu reparieren.

DÄMMPAKET

Das Dämmpaket muss an jeder Stelle des Flachdachbereichs den Vorgaben der Wärmeschutzberechnung nach den geltenden Vorgaben des GEG (Gebäudeenergiegesetz) oder aber den Förderrichtlinien der jeweiligen Fördermittelgeber entsprechen. Diese Vorgabe gibt die Minimalanforderung und damit – abhängig vom Wärmedämmstoff – die Mindestdicke der Dämmschicht vor.

Häufig werden unter- oder auch oberhalb des eigentlichen Dämmpakets zusätzliche Maßnahmen zur Gefälleausbildung ausgeführt. Das kann durch eine auf die jeweilige Situation konfektionierte Gefälledämmung oder durch Ausbildung eines auf dem Unterbau aufbauenden Gefällebetons erfolgen. Das Gefälle ist so auszubilden, dass das Niederschlagswasser, das auf den Dachflächen anfällt, zu den Einläufen der Dachentwässerung geführt wird. Infolge der Gefälleausbildung kommt es mitunter zu sehr dicken Dämmpaketen und demzufolge auch zu entsprechend großen Anschlusshöhen an die angrenzenden Bauteile. Wird dies nicht oder nicht ausreichend berücksichtigt, passen die Anschlusshöhen der Abdichtung nicht mehr. Typisch ist hier eine zu dünn ausgeführte Flachdachdämmung, weil die Berechnung auf einen mittleren Dämmwert abzielt. Hinzu kommt eine fehlende, falsche oder nicht ausreichend ausgebildete Gefällegebung.

ABDICHTUNGSLAGE

Die Abdichtungslage kann ein- oder mehrlagig ausgebildet werden. Sie ist lückenlos in der Fläche zu verlegen und ebenso lückenlos an die angrenzenden Bauteile anzuschließen. Dabei sind die sich aus den Regelwerken ergebenden Anschlusshöhen unbedingt einzuhalten. Typische Ausführungsfehler sind hierbei:

- → Fehlstellen in der Ausführung, die Unterdimensionierung der Abdichtungslage im Hinblick auf die Schichtenfolge oder die Dicke bei einlagig erstellten Abdichtungen
- → unzureichende Anschlusshöhen an aufgehende Bauteile oder Durchdringungen
- → mögliche Beschädigungen der Abdichtungslage im Zuge der weiteren Arbeiten

SCHUTZLAGE

Die Abdichtungslage ist gegen mechanische Beanspruchung zu schützen. Dies kann durch eine integrierte Schutzschicht (bei mehrlagigen Bitumenabdichtungen zum Beispiel eine beschließende Bitumenbahn als obere Lage) oder bei Einstreu eines Hartstoffs in Form von flüssigen Kunststoffabdichtungen erfolgen. Bei einlagig verlegten Kunststoff- oder Kautschukbahnen ist eine geeignete, ausreichend dimensionierte Schutzschicht auf der Abdichtung zu verlegen.

Ein zum Begehen geeigneter Aufbau, zum Beispiel eine Dachbegrünung oder eine Kiesschicht, sind als Schutzschicht geeignet. Typische Probleme sind hier eine nicht ausreichend dicke Schutzschicht oder Beschädigungen an der Dachabdichtung beim Aufbringen dieser Schutzschicht/-lage.

Anschluss der Abdichtung an aufgehenden Bauteilen. Geforderte Mindestanschlusshöhe: 15 Zentimeter ab Oberkante Belag

Die Anschlusshöhe der Abdichtung ans Fenster muss oberhalb der Entwässerungsrinne Minimum 50 Millimeter betragen.

Anschluss an ein bodentiefes Fenster ohne Rinne und ohne ausreichende Anschlusshöhe

ANSCHLÜSSE

Aufgehende/durchdringende Bauteile sind mit einer ausreichenden Anschlusshöhe an angrenzende aufgehende oder durchdringende Teile anzuschließen.

Die Anschlusshöhe wird ab Oberkante der Nutzschicht der Abdichtung gemessen. Bei einer Dachbegrünung ist dies die Oberkante der Begrünung, bei Dachterrassen die Oberkante des Belags, bei Dächern mit Kiesschutzlage die Oberkante der Kiesschicht. Die Anschlusshöhe muss hierbei mindestens 15 Zentimeter betragen.

Im Bereich von Türen oder Fenstertüren kann die Anschlusshöhe auf 5 Zentimeter Oberkante Belag bis Oberkante Abdichtung reduziert werden, wenn vor diesen Türen / Fenstertüren eine mindestens 15 Zentimeter breite und 5 Zentimeter tiefe Rinne eingebaut wird. Diese Rinnen müssen, wenn der Belag auf Split oder Riesel verlegt wurde, direkt an die Dachentwässerung angeschlossen sein.

Typische Probleme sind hier unzureichend dimensionierte Rinnen oder ein fehlender direkter Anschluss der Rinnen an die Entwässerung.

Dort, wo bei den Fenstertüren/Türen keine Rinne mehr ist – diese befindet sich üblicherweise nur zwischen den Rollladenschienen – ist die Anschlusshöhe wieder auf 15 Zentimeter zu erhöhen. Dies gilt insbesondere für die Baukörperanschlussfugen der Öffnungsbauteile zum Baukörper. Diese Anschlüsse sind im Regelfall ziemlich fummelig und nur mit hohem handwerklichen Aufwand herstellbar. Damit die Anschlüsse überhaupt regelgerecht hergestellt werden können, müssen die Schnittstellen klar definiert sein. Dies betrifft sowohl die Ausführung der Rahmenkonstruktionen der Öffnungsbauteile als auch die Ausführung der Baukörperanschlussfugen, die Anordnung und den Zeitpunkt der Montage der Rollladenschienen sowie der Fensterbänke. Typische Beanstandungspunkte sind hier:

- → unzureichende Anschlusshöhen
- → und/oder fehlende Fügebreite der Abdichtung auf den Rahmen der Öffnungsbauteile

GEFÄLLE

Eine Pfützenbildung auf der Dachabdichtung lässt sich nur durch Ausbildung eines entsprechend starken Gefälles (mindestens 5 Prozent Gefälle = 5 Zentimeter/Meter) vermeiden. Eine solche Ausführung ist gerade im Bereich genutzter Dächer aufgrund der sich daraus zwangsweise ergebenden Anschlusshöhen nicht üblich. Abdichtungen sollten nach DIN 18531 mit einem Mindestgefälle von 2 Prozent geplant werden. Aber auch bei Einhaltung des Mindestgefälles wird es zur Bildung von Pfützen auf der Abdichtungsbahn kommen.

Bleiben unter Pflaster- oder Plattenbelägen auf Dachterrassen längerfristig Pfützen stehen, kann es – gerade bei Verlegung der Platten auf Split oder Riesel – zu einer mikrobiellen Besiedelung im Rieselbett kommen. Die sich dort ansiedelnden Bakterien, Algen, Moose, Flechten und Pilze fühlen sich bei hohen Feuchteverhältnissen sehr wohl und vermehren sich fleißig. Sie sterben allerdings auch ab, und der Prozess dieses Zerfalls kann zu unangenehmen Gerüchen führen, die den Aufenthalt auf der Terrasse und möglicherweise auch in den angrenzenden Räumen maßgeblich beeinträchtigen können.

Dachdämmung und luftdichtes Bauen

Die Wärmedämmung der Dachflächen beim Steildach kann als Zwischensparrendämmung – gegebenenfalls in Kombination mit Untersparren- und/oder Aufsparrendämmung – oder bei Sichtdachstühlen als Aufdachdämmung erfolgen.

Der Verlauf der wärmedämmenden Ebene ist zu planen. Der Planer legt fest, welche Bauteile die wärmedämmende thermische Hülle bilden. In der Regel sind das

- → bei Häusern mit Keller die unterste Geschossdecke (zum unbeheizten Keller)
- → bei Häusern ohne Keller die Bodenplatte
- → die Außenwände mit Fenstern/ Fenstertüren und der Haustür
- → die oberste Geschossdecke (zum unbeheizten Dachspitz) oder unter Flachdachbereichen
- → die Dachflächen

Bei im Haus integrierten Garagen können auch die die Garage umfassenden Innenwände und die Decke über der Garage zu darüberliegenden beheizten Wohnräumen zur thermischen und damit zu dämmenden Hülle werden.

Alle Räume, die planmäßig beheizt werden sollen, müssen wärmegedämmt ausgeführt werden. Die Festlegung, wie das erfolgen soll, ist im Wärmedämmkonzept darzulegen.

Ebenso zu planen ist die im §13 Gebäudeenergiegesetz (GEG) geforderte dauerhafte Luftundurchlässigkeit der thermischen Gebäudehülle. Dazu gehört im Massivbau auch und vor allem die luftdichte Ebene im Bereich der Dachkonstruktion samt ihren Anschlüssen an die von unten an die Dachfläche anstoßenden Wände. Der Planer muss sich darüber Gedanken machen, wo die raumseitige luftundurchlässige Ebene verläuft, mit welchen Materialien sie erstellt wird und wie die Übergänge zu anderen Bauteilen ausgeführt werden.

FUNKTIONSPRINZIP WÄRMEDÄMMUNG

Die Wärmedämmung eines Gebäudes funktioniert nach dem gleichen Prinzip wie bei einer Winterbettdecke. Luft wird durch Einschluss in geschäumte Kunststoffbläschen oder durch Luftbewegung unterbindende Faserstoffe unbeweglich gemacht. Ruhende Luft ist ein schlechter Wärmeleiter. Somit verlangsamt sich der Wärmetransport von der warmen zur kalten Seite. Solange auf der warmen Seite Wärme nachgeliefert wird, zum Beispiel durch Beheizung oder durch die Abwärme von Haushaltsgeräten, bleibt es dort warm. Unterbleibt dieser Wärmezustrom wird es auch auf der ursprünglich warmen Seite frostig. Das ist, wie wenn Sie kochend heißes Wasser in einer Thermoskanne an einem kalten Wintertag ins Freie stellen. Auch dieses Wasser wird früher oder später (abhängig von der Qualität der Thermoskanne) gefrieren.

Um unnötig hohe Wärmeverluste des Gebäudes zu vermeiden, sollte der Wärmedämmstandard aller Bauteile aufeinander abgestimmt sein. Diese Abstimmung muss durch den Planer erfolgen.

WÄRMEBRÜCKEN

Wärmebrücken, häufig fälschlicherweise als Kältebrücken bezeichnet, sind Stellen der thermischen Gebäudehülle, an denen ein erhöhter Wärmeabfluss stattfindet. Solche Wärmebrücken können zum Beispiel über Infrarot-Thermografieaufnahmen sichtbar gemacht werden. Auf der Raumseite zeigen sich Wärmebrücken durch kleinräumige Temperaturabsenkungen an den Innenoberflächen, an der Außenseite durch bereichsweise erhöhte Oberflächentemperaturen auf der Gebäudehülle. Sinkt die Temperatur auf der Raumseite so weit ab, dass es im Bereich der Wärmebrücke zur längerfristigen Kondensation von Luftfeuchtigkeit kommt, kann sich dort Schimmelpilzwachstum einstellen.

Bei üblicher Bauweise gibt es keine wärmebrückenfreien Konstruktionen, allerdings können die Wärmebrücken so gestaltet werden, dass die Innenoberflächentemperaturen so hoch bleiben, dass kein Schimmelpilzwachstum entsteht. Bei sehr langen Kälteperioden mit sehr tiefen Außentemperaturen kann es auch bei einer ansonsten gut wärmedämmenden Gebäudehülle auf der Raumseite zu einer Unterschreitung der Taupunkttemperatur kommen. Hier kann dann nur ein entsprechendes Heiz- und Lüftungsverhalten helfen.

ZWISCHENSPARRENDÄMMUNG

Der heute gebräuchliche Standard der Dachdämmung sieht eine vollständige Füllung der Sparrengefache über die gesamte Sparrenhöhe vor. Fehlstellen in der Dämmebene müssen vermieden werden. Derartige Fehlstellen ergeben sich zum Beispiel bei einem nicht vollsatten Einbau des Dämmstoffs und bei der Verwertung von Restabschnitten.

Bei **MINERALFASERDÄMMSTOFFEN** wird der vollsatte Einbau dadurch erreicht, dass der Dämmstoff etwas breiter zugeschnitten wird, als die Sparren auseinanderliegen. Der Dämmstoff wird dann beim Einsetzen leicht zusammengedrückt und verklemmt sich auf diese Weise lagesicher zwischen den Sparren. Wird er nur lose eingesetzt, folgt die Dämmung im Laufe der Zeit dem Zug der Schwerkraft und

1 Luftdichte Verklebung mit Pause – Fehlstelle in der Luftdichtheit
2 Unter Zug stehende Fehlstellen in der Verklebung, mit grenzwertig kleiner Kontaktklebefläche zum Holz

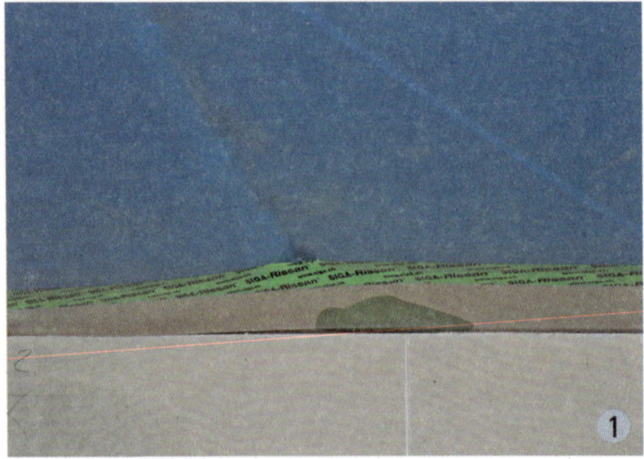

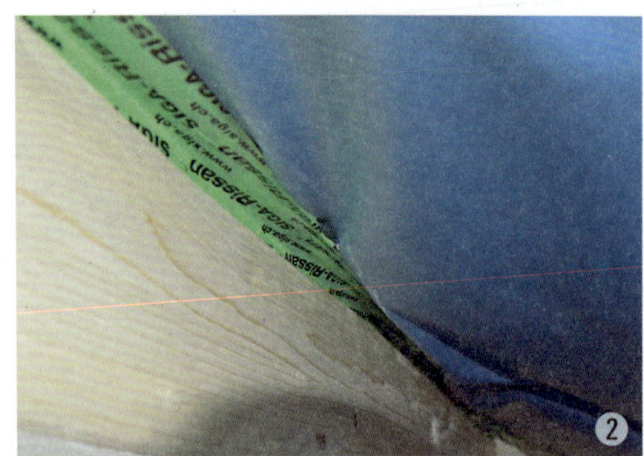

3 Stoß zweier Dachfertigteile: mit Luftdichtheitsband überklebte Kontaktfuge – nicht eingehaltene Mindestkontaktklebefläche
4 Wie soll über der Innenwand verklebt werden?

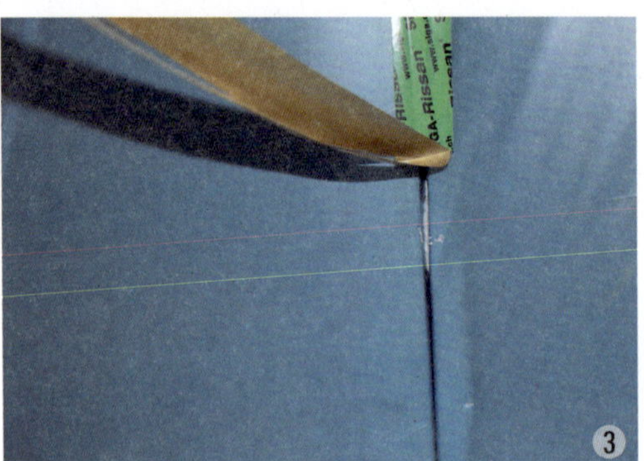

5 Wie soll ein Arbeiter die Stelle über der Wand luftdicht abkleben?
6 Ungedämmter Giebelwandbereich in der Abseite

7 Spitz: gedämmte, zur Innenseite luftdicht abgeklebte Dachflächen
8 In der Balkenlage zwischen Dachgeschoss und -spitz nicht vorgesehene Wärmedämmung und Luftdichtebene

rutscht in der Dachfläche ab. Dabei entstehen Teilflächen, die nicht mehr gedämmt sind. Ein vollsatter Einbau von plattenförmigen harten Dämmstoffen aus **POLYSTYROL (EPS/XPS)** oder **POLYURETAN (PUR)** ist kaum zu bewerkstelligen. Hier sind Zusatzmaßnahmen wie das Ausstopfen mit Faserdämmstoffen und mechanische Fixierungen der Plattenlage erforderlich.

Beim Einbringen von **EINBLASDÄMMUNG** ist auf eine Vollfüllung der Gefache zu achten. Hier kann es jedoch im Laufe der Zeit zu einem Nachverdichten des eingeblasenen Materials kommen, was ebenfalls zu Lücken in der Dämmebene führt.

Lücken in der Dämmebene werden in der kalten Jahreszeit relativ schnell auf der Raumseite sichtbar. Sie können das mit einem Loch in einer ansonsten warmen Winterjacke vergleichen. Sind Sie mit einer solchen Jacke bei kaltem Wetter draußen, merken Sie sehr schnell, dass die Jacke ein Loch hat. Dort wird es nämlich kalt. Ein klassisches Indiz ist ein kleinflächiger Schimmelpilzbefall auf der Raumseite der Dachverkleidung. In der Bauphase hilft also nur genaues Hinschauen!

DIE LUFTDICHTHEITSEBENE IM DACH

Bei einer Vollsparrendämmung wird die Luftdichtheitsebene unterhalb der Sparren angebracht und an die angrenzenden und durchdringenden Bauteile angeschlossen. Die Ausführung dieser Arbeiten muss sorgfältig erfolgen, sodass die Luftdichtheitsebene in der Fläche und an ihren Anschlüssen dauerhaft luftundurchlässig ist. Dauerhaft luftundurchlässig bedeutet, dass bei einer natürlichen oder auch künstlich hergestellten Druckdifferenz zwischen innen und außen keine Luftströmungen feststellbar sind. Umgangssprachlich formuliert: Da zieht nichts!

Ist die Luftdichtheitsebene nicht dauerhaft luftundurchlässig, weil zum Beispiel Fehlstellen in der Folie selbst oder an den Anschlüssen zu angrenzenden beziehungsweise durchdringenden Bauteilen vorliegen, kann es an diesen Stellen gerade in der kalten Jahreszeit zum Eintritt feuchtwarmer Raumluft in die dämmende Konstruktion kommen. Auf dem Weg nach draußen kühlt sich die ursprünglich warme Raumluft immer weiter ab und kann deshalb die aus den Innenräumen aufgenommene Feuchtigkeit nicht mehr transportieren. Die Feuchtigkeit kondensiert an den kühleren Oberflächen, es bilden sich Wassertropfen und die Dämmung beziehungsweise die Holzbauteile, die mit der Dämmung in Berührung sind, werden nass. Dieser Wasserdampftransport in die Dämmebene ist kein einmaliger Vorgang, sondern erfolgt kontinuierlich, solange die Fehlstellen offen sind. Langfristig „säuft die Dämmung ab"! Damit verliert sie an Dämmwirkung, es kommt zur Ausbildung kleinflächiger „Cool Spots" auf der raumseitigen Oberfläche der Dachkonstruktion. Dort wiederum können sich bei den entsprechenden Verhältnissen wieder zunächst kleinflächige Schimmelpilzbefälle ausbilden.

TYPISCHE MÄNGEL BEI DER LUFTDICHTHEITSEBENE

Grundsätzlich kann man später undichte Stellen schon während der Einbauphase erkennen. Allerdings müssen Sie genau hinschauen. Die Bilder links, Seite 158, zeigen beispielhaft einige der typischen Fehlstellen an Luftdichtheitsebenen in Dachkonstruktionen.

DIE LUFTDICHTHEITSEBENE AUF DEM MAUERWERK DER AUSSENWÄNDE

Der Innenputz bildet die luftdichte Schicht auf gemauerten Außenwänden. Nicht geputzte Teile der Außenwände sind nicht luftdicht. Über die trocken, also ohne Mörtel vermauerten Stoßfugen und über die Wandkronen kann Luft und die von ihr transportierte Feuchtigkeit von innen nach außen dringen und zur Durchfeuchtung von Bauteilen führen.

DER GEDÄMMTE DACHSPITZ

Unter dem Begriff „Dachspitz" ist ein aufgrund mangelnder Stehhöhe nicht ausgebauter und demzufolge auch nicht beheizter Dachraum zu verstehen. Immer wieder wird man als Sachverständiger mit Planungen konfrontiert, die eine unsinnige Wärmedämmung dieses Dachraums in der Dachebene vorsehen. Wärmedämmung kostet Geld, aktuell in der Material-,

Energie- und Ukraine-Krise sogar sehr viel Geld. Wärmedämmung ist dort sinnvoll verwendet, wo es darum geht, beheizte Bereiche gegen einen kalten Außenbereich zu dämmen.

Da Wärmeverluste aus einem unbeheizten Raum nach draußen nicht zu befürchten sind, ist die Wärmedämmung der Dachflächen an dieser Stelle nicht sinnvoll. Zielführend und viel wichtiger wäre es, in der Deckenbalkenlage über dem Dachgeschoss – zum Dachspitz hin – zu dämmen. Das geschieht oft nicht. Über die Balkenlage und über die Rohrdurchdringungen strömt warmfeuchte Raumluft in den Dachspitz – warme Luft steigt immer nach oben – und kühlt dort auch wieder ab. Aufgrund der sehr luftundurchlässigen Ausführung konzentriert sich die Feuchte im Luftraum des Dachspitzes. Da es dort nicht beheizt ist, schlägt sich die Feuchtigkeit an den kältesten Stellen rund um das Dachflächenfenster nieder. Schimmelpilzwachstum ist die logische Folge. Ob und wie weit die Dämmung hinter der feuchteadaptiven Dampfbremsfolie durchfeuchtet und womöglich mit Schimmelpilz befallen ist, wäre noch zu untersuchen.

Das jahrhundertealte und bewährte Prinzip des durchlüfteten Kaltdachs mit einem ungedämmten, durchlüfteten Dachspitz bleibt bei fachgerecht erstellter Dämmung und Luftdichtung der Dachflächen und der Deckenfläche hingegen in nahezu allen Fällen schadenfrei!

Fensterbauarbeiten

Sie sollen Ausblick bieten, Licht und – wenn geöffnet – Luft ins Haus lassen, Insekten dabei möglichst draußen lassen, das Hinaustreten auf Terrassen und Balkone ermöglichen, Einbruchsversuchen widerstehen, vor Außenlärm schützen, Privatheit waren, Wärmeschutz im Winter und Schutz vor der sommerlichen Hitze draußen bieten: Die Fenster und Fenstertüren Ihres Hauses haben ein komplexes Aufgabenspektrum zu erfüllen und müssen hohen technischen Anforderungen genügen.

Bereits die einzelnen Komponenten eines Fensters – Verglasung, Rahmenkonstruktion und Öffnungsmechanismus sowie mögliches Zubehör – sind hoch technisierte Produkte. Hier gibt es Qualitätsunterschiede, die sich anhand der Fabrikate und der dazu im Internet verfügbaren Testberichte überprüfen lassen. Fragen Sie bei den ausführenden Bauunternehmen, welche Fabrikate verbaut werden. Am besten ist es, wenn die Fabrikate in der vertraglich vereinbarten Baubeschreibung oder im Vertrag selbst festgeschrieben werden.

Auch die besten Produkte können nur funktionieren, wenn sie auf der Baustelle nach den anerkannten Regeln der Technik und gegebenenfalls ergänzenden Herstellervorgaben eingebaut und montiert werden. Im Bereich der Baukörperanschlussfugen und Befestigungspunkte liegt ein ganz erhebliches Fehlerpotenzial verborgen. In den folgenden Abschnitten wird der Sollzustand für die Montage beschrieben, bevor wir auf die hier typischen Mängel eingehen.

LASTABTRAGUNG

Die Fenster sind so zu montieren, dass sie alle üblichen Einwirkungen aus Eigengewicht, Wind und Sturm sowie Temperaturwechseln schadenfrei aufnehmen können. Dies bedingt eine entsprechende Anzahl von Befestigungspunkten, die dann auch mit vorgegebenen Befestigungsmitteln – Schrauben, Dübeln oder weiterem Zubehör – erstellt werden müssen. Werden zusätzlich Anforderungen an einen erhöhten Einbruchschutz gestellt, sind zusätzliche Befestigungen notwendig. Allerdings müssen auch die Bauteile, in denen die Fenster montiert wer-

U-WERTE DER FENSTER

- → U_g-Wert: (g = glazing) – der reine Dämmwert der Verglasung
- → U_f-Wert: (f = frame) – der Dämmwert der Rahmenkonstruktion
- → U_w-Wert: (w = window) – der tatsächliche Dämmwert des Fensters

den, die entsprechende Festigkeit aufweisen. Dies erfordert insbesondere bei hochdämmendem Mauerwerk und bei Holzkonstruktionen entsprechende Zusatzmaßnahmen.

WÄRMESCHUTZ

Bei einem Fenster dämmen nicht allein die heute übliche Dreifachverglasung, sondern auch der Flügel- und der Montagerahmen sowie die Baukörperanschlussfugen. Die Baukörperanschlussfugen sind wärmedämmend, wind- und luftdicht auszuführen. Erst das einwandfreie Gesamtpaket macht aus dem hochwärmedämmenden Bauteil Fenster ein in sich stimmiges, funktionierendes Bauteil der thermischen Gebäudehülle.

Die Fenster selbst haben sich in den letzten Jahren im Hinblick auf die Wärmedämmung deutlich verbessert. Trotzdem stellen sie – neben der Haustür – nach wie vor die energetisch schlechtesten Teile der thermischen Gebäudehülle dar. Gute Fenster erreichen U_w-Werte von 1,0–0,9 W/m²K, eine heute übliche gut wärmedämmende Außenwand hat einen U_w-Wert zwischen 0,2 und 0,18 W/m²K. Große Fensterflächen können die thermische Qualität der Gebäudehülle deutlich verschlechtern; das gilt sowohl für die Wärmeverluste im Winter als auch für die Wärmebelastungen im Sommer.

SCHALLSCHUTZ

Schallschutzanforderungen kann ein Fenster oder eine Fenstertür nur dann genügen, wenn es geschlossen ist. Heutige Verglasungen und Rahmenkonstruktionen bringen bereits in der Standardausführung ein beträchtliches Schalldämpfungspotenzial mit. Damit sich dieses Potenzial auswirken kann, braucht es entsprechend schalldämmende Umfassungsbauteile und eine schalldichte Ausführung der Baukörperanschlussfugen.

WIND- UND SCHLAGREGENDICHTIGKEIT

Die Baukörperanschlussfugen zwischen Fensterrahmen und Wand/Decke sind so auszubilden, dass kein Schlagregen in die Bauteilanschlussfuge oder gar bis in den Innenraum vordringt und auch der Wind, der außen auf

Baukörperanschlussfugen sind mit geeigneten Dichtstoffen luft-, schlagregen- und schalldicht auszuführen …

… was in diesem Fall – die Außenansicht der Ecksituation – mitnichten gegeben ist.

Nicht egalisierte Laibungen: häufige Mängelursache, da Schall- und Schlagregenschutz und Luftdichte unzureichend

Der Einbau von Fenstern verlangt passgenaue Öffnungen. Das Einstellen von Polystyrolplatten ist nicht der richtige Weg.

Bei Brüstungshöhen von in der Regel unter 80 Zentimetern sind zusätzliche Absturzsicherungen vor den Fenstern anzubringen.

Bodentiefes Fenster mit Brüstungsverglasung und einem zu niedrigen Kämpfer in 82 Zentimeter Höhe – hier müssten es 90 sein.

das Fenster einwirkt, im Innenraum nicht spürbar ist. Der Fensterflügel darf sich im geschlossenen Zustand nur minimal verformen, sodass auch über die Fuge zwischen Rahmen und Flügel weder Schlagregen noch Wind ins Gebäude eindringen können. Tritt doch einmal eine kleine Menge Wasser am Spalt zwischen Flügel und Rahmen ein, muss der Rahmen so konstruiert sein, dass das Wasser schadenfrei nach außen ablaufen kann.

SICHERHEITSVERGLASUNGEN

Das Thema Sicherheitsverglasung betrifft alle Fenster im Bereich von Verkehrswegen, das sind im Einfamilienhausbau üblicherweise bodentiefe Fenster in Treppenhäusern und Fluren sowie alle Fenster, auf die zugelaufen wird. Alle Fenster mit Brüstungsverglasungen müssen raumseitig mit einer Verbundsicherheitsverglasung ausgeführt werden. Dadurch wird zuverlässig verhindert, dass Personen durch diese Fensterflächen nach außen stürzen.

Grundsätzlich – das gilt auch für gläserne Geländerkonstruktionen an Galerien oder Treppen – sind absturzsichernde Verglasungen als Verbundsicherheitsglas (VSG) auszuführen. Eine derartige Ausführung ist auch für raumtrennende Verglasungen oder für die Türblätter von Ganzglastüren zu empfehlen. Ein Sturz in nicht durchbruchhemmende Gläser kann für die betreffende Person zu schwersten Schnittverletzungen führen. Dies könnte für Sie als Hauseigentümer erhebliche haftungsrechtliche Konsequenzen haben.

EINBAULAGE UND MASSGENAUIGKEIT

Fenster und Fensteröffnungen werden in der Planung maßlich aufeinander abgestimmt. Die Einbaulage ist in der Regel senkrecht und mit einem auf Innen- und Außenseite des Fensters konstanten Abstand sowohl zur Außenkante als auch zur Innenkante der Wand. Natürlich müssen auch die Einbauöffnungen entsprechend maßgenau erstellt werden.

EINBRUCHSICHERHEIT

Fenster und Außentüren werden je nach Einbruchsicherheit in bestimmte Klassen eingeteilt. Diese Widerstandsklassen – früher abgekürzt WK, jetzt RC (Resistance Class) – haben eigene Anforderungen an die Verankerung des Fensters im Baukörper als auch Anforderungen für die Anzahl und Ausführung der Verriegelungen.

Prüfen Sie in Ihrem eigenen Interesse, welche RC-Klassen bei Ihnen zum Einbau vorgesehen sind. Üblicher Standard ist die RC-Klasse RC2 für alle Fenster und Fenstertüren, über die ein Einstieg von einer waagerechten Fläche aus geschehen kann. Vorwiegend sind das die Fenster und Fenstertüren im Erdgeschoss sowie die Fenster und Fenstertüren in Obergeschossen, die zu Balkonen oder Flachdachbereichen hin orientiert sind.

FENSTERGRÖSSEN

Für Aufenthaltsräume und Räume mit Arbeitsplätzen sind in den Bauordnungen der Bundesländer und den Arbeitsstättenrichtlinien Mindestanforderungen für die Größen der Fensterflächen vorgegeben. Der aktuelle Architekturtrend hat diese Mindestanforderungen weit hinter sich gelassen und favorisiert größere Fenster. Dies hat, wie bereits erwähnt, Nachteile für die thermische Qualität der Gebäudehülle und führt – Fenster sind je Quadratmeter erheblich teurer als die normalen Wandkonstruktionen – zu deutlich höheren Baukosten.

ABSTURZSICHERUNG, BRÜSTUNGSHÖHE, KÄMPFERHÖHE

Normale Fenster werden über einer Brüstung, die Teil der Außenwand ist, in die Außenwandöffnung montiert. Dabei muss die Brüstung – gemessen ab Oberkante des späteren Fertigbodens – so hoch sein, dass eine erwachsene Person, die raumseitig vor dem Fenster steht, nicht aus dem geöffneten Fenster stürzen kann. Bis zu einer Absturzhöhe von zwölf Metern sind das im Regelfall 90 Zentimeter von Oberkante Fertigboden bis Unterkante Fensteröffnungen bei geöffnetem Flügel, oder 80 Zentimeter ab Oberkante Fertigboden, wenn raumseitig vor dem Fenster eine mindestens 20 Zentimeter breite Fensterbank vorhanden ist.

Bei niedrigeren Brüstungshöhen sind absturzsichernde Zusatzmaßnahmen, zum Beispiel Geländerstangen oder vorgesetzte Geländer erforderlich.

Bei bodentiefen Fenstern ohne festverglaste Brüstung muss außen vor den Fenstern ein Absturzgeländer (französischer Balkon) oder eine Verglasung aus Sicherheitsglas von mindestens 90 Zentimetern Höhe vorhanden sein. Bodentiefe Elemente können auch mit einer feststehenden, nicht zu öffnenden Brüstungsverglasung aus Sicherheitsglas ausgeführt werden. Diese Brüstungsverglasung wird nach oben durch ein horizontal liegendes Rahmenelement, den sogenannten Kämpfer, eingefasst. Der zu öffnende Fensterflügel hat in diesem Kämpfer seine unteren Zuhaltungen. Die Kämpferhöhe ab Oberkante Standfläche muss in diesem Fall ebenfalls 80 Zentimeter – bei einer vorgelagerten mindestens 20 Zentimeter breiten Fensterbank – oder 90 Zentimeter ohne Fensterbank betragen. Bei Absturzhöhen über zwölf Meter ist eine Brüstungserhöhung auf 1,10 Meter erforderlich.

Was die Absturzsicherheit gerade für kleinere Kinder angeht, sind die vorgesehene Möblierung oder auch vor dem Fenster angeordnete Badewannen von entscheidender Bedeutung. Hier können Sperrverriegelungen oder abschließbare Fenstergriffe zusätzliche Sicherheit bieten.

Die Fenstergröße beeinflusst auch die Einrichtung beziehungsweise deren Stellflächen. Ein bodentiefes Fenster ist definitiv nur dann sinnvoll, wenn es nicht durch Einrichtung zugestellt wird und der Effekt zusätzlichen Lichteinfalls dadurch zunichte gemacht wird. Das Vorstellen von Möbeln geht auch nur dort, wo das Fenster nicht bodentief zu öffnen ist. Ansonsten verhindern die vor dem Fenster positionierten Möbel das Öffnen des Fensters. Vielfach reichen in Kinderzimmern oder in Schlafräumen Fenster mit Wandbrüstungen, diese sollten dann lieber etwas breiter und gegebenenfalls zweiflügelig ausgeführt werden. Das bringt ein Mehr an Belichtung und lässt ausreichend Stellfläche entlang der Wände.

FENSTERFUNKTIONALITÄT UND ÖFFNUNGSVARIANTEN

Die vorgesehene Öffnungsvariante des Fensters bestimmt seine Funktionalität und hat starken Einfluss auf die Möglichkeiten der Fensterreinigung. Für die Fensterreinigung spielt die raumseitige Zugänglichkeit der Fenster eine maßgebliche Rolle. Fensterflächen an Galerien, Treppenhäusern oder an sogenannten Lufträumen erweisen sich dabei häufig als problematisch. Um sie zu reinigen, müssen die reinigenden Personen schwindelfrei sein und brauchen häufig Aufstiegshilfen.

→ Gerade bei hohen sommerlichen Temperaturen, wie sie in Anbetracht des Klimawandels für die nächsten Jahrzehnte prognostiziert sind, kann sich ein Mehr an öffenbaren Fensterflächen positiv auf das Wohnklima auswirken.

Alternativ kann man solche Fenster auch von entsprechenden Fachfirmen reinigen lassen, das erhöht jedoch die Nebenkosten. Hier gilt es, die Angaben in der Baubeschreibung sehr genau zu lesen und sich im Zuge der weiterführenden Planung und Konzeptionsgespräche die gewünschten Funktionalitäten und die Öffnungsvarianten vor Augen zu führen: Gerade bei hohen sommerlichen Temperaturen, wie sie in Anbetracht des Klimawandels für die nächsten Jahrzehnte prognostiziert sind, kann sich ein Mehr an öffenbaren Fensterflächen positiv auf das Wohnklima auswirken.

- **FESTVERGLASTE FENSTER** können gar nicht geöffnet werden. Wenn sie gereinigt werden sollen, muss das zum einen von innen und in einem weiteren Arbeitsgang von außen geschehen. Dazu ist es erforderlich, dass die Fenster auch von außen ohne größere Schwierigkeiten zugänglich sind. Das kann gerade bei Fenstern in höher liegenden Geschossen problematisch werden.
- **ÖFFENBARE FENSTER MIT FESTVERGLASTEN ANTEILEN** können von der Raumseite her problemlos innen wie außen gereinigt werden. Die festverglasten Teilflächen dieser Fenster können von außen jedoch nur durch Hinauslehnen oder Hinausbeugen und gegebenenfalls unter Einsatz von Hilfsmitteln gereinigt werden.
- **KIPPFENSTER** können nur durch Kippen des Fensterflügels nach innen ein Stück weit geöffnet werden. Zur Reinigung muss der Kippmechanismus aus- und später wieder eingehängt werden, was zumindest einen gewissen Mehraufwand verursacht. Aufgrund der mittlerweile üblichen Dreifachverglasung haben die Fensterflügel ein entsprechend hohes Gewicht, sodass häufig zwei Personen notwendig sind, um dieses Aus- und Wiedereinhängen durchzuführen.
- Bodentief zu öffnende Fenster oder Fenstertüren gibt es in den Öffnungsvarianten **DREHFENSTER, DREH-KIPPFENSTER, PARALLEL-SCHIEBE-KIPPFENSTER** oder als **HEBESCHIEBETÜR**. Reine Drehfenster können nicht gekippt, sondern nur in Gänze geöffnet werden. Dies schränkt die Nutzbarkeit gerade im Sommer erheblich ein. Dreh-Kippfenster oder auch Parallel-Schiebe-Kippfenster können – speziell im Sommer – auch für längere Zeit geöffnet bleiben. Ein Einstieg/Einbruch durch diese Fenster ist zwar nicht unmöglich, aber doch mit größerem Aufwand verbunden. Zusätzliche Sicherheitseinrichtungen, die einen Einbruch erschweren, können angebaut werden. Eine Hebeschiebetür kann nur im Randbereich auf eine Schlitzbreite von etwa zwei Zentimeter mit zusätzlicher Verriegelung geöffnet werden. Bei weiterer Öffnung ist das Hineingreifen beziehungsweise das Hindurchschlüpfen ohne Weiteres möglich.

1 Fensterschwelle zur Dachterrasse: etwaige Probleme mit Anschlusshöhen – je nach Dachterrassenbelag
2 Holzaluminiumfensterschwelle im EG: mangelhafte Abdichtung

3 In der Bauphase beschädigtes Fensterprofil …
4 … verursacht durch die durch das Fenster geführte Kabelrolle

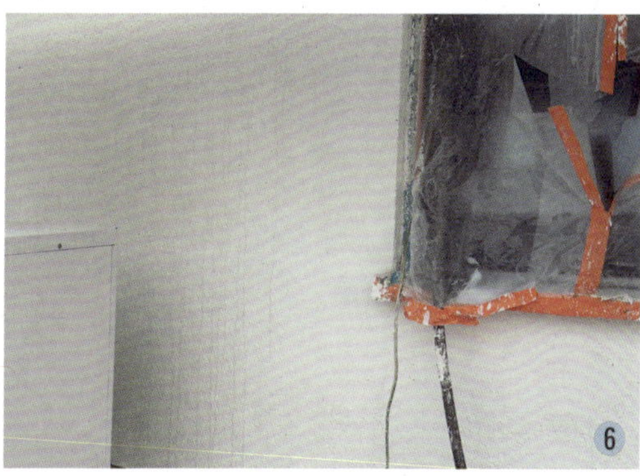

5 Vorprogrammierte Schäden an Rahmen und Oberflächen bei unbedachter Schließung
6 Durchs gekippte Fenster geführtes dickes Anschlusskabel für den Baustromverteiler

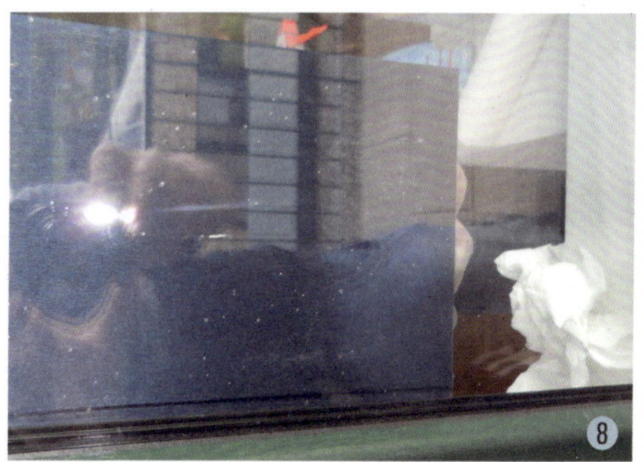

7 Rollladenschiene eines Kunststofffensters nach Kontakt mit der Brennerflamme
8 Fensterscheibe mit eingebrannten Flexfunken

FENSTERTEILUNG UND FLÜGELIGKEIT

Je breiter ein Fensterflügel ist, umso schwerer wiegt er. Dieses Gewicht beansprucht die den Flügel tragenden Fensterbeschläge. Jeder Fensterhersteller hat in Abhängigkeit der von ihm verwendeten Beschläge eine zulässige Maximalbreite für Fensterflügel. Fenster müssen aber nicht zwangsläufig einflügelig sein, sie können auch zwei oder mehr Flügel aufweisen. Zwei gegeneinander schlagende Flügel können entweder mit einem mittigen Anschlagprofil – dann als zwei einflügelige Fenster – oder als Stulpfenster ausgeführt werden. Bei Stulpfenstern schlägt der eigentliche Dreh-Kippflügel in den in der Regel mit den Nebenbeschlägen ausgerüsteten Stulpflügel ein und hat dort im geschlossenen Zustand seine Festpunkte. Stulpfenster haben eine etwas andere Rahmenoptik als Fenster mit mehreren einflügeligen Fensterteilen.

FENSTERSCHWELLE

Die Fensterschwelle ist ein lästiges, aber notwendiges Bauteil. Bodentief öffnende Fenstertüren haben im Regelfall eine zumindest gegenüber dem Außenbereich erhöhte Schwelle. Diese Erhöhung ist notwendig, um die Bauwerksabdichtung beziehungsweise die Abdichtung von Balkonen oder Dachterrassen regelgerecht an die jeweilige Fenstertür anschließen zu können. Beim Durchschreiten der bodentiefen Öffnung muss man daher über die Schwelle hinwegsteigen. Personen, die auf einen Rollator angewiesen sind, tun sich dabei schwer, bei Nutzung eines Rollstuhls ist das Passieren der Fenstertüre ohne fremde Hilfe nahezu unmöglich.

Lösungen mit niedrigeren Schwellenhöhen oder auch ganz ohne Schwellen stellen konstruktive Sonderlösungen dar, die für die Funktionssicherheit und die Wasserfreiheit der an diese Fenstertüren angrenzenden Innenräume umfangreiche Zusatzmaßnahmen erfordern. Barrierearme oder sogar barrierefreie Ausführungen sind gesondert zu vereinbaren und beinhalten immer auch ein Restrisiko für die Bauherren oder Käufer. Eine solche Ausführung kann zu erhöhten Versicherungsbeiträgen bei der Gebäudeversicherung und/oder der Hausratversicherung führen.

FLUCHTFENSTER

Jede Wohneinheit braucht in jedem ihrer Geschosse, sofern in diesem Geschoss Arbeits-, Aufenthalts- oder Schlafräume liegen, einen zweiten Fluchtweg. Der erste Fluchtweg führt im Erdgeschoss durch die Haustür, in den darüber oder darunter liegenden Geschossen über die Geschosstreppe. Sollte dieser Fluchtweg aus den unterschiedlichsten Gründen – meistens infolge eines Brandes – nicht passierbar sein, muss es in jedem Geschoss einen zweiten Fluchtweg geben. Das sind im Regelfall öffenbare Fenster, die eine ausreichende Größe haben. Die Vorgaben dazu finden sich in den Bauordnungen der Länder. Diese Regelung gilt auch für Aufenthaltsräume oder Arbeitsräume im Untergeschoss und für ausgebaute Aufenthaltsräume im Dachgeschoss. Verdunkelungseinrichtungen an diesen Fenstern müssen auch dann von innen her geöffnet werden können, wenn einmal Stromausfall herrscht.

Diese Rettungs- oder auch Fluchtfenster sind in den Plänen auszuweisen. Fehlen derartige Fenster oder zu diesen Fenstern gehörende zwingend notwendige bauliche Einrichtungen, stellt dies einen schwerwiegenden Mangel dar, der der Abnahme des Hauses entgegensteht.

TYPISCHE BESCHÄDIGUNGEN AN RAHMEN UND VERGLASUNG

Solche Schäden sind immer ärgerlich, zumal sie nur ganz selten durch einen Komplettaustausch repariert werden. Haben Sie im eigenen Interesse ein Auge auf solche Situationen und fotografieren Sie die betroffenen Fenster von innen und von außen und versuchen Sie, den Verursacher ausfindig zu machen, denn der haftet für den Schaden (zu „Mangelfolgeschäden" siehe Seite 34). Bei einem Generalunternehmer (GU) oder Bauträgervertrag ist der GU für den Schaden zuständig. Haben Sie den Fensterbauer aber selbst beauftragt, wird der sich gegen eine Inanspruchnahme infolge Beschädigungen durch Dritte verwahren und die Übernahme der Reparaturaufwendungen ablehnen. Beanstanden sie solches Tun gegenüber dem Ausführenden und gegenüber dem

GU. Das gibt ihnen für die Abnahme oder eine mögliche folgende streitige Auseinandersetzung die notwendigen Grundlagen.

Im Bereich von Flachdachabdichtungen kommt es auch immer mal wieder zu Kontakt mit der Flamme des bei bituminösen Dachabdichtungen verwendeten Brenners.

Beim desolaten Zustand unserer Straßen kann es nicht selten vorkommen, dass die Verglasung einzelner Fenster schon beim Antransport beschädigt wird. Das sollte dann aber, außer bei den aktuellen Lieferzeiten für Ersatzverglasungen, kein Problem darstellen. Schwieriger wird es, wenn die Verglasung bei nachfolgenden Ausbauarbeiten beschädigt wird und der Verursacher diese Beschädigung nicht anzeigt. Dies ist haftungstechnisch relevant, wenn Sie die Fensterbauarbeiten direkt vergeben haben.

Solche Beschädigungen treten auf, wenn Metallteile im Nahbereich von Fensterscheiben mit einer Flex (korrekt: einem Winkelschleifer) oder einem Schweißgerät bearbeitet werden und die entstehenden Funken unmittelbar auf die Scheibe treffen. Auch hier ist abermals die Dokumentation das Mittel der Wahl – fotografieren Sie die Arbeitsplätze, an denen eine Flex herumliegt oder ein Schweißgerät steht.

Einschlüsse in Gläsern kommen durchaus auch vor. Hier verweisen GU und Fensterlieferant häufig auf eine von den Glasherstellern in Umlauf gebrachte Richtlinie, nach der angeblich bestimmte Einschlüsse als hinzunehmende Unregelmäßigkeit anzuerkennen sind. Hierbei kommt es darauf an, welche Größe derartige Einschlüsse aufweisen. Diese Richtlinie ist im Vertragswerk im Regelfall weder benannt noch vereinbart, von daher muss das nicht hingenommen werden. Hierüber kann man kontrovers, aber im Idealfall lösungsorientiert diskutieren oder streiten.

Fensterbänke

Jedes nicht bodentiefe Fensterelement steht auf einer von der Wandkonstruktion gebildeten Brüstung, die immer dicker ist als der Fensterrahmen. Diese Mehrbreite gilt es durch Abdeckungen zu bekleiden.

AUSSENFENSTERBÄNKE

Außenfensterbänke werden aus verschiedenen Metallen oder aus Natur- oder Kunststein hergestellt. Sie bilden den unteren Abschluss der jeweiligen Außenwandöffnung und schützen sowohl die Fensterbrüstung als auch die untere, horizontal laufende Bauteilanschlussfuge des Fensters vor den Witterungseinflüssen. Schutz vor Witterungseinflüssen bedeutet in erster Linie Schutz vor Regeneinwirkung. Das Wasser, das infolge von Niederschlägen auf der Fensterbankoberfläche ankommt, muss zügig abfließen können und darf nicht auf der Fensterbankfläche stehen bleiben. Daher müssen metallene Fensterbänke ein Mindestgefälle

→ Das Wasser, das infolge von Niederschlägen auf der Fensterbankoberfläche ankommt, muss zügig abfließen können und darf nicht auf der Fensterbankfläche stehen bleiben.

von 5 Grad haben, Natur- oder Kunststeinfensterbänke von 6 Grad (oder 10 Prozent, das heißt je 10 Zentimeter Fensterbreite 1 Zentimeter Gefälle). Rollschichten aus Verblendsteinen oder Riemchen sollen ein Mindestgefälle von 15 Grad (oder 27 Prozent) aufweisen.

Die Vorderkante der Fensterbänke soll, um als Tropfkante wirken zu können, einen Fassadenüberstand von mindestens 3 Zentimeter, besser aber 5 Zentimeter haben.

Für Metallfensterbänke an Fenstern, die durch Schlagregen betroffen sind, und bei Metallfensterbänken, auf die Wasser von höher liegenden Bauteilen abtropft, empfiehlt sich eine Entdröhnung der Fensterbänke.

Die beiden stirnseitigen Enden der Außenfensterbank haben im Regelfall einen Fassa-

1 Wandüberstand der Außenfensterbank – weniger als 3 Zentimeter
2 Fensterbank vor Anbringen des WDVS mit unterseitig aufgeklebtem Entdröhnstreifen und Niederhaltern

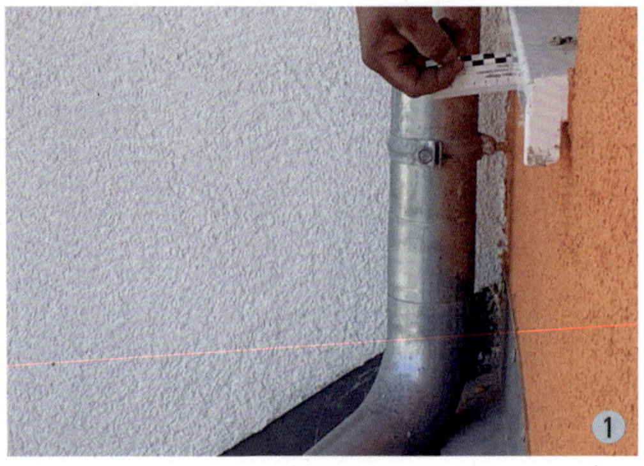

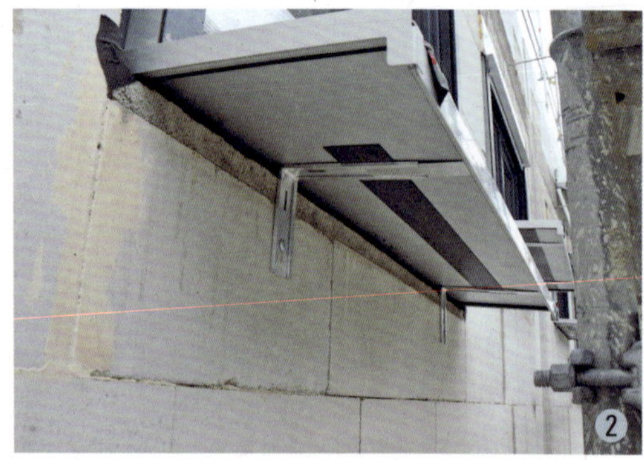

3 Wandeinstand an Natursteinaußenfensterbank mit Trennlage – sollte nach Putzauftrag nicht sichtbar sein
4 Entwässerungsebene unter einer Natursteinaußenfensterbank

5 Fensterbank aus Aluminium-Riffelblech mit unsauber ausgeführtem, klaffendem Gehrungsstoß am Eck
6 Außenfensterbank mit nicht ausreichend tragfähigem Unterbau

7 Fußpunktausführung einer Fenstertür mit kleinen Lücken: Insekten und Wasser freuen sich über Schlupflöcher.
8 Richtige Fußpunktabdichtung von Beginn an, sonst droht Ärger

1 Wassereintritt ins Gebäude über die Bodenaufstandsfuge
2 Wasser dringt auch durch kleine und kleinste Öffnungen ein.

3 Fußpunkt Haustür – ob es da wohl dicht ist?
4 Nein – ist es nicht!

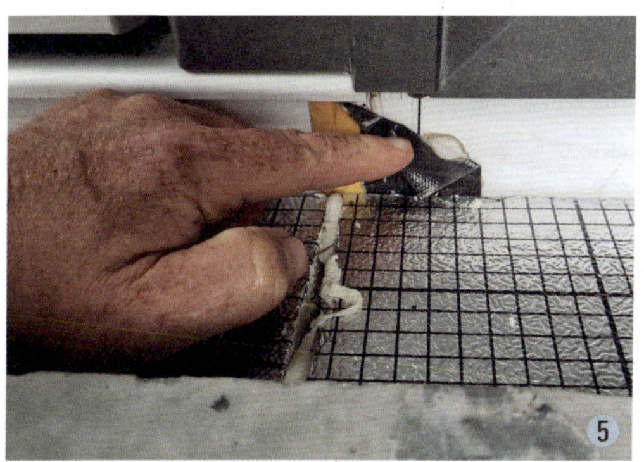

5 Klassische Wassereintrittsstelle: offener Elementstoß im Sohlprofil einer Balkontür
6 Herausforderung Fensteranschlüsse: Luftundurchlässigkeit und Wärmedämmung

7 Selbes Fenster von innen: Luftdichte und Wärmedämmung sind nur noch ein Glücksfall.
8 Hinsichtlich Schlagregen-/Luftdichte und Energetik konstruktiv nicht überzeugend

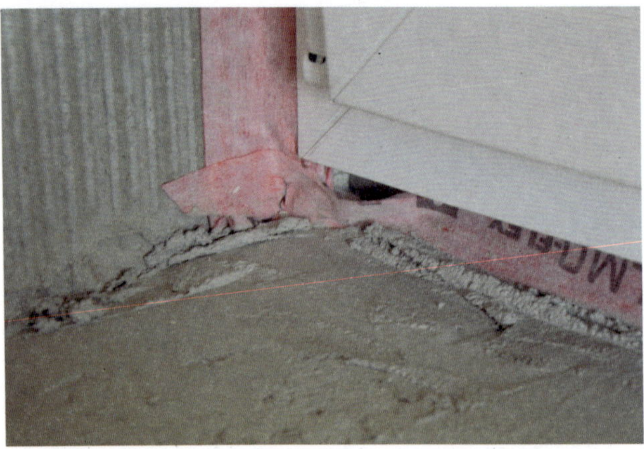

Zwingend luftdichte Ausführung der Bauteilanschlussfuge bei Öffnungsbauteilen der Gebäudehülle kann so nicht gegeben sein.

Nicht luftdichter Anschluss Fenstertür–Kellerdecke/Bodenplatte: Lose Überlappungen sehen dicht aus, sind es aber nicht …

… und dann treten bei der Überprüfung der Luftdichtheit spür- und messbare Zugerscheinungen auf.

deneinstand, das heißt die Fassade schließt von oben auf der Fensterbank beziehungsweise den Abflussprofilen ab. Unterhalb der Fensterbänke ist eine Abdichtungslage anzuordnen, die am Fenster- und im Laibungsbereich wannenartig hochzuziehen ist.

INNENFENSTERBÄNKE

Innenfensterbänke gibt es in den verschiedensten Materialien und Ausführungen. Verwendet werden Natursteine, Kunststeine, Massivholz, beschichtete Hölzer, oder aber die innere Fensterbrüstung wird anstelle der Fensterbänke durch Fliesen (zum Beispiel in Bädern) oder durch die Küchenarbeitsplatte abgedeckt. Massivholzfensterbänke oder auch Holzwerkstoffmaterialien mit Furnier müssen während der Bauzeit vor Feuchtigkeit geschützt werden. Dies gilt insbesondere für die Innenputzarbeiten, den Estricheinbau und das Aufheizen der Fußbodenheizung.

Üblicherweise ragen Innenfensterbänke raumseitig etwas über die fertige Innenwandoberfläche hinaus. Sie sollten sich im Zuge der Vertragsanbahnung über die Ausführung und die Breiten der Innenfensterbänke im Klaren werden.

Haus- und Nebeneingangstüren

Wie schon Fenster und Fenstertüren sind auch Haus- und Nebeneingangstüren Öffnungsbauteile in der thermischen Gebäudehülle. Sie ermöglichen den direkten Zugang ins Haus. Die maßgeblichen Anforderungen ergeben sich daher aus den Anforderungen des Wärme- und Schallschutzes sowie dem Einbruchschutz.

Für viele Hauseigentümer ist die Optik das ausschlaggebende Auswahlkriterium. Bei allem Verständnis dafür sollten optische Belange hinter den vorgenannten drei Kriterien zurückstehen. Die Haustüren und gerade auch die Nebenhaustüren sind, was den Wärmedämmwert der Türkonstruktion angeht, im Regelfall schlechter als Fenster und Fenstertüren. Wenn sie in einen vorgelagerten Windfang, oder in einen geringen oder nicht beheizten Nebenraum führen, kann dies akzeptiert werden.

Führen Sie jedoch direkt in den beheizten Wohnraum, sollten an diese Türen die gleichen Ansprüche gestellt werden wie an die Fenster, auch wenn das höhere Kosten mit sich bringt.

Die thermischen Anforderungen an die Tür werden in der Wärmeschutzberechnung vorgegeben. Bei einem entsprechenden Außenlärmpegel gibt es auch Vorgaben für die Schallschutzanforderungen an diese Türen. Die Anforderungen an den Einbruchwiderstand, die RC-Klasse, ergibt sich aus den Forderungen der Sachversicherer für Gebäude und Hausrat. Für die Ausbildung der Befestigung und der Baukörperanschlussfugen gelten die gleichen Anforderungen, wie sie bereits bei den Fenstern beschrieben sind.

Das Türblatt thermisch wirkender Außentüren darf sich nur in geringem Umfang verformen. Diese Verformung tritt bei Windbelastung auf oder aber bei starken Temperaturunterschieden von innen nach außen. Dort wölbt sich das Türblatt nach innen auf, weil die Außenseite des Türblatts sich infolge der niedrigen Außentemperaturen verkürzt. Diese zwangsläufig auftretende Verformung reduziert sich durch das Wirksamwerden der Verriegelungen, die jedoch nur im abgeschlossenen Zustand vollständig wirksam werden. Das Abschließen von Haustür und Nebeneingangstüren ist daher sowohl im Hinblick auf den Einbruchwiderstand als auch energetisch von maßgebender Bedeutung.

ABDICHTUNG VON FENSTERN UND HAUSTÜREN

Fenster und Haustüren, die an niederschlagsbelasteten Flächen angrenzen, etwa an Terrassen, an Dachterrassen und Balkonen, an Eingangspodesten oder Zugängen aller Art, sind in ihren Anschlussbereichen gegen das anfallende und gegebenenfalls aufstauende Wasser abzudichten. Im Untergeschoss sind das häufig die Kellerfenster beziehungsweise die Fenster zu Lichtschächten oder Lichtgräben, da sich dort bei Regenfällen Wasser aufstauen kann. Im Erdgeschoss sind es im Regelfall die Haustür, möglicherweise die Nebeneingangstüren und die Fenstertüren zur Terrasse. In den Obergeschossen sind es die Fenster/Fenstertüren, die an Flachdachbereiche oder andere horizontale Bauteiloberflächen wie ein Flachdach der angrenzenden Garage, Dachloggien oder Balkone angrenzen. Bei diesen Öffnungsbauteilen sind jeweils die unteren Anschlussfugen an den Baukörper sowie die unteren Bereiche der beiden Baukörperanschlussfugen in den Laibungen abzudichten.

→ Die Haustüren und gerade auch die Nebenhaustüren sind, was den Wärmedämmwert der Türkonstruktion angeht, im Regelfall schlechter als Fenster und Fenstertüren.

Die Zuordnung zu den maßgebenden DIN-Normen ist eher kompliziert und würde den Rahmen dieses Werkes sprengen. Deshalb seien sie hier nur kurz genannt: Das sind die „Norm für die Bauwerksabdichtung DIN 18533", die „Norm für die Flachdachabdichtung DIN 18531" oder die Flachdachrichtlinie sowie der „Leitfaden für Planung und Ausführung der Montage von Fenstern und Haustüren", die RAL-Richtlinie, die vom Institut für Fenstertechnik in Rosenheim (ift-Rosenheim) herausgegeben und regelmäßig aktualisiert wird. Darüber hinaus gibt es für nahezu alle Abdichtungsstoffe eigene Regelwerke, die sich auch mit der Ausbildung an Fenstern und Haustüren für den jeweiligen Abdichtungsstoff beschäftigen.

Die Kontrolle und Beanstandung dieser Anschlüsse erfordert ein hohes Maß an Sachkenntnis und Meinungsstabilität gegenüber Aussagen wie „Das haben wir schon immer so gemacht!" und/oder „Das haben wir noch nie so gemacht!" Sie sollten sich dieser Herausforderung daher nur mit der fachlichen Unterstützung durch den Sachverständigen oder die Sachverständige Ihres Vertrauens stellen oder die fachliche Diskussion ihm/ihr überlassenen.

Die sachgerechte und dauerhaft funktionierende Abdichtung der wasserbeaufschlagten Bauteilanschlussfugen gegen Wassereinwirkungen von außen, sind eine für die Gebäudeerstellung und die Gebäudenutzung unabdingbare Voraussetzung. Hier lohnt es sich, genaustens hinzuschauen und zu dokumentieren. Betroffen sind zumeist die bodentiefen Elemente im Erdgeschoss sowie die Übergänge zu Balkonen und Dachterrassen.

LUFTDICHTHEIT DER BAUTEILANSCHLUSSFUGEN VON FENSTERN UND HAUSTÜREN

Fenster und Haustüren, die als Öffnungsbauteile in die Gebäudehülle eingebaut werden, haben neben der abschließenden Funktion auch eine Funktion im Hinblick auf die Anforderungen der Gebäudeenergetik und der Luftundurchlässigkeit. Von bekannten Herstellern als Komplettsystem gelieferte Systembauteile erfüllen diese Anforderungen im Regelfall, die Problemzonen ergeben sich aus dem Einbau auf der Baustelle und den Bauteilanschlussfugen zum Baukörper. Die Bauteilanschlussfugen mit 1 bis 1,5 Zentimeter Fugenbreite müssen sein, schon um das jeweilige Bauteil sachgerecht einbauen zu können, ohne die Gebäudehülle oder das Bauteil selbst zu beschädigen. Die Fugen müssen aber nach Montage und Befestigung thermisch und konvektionsdicht (luftundurchlässig) ausgefüllt und geschlossen werden.

Der Ortschaum aus der Pistole oder der Sprühflasche allein macht weder luft- noch schlagregendicht. Wird Schaum verwendet, sind außen und innen entsprechende Maßnahmen zu treffen die die Luftundurchlässigkeit und die Schlagregendichtheit der Anschlussfuge herbeiführen. Das können vorkomprimierte Dichtungsbänder (Kompribänder) sein, die nach dem Einbau aufgehen und die Fuge aufgrund des Anpressdrucks dicht schließen, oder es sind spezielle Folien und Klebebänder, die auf Luft- und Wasserdichtigkeit geprüft sind.

Damit Kompribänder dicht abschließen, müssen sie den entsprechenden Anpressdruck an Fensterrahmen und an Brüstung, Sturz oder Deckenanschluss und an den Laibungen erzeugen. Sie dürfen also nur zu einem kleinen Teil ihres Expansionsvermögens aufgehen, ansonsten sind sie zwar da, schließen aber nicht mehr dicht ab.

Auch wenn es sich um Regelanschlüsse handelt: Sie sind zu planen und sollten nicht dem Zufall oder der kaum einzuschätzenden Fachkenntnis der Monteure überlassen bleiben.

Auch die besten und teuersten Baustoffe, können bei unsachgemäßer Anwendung oder fehlenden Randbedingungen – wie zum Beispiel zu niedrige Außentemperatur, unsauberen Klebekontaktflächen, feuchten Untergründen – keine Dichtheit garantieren.

Die fehlende Luftdichtheit an den Bauteilanschlussfugen kann – ein akribischer Prüfer vorausgesetzt – unter Umständen bei der mittlerweile obligatorischen Luftdichtheitsüberprüfung festgestellt werden, aber dann ist es meistens zu spät.

→ **Haustechnik Rohinstallationen:** Der Begriff Rohinstallation bezieht sich auf sämtliche Leitungen für Heizung, Lüftung, Sanitär und Elektro, die im Haus verlegt werden müssen. Die Leitungsverlegung hat bestimmten Regeln zu folgen, die in Merkblättern und technischen Normen formuliert sind.

WAS ERFAHRE ICH?

Die Verlegung der Leitungen erfolgt in den Haustechnikräumen teilweise sichtbar auf den Wänden oder unter der Decke, in den Wohn- und Aufenthaltsräumen üblicherweise in Installationsschächten, in Installationskanälen oder in der sogenannten Ausgleichslage des Fußbodenaufbaus.

Für die Leitungsverlegung der stromführenden Leitungen und der elektrischen Betriebsmittel gilt die DIN 18015-3 – „Elektrische Anlagen in Wohngebäuden". Hier ist auch die Verlegung von Leitungen im Fußbodenaufbau geregelt. Für die Rohrleitungen der anderen Haustechnikgewerke gelten die jeweiligen Montagevorschriften, für die Verlegung in Fußbodenaufbauten – üblicherweise schwimmender Estrich mit oder ohne Fußbodenheizung – gilt das Merkblatt V4.6 des BEB (Bundesverband Estrich und Belag e. V.). Insbesondere der Estrichleger hat natürlich ein nachvollziehbares Interesse daran, dass die im Fußbodenaufbau verlegten Leitungen seine Leistungserbringung nicht stören oder gar unmöglich machen, beziehungsweise zu Mängeln an seiner Leistung führen. Das erwähnte Merkblatt ist in interdisziplinärer Zusammenarbeit der verschiedenen Fachverbände erarbeitet und herausgegeben worden, daher sollten sich die Erbringer der haustechnischen Installationen unbedingt an dieses Merkblatt halten.

Zu den wesentlichen Anforderungen:

- Die auf den Rohdecken verlegten Leitungen dürfen samt der gegebenenfalls erforderlichen Rohrleitungsdämmung nicht dicker sein als die Ausgleichslage – die erste Dämmschicht – des Estrichaufbaus.
- Die auf der Ausgleichslage verlegte Trittschalldämmung muss vollflächig und ohne Unterbrechung durch horizontal laufende Rohrleitungen verlegt werden können. Eine vertikale Durchdringung ist zulässig.
- Installationen im Fußbodenaufbau sind möglichst kreuzungsfrei, geradlinig sowie wandparallel zu planen und zu verlegen.
- Einzelne Rohrleitungen und Elektroleitungen müssen in einem Abstand von mindestens 5 Zentimetern zu den Wänden verlegt

SCHNITTSTELLENKOORDINATION

Zahlreiche Komponenten der Heizungs-, Lüftungs- und auch der Sanitäranlagen benötigen Strom für Pumpen, Überwachung, Sensoren und so weiter. Bitte klären Sie vorher, wer die gewerkespezifischen Elektroinstallationen ausführt. Machen oder beauftragen das die einzelnen Firmen selbst, oder macht der Elektriker, der die Elektroinstallation anlegt, das mit?

Hintergrund dieser Klärung: Kommt es in einem dieser Gewerke zu maßgeblichen Änderungen, kann dies Auswirkungen auf die spezifische Elektroinstallation haben. Je nachdem, wer die Gewerkeinstallationen macht, muss diese Information zielgerichtet weitergegeben werden.

werden. Zwischen den einzelnen verlegten Leitungen ist ein Abstand von ebenso mindestens 5 Zentimetern einzuhalten. Beides gilt auch im Bereich von Türdurchgängen.

→ Leitungstrassen – mehrere Leitungen gleicher Art nebeneinander – sind mit mindestens 20 Zentimetern Abstand zu Wänden und mit mindestens 15 Zentimetern Wandabstand in Türdurchgängen zu verlegen. Zwischen zwei Leitungstrassen muss ein Mindestabstand von 20 Zentimetern eingehalten werden. Leitungstrassen selbst dürfen nicht breiter sein als 30 Zentimeter.

So weit zur hehren Theorie. Die baupraktische Ausführung sieht häufig leider ganz anders aus. Dementsprechend gibt es viele Gründe, in dieser Phase Beanstandungen auszusprechen.

Rohinstallation Elektro

Die wesentlichen Bestimmungen zur Leitungsführung im Fußbodenaufbau wurden bereits im Einführungsabschnitt gemacht. Ist im Leistungsumfang die Vorbereitung oder die komplette Montage einer Photovoltaikanlage enthalten, gehört auch die Leitungsführung für diese Anlage zur Rohinstallation.

Weitere wichtige Punkte sind die Anzahl und die Anordnung der elektrischen Betriebsmittel – das sind Schalter, Steckdosen, Starkstromdosen, Rollladentaster und so weiter. Die Anzahl der einzelnen Komponenten je Raum ergibt sich im Regelfall aus der Baubeschreibung. Wie schon bei den haustechnischen Planungen erwähnt (siehe ab Seite 113), sollten Sie diese Anzahl mit den Vorgaben der Norm abgeglichen haben.

Häufig findet vor Beginn der Rohinstallationsarbeiten ein Termin mit dem Elektroinstallateur auf der Baustelle statt. Im Zuge dieses Termins wird die Anordnung der einzelnen Betriebsmittel besprochen und festgelegt. Es empfiehlt sich, diese Besprechung und die getroffenen Festlegungen genauestens zu dokumentieren. Dies gilt insbesondere dann, wenn Sie im Zuge dieses Termins Ausstattungswünsche äußern, die über den Leistungsumfang der Baubeschreibung hinausgehen. Jede zusätzliche Steckdose, jeder zusätzliche Schalter kostet zusätzliches Geld. Hier hilft wirklich nur immer wieder abzählen. Überlegen Sie bitte schon vor dem Termin genau, wie Sie die verschiedenen Komponenten der Raumbeleuchtung schalten können wollen. Auch diese Wünsche sind mit dem Elektriker zu besprechen.

Wesentlich für die Anordnung der verschiedenen Betriebsmittel ist zum Beispiel auch die Aufschlagrichtung der Türen: Ein Lichtschalter, der vom geöffneten Türblatt verdeckt wird, kann beim Betreten oder Verlassen des Raumes nicht bedient werden. Türaufschlagrichtungen werden insbesondere dann bedeutsam, wenn sie im Zuge des Baugeschehens noch verändert werden. Wenn das so vorgesehen ist, müssen Sie den Elektriker unbedingt darüber unterrichten.

Steckdosen, die hinter einem großen Kleiderschrank verschwinden und dann nicht mehr zugänglich sind, ohne diesen Schrank abzubauen, stehen für wechselnde Belegungen nicht zur Verfügung. Daher sollten Sie die Anordnung der Betriebsmittel gut überdenken und schon vorher für sich fixiert haben.

Wenn der Elektriker mit der Rohinstallation durch ist, verschließt er die Leerdosen der Betriebsmittel mit Kunststoffdeckeln. Danach kommt – zumindest im Massivbau – im Regel-

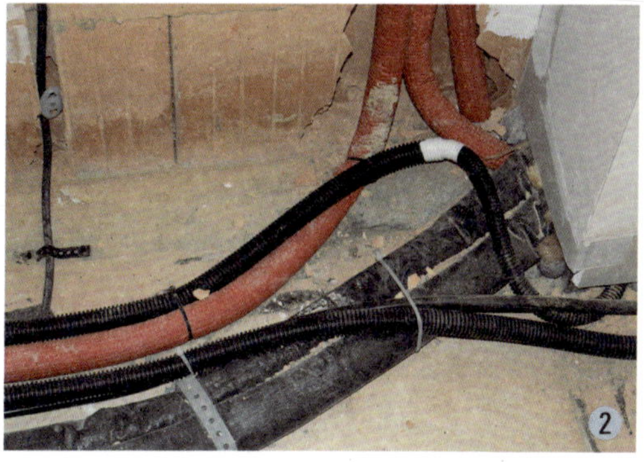

1 Unzureichender Wandabstand – hier einer Elektroleitung im Leerrohr
2 Wild verlegte, sich überkreuzende Leitungen

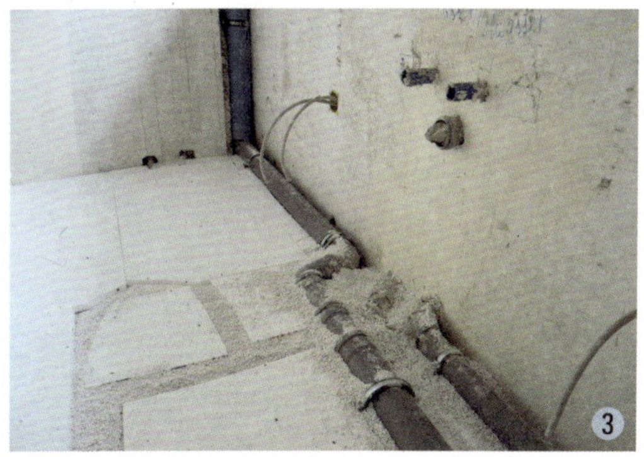

3 Abwasserleitungen über Rohboden – höher als die Ausgleichsdämmung des Estrichs und ohne Wandabstand verlegt
4 Dämmung im Kreuzverband – gegen die Fachregeln

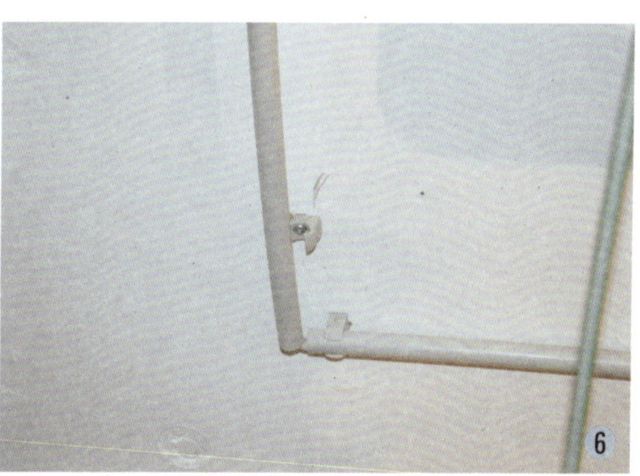

5 Ebenfalls nicht eingehaltene Installationszone
6 Aufputzinstallation: Schutzrohre gehören in die Befestigungen und sind ohne Beschädigung der Leitungen abzulängen.

7 Leitungsführung auf dem Fußboden: wildes Kreuzen und Festlegung mit Kabelbindern
8 Mantelleitungen unzulässig ohne mechanischen Schutz auf der Decke verlegt

fall der Innenputz. Die Putzer putzen über die Deckel hinweg. Wenn sie fertig sind, sieht es so aus, als hätte es dort nie eine Elektroinstallation gegeben. Im Anschluss an die Innenputzarbeiten ist der Elektriker wieder gefragt, der die Dosen lokalisieren und freilegen muss. Wenn dies geschehen ist, prüfen Sie bitte nochmals anhand der Ausstattungspläne und der Festlegung in den Protokollen, ob alle Anschlüsse da sind, wo sie sein sollen.

Der eine oder andere kennt das aus eigener Erfahrung. Sie bohren ein Loch in die Wand und plötzlich springt die Sicherung raus. Sie haben zielsicher eine Elektroleitung angebohrt. Da die Leitungen nicht sichtbar unter Putz verlegt sind, hat man sich in Fachkreisen auf Richtlinien für die Installation geeinigt und diese in DIN- und VDE-Normen festgelegt. Die Leitungsführung auf dem Boden und an den Wänden richtet sich nach den Vorgaben der DIN 18115–3. Wenn Sie den Begriff „Installationszone" in Ihre Suchmaschine eingeben, werden ihnen wunderschöne Bilder angezeigt. Diese Installationszonen sollten eingehalten werden, gerade um zu verhindern, dass Sie mitten in einer Wand auf eine Leitung treffen.

Die Zuleitungen erfolgen in der Regel vertikal nach oben oder unten vom jeweiligen Installationsgegenstand aus. Sie müssen daher damit rechnen, das oberhalb oder unterhalb einer Steckdose oder eines Schalters Leitungen vertikal zur Decke oder zum Fußboden verlegt sind. Es gibt aber keine Diagonalverlegung.

Rohinstallation Heizung

Die Rohinstallation der Heizung umfasst die heizungswasserführenden Rohre samt der Rohrleitungsdämmung nach den Vorgaben des Gebäudeenergiegesetzes, die Geschossverteiler für die Heizkörper oder die Fußbodenheizung und im Regelfall die Aufstellung des Wärmeerzeugers samt Pufferspeicher für die Heizungsanlage.

In Zeiten hoher Energiepreise ist es erforderlich, dass die Wärme, die wir unter hohem Energie- und Kostenaufwand erzeugen, genau dort ankommt, wo sie ankommen soll, und nicht auf dem Weg dorthin verloren geht. Daher sind die Rohrleitungen, in denen das Heizungswasser zirkuliert, gegen Wärmeverluste zu schützen. Räume, die nicht beheizt werden sollen, dürfen daher nicht über Wärmeverluste der gegebenenfalls dort verlegten Heizungsverteilleitungen erwärmt werden. Bauteile, die in Kontakt mit den dort verlegten Heizungsleitungen stehen, sollen kühl bleiben. Daher gibt es gesetzliche Vorschriften über die Mindestdicken von Rohrleitungsdämmungen, die auch Grundlagenforderung aller Förderprogramme für energieeffizientes Bauen und Sanieren sind. Mindestdicke bedeutet auch: Dicker gedämmt oder mit einer Dämmung in besserer Wärmeleitgruppe gedämmt, geht immer.

Die Rohrleitungsdämmung soll verhindern, dass das warme Wasser in den Rohrleitungen zu schnell auskühlt, indem es die in ihm enthaltene Wärme an die umgebenden Bauteile, zum Beispiel die Betondecke, auf der die Leitung verlegt ist, abgegeben wird. Das gilt vor allem, wenn die Leitung auf einem Bauteil angeordnet wird, das an unbeheizte Räume, an Außenluft oder an Erdreich grenzt.

Fußbodenheizung

Die Fußbodenheizung gehört nicht zur Rohinstallation selbst, sie steht jedoch damit unmittelbar in konstruktivem Zusammenhang und muss beim Bauablauf eingeplant werden. Zeitlich gesehen erfolgt die Verlegung der Fußbodenheizung nach dem Einbau des Estrichunterbaus, also vor dem Einbringen des Estrichs. Maßgebend für die Verlegung der Fußbodenheizung ist die Wärmebedarfsberechnung der einzelnen Räume. Der Wärmebedarf des einzelnen Raums ergibt sich dabei aus den geforderten Mindesttemperaturen (20 Grad Celsius für Wohnräume, 21 Grad Celsius für Sanitärräume) und den diese Räume nach außen hin abgrenzenden Hüllflächen und ihren Wärmedämmeigenschaften.

Bei Wohn- und Sanitärräumen handelt es sich um für die Wohnbehaglichkeit maßgeblichen Räume. In Durchgangsräumen, wie beispielsweise in durch Türen abgetrennten Fluren und Galerien, darf es kühler sein. Sind die Durchgangsräume nicht durch Türen abtrenn-

DÄMMSTÄRKEN VON ROHRLEITUNGEN BEZOGEN AUF EINE WÄRMELEITFÄHIGKEIT VON 0,35 W/MK

	Dämmdicke (WLG035)
Bei Leitungen und Armaturen mit einem Innendurchmesser von bis zu 22 mm beträgt die Mindestdicke der Dämmschicht:	20 mm
Bei Leitungen und Armaturen mit einem Innendurchmesser von mehr als 22 mm und bis zu 35 mm beträgt die Mindestdicke der Dämmschicht:	30 mm
Bei Leitungen und Armaturen mit einem Innendurchmesser von mehr als 35 mm und bis zu 100 mm ist die Mindestdicke der Dämmschicht:	wie Innendurchmesser
Bei Leitungen und Armaturen mit einem Innendurchmesser von mehr als 100 mm beträgt die Mindestdicke der Dämmschicht:	100 mm
Bei Wärmeverteilungs- und Warmwasserleitungen, die an Außenluft grenzen, beträgt die Mindestdicke der Dämmschicht:.	das Doppelte der jeweiligen Werte
Bei Kaltwasserleitungen und Kälteverteilleitungen beträgt die Mindestdicke der Dämmschicht:	6 mm

bar, werden sie temperaturmäßig den Wohnräumen, an die sie grenzen, zugeschlagen und sind – was die Beheizbarkeit angeht – genauso auszulegen.

Je nach Raumgröße, Hüllflächenanteil und Temperaturanspruch werden die Rohrleitungen der Fußbodenheizung mit unterschiedlichen Abständen zueinander verlegt. Dabei sind sie zumindest bei Verwendung von Kunststoffrohren so zu verlegen, dass sie ohne Kopplungsstücke auskommen und nirgends abgeknickt werden. Die Verlegung erfolgt vom Heizkreisverteiler aus gerade bis zum Raum, im Raum selbst spiralig auf ein Zentrum zu, dann der Spirale folgend bis zur Tür und danach wieder geradlinig bis zum Heizkreisverteiler zurück. Die Leitungen werden entweder durch Kunststofftackernadeln oder durch Klettverbindungen auf der Unterlage festgelegt.

ZUSATZHEIZKÖRPER IN BÄDERN

Aufgrund der sehr geringen Fußbodenflächenanteile in den Bädern ist es häufig erforderlich, dass zur Erzielung der in Sanitärräumen geschuldeten Mindesttemperatur Zusatzheizflächen installiert werden. Das geschieht häufig in Form von Handtuchheizkörpern. Diese können entweder nur elektrisch angeschlossen sein (elektrische Direktheizung, energetisch bei vorhandenen wassergeführten Heizsystemen eher ungünstig) oder auch über separate Anbindeleitungen an die jeweiligen Stockwerksverteiler angeschlossen sein. Die Zuleitungen zu diesen Zusatzheizflächen sollten immer in der Ausgleichsdämmlage des Estrichs und eben nicht auf der Tackerplatte der Fußbodenheizung verlegt werden. Die Folgen sind auf Bild 5, Seite 178 zu sehen: Das Beste wäre hier, den Estrich im gesamten EG komplett zu erneuern, was auch der Empfehlung des baubegleitenden Sachverständigen entsprach.

Rohinstallation Lüftung

Die Rohinstallation der Lüftungsanlage beinhaltet in erster Linie die Verlegung der Lüftungsleitungen. Was dabei genau zu tun ist, hängt von der Art der Lüftungsanlage ab.

DEZENTRALE LÜFTER

Bei einer Anlage, die rein aus dezentralen Lüftern besteht, sind die Wanddurchdringungen in den Außenwänden anzulegen, sofern sie nicht schon bei der Erstellung der Gebäudehül-

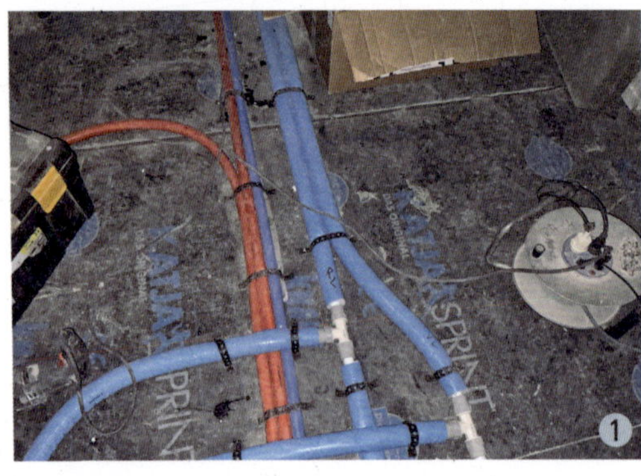
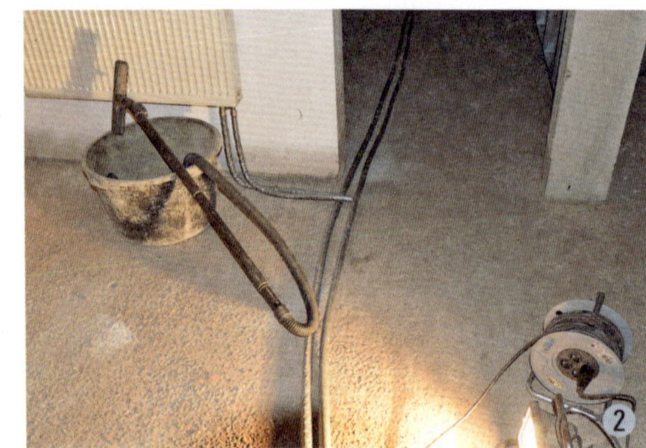

1 Heizkörperzuleitungen auf einer Bodenplatte – nicht ausreichende Rohrleitungsdämmung
2 Die nicht ausreichend gedämmten Zuleitungen zum Heizkörper im Kellergeschoss

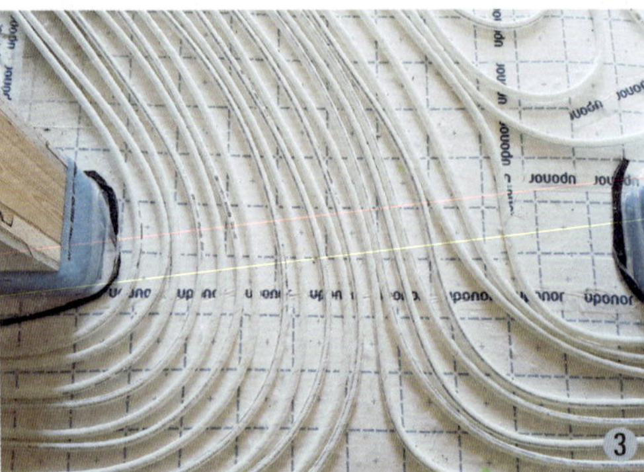

3 Zu dicht verlegte Fußbodenheizungsleitung, volle Estricheinbettung nicht gegeben
4 Fußbodenheizungsverteiler: über Estrich hinaus stehende Leitungen – Rissbildungsgefahr

5 Beim Einbringen des Estrichs aufgeschwommene Heizkörperzuleitung
6 Früh montierter Lüftungsverteiler: Staub- und Schmutzeintrag sind absehbar.

7 Schwierige Leitungsreinigung (vom Deckenaustritt zum Auslasskasten Bildmitte)
8 Wasserleitung mit Kabelbindern fixiert, falsche Anbindeleitung ins dickere Abwasserrohr

le angelegt worden sind. Dann müssen jetzt oder aber im Zuge der Elektroinstallationsarbeiten die Bedienelemente für die Steuerung mit Zuleitungen und die Stromzuleitungskabel für die Ventilatoren eingebaut werden. Das Montieren der Lüfter und Abdeckungen erfolgt dann im Zuge der Endmontage.

DEZENTRALE ABLUFTANLAGE

Bei einer dezentralen Abluftanlage sind die Überströmöffnungen für die Zuluft in den Außenwänden herzustellen, soweit sie nicht schon im Zuge der Erstellung der Gebäudehülle angelegt worden sind. Das Gleiche gilt für die Wanddurchbrüche der Abluftventilatoren, die üblicherweise in Bädern, Küchen und gegebenenfalls in Nebenräumen vorgesehen werden. Für die Abluftventilatoren sind die entsprechenden Stromzuleitungen und Steuerleitungen zu verlegen. Dies erfolgt gegebenenfalls im Zuge der Elektroinstallationsarbeiten.

ZENTRALE ABLUFTANLAGE

Bei einer zentralen Abluftanlage sind die Überströmöffnungen in den Außenwänden herzustellen, soweit sie nicht schon im Zuge der Erstellung der Gebäudehülle angelegt worden sind, außerdem sind die Abluftleitungen von den Ablufträumen zum Aufstellort der Lüftungsanlage zu verlegen.

ZENTRALE ZU- UND ABLUFTANLAGE

Bei dieser Variante sind die Lüftungsleitungen – Zuluftleitungen und Abluftleitungen – in Installationsschächten und im Regelfall in Decken oder in den Fußbodenaufbauten zu verlegen. Außerdem sind die Grundkörper der Absaug- und Einströmventile an den vorgesehenen Stellen zu montieren.

Da Bauarbeiten normalerweise mit einem erheblichen Staubaufkommen und Feuchteeinträgen verbunden sind, sind die Lüftungsleitungen und die Lüftungsverteiler im Hausanschlussraum vor Verschmutzung zu schützen. Dies geschieht durch provisorische Abdeckungen.

Da es sich bei Lüftungsanlagen um technische Einrichtungen handelt, die maßgeblichen Einfluss auf die Raumlufthygiene nehmen, ist es von besonderer Bedeutung, die Leitungen vor Verschmutzungen jeder Art zu schützen. Wo Schmutz in Form von Partikeln oder Staub hingelangen kann, gelangt auch Feuchtigkeit hin, und somit ist die Brutstätte für die mikrobielle Besiedelung mit Bakterien und/oder Schimmelpilzen erstellt.

Dem Umstand der Reinigung der Lüftungsanlage sollte schon bei der Anlagenkonzeption und -erstellung Rechnung getragen werden.

Rohinstallation Sanitär

Die Rohinstallation der Sanitärarbeiten umfasst zum einen die schmutzwasserführenden Leitungen von den einzelnen Sanitärobjekten bis zum Eintritt in die Schmutzwassergrundleitungen. Wenn Sie ein Gebäude mit Flachdach und innen liegender Entwässerung bauen, sind die Regenwasserableitungen im Gebäude auch Bestandteil der Installationsarbeiten.

Zum anderen umfassen die Rohinstallationsarbeiten auch die Warm- und Kaltwasserleitungen sowie die Grauwasserleitungen, wenn eine Grauwassernutzung vorgesehen ist. Außerdem gehört die Montage der Tragekonstruktionen und Befestigungen der Sanitärobjekte mit in den Leistungsumfang.

LEITUNGSBEFESTIGUNG

Alle zu verlegenden Leitungen sind sicher zu befestigen. Hierfür gibt es für jedes Fabrikat und jeden Rohrleitungs- beziehungsweise Leitungsdurchmesser geeignete Befestigungsmittel, seien es nun Schellen, Locheisenbänder, Nagelschellen für Kabel oder Kabelpritschen. Diese Befestigungsmittel müssen die Lasten der jeweiligen Leitung sicher aufnehmen und abtragen können.
ACHTUNG: Kabelbinder sind keine zugelassenen Befestigungsmittel für wasser- oder abwasserführende Rohrleitungen.

OBJEKTANBINDELEITUNGEN

Diese Leitungen münden in Fallleitungen, die das Haus vertikal von oben nach unten durchziehen. Dort fällt das Schmutzwasser mit den mitgeführten Bestandteilen nach unten in horizontal mit Gefälleausbildung unter der Kellerdecke oder der Bodenplatte geführte Rohrleitungen, die es in die Kanalisation ableiten.

Daher müssen die Objektanbindeleitungen mit Gefälle von den einzelnen Objekten weg montiert werden. Je nach anzubindendem Objekt haben diese Leitungen Innendurchmesser von 50 (alle Sanitärgegenstände außer Toiletten) und 100 Millimetern (bei Toiletten). Solange die Leitungsführung unmittelbar entlang der Raumtrennwände in Vorwandkonstruktionen erfolgt, stellt das kein Problem dar. Kritisch wird es, wenn diese Leitungen im Bodenaufbau geführt werden sollen. Die Rohrleitungen samt Schalldämmung sind so dick und so hoch aufbauend, dass die Höhe der Ausgleichslage im Regelfall nicht ausreicht. Dann durchstoßen diese Leitungen die Trittschalldämmlage und haben direkten, kraft- und schallschlüssigen Kontakt zum Estrich. Dies kann zu Schallproblemen und auch zu Rissen in den Bodenfliesen führen.

TRINKWASSERLEITUNGEN

Die Leitungen für Kaltwasser und Warmwasser mit der sie umschließenden Rohrleitungsdämmung können, vorausgesetzt die Ausgleichslage ist hoch genug, gleichwohl im Bodenaufbau verlegt werden. Wie die Heizungsleitungen auch, sind die warmwasserführenden Trinkwasserleitungen zu dämmen, um Wärmeverluste zu vermeiden. Für die Mindestanforderungen an die Rohrleitungsdämmung und die Dicke der Rohrleitungsdämmung gelten die gleichen Vorgaben wie für die Heizungsleitungen.

Bei einer Verlegung der Kaltwasserleitung im Fußbodenaufbau wird sich die in Betrieb befindliche Fußbodenheizung auf die Wassertemperatur der Kaltwasserleitung auswirken und das Wasser erwärmen. Was dann aus dem Hahn kommt, ist nur der Definition noch kaltes Wasser, hat aber mit „kalt" nicht mehr viel zu tun. Kaltwasserleitungen müssen nach GEG mit mindestens 6 Millimetern gedämmt sein.

Es ist zu empfehlen, im Fußbodenaufbau unter Fußbodenheizungen verlegte Kaltwasserleitungen stärker, am besten wie Warmwasserleitungen zu dämmen oder aber wenn möglich keine langen Strecken im Fußbodenaufbau zu verlegen.

GRAUWASSERLEITUNGEN

Unter Grauwasserleitungen versteht man wasserführende Leitungen, die kein Trinkwasser sondern lediglich sogenanntes Brauchwasser führen. Sie werden üblicherweise über separate Hauswasserwerke gespeist, die das Wasser aus Regenwasserzisternen entnehmen. Diese Leitungen dürfen an keiner Stelle mit den trinkwasserführenden Leitungen verbunden werden, da ansonsten das Risiko der Trinkwasserverkeimung besteht. Üblicherweise werden über solche Anlagen die Gartenwasserversorgung, die Toilettenspülungen und maximal die Waschmaschine versorgt.

Bei diesen langen Strecken handelt es sich normalerweise um die Gartenwasserleitung, die nach geltender Trinkwasserschutzverordnung nicht mehr als Stichleitung ausgeführt werden darf, sondern auf eine Verbrauchsstelle durchgeschleift werden muss. Hier wird sehr oft auf den Spülenanschluss in der Küche durchgeschleift, der auch der Trinkwasserentnahme dient. Dann kommt – zulässigerweise wohlgemerkt – Wasser mit bis zu 25 Grad Celsius Wassertemperatur aus dem Kaltwasseranschluss.

Hier ist zu empfehlen, ein Durchschleifen auf den dann zu separierenden Anschluss der Spülmaschine oder besser auf den Toilettenspülkasten vertraglich zu vereinbaren, sodass an der Küchenspüle tatsächlich nicht erwärmtes Kaltwasser entnommen werden kann. Ist das nicht gesondert vereinbart, wird es nicht gemacht und stellt keinen Mangel dar.

SCHMUTZWASSERLEITUNGEN

Schmutzwasserleitungen führen das Abwasser mit einem vorgegebenen Gefälle aus Waschbecken, Bade- und Duschwanne ab. Jede Wasserentnahmestelle im Haus muss eine solche Schmutzwasserableitung haben. Diese Anbindeleitungen werden üblicherweise mit 50 Millimetern Innendurchmesser ausgeführt. Die Schmutzwasserleitungen werden mit den in Fließrichtung zum Abwasserkanal hin zunehmender Zahl dazukommenden Ableitungen dicker und erreichen innerhalb von Einfamilienhäusern Nennweiten bis 100 Millimeter. Sobald Toiletten angebunden werden, erhöht

1 Kaltwasserleitung mit zu geringem Wandabstand, nicht ausreichend gedämmte Warmwasserleitung
2 Anbindeleitung Küchenspüle direkt an der Wand: kein Verputz möglich

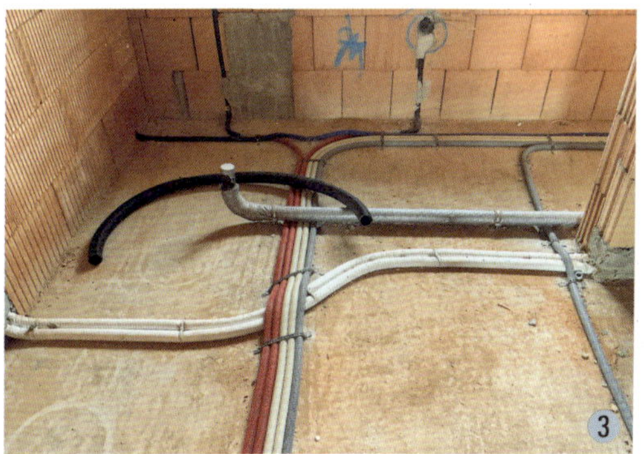

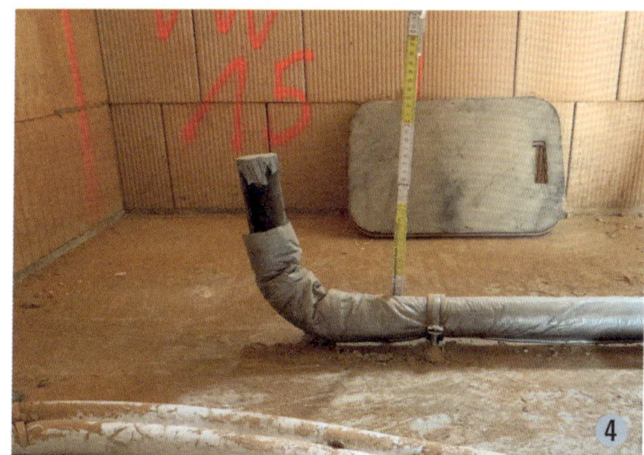

3 Ablaufleitung einer Badewanne – quer durch den Raum
4 Dieselbe Ablaufleitung mit Aufbauhöhe von 80 mm durchstößt die Trittschalldämmung des Estrichs.

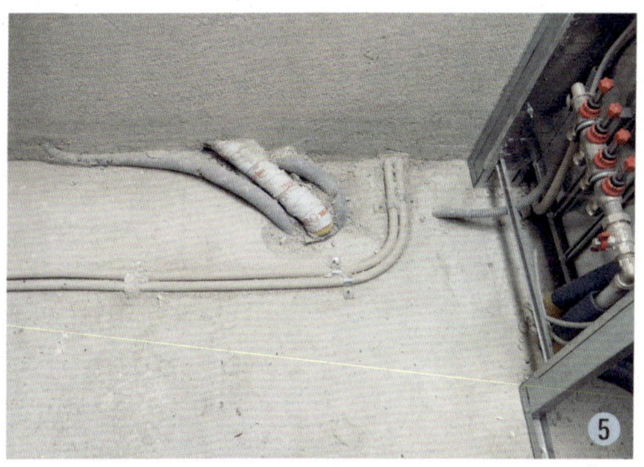

5 und 6 Abweichung vom Grundriss im Gästebad: Die Abflussleitung des Waschbeckens wird im Bodenaufbau verzogen. Folge: mangelhafte Erstellung des Estrichunterbaus.

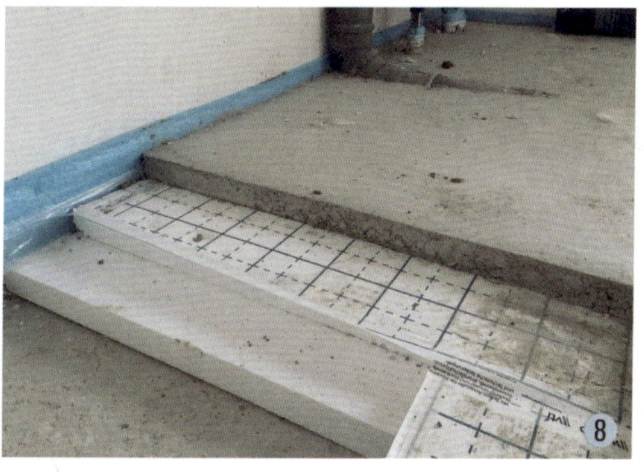

7 Extremfall: eine WC-Ablaufleitung DN 100 im Estrich
8 Mehrfache Schlamperei: Umfassende Mangelbeseitigungsmaßnahmen sind vonnöten.

MINDESTGEFÄLLE VON ANSCHLUSSLEITUNGEN

Leitungsbereich	Mindestgefälle	Gefälle in cm/m
Unbelüftete Anschlussleitungen	1%	1,0 cm/m
Belüftete Anschlussleitungen	0,5%	0,5 cm/m
Grund- und Sammelleitungen – für Schmutzwasser – für Regenwasser	 0,5% 0,5%	0,5 cm/m
Grund- und Sammelleitungen DN 90	1,5%	1,5 cm/m

sich der Durchmesser auf bis zu 100 Millimeter.

Aufgrund der zunehmend in Gebrauch kommenden Spülkästen mit reduzierten Wassermenge von 6 Litern sollte in der Hausinstallation die Schmutzwasserleitung ab der Einleitung des WCs nicht größer werden als 80 Millimeter. Dann ist bei diesen verbrauchsreduzierten Spülungen eine ausreichende Schwemmwirkung auf die mitgeführten Feststoffkörper und Hygienepapiere sichergestellt. Bei größeren Leitungsdurchmessern besteht die Gefahr, dass Feststoffe in der Rohrleitung liegen bleiben und sedimentieren, was langfristig zu Rohrverstopfungen führen kann.

Man unterscheidet zwischen unbelüfteten und belüfteten Anschlussleitungen. Belüftete Anschlussleitungen sind über Dach geführt und werden beim Spülvorgang von hinten her belüftet. Beim Einfamilienhaus ist eine solche Leitung normalerweise nur im Kellergeschoss oder als Grundleitung vorhanden, die über eine über Dach geführte Fallleitung belüftet wird. Unbelüftete Anschlussleitungen sind Leitungen ohne rückwärtige Zuluft, wie sie typischerweise in häuslichen Badezimmern, Gäste-WCs oder Küchen anzutreffen sind.
Eine Leitungsführung über Dach muss mindestens vorhanden sein. Andere Zulufteinleitungen, sogenannte Nebenlüftungen, können bei Bedarf über Schnüffelventile aus dem Innenraum heraus erfolgen. Diese Schnüffelventile müssen gewartet werden und müssen demzufolge zugänglich sein.

Auch für Abwasserleitungen gilt die verbändeübergreifende Vorgabe, dass sie mit ausreichendem Wandabstand verlegt werden sollen.

Die Installation in Sanitärräumen wird heutzutage normalerweise als **VORWANDINSTALLATION** ausgeführt. Die auf der Wand montierten Leitungen und Tragegestelle werden nach Fertigstellung der Rohinstallation entweder mit einer Trockenbaukonstruktion verkleidet oder ummauert.

Erfolgt die Installation an gemauerten Außenwänden, ist darauf zu achten, dass die Außenwandflächen raumseitig entweder verputzt oder zumindest fugengespachtelt sind. Nur so ist die Luftdichtheit dieser Bereiche gewährleistet.

Während die wasserführenden Rohrleitungen im Fußbodenaufbau geführt werden können, ist dies bei den Schmutzwasserleitungen aufgrund der Rohrdicke, die dicker ist als die Ausgleichslage normalhoher Estrichunterbauten, nicht mehr möglich.

Sehr häufig werden die dünneren Anbindeleitungen für die Sanitäreneinrichtungsgegenstände in Bädern in die darunterliegende Betondecke eingelegt und mit einbetoniert. Wenn das gemacht wird, ist darauf zu achten, dass die Rohrmündungen zumindest der Abflussleitungen auch dort aus der Decke kommen, wo sie aus der Decke kommen müssen. Wenn sich später herausstellt, dass die Anschlüsse nicht passen, kann die Leitungsführung nicht mehr korrigiert werden.

→ **Putz- und Trockenbauarbeiten:** Hier werden die Oberflächen an Decken und Wänden geschaffen, die – mit textilen Belägen, Farbschichten oder Fliesen belegt – die raumseitigen Innenoberflächen bilden.

WAS ERFAHRE ICH?

Damit diese finalen Arbeiten später regelgerecht und mangelfrei ausgeführt werden können, müssen die Vorarbeiten entsprechend sorgfältig und mangelfrei vorgenommen worden sein. Die ausführenden Handwerker haben die Pflicht, die Vorleistung in Augenschein zu nehmen und dahingehend zu überprüfen, ob sie die notwendigen Voraussetzungen mitbringt, um verputzt oder mit Gipsfaser-/Gipskartonplatten beplankt zu werden. In den folgenden Detailabschnitten stellen wir diese Voraussetzungen im Einzelnen vor.

Die Voraussetzungen für die Ausführung jedweder Putzarbeiten sind:

→ **TROCKENE MAUERWERKS- UND BETONFLÄCHEN**
Sind die Bauteile feucht oder gar nass, kann der Putz nicht genügend oder gar keine Feuchtigkeit an den Untergrund abgeben. Dadurch kann der Abbindevorgang in der Kontaktfläche nicht stattfinden, der angetragene Putz fällt wieder ab oder es bilden sich Hohllagen.

→ **EBENHEIT DER RAUMSEITIGEN OBERFLÄCHE**
Putze sollten in einer konstanten Dicke angetragen werden können. Dadurch wird auf trockenen Untergründen ein gleichmäßiges Aus- und Durchtrocknen der Putzschicht gewährleistet. Bei stark schwankenden Putzdicken trocknen die dünneren Bereiche deutlich schneller als die dickeren Putzlagen, wo es durch das oberflächliche Abtrocknen zu Rissbildungen in der Putzoberfläche kommt. Übliche und zulässige Ebenheitstoleranzen des Untergrunds muss der Putzer ausgleichen. Gegebenenfalls ist dazu ein vorweglaufender Arbeitsgang zur Erzielung eines ebenen Putzgrunds in der Fläche notwendig.

→ **EINHALTUNG DER LAGETOLERANZEN FÜR DIE ZU PUTZENDEN OBERFLÄCHEN**
Bei den im Rohbau erstellten Bauteilen mit ihren raumseitigen Oberflächen handelt es sich im Regelfall um nicht fertige Oberflächen, das heißt um Oberflächen, die zur Erzielung ihrer abschließenden Oberflächenqualität zusätzlich bearbeitet werden. Daher dürfen diese Bauteile vergleichsweise große Lagetoleranzen im Hinblick auf ihre horizontale oder vertikale Ausrichtung haben. Es ist die vertragliche Aufgabe des Putzers, die zulässigen Toleranzen des Rohbaus so weit auszugleichen, dass nach Fertigstellung der Innenputzarbeiten die für endfertige Oberflächen erforderlichen Toleranzen eingehalten werden. Das kann dazu führen, dass die Putzdicken in einzelnen Bereichen deutliche Unterschiede aufweisen. Ziel der Überprüfung vor Beginn

der Putzarbeiten ist es, diese Bereiche zu lokalisieren und gegebenenfalls in einem vorweg laufenden Arbeitsgang auszugleichen.

→ **BEI MAUERWERK GESCHLOSSENE ODER AUFGEFÜLLTE STOSS- UND LAGERFUGEN**
Die normalerweise trocken und „knirsch" gestoßen ausgeführten Stoßfugen des Mauerwerks sollen eine maximale Fugenbreite von 5 Millimetern nicht überschreiten. Bei breiteren Fugen sind diese im Vorhinein zu verschließen. Dies hat mit dem vorherigen Punkt zur ausreichenden Ebenheit der Oberfläche zu erfolgen.

→ **RISSFREIE OBERFLÄCHEN**
Zeigen sich in der zu putzenden Fläche Risse, sind diese vor dem Putzauftrag zu behandeln oder zu entkoppeln, da sie sich sonst in den Putz fortsetzen und an der raumseitigen Oberfläche sichtbar werden.

→ Wenn der Handwerker nicht prüft, sollten Sie zumindest dokumentieren beziehungsweise durch den Sachverständigen Ihres Vertrauens dokumentieren lassen.

→ **SAUBERE OBERFLÄCHEN**
Damit der maschinell angetragene und mit der Kartätsche auf der Wandfläche verteilte Putz auf der putztragenden Fläche haften bleibt, muss diese Fläche sauber, staub- und fettfrei sein. Ansonsten bildet sich in der Kontaktfläche keine ausreichende Haftzugfestigkeit aus. Der Putz bindet dann zwar ab, geht aber keine kraftschlüssige Verbindung zur darunterliegenden Fläche ein. Er könnte bei Erschütterungen runterfallen.

Auch das ist in vielen Fällen lediglich hehre Theorie und fällt angesichts des herrschenden Zeit- und Kostendrucks auf den Baustellen zumeist hintüber. Wenn der Handwerker nicht prüft, sollten Sie zumindest dokumentieren beziehungsweise durch den Sachverständigen Ihres Vertrauens dokumentieren lassen. Dies ist die Voraussetzung dafür, dass Sie noch vor, spätestens aber im Zuge der Abnahme entsprechend fundierte Beanstandungen vorbringen oder sich als Mangel bei der Abnahme vorbehalten.

Sehr häufig hat es der Putzer mit unterschiedlichen, wechselnden Untergründen zu tun. In den Wänden sind neben dem reinen Mauerwerk Stürze oder Rollladenkästen verbaut, sie binden Stahlbetonbauteile mit und ohne Dämmung ein, es sind Stromleitungen und andere Einbauten vorhanden. Unterschiedliche Bauteile haben ein voneinander abweichendes Trocknungs- und Verformungsverhalten. Dies führt zu Rissen in der endfertigen Putzoberfläche – sofern keine Präventionsmaßnahmen getroffen werden.

Präventivmaßnahmen sind das Einbetten von Armierungsgewebe im Putz, das Ausbilden von Fugen oder das Entkoppelten solcher Schnittstellen durch Einbau eines Putzträgers vor dem Putzantrag.

Innenputzarbeiten

Bei den Innenputzarbeiten wird ein durch Wasserzugabe spritzbar gemachter Werktrockenmörtel über Maschinen auf die gemauerten oder betonierten Wände des Rohbaus gespritzt. Nach dem Anspritzen des Putzmörtels wird diese angetragene Putzschicht vollflächig über die Wandfläche verteilt und in einem ersten Arbeitsgang vorgeglättet. Der Putzmörtel braucht das zugegebene Wasser zum einen für den Abbindevorgang und zum anderen als Grundlage für die maschinelle Verarbeitbarkeit.

Ist ein normaler Innenputz vereinbart, ist der Putz in der entsprechenden Dicke oder Putzstärke auszuführen. Bei einlagig ausgeführten Putzen aus Werktrockenmörtel – heutzutage der Regelfall – muss die mittlere Putz-

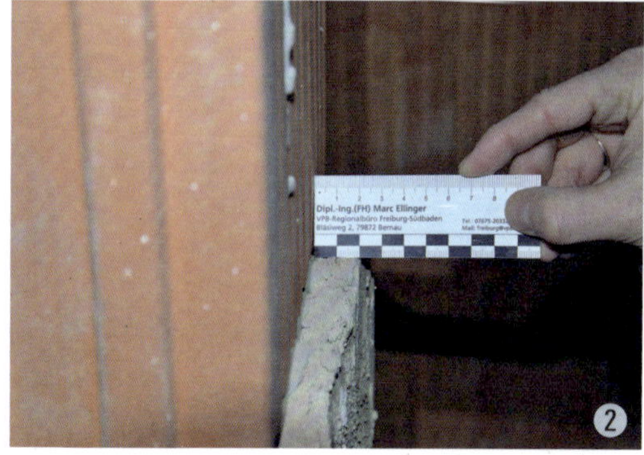

1 Partiell durchfeuchtetes Mauerwerk deutlich erkennbar
2 Versatz von 2 cm zwischen Wand und Deckenrand

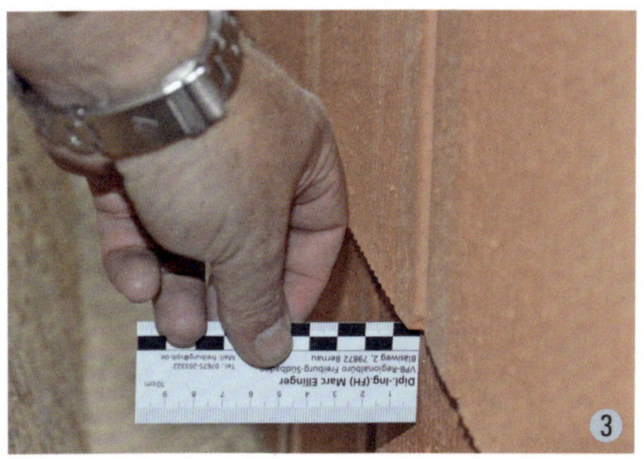

3 Versatz in der Lagerfuge erfordert vor Putzauftrag zusätzliche vorbereitende Arbeiten
4 Vertiefte Elektroschlitze: vor dem Innenputz oberflächenbündig zu schließen

5 Vollziegelmauerwerk mit zahlreichen Brennrissen
6 Durch Zementschlämme verunreinigtes Mauerwerk

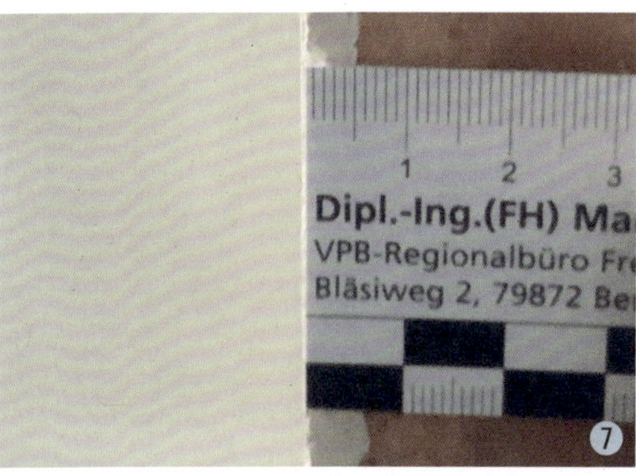

7 Putzstärke: 5 mm sind nur vereinzelt zulässig, nicht flächig. Mindeststärke nach DIN 18550–2: 10 mm
8 Gerade einmal 5 mm, an der Türöffnung wohl noch geringer

stärke 10 Millimeter betragen. Die Mindestputzstärke, die sich auf einzelne Stellen beschränken muss, darf nicht weniger als 5 Millimeter betragen. Das Argument, der Putzer müsse Maßtoleranzen der Wände ausgleichen, zählt hierbei nur bedingt, das beschränkt sich auf die Mindestputzstärke, die vereinzelt auftreten aber nicht unterschritten werden darf. Sind die Toleranzen des Mauerwerks größer, muss das über einen erhöhten Putzauftrag – also Mehrstärke ausgeglichen werden. Je nach Vertragsgestaltung sind Mehrstärken auch mehrkostenpflichtig.

→ Putzflächen werden handwerklich erstellt. Sie weisen immer leichte Unebenheiten auf, die bei Streiflicht erkennbar und bisweilen deutlich sichtbar werden. Dies lässt sich durch ergänzende Arbeitsgänge abmildern, aber nicht gänzlich verhindern.

PRÜFEN DER PUTZSTÄRKE

Die Putzstärke kann auf mehre Arten geprüft werden. Entweder durch das Messen der Raummaße vor und nach dem Putzauftrag mittels Laserentfernungsmesser – dann aber bitte an den gleichen Stellen messen. Kommt der Verdacht auf, dass der Innenputz nicht ausreichend dick ausgeführt wurde, sollte dies gegenüber dem Vertragspartner angezeigt werden. Die Folgen zeigen sich im Nachhinein, wenn zum Beispiel die Türzargen mit deutlichem Fugenspalt von den Innenwandoberflächen montiert werden müssen.

INNENPUTZ AUF MAUERWERK DER AUSSENWÄNDE

Der Innenputz auf dem Mauerwerk der Außenwände ist die luftdichte Ebene im Massivbau. Daher muss er ohne Unterbrechung von Oberkante (OK) Rohdecke bis Unterkante der darüberliegenden Massivdecke durchlaufen. Im Bereich von Installationsschächten, die nach den Installationsarbeiten geschlossen werden, sollte der Innenputz trotzdem durchlaufen oder das offenliegende Mauerwerk zumindest vollflächig fugengespachtelt sein. Die Anforderung an die Putzfläche gilt auch an Haustrennwänden von Doppel- oder Reihenhäusern. Sonst kommt es über die Stoßfugen zu unerwünschten Kaltlufteintritten aus respektive Warmluftaustritten in kalte Bereiche.

INNENPUTZ AUF BETONBAUTEILEN

Werden Betonbauteile, etwa Betonwände, -decken oder -stützen verputzt, müssen die Betonoberflächen durch einen vorab aufgetragenen Voranstrich, den sogenannten Betonkontakt, für den Putzantrag vorbereitet werden. Diese Vorbehandlung muss vollflächig erfolgen, nur dann ist gewährleistet, dass der Putz in ausreichendem Maße auf dem glatten Beton haftet.

ANFORDERUNGEN AN DIE ENDFERTIGE PUTZOBERFLÄCHE

Je nach vorgesehenem Wandbelag können im Vertrag unterschiedliche Oberflächenqualitäten für die endfertige Putzoberfläche vereinbart sein. Hierbei wird in unterschiedliche Qualitätsstufen Q1 bis Q4 unterschieden.

ACHTUNG: Die Qualitätsstufen Q1 bis Q3 sind gesetzte Begrifflichkeiten, die in Bezug auf die DIN 18550–2 als Beurteilungskriterien herangezogen werden können. Eine Qualitätsstufe 3 – also ohne das Q – wie sie in verschiedenen Baubeschreibungen auftaucht, ist eine einseitige Definition, die sich deutlich von den Qualitätsstufen der Norm unterscheiden kann.

Es können auch unterschiedliche Oberflächenausführungen genannt oder vereinbart sein. Die nachfolgende Tabelle (siehe Seite 188), die sich aus der Darstellung der Norm herleitet, geht darauf ein. Für die Darstellung der vereinbarten Beschaffenheit ist immer die

Ausführung (abgezogen/geglättet/abgerieben/gefilzt) und die Qualitätsstufe zu nennen.

Putzflächen werden handwerklich erstellt. Sie weisen zwangsläufig leichte Unebenheiten auf, die bei Streiflicht erkennbar und bisweilen sogar deutlich sichtbar werden. Dies lässt sich durch ergänzende Arbeitsgänge abmildern, aber nicht gänzlich verhindern. Auch bei erhöhten Anforderungen an die Ebenheitstoleranz der Oberfläche sind Unebenheiten unvermeidbar.

PUTZRISSE

Ob nun Innen- oder Außenputz, beides sind hydraulisch unter Wasserabgabe abbindende Baustoffe, die im Abbindeprozess in den oberflächennahen Schichten an Volumen verlieren. Demzufolge kommt es zu Rissbildungen. Große Putzflächen ohne Risse sind eher selten und zumeist glücklichen Umständen zu verdanken. Um wirklich rissfrei zu gestalten, sind mehrere Arbeitsgänge mit mehreren Schichtaufträgen notwendig.

FERTIGE INNENPUTZOBERFLÄCHEN

Wird der Innenputz bereits als fertige Oberfläche ausgeführt, beispielsweise abgerieben, gefilzt oder geglättet, entstehen endfertige Oberflächen, die – so alles gut läuft – nur noch gestrichen werden müssen. Das spart Geld und Aufwand. Man sollte aber den Zeitpunkt der Leistungserbringung im Auge haben. Bis das Haus bezugsfertig ist, sind eine Unmenge an Leistungen der verschiedenen Gewerke zu erbringen. Da alles unter Zeit- und Kostendruck erfolgt, ist der rücksichtsvolle Umgang mit den bereits erbrachten Bauleistungen anderer Unternehmer eher ein Glücksfall. Es besteht daher die hohe Wahrscheinlichkeit, dass die fertigen Wandoberflächen im Zuge des weiteren Ausbaus beschädigt werden. Dabei sind glatte Oberflächen leichter zu reparieren und auszubessern als strukturierte.

Nicht geputzter, nicht fugengespachtelter Wandbereich in einem Installationsschacht an der Außenwand

Bei vollflächigem Auftrag von Betonkontakt wäre die Wandfläche einheitlich rot – eindeutig mangelnde Applikation

Nicht hinnehmbare Unebenheiten einer angeblich endfertig erstellten Innenwandfläche

OBERFLÄCHENQUALITÄT INNENPUTZ

Qualitätsstufe	Abgezogene Putzoberfläche		Geglättete Putzoberfläche		Gefilzte oder abgeriebene Putzoberfläche	
	Beschaffenheit/ Eignung der Oberfläche	Maßtoleranz	Eignung der Oberfläche	Maßtoleranz	Eignung der Oberfläche	Maßtoleranz
Q1	Geschlossene Putzfläche	Standardanforderungen an die Ebenheit	Geschlossene Putzfläche		Geschlossene Putzfläche	
Q2 Standard	Geeignet z. B. für: – Oberputze Körnung ≥ 2 mm – Wandbeläge aus Keramik, z. B. Fliesen, Betonwerk- oder Naturstein	Erhöhte Anforderungen an die Ebenheit	Geeignet z. B. für: – Oberputze Körnung >1 mm – mittel- bis grobstrukturierte Wandbekleidungen, z. B. Raufasertapete Mittelkorn oder Grobkorn – matte, gefüllte Beschichtungen, die mit langflorigen Farbrollen oder Strukturrollen angetragen werden	Standardanforderungen an die Ebenheit	Geeignet z. B. für: – matte/gefüllte Anstriche/Beschichtungen – grobstrukturierte Wandbekleidungen, z. B. Raufasertapete Grob- oder Mittelkorn	Standardanforderungen an die Ebenheit
Q3	Geeignet z. B. für: – Oberputze Körnung ≥ 1 mm – Wandbeläge aus Feinkeramik, z. B. großformatige Fliesen, Naturwerk- oder Naturstein		Geeignet, z. B. für: – Oberputze Körnung ≤ 1 mm – feinstrukturierte Wandbekleidungen, z. B. Vliestapete, Raufasertapete Feinkorn – matte, feinstrukturierte Beschichtungen	Standardanforderungen an die Ebenheit	Geeignet z. B. für: – matte, nichtstrukturierte/nicht gefüllte Anstriche/ Beschichtungen	Standardanforderungen an die Ebenheit
Q4			Geeignet, z. B. für: – glatte Wandbekleidungen und Beschichtungen mit Glanz, z. B. Metall-, Vinyl- oder Seidentapeten – Lasuren oder Anstriche /Beschichtungen bis zum mittleren Glanz – Spachtel- und Glättetechniken	Erhöhte Anforderungen an die Ebenheit	Geeignet z. B. für: – Lasuren oder Anstriche/Beschichtungen bis zum mittleren Glanz	Erhöhte Anforderungen an die Ebenheit

Trockenbauarbeiten und Spachtelarbeiten

Unter den Begriff Trockenbauarbeiten fallen eine ganze Menge unterschiedlichster Bauleistungen. Der Begriff umfasst für den Einfamilienhausbau im Regelfall:

- die Errichtung nicht tragender Holz- oder Metallständerwände, mit Dämmung und Beplankung
- die Errichtung nicht tragender Vollgipswände
- die raumseitige Beplankung von Dachschrägen und nicht sichtbaren Holzbalkendecken
- das Erstellen von Vorbaukonstruktionen in Holz oder Metallständerbauweise mit Dämmung und Beplankung

DIE SACHE MIT DEM STREIFLICHT

Streiflicht ist diffus einfallendes Tages- oder Kunstlicht, das eine Oberfläche streift. Diese Situation ist immer da, wenn Sie zum Beispiel von innen nach außen eine seitlich von Ihnen befindliche Wandoberfläche oder die sich über und vor Ihnen zum Fenster hin erstreckende Deckenuntersicht betrachten. Im die Oberflächen streifenden natürlich einfallenden Licht werden unweigerlich kleine und kleinste Unebenheiten der Oberflächen sichtbar. Hier kann man trefflich streiten. Die einen – die Hausersteller, Trockenbauer, Putzer, Maler – sagen: „Hier ist nichts zu machen, das ist normal", die anderen, die Hausbewohner, die Unebenheiten an Wand und Decke über Jahrzehnte von ihrem Esstisch aus sehen werden, erleben diese Unebenheiten möglicherweise Tag für Tag als ärgerlichen Mangel. Wer Innenraumoberflächen an Wand und Decke in der Qualitätsstufe Q3 oder gar Q4 bestellt, möchte – egal von welchem Platz aus – keine ins Auge fallenden Unebenheiten in dieser Fläche sehen. Ganz ohne Unebenheiten geht es jedoch nicht, denn die Oberflächengestaltung ist und bleibt Handarbeit. Wem das nicht gefällt, der kann die Arbeit beanstanden. Er oder sie sollte sich jedoch nicht wundern, wenn die Beanstandung im Zweifel zurückgewiesen wird.

NICHT TRAGENDE HOLZ- ODER METALLSTÄNDERWÄNDE

Diese Wände bestehen im Wesentlichen aus einem Holz- oder Metallgerüst mit einer Fixierung am Boden, vertikalen Montagekomponenten und beweglichen Deckenanschlüssen. Dieses Gerüst wird auf beiden Seiten mit Gipskarton- oder Gipsfaserplatten beplankt. Die Gefache (Hohlräume dazwischen) erhalten eine Dämmung, im Regelfall aus Mineralwolle oder auch Holzweichfaserplatte.

Die Anordnung und die Abmessungen dieser Wände richtet sich nach den Vorgaben der Planung. Es sind unterschiedliche Ausführungsvarianten möglich, die sich maßgeblich in ihren Wanddicken sowie ihren Schallschutz- und Brandschutzeigenschaften unterscheiden.

Entscheidend ist hier die Begrifflichkeit der „nicht tragenden Wand". Diese Wände sind nicht dafür geeignet, die Lasten von Decken oder anderen Bauteilen aufzunehmen, an die diese Wände nach oben hin anschließen. Sie sollen lediglich ihr Eigengewicht und die Lasten möglicher daran befestigter Möblierungen abtragen. Dieser Maßgabe muss bei der Erstellung der Wände Rechnung getragen werden.

Der Schraubenabstand beträgt maximal 25 Zentimeter, bei Wänden mit Brandschutzanforderungen auch weniger. Hier gilt die jeweilige Zulassung der Wand.

Für einlagig mit 12,5 Millimeter dickem Gipskarton – oder 10 bis 12 Millimeter dicken Gipsfaserplatten – beplankte Wände sind Schnellbauschrauben mit 25 Millimetern Länge zu verwenden, für eine zweilagig beplankte Wand bei der zweiten Lage der Beplankung Schnellbauschrauben von 35 Millimetern.

Bei stehender Beplankung (Längsbeplankung) und Gipskarton-/Gipsfaserplatten bis 90 Zentimeter Breite beträgt der Achsabstand 45 Zentimeter, bei Gipskartonplatten von 60 Zentimeter Breite beträgt der Achsabstand 30 Zentimeter. Bei liegender Beplankung (Querbeplankung) und Plattenlänge 260 Zentimeter beträgt der Achsabstand 52 Zentimeter, bei Plattenlänge 200 Zentimeter beträgt der Achsabstand 50 Zentimeter.

Gipskarton und Gipsfaserplatten sind großformatige Bauteile, sie müssen flach auf einem stabilen Unterbau, zum Beispiel einer entsprechend großen Palette gelagert werden.

1 Im Deckenanschlussprofil verankerte Wandbauplatten: Deckenbewegungen werden auf die Konstruktion übertragen.
2 Trockenbauwand – Achsabstand der Ständer

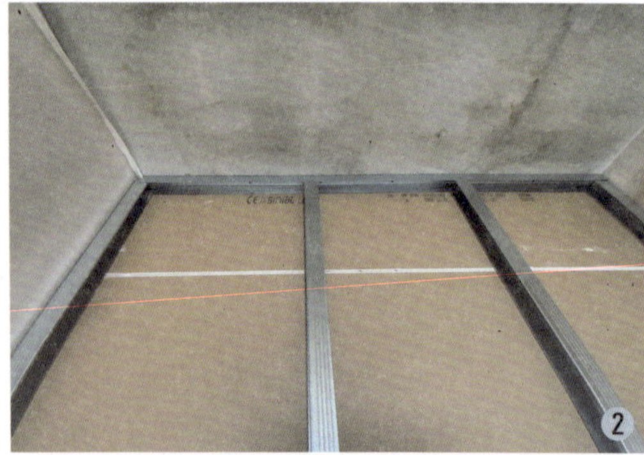

3 Im Bau gelagerte Gipskartonplatten: verbogen, Schimmelpilzbefall an den Kanten
4 Unterkonstruktion der Installationsschachtverkleidung überspannt Deckendurchbruch.

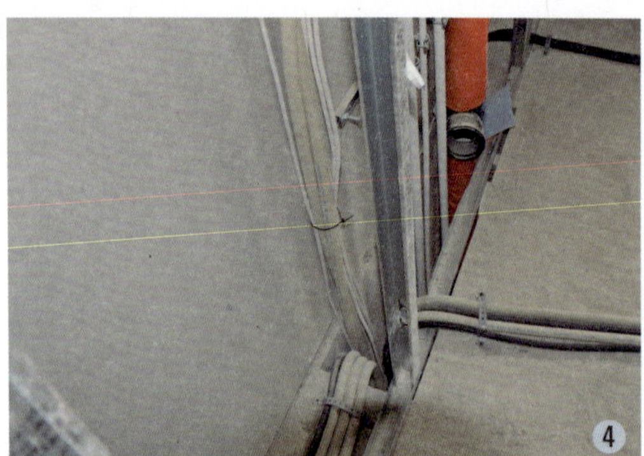

5 Weit gespannte Trockenbaukonstruktion für Gipskartondecke (darüber Lüftungsleitungen) – ohne statische Berechnung
6 Unsauber gespachtelte Deckenfuge

7 Bearbeitungsspuren an gespachtelten Flächen: Hier ist noch Nacharbeit nötig.
8 Abrisse im Wand-/Deckenanschluss

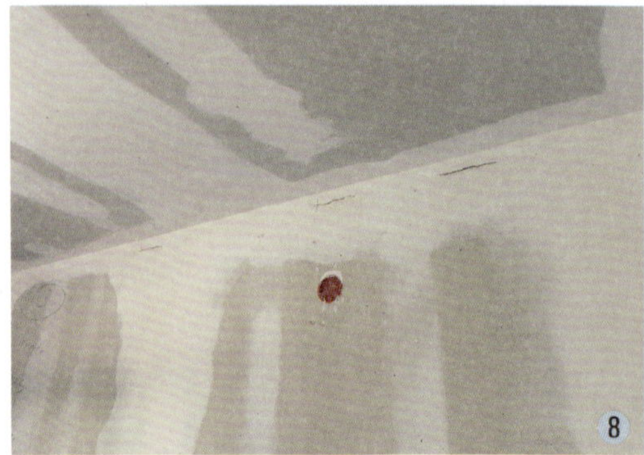

QUALITÄTSSTUFEN VON TROCKENBAUOBERFLÄCHEN

Qualitätsstufe	Q1	Q2	Q3	Q4
Abschließend bearbeitete Oberfläche	Grundverspachtelung	Standardverspachtelung	Sonderverspachtelung für erhöhte Anforderungen	Sonderverspachtelung für höchste Anforderungen
Geeignet für	– Erste Beplankungslage bei mehrlagigen Beplankungen – Geflieste Oberflächen	– Mittel und grob strukturierte Wandbekleidungen, zum Beispiel Raufasertapeten – Matte füllende, von Hand angetragene Anstriche – Oberputze mit Größtkorn > 1 mm	– Fein strukturierte Wandbekleidungen – Matte, nicht strukturierte Anstriche/Beschichtungen – Oberputze mit Größtkorn < 1 mm	– Glatte und strukturierte Wandbekleidungen mit Glanz – Lasuren und Anstriche bis zu mittlerem Glanz – Stuccolustro und andere hochwertige Glätttechniken
Arbeitsgänge	– Füllen der Stoßfugen – Überziehen der sichtbaren Befestigungsmittel – Abstoßen von überstehendem Spachtelmaterial – Werkzeugbedingte Markierungen, Riefen, Grate sind zulässig. – Einlegen von Fugendeckstreifen	– Grundverspachtelung Q1 – Nachspachteln/Feinspachteln bis zum Erreichen eines stufenlosen Übergangs – Es dürfen keine Bearbeitungsabdrücke/Spachtelgrate sichtbar bleiben. – Wenn erforderlich, Schleifen der gespachtelten Bereiche. Abzeichnungen, insbesondere bei Streiflicht, sind nicht auszuschließen. – Verringerung der Abzeichnungen mit Q3 erreichbar	– Grundverspachtelung Q2 – Breiteres Ausspachteln der Fugen – Scharfes Abziehen der restlichen Oberfläche zum Porenverschluss mit Spachtelmaterial – Schleifen der gespachtelten Platten bei Bedarf – Abzeichnungen bei Streiflicht sind nicht völlig auszuschließen.	– Grundverspachtelung Q2 – Breiteres Ausspachteln der Fugen – Vollflächiges Überziehen und Glätten der gesamten Oberfläche bis etwa 3 mm Schichtdicke – Schleifen der gespachtelten Platten bei Bedarf, minimierte Abzeichnungen bei Streiflicht sind nicht völlig auszuschließen. – Gegebenenfalls weitere Arbeiten für die Schlussbeschichtung erforderlich

NICHT TRAGENDE VOLLGIPSWÄNDE

Im Unterschied zu den zuvor genannten Ständerwänden werden die Vollgipswände aus massiven 8, 10 oder auch 12 Zentimeter dicken und entsprechend schweren Gipsbauplatten erstellt. Diese Wände sollen nicht durch Lasten aus Decken oder anderen darüber hinweglaufenden Bauteilen beansprucht werden. Die obere Anschlussfuge ist demzufolge so auszubilden, dass sich die über die Wand hinweglaufende Decke durchbiegen kann, ohne dass die Wand dabei zusätzliche Lasten aufnehmen muss.

Vollgipswände weisen ein vergleichsweise hohes Schwindmaß auf. Es kann daher in den ersten Jahren der Nutzung zu scheinbaren Abrissen in den Decken- und oder Wandanschlussfugen kommen.

Werden die Vollgipswände unplanmäßig durch die darüberliegenden Decke belastet, weil etwa die Deckenanschlussfugen kraftschlüssig verfüllt wurden, kann es zu teils erheblichen Rissbildungen kommen. Dies zeigt sich zumeist auch erst während der Nutzung, weshalb die Risse dann behandelt werden.

RAUMSEITIGE BEPLANKUNG VON DACHSCHRÄGEN UND NICHT SICHTBAREN HOLZBALKENDECKEN

Je nach Vergabestrategie der Hausbauunternehmen gehören auch die Erbringung der Dämmarbeiten und die Ausführung der luftdichten Ebene unterhalb der Wärmedämmebene zu den Trockenbauarbeiten dazu. Die Gesichtspunkte Wärmedämmung und Luftdichtheit wurden bereits in Kapitel „Der erweiterte Rohbau" (siehe ab Seite 144) behandelt. Es geht hier also nur noch um die Beplankung der Flächen und die dafür notwendige Unterkonstruktion.

Wie schon erwähnt, bewegt sich die Dachkonstruktion unter der Einwirkung von Wind, Temperatur und Schnee. Diese Bewegungen, die im Regelfall nur im Millimeterbereich stattfinden, übertragen sich natürlich auch auf die Schichten, die zur Raumseite hin an der Dachkonstruktion befestigt werden. Am Übergang zu den starr und unbeweglich stehenden Wänden sind die Übergänge zwischen den beplankten Dach- und Deckenflächen und den Wänden so auszubilden, dass diese geringen Bewegungen auf Dauer schadenfrei aufgenommen werden können. Dies geht zum Beispiel durch das Einarbeiten von Gewebebinden, Spachtelprofilen oder zeitlich begrenzt durch das Ausführen von überstreichbaren Dichtstofffugen.

Wächst sich der Wind zum Sturm aus und kommt möglicherweise noch Schnee dazu, fallen die Bewegungen des Daches auch einmal stärker aus als üblich. Solche Bewegungsspielräume können nicht mehr schadenfrei aufgenommen werden. Es empfiehlt sich daher, die Übergänge tatsächlich als Fugen auszubilden und diese Fugen sichtbar zu belassen.

Beim Montieren der Unterkonstruktion und der Beplankung darf die luftdichte Ebene nicht beschädigt werden. Wir empfehlen deshalb, die luftdichte Ebene vor Beginn der Arbeiten genauestens zu kontrollieren. Dies kann zum Beispiel rein per Inaugenscheinnahme geschehen oder aber im Zuge einer baubegleitenden Luftdichtheitsprüfung, bei der die luftdichte Ebene qualitativ auf Luftundurchlässigkeit geprüft wird.

Die Unterkonstruktion aus Holz oder Metallprofilen ist dabei so zu justieren und zu befestigen, dass die spätere Beplankung die Ebenheitsanforderung an die endfertige Fläche erfüllen kann.

Nach Fertigstellung der Unterkonstruktion wird die Beplankung montiert. Dabei sind die vorgesehenen Lichtauslässe herzustellen und zu berücksichtigen. Eine nachträgliche Herstellung dieser Auslässe führt in aller Regel zu punktuellen Beschädigungen der Luftdichtheitsebene, die in der Regel gar nicht mehr oder aber nur schwer wieder repariert werden können.

Ist die Beplankung montiert, werden die Plattenfugen unter Einlegen von Gewebestreifen verspachtelt. Hierbei sind die Oberflächenqualitäten zu erreichen, die vertraglich geschuldet sind.

→ Estricharbeiten/Fußbodenaufbau: Im Wohnungsbau hat sich die Ausführung schwimmender Estriche für den Fußbodenaufbau durchgesetzt. Ein solcher besteht aus dem Estrichunterbau und dem aufliegenden „schwimmenden" Unterboden oder Estrich.

WAS ERFAHRE ICH?

Der Unterboden wird üblicherweise aus Anhydrid- oder Zementestrich, manchmal auch aus Gussasphalt erstellt oder als sogenannter Trockenestrich ausgeführt.

Estrichunterbau

Der Estrichunterbau hat wärmedämmende und trittschalldämpfende Funktionen. Die wärmedämmende Funktion hat er insbesondere auf Bodenplatten oder auf Decken, die unterseitig an Außenluft grenzen. Die Trittimpulse durch das Begehen soll der schalldämpfende Estrichunterbau eigentlich im ganzen Haus so weit dämpfen, dass sie nicht als störend wahrgenommen werden. Aus diesem Grunde sind sowohl der Estrichunterbau als auch die Estrichschicht selbst von den Wänden zu entkoppeln. Dies geschieht durch Anordnung von Randstreifen entlang der Wände.

Üblicherweise ist der Estrichunterbau mindestens zweilagig ausgeführt. Auf den Rohdecken liegt eine mehrere Zentimeter dicke Schicht aus relativ harten Wärmedämmplatten. Hier hat sich expandierter Polystyrolschaum (EPS) – umgangssprachlich auch als Styropor bekannt – bewährt. Diese Ausgleichsschicht muss mindestens so dick sein wie die in ihr geführten Leitungen der haustechnischen Installationen samt Rohrleitungsdämmung und Kreuzungspunkten. Auf Bild 4, Seite 194 ist zu sehen, dass bei Nichtbeachtung die Trittschalldämmschicht unterbrochen ist.

Diese Notwendigkeit ist planerisch zu berücksichtigen. Gibt die Planung unzureichend dimensionierte Estrichhöhen/Bodenaufbauhöhen vor, ist diese Forderung infrage gestellt.

Die über der Ausgleichsschicht angeordnete zweite Dämmlage ist im Regelfall die Trittschalldämmschicht. Hierbei handelt es sich in den meisten Fällen um trittschalldämpfende, nachgiebige EPS-Platten oder bei höheren Dämpfungsansprüchen auch um trittschalldämmende Mineralwolleplatten. Die Trittschalldämmschicht sollte ohne Unterbrechung über die gesamte Fläche durchlaufen.

Die die Dämmschichten bildenden Dämmplatten sind dicht gestoßen und unter Beachtung der Verbandsregel zu verlegen. Die darüber liegende Dämmschicht ist mit gegenüber der unteren Dämmlage versetzten Stößen zu verlegen; die Schichten sollen vollflächig auf

Heizungsleitungen höher als der Estrichunterbau: Trittschalldämmplatte nur bis an nicht über Heizungsleitungen hinweg verlegt

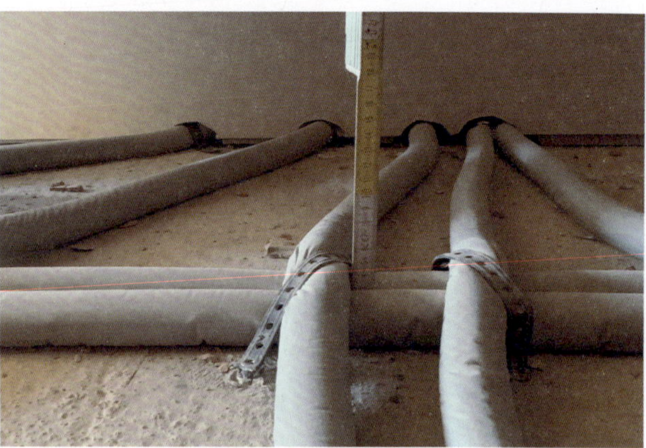

Ausgleichsschicht von Minimum 60 mm, damit die Trittschalldämmplatte die sich kreuzenden Leitungen überwinden kann

Ausgleichslage unter Missachtung der Verbandsregel auf Kreuzfuge verlegt

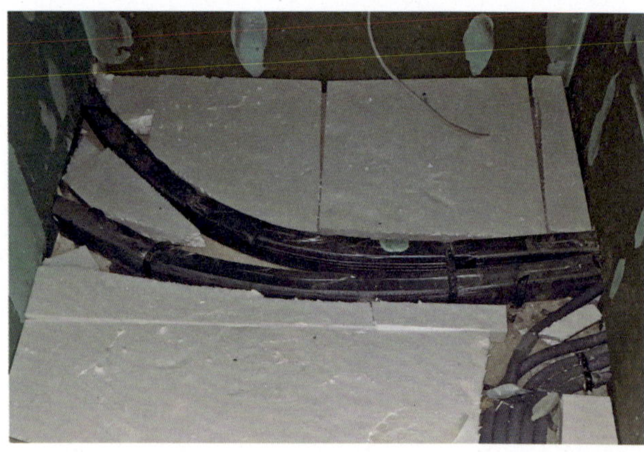

Zu dünne Ausgleichslage zur Aufnahme der gedämmten Heizungsleitungen – Leerräume sind mit Schüttung zu versehen.

Estrich mit einer unteren Lage aus hochdämmenden PUR-Dämmplatten. Um das Elektrokabel sieht man die lose Schüttung.

Gesamtdicke des Estrichs: Mindestanforderung 35 mm + 20 mm Rohrdurchmesser = 55 mm. Das wird in der Fläche eher knapp.

ihren jeweiligen Unterlagen aufliegen. Hohlstellen und Hohllagen sind zu vermeiden. Hohlstellen in der Ausgleichslage im Bereich der dort verlegten haustechnischen Installationen sind mit nachgewiesenermaßen geeigneten – im Regelfall gebundenen – Schüttungen aufzufüllen.

Nassestriche

Vor dem Einbringen des Estrichs sind die verlegten Dämmplatten durch Einlegen einer Kunststofffolie vor der im Estrich enthaltenen Feuchtigkeit zu schützen. Werden, wie bei Fußbodenheizungen häufig üblich, folienkaschierte Tackerplatten als Trittschalldämmung verlegt, reicht es, die Plattenfugen mit Kunststoffklebebändern abzukleben.

Wenn das Haus eine Fußbodenheizung erhält, werden die Rohre der Fußbodenheizung auf der Trittschalldämmplatte verlegt. Sie sind dabei so zu verlegen, dass sie zu beiden Seiten und über dem Rohr im Estrich eingebettet sind. Nur dann ist eine ausreichende Wärmeübertragung zwischen dem warmwasserführenden Heizungsrohr und dem Estrich als Wärmeverteilung in der Fläche sichergestellt. Die Rohre müssen demzufolge einen ausreichenden Abstand zueinander und auch zur Wand haben. Heizkörperzuleitungen sind generell im Estrichunterbau zu verlegen. Die Dicke der Estrichschicht – die sogenannten Nenndicke – muss bestimmte Vorgaben erfüllen.

Bei Heizestrichen – Estriche mit Fußbodenheizung – gilt die Nenndicke ab Oberkante der Fußbodenheizungsrohre. Diese Estriche sind daher deutlich dicker. Die Fußbodenheizung selbst wurde bereits im Zusammenhang mit der Rohinstallationsheizung in einem Abschnitt zuvor (siehe Seite 176) behandelt.

Anhand der Tabelle (auf Seite 196) erkennt man, dass die Estrichstärke von der Festigkeitsklasse der Estriche und der Belastung abhängt. Ist das Einbringen besonders hoher Lasten – etwa durch ein großes Aquarium oder ein schweres Trainingsgerät – beabsichtigt, ist dies im Vorhinein abzuklären. Hierbei ist auch die Beanspruchung der Decke und gegebenenfalls des gesamten Tragwerks zu berücksichtigen

ESTRICHFUGEN

Zementestriche neigen wie alle hydraulisch abbindenden Baustoffe zu Schwindverformungen. Sie verkürzen sich in Länge und Breite. Infolge dieser Verkürzungen kann es zu Zwängungen kommen, die zu Estrichrissen führen. Daher sind entsprechende bereits in der Planung vorzugebende Estrichfugen anzulegen. Estrichfugen werden zumeist im Bereich von Türdurchgängen angeordnet, und zwar unter dem in die Zarge einschlagenden Türblatt. Bei gegliederten Räumen sind unter Umständen zusätzliche Fugen erforderlich.

AUSTROCKNUNGSZEITEN

Nassestriche in Regelkonsistenz müssen die dem Mörtel zum Pumpen und zur Verarbeitung zugegebene Wassermenge wieder abgeben können. Dieser Trockenvorgang braucht Zeit. Als Faustregel gilt hier unter klimatisch günstigen Umständen eine Kalenderwoche je Zentimeter Estrichdicke. Klimatisch günstige Umstände sind hier frostfreie Temperaturen und Luftfeuchtegehalte, die die Feuchteabgabe zulassen. In den ersten zwei bis drei Tagen nach dem Estricheinbau sollten die Fenster geschlossen bleiben, danach, wenn der Estrich abgebunden hat und erhärtet ist, müssen die Räume be- und gelüftet werden.

Verzögerungen in der Bauzeit oder auch nur knappe Bauzeiten lassen eine regelgerechte Austrocknung häufig nicht zu. In diesem Fall können den Estrichen Zusatzmittel beigegeben werden, die eine schnellere Aushärtung und eine frühere Belegreife herbeiführen sollen. Diese Zugaben müssen jedoch mit den entsprechenden Mengenanteilen beigegeben werden, und auch die weitere Be- und Verarbeitung des Estrichs muss sich dann nach den Vorgaben des Zusatzmittelherstellers richten.

Trockenestriche

Trockenestriche bestehen entweder aus mehrlagigen Aufbauten aus Gipskarton oder Gipsfaserplatten, die in ihren Stößen miteinander verklebt und verschraubt werden oder aus in ihren Stößen miteinander verklebten vorgefertigten und somit abgetrockneten Zementestrichplat-

TABELLE ESTRICHDICKEN NACH DIN 18560-2

Estrichart	lotrechte Nutzlast	unbeheizt	beheizt
Calciumsulfat Fließestrich CAF	≤ 2 kN/m²	≥ 35 mm	wie unbeheizt + Außendurchmesser Heizrohr
	Einzellasten ≤ 2 kN Flächenlasten ≤ 3 kN/m²	F4 ≥ 50 mm F5 ≥ 45 mm	wie unbeheizt + Außendurchmesser Heizrohr
	Einzellasten ≤ 3 kN Flächenlasten ≤ 4 kN/m²	F4 ≥ 60 mm F5 ≥ 50 mm	wie unbeheizt + Außendurchmesser Heizrohr
	Einzellasten ≤ 4 kN Flächenlasten ≤ 5 kN/m²	F4 ≥ 65 mm F5 ≥ 55 mm	wie unbeheizt + Außendurchmesser Heizrohr
Calciumsulfat Estrich CA	≥ 2 kN/m²	F4 ≥ 45 mm F5 ≥ 40 mm	wie unbeheizt + Außendurchmesser Heizrohr
	Einzellasten ≤ 2 kN Flächenlasten ≤ 3 kN/m²	F4 ≥ 65 mm F5 ≥ 55 mm	wie unbeheizt + Außendurchmesser Heizrohr
	Einzellasten ≤ 3 kN Flächenlasten ≤ 4 kN/m²	F4 ≥ 70 mm F5 ≥ 60 mm	wie unbeheizt + Außendurchmesser Heizrohr
	Einzellasten ≤ 4 kN Flächenlasten ≤ 5 kN/m²	F4 ≥ 75 mm F5 ≥ 65 mm	wie unbeheizt + Außendurchmesser Heizrohr
Gussasphaltestrich AS	≥ 2 kN/m²	IC10 ≥ 25 mm ICH10 ≥ 35 mm	Rohrüberdeckung min 15 mm
	Einzellasten ≤ 2 kN Flächenlasten ≤ 3 kN/m²	IC10 ≥ 30 mm ICH10 ≥ 40 mm	Rohrüberdeckung min 15 mm
	Einzellasten ≤ 3 kN Flächenlasten ≤ 4 kN/m²	IC10 ≥ 30 mm ICH10 ≥ 40 mm	Rohrüberdeckung min 15 mm
	Einzellasten ≤ 4 kN Flächenlasten ≤ 5 kN/m²	IC10 ≥ 35 mm ICH10 ≥ 40 mm	Rohrüberdeckung min 15 mm
Zementestrich CT	≥ 2 kN/m²	F4 ≥ 45 mm F5 ≥ 40 mm	wie unbeheizt + Außendurchmesser Heizrohr
	Einzellasten ≤ 2 kN Flächenlasten ≤ 3 kN/m²	F4 ≥ 65 mm F5 ≥ 55 mm	wie unbeheizt + Außendurchmesser Heizrohr
	Einzellasten ≤ 3 kN Flächenlasten ≤ 4 kN/m²	F4 ≥ 70 mm F5 ≥ 60 mm	wie unbeheizt + Außendurchmesser Heizrohr
	Einzellasten ≤ 4 kN Flächenlasten ≤ 5 kN/m²	F4 ≥ 75 mm F5 ≥ 65 mm	wie unbeheizt + Außendurchmesser Heizrohr

ten. Solche Aufbauten haben bei hoher Beanspruchung, etwa im gewerblichen Bereich, Nachteile. Für reine Wohnzwecke erweisen sie sich als dauerhafte, schnell realisierbare Lösung ohne nachfolgende Austrocknungszeiten.

Der Estrichunterbau aus Ausgleichslage und Trittschalldämmung entspricht im Wesentlichen den Ausführungen unter Nassestrichen. Bei Einbau einer Fußbodenheizung werden die Platten verlegt, in deren Oberfläche Markierungen vorhanden sind, die ein regelgerechtes Verlegen der Fußbodenheizungsleitungen erlauben. Je nach System werden in diesen Platten vorher Wärmeverteilbleche eingelegt, die eine gleichmäßigere Wärmeverteilung oder -weitergabe an den darüber verlegten trockenen Estrichaufbau sicherstellen sollen.

Gussasphaltestriche

Asphalt kennt man aus dem Straßenbau – dabei handelt es sich um die Masse, die mit Temperaturen von über 150 Grad Celsius mit großen Maschinen eingebaut wird und den Fahrbahnbelag ergibt. Ähnlich ist es mit Gussasphalt, der ebenfalls mit sehr hohen Temperaturen an die Baustelle angeliefert und in plastischen Zustand eingebaut wird. Dämmstoffe und Rohrleitungen für Fußbodenheizungen müssen diesen hohen Temperaturen standhalten können. Diese Lösung ist im Wohnungsbau jedoch eher selten, daher wird nicht weiter auf diese Variante eingegangen.

FESTSTELLEN DER BELEGREIFE

Alle Bodenbeläge verlegenden Gewerke und Handwerksbetriebe sind verpflichtet, die Belegreife des Estrichs zu überprüfen, bevor sie mit ihren Arbeiten beginnen. Ist die Belegreife, die sich von Bodenart zu Bodenart in den Anforderungen zum Teil deutlich unterscheidet, nicht gegeben, kann es zu Aufwölbungen, Verformungen oder Rissbildungen im Bodenbelag kommen.

Die Trocknung des Estrichs selbst muss durch die Verlegebetriebe mit der CM-Messung (Calciumcarbid-Messung) überprüft werden. Dabei wird ein Stück Estrich (circa 25 x 25 Zentimeter x Dicke) ausgebrochen und fein zerkleinert.

Die punktuelle Zerstörung des Estrichs erfordert bei Estrichen mit Fußbodenheizung die Kennzeichnung möglicher Messbereiche. Diese Kennzeichnung muss durch den Estrichleger/den Verleger der Fußbodenheizung erfolgen. Das zerkleinerte Material wird dann mit einer Ampulle, in der sich Carbid befindet, sowie vier Stahlkugeln in eine Druckflasche gefüllt. Anschließend wird die Flasche mit einem Manometer verschlossen und so lange geschüttelt, bis die Ampulle zerbrochen ist und die Feuchte der Estrichprobe mit dem Carbid reagiert hat. Dabei entsteht Acetylengas. Der Gasdruck kann dann am Manometer abgelesen werden. Das Verfahren hat sich seit Jahrzehnten bewährt und ist die einzige im Streitfall anerkannte Feuchtemessmethode. Über die verschiedenen Messungen ist jeweils ein Protokoll anzufertigen.

Für mehr Infos zur Methode gibt es diverse Videodateien – einfach „CM-Messung" in den Browser eingeben.

Ebenheit des Estrichs

Ist der Estrich ausreichend aus- und durchgetrocknet, werden auf ihm die verschiedenen Bodenbeläge verlegt. Er muss die zur Aufnahme der Bodenbeläge erforderliche Ebenheitsanforderung erfüllen. Daher ist es wichtig, den Estrichleger rechtzeitig zu informieren, in welchen Raum welcher Bodenbelag kommt und welche Ebenheitsanforderungen bestehen.

Großformatige Fliesen, textile Bodenbeläge und auch dünne Vinylbeläge führen zwangsläufig zu höheren Ebenheitsanforderungen, da sich andernfalls die Unebenheiten des Estrichs nachteilig auf die aufzubringenden Bodenbeläge (Bildung von Hohllagen) oder deren Oberflächenoptik („Achterbahn-Optik" bei dünnen Belägen) auswirken können: höhere Ebenheitsanforderungen gleich höherer Bearbeitungsaufwand gleich höhere Kosten.

Der Bodenverleger muss neben der Belegreife auch die Einhaltung der Ebenheitsanforderungen prüfen. Gibt es Beanstandungen, hat der Estrichleger einen Rechtsanspruch darauf, die Beanstandungen zu überprüfen und seine Leistungen eventuell nachzubessern.

Grundsätzlich müssen Folgegewerke die zulässigen Ebenheitstoleranzen einer Gewerkeleistung akzeptieren und diese zur Erbringung ihrer mangelfreien Leistung ohne Mehrkostenansprüche gegebenenfalls ausgleichen.

→ **Fliesenarbeiten:** Unter Fliesenarbeiten versteht man das Verlegen dünner, gebrannter, plattenartiger Hartbeläge mit und ohne Glasur. Die Verlegung erfolgt heute meist im sogenannten Dünnbett, einer mit einer groben Zahntraufel auf dem Unterboden aufgetragenen Kleberschicht.

WAS ERFAHRE ICH?

Die Fliesen haben bedingt durch ihre Herstellung vergleichsweise hohe Maß- und Ebenheitstoleranzen, es sei denn, es handelt sich um kalibrierte Fliesen. Diese werden mit einem deutlich höheren Herstellungsaufwand sehr maßgenau und mit hohen Ebenheitsanforderung gefertigt. Demzufolge haben sie natürlich einen entsprechend hohen Preis. Die Fliesen werden mit Abstand zueinander verlegt. In einem zweiten Arbeitsgang nach dem Aushärten des Klebers werden die Fugen zwischen den Fliesen mit einer Fugenmasse verfüllt.

Innenabdichtung in Bädern

Bäder und Duschbäder sind besondere Räume. Sie haben höhere Temperaturen und in ihnen liegt eine hohe nutzungsbedingte Wasserbelastung zumindest in Teilflächen vor. Aufgrund dieser Wasserbelastung sind in Bädern und Duschbädern vor Durchführung der eigentlichen Fliesenarbeiten zusätzliche Arbeitsgänge notwendig, die eine funktionierende Innenabdichtung zum Ziel haben. Voraussetzung für die Ausführung der Innenabdichtungsarbeiten ist eine vorliegende sachgerechte Planung.

Die Innenabdichtung für häusliche Bäder ist in der DIN 18134 geregelt. Bei den abzudichtenden Flächen handelt es sich um Boden- und Wandflächen in Bädern und Duschbädern. Ein einzelner Raum mit Toilette und Waschbecken ohne Dusche, zum Beispiel ein Gäste-WC, benötigt keine Innenabdichtung.

Je nach Badausstattung, ob nun mit einer bodengleichen Dusche oder mit einer erhöhten Duschwanne, bestehen unterschiedliche Abdichtungsanforderungen für die Boden- und die Wandflächen. Hierbei sind die nutzungsbedingt auftretenden Wassereinwirkungen auf die jeweiligen Teilflächen zu berücksichtigen. Im häuslichen Bereich treten (abgesehen von Schwimmbädern) die in der Tabelle (siehe Seite 199) dargestellten Wassereinwirkungen auf.

Die Abdichtung soll die Bauteile und die dahinter- beziehungsweise darunterliegenden Gebäudebereiche dauerhaft vor Feuchtebelastungen und Durchnässung schützen.

Grundsätzlich sind Innenabdichtungen immer wannenartig auszubilden, sie sollen eine geschlossene Wanne bilden. Kritisch sind hierbei die Übergänge in angrenzende Räume, insbesondere dann, wenn bodengleich ausgebildete Duschen in der Nähe dieser Übergänge/ Durchgänge liegen. In diesem Fall sind schon in der Planung Zusatzmaßnahmen vorzusehen, die einen Übertritt von Wasser in die angrenzenden Räume vermeiden. Dies wäre zum Beispiel durch Ausbildung einer abgedichteten Schwelle mit mindestens 1 Zentimeter Schwellenhöhe möglich. Solche Schwellenausbildungen erfordern jedoch eine entsprechende Berücksichtigung bei der Ausführung des Estrichs.

Die Abdichtung selbst kann auf verschiedene Art und Weise durchgeführt werden:

- Als **VERBUNDABDICHTUNGEN** in Zusammenwirken mit dem Fliesenkleber. Hierzu ist es erforderlich, dass Dichtungsmaterial und Fliesenkleber miteinander verträglich sind, was letztendlich Materialien vom selben Systemanbieter – dasselbe Fabrikat, derselbe Hersteller – erfordert. Die Hersteller machen Vorgaben für die Verarbeitung und die Mindest-Trockenschichtdicken der Abdichtung. Verbundabdichtungen müssen in mehreren Arbeitsgängen angetragen werden, damit Fehlstellen des einen Arbeitsgangs erst durch die darüber angetragene Abdichtung der folgenden Arbeitsgänge abgedeckt werden. Die Trockenschichtdicken ergeben sich aus den technischen Merkblättern der jeweiligen Fabrikate beziehungsweise sind auch auf den Gebindeverpackungen aufgedruckt.
- Als **ABDICHTUNGSBAHN**, die vollflächig und kraftschlüssig auf die Untergründe aufgeklebt wird. Auch in diesem Fall müssen Abdichtungsbahn und Fliesenkleber miteinander materialverträglich sein, hier gilt ebenfalls: dasselbe Fabrikat, derselbe Hersteller.
- In den Übergängen Boden zu Wand und in den Eckbereichen der Wände sind systemkonforme **ABDICHTUNGSBÄNDER** einzubauen, die im Endeffekt zu einer wannenartigen Ausbildung führen. Diese Dichtbänder sind an den Stoßstellen dicht miteinander zu verkleben und in die Abdichtung einzubetten beziehungsweise bei Abdichtungsbahnen mit diesen zu verkleben.
- Sind horizontale Flächen vorhanden, die planmäßig wasserbelastet werden, dazu gehören auch Fensterbrüstungen oberhalb von Badewannen, sind auch diese Flächen sowie die Übergänge zu angrenzenden senkrechten Flächen, abzudichten.

Feuchteschäden, die ihre Ursache in Bädern und Duschbädern haben, sind leider auch im Wohnungsbau sehr häufig. Daher gehört auch die Innenabdichtung wie schon die Bauwerksabdichtung zu den besonders überwachungspflichtigen Arbeiten. Die Erfahrung zeigt jedoch, dass die notwendige Kontrolle und Überwachung im Regelfall unterbleibt.

Holzkonstruktionen und Feuchtigkeit sind eine extrem ungünstige Kombination. Daher ist gerade bei Häusern in Holzbauweise der innere Feuchteschutz ein maßgebendes Kriterium für die Dauerhaftigkeit dieser Häuser. Als Bauherr oder auch als Käuferin liegt es in Ihrem ureigensten Interesse, dass gerade die Innenabdichtungsarbeiten akribisch überprüft werden. Da die Bauleitungen das im Regelfall nicht tun, müssen Sie das entweder selbst oder durch den Sachverständigen Ihres Vertrauens kontrollieren lassen.

WASSEREINWIRKUNG

Wassereinwirkung	Beispiele
Geringe Wassereinwirkung bei Flächen mit geringer Spritzwasserbelastung	Wandflächen über Waschbecken oder Spülbecken
Mäßige Wassereinwirkung Flächen, die häufig spritzwasserbelastet oder regelmäßig durch Brauchwasser ohne Anstau belastet werden	- Wandflächen in Duschen - Wandflächen über Badewannen - Bodenflächen ohne hohe Wassereinwirkung aus dem Duschbereich
Hohe Wassereinwirkung Flächen, die häufig spritzwasserbelastet oder/und regelmäßig durch Brauchwasser mit Anstau vor allem am Boden belastet werden	- Bodenflächen in Räumen mit bodengleichen Duschen - Bodenflächen mit Abläufen oder Rinnen

Schnittstellenproblematik: Wer übernimmt die Abdichtung des Lochs im Übergang Wannenanschlussband/Innenabdichtung?

Wer macht was bis wohin, sodass sich die Bereiche überschneiden und der eine an den anderen anarbeiten kann?

Innenabdichtung mit Lücke

Ob diese Anschlüsse jemals dicht werden? Eine dauerhaft funktionstaugliche Innenabdichtung darf kein Zufallsprodukt sein.

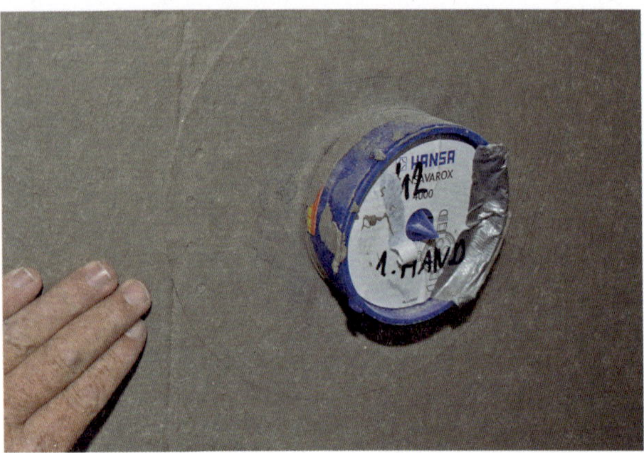

Innenabdichtung Duschwände: Die Trockenschichtdicke ist das Grundkriterium einer dauerhaft funktionsfähigen Abdichtung.

Fehlstelle der Innenabdichtung auf dem Badezimmerboden mit Anschluss an die Duschwanne

Fliesenarbeiten in Bädern

Die Fliesenarbeiten in Bädern umfassen die Arbeiten an den Wand- und den Bodenfliesen. Hierbei treten insbesondere in Duschen und oberhalb von Badewannen regelmäßig Spritzwasserbelastungen der Wandflächen sowie der dem Duschbereich und der Badewanne vorgelagerten Bodenflächen auf. Die Fliesen, der Fliesenkleber und das Verfugungsmaterial müssen für diese Anforderung geeignet sein.

Im Zuge der Fliesenarbeiten werden häufig auch Ablagen im Bereich von Fensterbrüstungen, Vormauerungen oder Vorwänden sowie Nischen in wasserbelasteten Wänden gefliest. Die Abdichtung der dabei entstehenden Kanten kann je nach der gewählten Ausführung sehr anspruchsvoll sein. Sind diese Ablageflächen spritzwasserbelastet, weil sie zum Beispiel in einer Dusche liegen oder oberhalb einer Badewanne angeordnet sind, sind auch diese Flächen abzudichten.

Früher war es üblich, die Wände in Bädern umlaufend zwei Meter hoch oder sogar raumhoch zu fliesen. Dabei mussten keine konstruktiv und optisch anspruchsvollen Anschlussdetails mit Übergängen zu Putzflächen und Sockelausbildungen hergestellt werden, wie sie heute zunehmend üblich sind. Heute sind solche aufwendigen Details üblich und sollten daher schon im Vorhinein im Hinblick auf die Ausführung zumindest besprochen, besser sogar geplant und dreidimensional dargestellt werden. Hier sind die Planer und die ausführenden Handwerkerinnen und Handwerker gefragt: Zu ihren Pflichten gehören die umfassende Beratung und Aufklärung der Auftraggeber im Hinblick auf Ausführung und auf Optik.

GRUNDREGELN FÜR DAS FLIESEN IN NASSRÄUMEN

→ **VERTRÄGLICHE MATERIALIEN**
Die verwendeten Materialien, hierbei insbesondere der Fliesenkleber, müssen mit den Abdichtungsmaterialien an Boden und Wänden sowie mit den Einlegebändern im Übergang Boden zu Wand verträglich sein. In der Regel sollen Abdichtung und Kleber vom selben Hersteller stammen.

→ **FLIESENFORMATE**
Je größer das Fliesenformat ausfällt, umso höher ist der Anspruch an die Ebenheit der zu belegenden Oberfläche, also der Wand und des Bodens. Dies sollte bei der Fliesenauswahl entsprechend beachtet werden. Bei zu großen Ebenheitstoleranzen kommt es zu großflächigen Hohllagen unter den Fliesen und damit möglicherweise zu einer nicht ausreichenden Haftung am Untergrund.

→ Als Bauherr oder auch als Käufer liegt es in Ihrem ureigensten Interesse, dass gerade die Innenabdichtungsarbeiten akribisch überprüft werden.

→ **BODENGLEICHE DUSCHEN**
Das Fliesen der Bodenfläche in bodengleichen Duschen ist, was die Komplexität angeht, mit eine der Königsdisziplinen des Fliesenlegerhandwerks. Hierbei sind die Fliesen so zu schneiden, dass das erforderliche Gefälle zur Ablaufrinne oder zum Ablauf hin gewährleistet ist. Je nach Lage und Gefälleausbildung erfordert das „kunstsägerische" Fertigkeiten. Dann soll das Ganze ja auch noch gut aussehen, was erhebliche Ansprüche an die Symmetrie der Ausführung stellt.

→ **WASSERABLAUF BEI SPRITZWASSERBELASTETEN FLÄCHEN**
Ablageflächen, die regelmäßig durch Spritzwasser belastet werden – Nischen in Duschen und über Badewannen, Ablagen und Fensterbänke im Bereich von Badewannen – sollten mit Gefälle ausgeführt werden, damit kein Wasser stehen bleibt.

Anfliesen an die Entwässerungsrinne einer bodenebenen Dusche: Die Dichtheit sollte über die plastische Fugenmasse erreicht werden.

Nischenausbildung in einer Dusche: Die Stellfläche sollte mit leichtem Gefälle ausgebildet sein, damit das Wasser abläuft.

Niedrige Aufkantung Duschwanne–Fußboden: überstehende Fliesenecke, Übergang zu Bodenfliesen klafft und ist nicht dicht.

→ **ABMAUERUNGEN**
Wir sprechen hier von senkrechten Übergängen zu Bade- und Duschwannen. Dort steht meist die Ecke der Fliesen über die ausgerundeten Ecken der Sanitärobjekte hinaus.

Fliesenarbeiten in Wohnräumen

Bei den Fliesenarbeiten in sonstigen Räumen handelt es sich im Wesentlichen um das Legen von Bodenfliesen. Diese sind heutzutage typischerweise quadratisch oder rechteckig und werden mal mit engeren, mal mit größeren Fugen in sogenannten Verbänden verlegt. In Abhängigkeit des vertraglich vereinbarten Verlegeverbands fällt für den Verleger mehr oder weniger Verschnitt an. Verschnitt bedeutet Materialverlust und Arbeitszeit, ist also mit nicht unerheblichen Kosten verbunden. Daher haben die Verleger natürlich ein Interesse daran, den Verschnitt so gering wie möglich zu halten. Ist kein Verband vereinbart, werden sie mit dem Fliesenrest die nächste Reihe beginnen, den Sie in der zu vorgelegten Reihe abschneiden mussten. Dies nennt sich dann „wilder Verband".

Andere Verbandsstrukturen sind zum Beispiel der Kreuzverband, der Halbverband, der Drittelverband, der Viertelverband oder der Fischgrätverband. Die Verbände können auch diagonal verlegt werden – etwa wie in der Grafik als Kreuzverband (siehe Seite 203).

Die Diagonalverlegung hat aufgrund der sich dadurch ergebenden langen Diagonalschnitte an den Wandanschlüssen unabhängig von der Verbandsvariante den größten Verschnitt und den größten Schneideaufwand – und kostet daher deutlich mehr.

Bei Verwendung unterschiedlich großer Bodenfliesen entstehen Mosaikstrukturen, die entweder regelmäßig oder auch stark unregelmäßig sein können.

FUGENBILD

Die Fugen der Bodenfliesen können, wenn sie in einer Linie durch den Raum laufen, Orientierungslinien für das menschliche Auge sein. Maßabweichungen, egal ob sie nun durch eine nicht wandparallele Verlegung oder durch nicht rechtwinklig stehende Raumwände hervorgerufen werden, fallen so besonders intensiv ins Auge und können zu Irritationen führen.

Bei Verlegungen, die nur in einer Richtung durchgehende Fugen aufweisen, ist vorher zu überlegen, ob diese Fugen über die Raumbreite oder über die Raumlänge angeordnet werden sollen. Die Verlegerichtung und das dadurch hervorgerufene Fugenbild beeinflussen die Wahrnehmung der Raumgrößen maßgeblich. Daher sollten Sie sich die Zeit nehmen, um über diese Punkte bewusst nachzudenken.

FLIESENFORMAT

Je größer das Format der Bodenfliesen ausfällt, umso höher ist die Anforderung an die Ebenheit des Estrichs. Bei Fehlern kommt es zu mehr oder weniger großen Hohllagen unter den Fliesen, die beim Begehen oder Bespielen durch die Kinder hörbar und störend werden.

ANGRENZENDE BODENBELÄGE

An den Stellen, an denen unterschiedliche Bodenbeläge aneinandergrenzen, sind die sich daraus ergebenden Höhenunterschiede im Vorhinein zu bedenken. Nicht selten entstehen sonst Höhenversätze von mehreren Millimetern. Solche Versätze stellen typische Stolperschwellen dar, und wenn man barfuß direkt auf diese Übergänge tritt, macht sich das unangenehm bemerkbar.

ZULÄSSIGE VERSÄTZE

Fliesen sind, wie anfangs schon erwähnt, Bauprodukte, die relative große Maßabweichungen und auch Krümmungen haben können. Daher kann es im Übergang von einer Fliese zur anderen auch mal kleinere Versätze geben. Solche den Ebenheitsabweichungen und dem Brennvorgang der Fliesen geschuldete Krümmungen sind in gewissem Rahmen gar nicht zu vermeiden und daher zulässig.

Scharfe Schnittkanten sind zu brechen, sodass man sich nicht an ihnen verletzen kann. Fehlstellen in der Verfugung, zum Beispiel Ausbrüche oder Löcher, sind nicht zulässig.

Ob in Bädern oder in Wohnräumen: Weder der Fliesenkleber noch die Fugenmasse der Bodenfliesen darf die über die Estrichrandfuge hinweg einen schallschlüssigen Kontakt zu den Wänden bekommen.

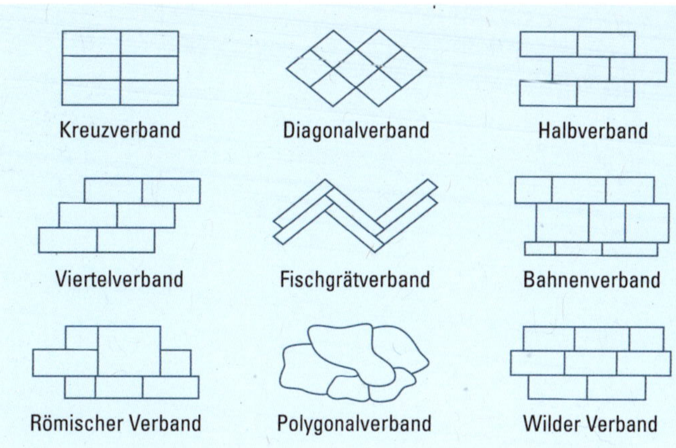

Diese Übersicht zeigt Verlegeverbände für Fliesen und Bodenbeläge sowie Pflastersteine.

Fliesenarbeiten auf Treppen

Geflieste Treppen sollen auch beim Begehen unter ungünstigen Voraussetzungen – mit nassen/feuchten Schuhen, auf rutschigen Socken oder barfuß – sicher sein. Die Fliesen sollten daher eine entsprechend raue Oberfläche aufweisen, um ein Ausrutschen und die damit verbundenen meist schmerzhaften Folgen zu vermeiden.

Beim Begehen von Treppen spielt das Fugenbild der Treppenstufen eine wichtige Rolle. Die sowohl von unten (Vorderseiten = Stellbretter) als auch von oben sichtbaren Fugen der Trittstufen (die Flächen, auf die getreten wird) bilden eine optische Orientierungslinie. Springen die Fugen auf diesen Flächen hin und her, erschweren die dadurch ausgelösten Irritationen das Begehen der Treppe.

Dieser Herausforderung gerecht zu werden, ist bei geradläufigen Treppen einfach zu lösen, bei gewendelten Treppen muss der Fliesenverleger sich einen guten Plan machen und handwerkliches Geschick aufbringen, um ein klar führendes Fugenbild zu erzielen.

Höhenversatz zwischen zwei Fliesen

Als Vergleichsmaßstab dient hier eine 2-Cent-Münze.

Ist der Versatz niedriger als eine 2-Cent-Münze, ist das im Regelfall in Ordnung.

Aufgerissene Fugen sind in neu erstellten Fliesenböden ein Beanstandungspunkt.

Auch Ausbrüche von Fugenmaterial dürfen beanstandet werden.

Schallschlüssiger Kontakt von Estrich zu Wänden

→ Weitere Bodenbelagsarbeiten: Hier geht es um eine ganze Reihe von Bodenbelägen, die jeweils notwendigen Arbeiten und die typischen Beanstandungen, die bei den verschiedenen Bodenbelägen auftreten.

WAS ERFAHRE ICH?

Die Ausführung des Bodenbelags nach Farbe und Material hat erheblichen Einfluss auf das Raumempfinden, die Raumakustik und damit auf das Wohngefühl. Bodenbeläge unterliegen in Abhängigkeit der jeweiligen Raumnutzung und Frequentierung einem unterschiedlichen Verschleiß. Daher ist es sinnvoll, in Durchgangsbereichen oder vom Garten her zugänglichen Wohnräumen einen robusteren Bodenbelag zu wählen als beispielsweise in den hauptsächlich zum Schlafen genutzten Räumen. Harte Bodenbeläge – Fliesen, Parkett, Naturstein oder Vinyl – erhöhen die Halligkeit von Räumen, während textile Bodenbeläge schallabsorbierend , also halligkeitsdämpfend wirken.

Verlegerichtung

Je nach Format der Bodenbeläge hat die Verlegerichtung einen wesentlichen Einfluss auf das optische Raumgefühl. Ein langer, schmaler Raum wirkt noch länger, wenn die Hauptverlegerichtung parallel zur längeren Raumseite erfolgt. Erfolgt die Verlegung jedoch quer dazu, wirkt der Raum etwas breiter, dafür aber nicht mehr so lang.

Nicht nur für Fliesen, sondern auch für alle anderen Bodenbeläge gilt, dass sich durch die erkennbaren Fugen oder über die Verlegerichtung von gemusterten Bodenbelägen Führungslinien ergeben, die beim Begehen unbewusst als optische Orientierungsachsen wahrgenommen werden. Laufen diese Achsen aus dem geplanten Winkel und verlaufen schräg im Raum, führt dies zu Irritationen.

Damit am Ende das für Sie angenehmste Raumgefühl erreicht wird, sollten Sie Führungslinien und Verlegerichtung von Bodenbelägen vor Beginn der Arbeiten mit den Bodenlegern abstimmen und verbindlich vereinbaren. Bei Bedarf kann auch eine Probeverlegung erfolgen, damit Sie die Raumwirkung ganz konkret im jeweiligen Raum beurteilen können. Bitte vergessen Sie die schriftliche Bestätigung an den Bodenleger, die Bauleitung und die Dokumentation im Bautagebuch nicht!

Parkettarbeiten

Als Parkett werden verschiedene Produktformen oder Qualitätsstufen bezeichnet. Es gibt das auf dem Estrich verklebte **MASSIVHOLZPARKETT** in 8, 12 und 16 Millimeter Stärke und das **FERTIGPARKETT** mit einer 3, manchmal

Stabparkett mit Längsverlegung (parallel zur längeren Achse) im Flur …

… die sich als Querverlegung (Quer zur Längsachse) im Hauptwohnraum fortsetzt.

4 Millimeter starken Massivholzschicht auf kreuzweise darunter angebrachten Holzwerkstoff- oder Sperrholzplattenschichten. Fertigparkett wird entweder schwimmend – das heißt lose aufgelegt – verlegt oder wie das Massivholzparkett auch auf dem darunterliegenden Estrich verklebt.

Für Massivholzparkett wird häufig Eiche, Buche oder auch Bambus verwendet. Fertigparkett gibt es mit vielen Holzarten in der Nutzschicht.

Massivholz neigt zu trocknungsbedingten Rissen und Verformungen, die sich auch erst im Lauf einiger Jahre bemerkbar machen können, daher sind Massivholzparkette in der Regel kleinteilig. Bei Fertigparkett sind deutlich größere Abmessungen der Verlegeeinheiten üblich. Hier kommt häufig ein Klickparkett zum Einsatz, bei dem die einzelnen Elemente an ihrer Nut- und Federverbindung ineinander geklickt und dadurch fest verbunden werden.

Je nach Art des gewählten Parketts, seiner Aufbauhöhe und der Verlegeart sollte der im Vorfeld verlegte Estrich für die mit Parkett auszustattenden Räume höhenmäßig angepasst sein. Erfolgt dies nicht, entstehen zwischen den unterschiedlichen Bodenbelägen Höhenversätze, die entweder durch Anspachteln oder durch tatsächliche Versatzschwellen – auch Stolperschwellen genannt – ausgeglichen werden müssen.

PRÜFPFLICHTEN DES VERLEGERS

Der Parkettverleger hat die Vorleistung – die vorgefundene Estrichfläche – auf die Einhaltung der Ebenheitstoleranzen und die Restfeuchtigkeit beziehungsweise die Belegreife (siehe Seite 197) zu überprüfen. Hierbei gilt einzig und allein eine regelrecht durchgeführte CM-Messung als anerkannte Regel der Technik. Andere Varianten mit elektrischen Feuchtemessgeräten oder aber mit dem Aufkleben von Folien haben lediglich orientierenden Charakter, können im Streitfall aber nicht herangezogen werden. Dies kann in dem Moment relevant werden, wo die Bodenbelagsarbeiten direkt in Ihrem Auftrag und somit vertraglich als Eigenleistungen der Bauherren erfolgen.

Der Parkettleger ist dafür verantwortlich, dass der von ihm verlegte Parkettboden nach Fertigstellung die Ebenheitsanforderungen erfüllt, die an einen fertigen Belag zu stellen sind. Das sind höhere Anforderungen, als die für nicht oberflächenfertige Estriche. Ein gewisses Maß an Ausgleichs- und Nivellierarbeiten vor der Parkettverlegung sind daher im Leistungsumfang inbegriffen beziehungsweise sollten darin inbegriffen sein, wenn ein seriöses Angebot gemacht wurde.

Aber werden die Ebenheitsanforderungen an den Estrich nicht erfüllt, entsteht dem Parkettleger ein vergütungspflichtiger Mehraufwand. Damit hierdurch für die Bauherren keine unkalkulierbaren Kostenrisiken im Raum stehen, muss die Ebenheitsprüfung erfolgen und die Größenordnung der dadurch verursachten Mehrkosten benannt werden.

Sie haben dann die Möglichkeit, diesen Mangel der nicht ausreichenden Ebenheitstoleranzen gegenüber dem Estrichleger oder aber gegenüber Ihrem Hausbauunternehmer anzuzeigen und in diesem Zuge die Mängelbeseitigung unter Setzung einer angemessenen Ausführungsfrist einzufordern. Je früher der in Ihrem Auftrag tätige Parkettleger die Ebenheitstoleranzen prüft, umso geringer sind die terminlichen Auswirkungen, wenn der Estrichleger nachbessern muss. Eine Überprüfung unmittelbar bevor die Arbeiten ausgeführt werden sollen, hat, wenn es Beanstandungen gibt, zwangsläufig eine Terminverschiebung zufolge. Hat der Estrichleger keine Möglichkeit, die Beanstandung zu prüfen und gegebenenfalls nachzubessern, können ihm gegenüber auch keine Kosten geltend gemacht werden.

TYPISCHE MÄNGEL BEI PARKETTARBEITEN

Typische Beanstandungen, die bei Abnahmen geltend gemacht werden, sind Beschädigungen am Parkett, die in aller Regel nicht durch die Parkettarbeiten, sondern durch Folgehandwerker hervorgerufen werden. Der Verursacher kann Ihnen gleich sein, solange die Arbeiten alle aus einer Hand kommen; sind die Folgearbeiten oder gar die Parkettarbeiten in Ihrem direkten Auftrag erfolgt, ist der Verursacher jedoch durchaus relevant.

Laminatarbeiten

Laminat hat einen ähnlichen Aufbau wie Fertigparkett, allerdings besteht die Nutzschicht nicht aus Holz, sondern aus einem mit unterschiedlichen Motiven bedruckten Papier unter einer transparenten Verschleißschicht. Der Preis des Laminats hängt maßgeblich von der Qualität, also der Dauerhaftigkeit der Verschleißschicht ab.

Laminat muss mehrere Tage lang in ausgepacktem Zustand auf der Baustelle lagern, um sich an die dort herrschenden Raumluftfeuch-

Eindellungen im Parkett

Eindellungen im Parkett – hier aus größerem Abstand gesehen

Fotografieren von Schäden in Bodenbelägen: Vereinzelte breitere Fugen sind zulässig.

teverhältnisse anzupassen. Da Laminat auf Feuchteeinwirkungen mit Längen- und Breitenzuwächsen der einzelnen Laminatplatten noch sensibler reagiert als Fertigparkett, wird Laminat im Regelfall auch schwimmend verlegt. Häufig wird vorher unter dem Laminat auch eine – gegebenenfalls metallkaschierte – Trennlage ausgelegt, die das Laminat vor nachdrückender Feuchte aus dem Estrich schützen soll. Zusätzlich wirkt diese Schicht trittschalldämpfend.

Erfolgen keine Schutzmaßnahmen gegen Feuchtigkeit aus dem Boden, kommt es im verlegten Zustand zu einem Längen- und Breitenwachstum des Laminats, was häufig zu Aufwölbungen führt. Dies lässt sich durch Nachschneiden an den Rändern korrigieren. Der Spielraum ist hier aber begrenzt: Während der Nutzungszeit schrumpft das Laminat durch Austrocknung wieder, und dann entstehen Fugen entlang der Ränder, die durch die Sockelleisten häufig nicht mehr abgedeckt werden.

Achten Sie unbedingt auf den Wandabstand. Entsprechende Verlegehinweise finden sich im Internet oder können im örtlichen Baumarkt erfragt werden.

Typische Beanstandungen sind Schäden am Laminat, die häufig durch Folgehandwerker verursacht werden, ähnlich wie beim Parkett, sowie die zuvor erwähnten Aufwölbungen.

Kunststoffböden und Linoleum

Da diese Beläge eine erhöhte Dampfdichtigkeit aufweisen, muss der Estrich vor den Vorarbeiten zum Verlegen eine entsprechende Belegreife erreicht haben.

Kunststoffbodenbeläge wie Vinylbeläge, PVC-Beläge oder Linoleum sind sehr dünnschichtig. Unebenheiten des Bodens zeichnen sich an der Belagoberfläche deutlich ab. Daher sind auch hier für die Ebenheitstoleranzen des Estrichs die erhöhten Anforderungen nach Norm zu vereinbaren.

Verlegt werden die einzelnen Beläge als Platten- oder Bahnenware. Üblicherweise erfolgt eine punktuelle, linienförmige oder auch vollflächige Verklebung auf dem Untergrund.

Bei einer Verlegung von Bahnenware sind die Längs- und Querstöße zu versiegeln. Dies erfolgt durch Verklebungen oder durch Einbringen einer erhitzten Schmelzschnur. Die üblichen Bahnenbreiten liegen je nach Material zwischen 3 und 5 Metern. Klären Sie die verfügbare und die wirtschaftliche Bahnbreite (geringstmöglicher Verschnitt) im Vorfeld mit dem Bodenleger ab. Ähnlich wie bei den Fliesenfugen bilden die Längsfugen der Bahnen optische Orientierungslinien. Diese können bei ungünstigem Fugenverlauf störend wirken.

Textile Beläge

Zu den textilen Belägen gehören die heutzutage eher verpönten Teppichböden, die wie die Kunststoffbeläge als Bahnenware oder als Einzelplatten auf die Baustelle geliefert werden. Ein großer Vorteil der Teppichböden ist ihre trittschall- und halligkeitsdämpfende Wirkung. Diese Beläge dämpfen Trittimpulse bereits stark ab, bevor sie auf den Unterboden beziehungsweise den Estrich und die darunter liegende Decke einwirken.

Eine Verlegung ist lose, mit Teilflächen- oder punktueller Verklebung oder vollflächig verklebt möglich. Bei gemusterten Teppichböden ist bei der Ausführung der Bahnenstöße auf Kontinuität des Musters zu achten.

TYPISCHE MÄNGEL BEI TEXTILEN BODENBELÄGEN

Fertigungsabhängig haben die Fasern textiler Bodenbeläge eine Ausrichtung, die für das Farbenspiel oder die Struktur maßgebend ist. Mit dieser Verlegerichtung kann bei einer Verlegung von Teppichfliesen gespielt werden, um beispielsweise ein Schachbrettmuster mit gleichfarbigen Fliesen zu erzeugen. Bei der Verlegung von Bahnenware ist so ein Richtungswechsel zumeist unerwünscht. Die Bahnen werden in abgestuften Standardbreiten und mit bestimmten Längen hergestellt. Je nach Raumgrößen sind Stöße in Längs-Querrichtung nicht vollständig zu vermeiden. Diese sind sorgfältig auszuführen.

Natur- und Kunststeinbeläge

Naturstein ist ein Naturprodukt, es hat daher naturgegebene Einschlüsse und Strukturfehler, zum Beispiel zugesinterte Risse und Brüche oder fossile Reste früherer Lebensformen. Diese sind – außer es wurde explizit eine einschlussfreie Qualität vereinbart – nicht zu beanstanden, also kein Mangel.

Für die Nutzung ist die Härte des Materials und damit die Robustheit der Oberfläche von besonderer Bedeutung. Weichere Gesteine neigen eher zum Zerkratzen, wenn zum Beispiel später ein Möbelstück verschoben wird oder jemand mit Straßenschuhen mit Sand und Splitt an den Sohlen darüber läuft.

Je nach Art des verlegten Materials reagieren die Steinböden auch sensibel auf Flüssigkeiten. Wenn einmal unabsichtlich etwas verschüttet wird, kann es zu unschönen Flecken und Verfärbungen kommen. Dies ist später bei der Nutzung auch für die Reinigung zu beachten. Bauherren und Käufer sollten sich diesbezüglich unbedingt im Vorhinein umfassend beraten lassen.

Natursteinbeläge in der Stärke von 8 bis 10 Millimetern können auf dem Estrichunterbau wie verklebte Fliesen verlegt werden (siehe Seite 203). Alternativ gibt es für stärkere Platten um die 2 Zentimeter Dicke eine Verlegung auf dem Mörtelbett, dem sogenannten Dickbett.

Mörtel und Fugenmaterial sind auf das jeweilige Gestein abzustimmen. Es darf keine Wechselwirkungen, zum Beispiel Farbveränderungen an den Platten-/Fliesenrändern geben.

Kunststeine bestehen aus Natursteinpartikeln und Natursteinpigmenten, die unter Verwendung von bitumenhaltigen oder kunststoffmodifizierten Bindemitteln/Klebern hergestellt werden. Sie werden häufig als Fensterbänke, Gehbeläge und Treppenbeläge eingesetzt.

ACHTUNG: Polierte Naturstein- und Kunststeinoberflächen sind sehr glatt und demzufolge rutschig. Es besteht gerade bei Treppenbelägen, aber auch in der Fläche ein gewisses Unfallrisiko, insbesondere dort, wo noch feuchte Schuhe getragen werden.

Natursteinfensterbänke und darauf abgestellte Getränkebehältnisse: eine mögliche beanstandungsträchtige Kombination

TYPISCHE MÄNGEL BEI NATUR- UND KUNSTSTEINBELÄGEN

Typische Beanstandungen sind Kantenabbrüche, Kratzer, abgebrochene Ecken oder Flecken. Bei Bodenbelägen sind es wie bei Fliesen auch Versätze zwischen einzelnen Platten. Diese werden wie bei Bodenfliesen mithilfe einer 2-Cent-Münze beurteilt.

→ Malerarbeiten / Finish-Beschichtungen innen: Raumseitige Oberflächen an Decken und Wänden sind Gestaltungsspielräume für die Akzentuierung durch Farben, Strukturen, Applikationen. Dies kann durch Anstriche, Bildtapeten oder andere Wandbeläge erreicht werden.

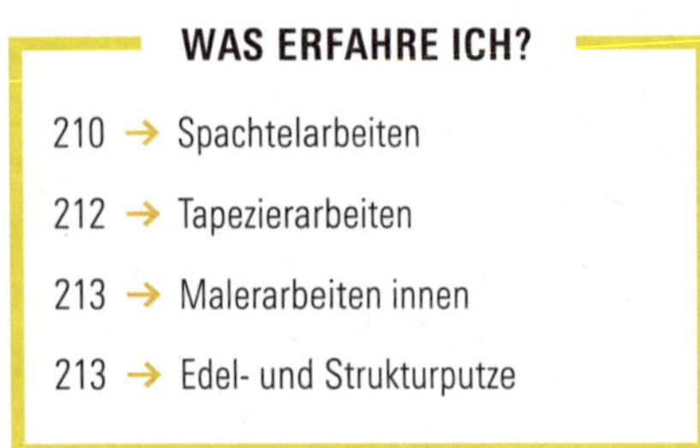

WAS ERFAHRE ICH?

Das Temperaturempfinden im Raum hängt maßgeblich von der Farbgebung der Innenraumoberflächen ab. Hier kann das Stöbern in Wohnzeitschriften Anregungen liefern oder auch die Beratung durch einen Wohnraumgestalter oder Innenarchitekten. Tapeten können die fast immer vorhandenen minimalen Risse im Putz überbrücken und Fototapeten die ganze Atmosphäre von Räumen prägen.

Spachtelarbeiten

Bei Spachtelarbeiten handelt es sich um wichtige Vorarbeiten für die Finish-Oberflächen. Sie können in verschiedenen Gewerken angesiedelt sein. Häufig erledigt sie der Trockenbauer oder aber der Handwerker, der die Trockenbauplatten anbringt, gleich mit. Oder der Stuckateur überspachtelt die Decke vollflächig.

EBENHEIT DER OBERFLÄCHE

An dieser Stelle müssen wir die Qualitätsanforderungen an die Flächen betrachten. Die Qualitätsstufen für die Oberflächen werden entweder in der Baubeschreibung definiert – dort in aufsteigenden Qualitätsstufen mit Q1, Q2, Q3 oder Q4 bezeichnet – oder ergeben sich zwangsläufig aus der Art der Oberflächenbeschichtung. Die Tabelle auf Seite 188 beschreibt die je nach Qualitätsstufe zu erfüllenden Mindestanforderungen. „Mindest" heißt: Besser darf sein, schlechter nicht. Höhere Qualitätsanforderungen bedeuten immer höheren Aufwand und damit auch höhere Kosten. Sofern Sie sich im Zuge der Bemusterung oder aber bei der Festlegung mit dem Maler auf einen höherwertigen Oberflächenbelag einigen, müssen Sie, wenn die Spachtelarbeiten von anderen Gewerken ausgeführt werden, diese über möglicherweise erhöhte Anforderungen informieren und dann auch die daraus resultierenden Mehrkosten tragen.

Es ist faktisch unmöglich, mit handwerklicher Tätigkeit eine absolut glatte und ebene Oberfläche zu erzielen. Bei einer frontalen Betrachtung aus gebrauchsüblichem Abstand dürfen bei Oberflächen der Qualitätsstufe Q3 oder Q4 nahezu keine Unebenheiten erkennbar sein. Bei einer Betrachtung unter Streiflicht, das heißt von der Seite, werden hier trotzdem minimale Unebenheiten sichtbar. Das ist in gewissem Rahmen zulässig und nicht in jedem Fall ein Mangel.

Das durch die Fenster einfallende Licht ergibt ganz natürliche Streiflichtsituationen, die bei der Oberflächenbearbeitung berücksichtigt werden müssen. Wenn beim späteren Wohnen Streiflichtsituationen durch künstliche Beleuchtung herbeigeführt werden, zum Beispiel eine indirekte Beleuchtung durch Wandfluter oder Deckenfluter, sollten Sie den ausführenden Handwerkern dies ankündigen, damit sich diese bei der Arbeitsausführung darauf einstellen können.

SPACHTELARBEITEN AN DECKEN

Hierunter ist die Teilflächen- oder vollflächige Spachtelung von Stahlbetondecken zu verstehen. Werden die Decken, wie im Wohnungsbau häufig üblich, aus Filigranplatten mit Aufbeton erstellt, müssen im Regelfall nur die Fugenbereiche gespachtelt werden. Die Fugen sind dabei in die Fläche auszuziehen, sodass eine nahezu ebene Oberfläche entsteht. Höhenversätze von Fertigteildeckenplatten sind dabei so großflächig auszugleichen, dass sie optisch verschwinden.

Bei Stahlbetondecken, die örtlich geschalt und betoniert wurden, zeichnet sich das Negativbild der Schalung an der Deckenuntersicht ab. Dies ist nur zu beseitigen, indem die Deckenuntersicht entweder vollflächig verputzt oder aber die Betonfläche vollflächig geschliffen und dann vollflächig überspachtelt wird. Waren die Rohbauer nicht besonders sorgfältig und haben die abgezwickten Reste der Binderdrähte nicht entfernt, zeichnen sich an der Betonuntersicht sehr schnell rostbraune Flecken ab, die durch die Korrosion der Eisendrähte unter baustellenfeuchten Bedingungen hervorgerufen werden. Derartige Einschlüsse sind zu entfernen oder aber durch eine absperrende Beschichtung zu überdecken, bevor mit den Finisharbeiten an der Decke begonnen wird.

FUGENSPACHTELUNG BEI TROCKENBAUARBEITEN

Die Anschlussfugen sollen gut aussehen und dürfen keine Risse bekommen. Die Gipskarton-

Laub- und andere Einschlüsse in der Deckenuntersicht einer vor Ort geschalten und betonierten Stahlbetondecke

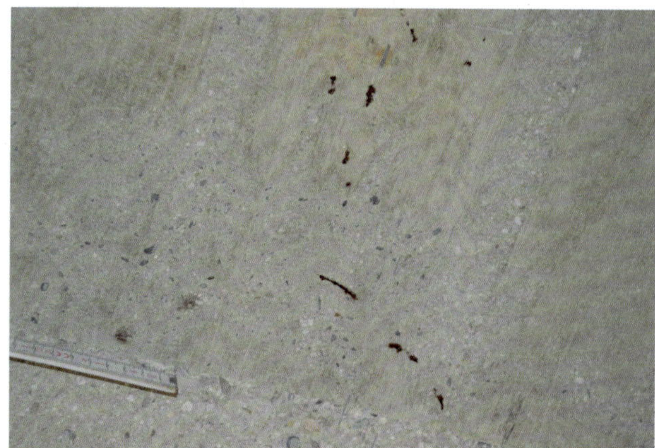

Rödeldrahtreste von den Bewehrungsarbeiten an vor Ort geschalten Decken ...

Solche Einschlüsse rufen, wenn nicht entfernt oder mittels Sperranstrich abgeschlossen, ständig Fleckenbildung hervor.

oder Gipsfaserplatten, die die Grundlage für die Oberflächenbeschichtung bilden, sind so zu verbauen, dass sie eine ebene Fläche bilden. Bei Ausbildung von Rundungen sind diese so herzustellen, dass eine kontinuierlich gerundete Fläche entsteht. Die Fugen ergeben sich entweder automatisch durch die Plattenabmessungen oder aber durch die Stöße von Plattenzuschnitten. Deren Kanten sind dann abzuschrägen, sodass die Fugenmasse – ein besonderer vom Plattenhersteller mitgelieferter Fugenmörtel/-spachtel – ausreichend Haftfläche zur Verfügung hat. Das Einbetten von Gewebestreifen im Fugenbereich verhindert oder reduziert das Risiko von Rissbildungen in den Fugen.

Übergangsfugen zu anderen Bauteilen sind ebenfalls zu spachteln. Beim Übergang von der Wand zur Dachschräge, die sich im Regelfall minimal bewegt, ist die Fugenausbildung eindeutig festzulegen. Auf Dauer hält keine Überspachtelung den durch Wind, Temperaturdifferenzen und Schneeauflage hervorgerufenen Bewegungen in der Dachfläche stand. Die Fuge „schafft sich frei". Von daher ist aus technischer Sicht sogar anzuraten, diese Fuge nach dem Anspachteln mit einem Cuttermesser aufzuschneiden und als feine schwarze Linie zu belassen. In diesem Zustand kann sich die Dachfläche bewegen, ohne dass dies Auswirkungen auf die Wand beziehungsweise die Wandbeschichtung hat. Ein Schließen der Fugen mit plastischer Dichtungsmasse ist an dieser Stelle nicht zu empfehlen, da sich infolge der Klebekraft der Fugenmasse der Riss dann sogar etwas tiefer und unregelmäßiger auf der Wand abzeichnet. Dort ist es dann keine schmale gerade Fuge mehr, sondern ein im Regelfall höchst unschön aussehender mehr oder weniger langer Riss.

Je nach vertraglich vereinbarter Qualitätsstufe sind mehrere Arbeitsgänge notwendig. In vielen Fällen bietet Ihnen der Hausersteller die Malerarbeiten gar nicht an oder aber eine Standardausführung mit Raufasertapete Mittelkorn. Raufasertapeten sind sehr tolerant, was die Unebenheit der zu beschichtenden Oberfläche angeht, da sie diese – aufgrund ihrer eigenen Rauigkeit – kaschieren.

SPACHTELUNG VON VOLLGIPSWÄNDEN

Die Oberflächen von Vollgipsplattenwänden und die womöglich in den Platten enthaltenen Poren sind glatt zu überspachteln. Auch hierzu ist die passende Spachtelmasse zu verwenden. Die Anschlüsse zu angrenzenden Bauteilen sollten freigeschnitten werden (Kapillarschnitt mit dem Cuttermesser), damit die sich zwangsläufig einstellenden Schwindprozesse der Vollgipswand ohne größere Beeinträchtigung anderer Bauteile ablaufen können (siehe auch die Bilder bei Trockenbauarbeiten, ab Seite 183).

Tapezierarbeiten

Bei Tapezierarbeiten werden zellulosehaltige oder textile Beläge, die als Bahnenware geliefert werden, an Wand- und Deckenoberflächen aufgebracht. Bei sehr glatten oder gemusterten Tapeten sind zusätzliche Vorarbeiten notwendig, um ein optisch ansprechendes Ergebnis zu erzielen, zum Beispiel zusätzliche Spachtelarbeiten oder aber das Auftragen einer Makulatur (einer oft auch als Malervlies bezeichneten Untertapete).

Bei Tapeten ohne Muster werden die Bahnen, so wie sie auf Länge geschnitten werden, an den Wänden verklebt. Bei gemusterten Tapeten ist ein Angleichen und Ausrichten des Musters bei jedem einzelnen Tapetenansatz erneut notwendig.

Es ist immer in die Ecken hinein beziehungsweise zu den Außenecken hin zu tapezieren, nie um die Ecke herum. Sonst verkürzt sich die anfangs nasse Tapetenbahn infolge der Austrocknung des Tapetenklebers etwas und die Tapete zieht sich so quasi aus der Ecke heraus oder wird von der Ecke weggezogen und reißt dadurch ein.

Tapeten sind gut rissüberbrückende Baumaterialien. Im Hinblick auf die erforderliche Ebenheit des Untergrundes wird hier auf die Tabellen zu den Oberflächenqualitäten bei den Innenputz- und den Trockenbauarbeiten hingewiesen (siehe Seiten 188 und 191). Je feiner eine Oberfläche, umso höhere Anforderungen werden an die Ebenheit des Untergrundes gestellt.

Malerarbeiten innen

Unter Malerarbeiten ist in erster Linie das Aufbringen von Farbe in unterschiedlichen Arbeitstechniken zu verstehen. Raufaser- und Vliestapeten erhalten einen flächendeckenden Anstrich. Es braucht aber nicht unbedingt eine Tapete auf den raumseitigen Oberflächen. Bei entsprechender Oberflächenqualität – hier mindestens Q3 – können die Wand-, Decken- und Dachschrägen auch direkt gestrichen werden. Diesen Mehraufwand von Q2 auf Q3 sollte man dann aber in Kauf nehmen, sonst wird das Ergebnis in optischer Hinsicht nicht befriedigend ausfallen.

Für Innenräume sollen nur Farben verwendet werden, die gesundheitlich unbedenklich sind. Hier kann der blaue Engel als Orientierungshilfe dienen.

Zwischen guten und weniger guten Farben gibt es erhebliche Unterschiede, was den Deckungsgrad der Farbe angeht. Der Deckungsgrad ist abhängig vom Verhältnis zwischen Farbpigmenten, Lösungsmittel – hier kommt im allgemeinen Wasser zum Tragen – und den dispergierenden Zusätzen. Je höher der Kunststoff-Dispersionsanteil (Dispersionen sind stabile Gemische, in denen Stoffe so fein ineinander verteilt sind, dass die Stoffteilchen ineinander „schweben") in einer Farbe ist, desto attraktiver ist sie für einen Befall mit Schimmelpilzen, die die organischen Anteile der Farbe verstoffwechseln. Farben mit einem hohen Anteil an mineralischen Pigmenten und einem geringen bis gar keinem Dispersionsanteil, zum Beispiel Kalkfarbe, bilden ein alkalisches Milieu, das für Schimmelpilze unattraktiv ist. Das Aufragen der Farbe erfolgt in mindestens zwei Arbeitsgängen, bis der Farbton überall gleichmäßig deckend angetragen wurde. Mit gut deckenden Wandfarben braucht es weniger Arbeitsgänge als bei den schlechter deckenden. Das hat wiederum Auswirkungen auf die aufzuwendende Arbeitszeit.

Edel- und Strukturputze

Anstelle von Tapete und Farbe oder nur Farbe können raumseitige Oberflächen auch abschließend mit einem Edelputzauftrag gestaltet werden. Hierbei handelt es sich im Regelfall um durchgefärbte Putze mit unterschiedlichen Körnungen, die möglichst spät aufgebracht werden, am besten als Letztes vor dem Einzug. Warum erst so spät? Nun, es ist nahezu unmöglich, bei Edelputzen und auch bei leicht strukturierten Putzen Schadstellen so auszubessern, dass diese nicht mehr sichtbar sind.

Auch für das Auftragen von feinkörnigen Edelputzen sollte die zu putzende Oberfläche die Qualitätsstufe Q3 (siehe Seite 188) aufweisen. Bei gröberen Putzen mit einem Korn von mindestens oder größer 2 Millimeter genügt die Qualitätsstufe Q2.

Ein nicht unerheblicher Anteil der Mehrkosten ist für das aufwendige Abdecken und Abkleben des Fußbodens und der anderen angrenzenden Bauteile aufzuwenden, die nicht verputzt werden sollen. Auch die Öffnungsbauteile (Fenster und Türen), die zum Zeitpunkt des Putzeintrags bereits eingebaut sind, müssen aufwendig geschützt werden.

STRUKTURPUTZE

Eine Aufwertung der Innenputzoberfläche durch Abschaben oder Abreiben, was ebenfalls zu einer fein strukturierten Oberfläche führt, ist kein Edelputzantrag im eigentlichen Sinne. Diese Arbeiten sind sehr bald nach der Putzeinbringung durchzuführen, da das Abreiben nur funktioniert, solange der Putz noch nicht vollständig erhärtet ist. Im Zuge des Baufortschritts nach Putzeintrag und Abrieb bestehen jedoch mannigfaltige Möglichkeiten, diese veredelten Putzoberflächen zu beschädigen. Wie beim Edelputz auch ist eine unauffällige Reparatur der Schadstellen nahezu unmöglich.

TYPISCHE MÄNGEL BEI PUTZEN

Putze sind, was Verformungen des Untergrundes – auch trocknungsbedingtes Schwinden – angeht, sehr intolerant, sie reißen schlicht. In allen Bauweisen muss mit Schwindverformungen gerechnet werden. Es wäre daher eine Überlegung, richtig hochwertige und teure Putzapplikationen erst nach dem Abklingen der austrocknungsbedingten Schwindprozesse vornehmen zu lassen.

→ **Treppen im Haus:** Dieser Abschnitt befasst sich mit den finalen Arbeiten an den Erschließungstreppen des Hauses. Es geht also um die Treppen, die die Geschosse miteinander verbinden.

WAS ERFAHRE ICH?

Sehr viele Haushersteller bieten Stahl-Holz- oder Holztreppen mit an. Diese werden je nach Firma sehr früh – kurz nach Hauserstellung und/oder Fertigstellung des Dachstuhls mit der Dacheindeckung – oder aber erst sehr spät geliefert und eingebaut, um Beschädigungen während der Bauzeit auszuschließen.

Die Stahl-Holztreppen bestehen aus einer rostschutzgrundierten Stahlkonstruktion mit hölzernen Trittstufen. Sie werden in der Regel mit sogenannten Baustufen – Brettern, die als Auftritt dienen – versehen und können so ohne Risiko für die Fertigstufen während der Bauzeit genutzt werden. Andere Treppenhersteller montieren die komplette Treppe einschließlich der finalen Stufen und schützen diese während der Bauphase durch mehr oder weniger aufwendige Verpackungen.

Bei vielen Massivhausanbietern werden die Treppenläufe als Stahlbetonfertigteile geliefert oder vor Ort geschalt und im Zuge der Rohbauarbeiten mitbetoniert. In diesem Fall ist unter dem Begriff „Treppenbauarbeiten" das Herstellen des Treppenbelags und der Geländerkonstruktion zu verstehen.

Baurechtlich notwendige Treppen

Geschosstreppen sind alle Treppen, die Geschosse miteinander verbinden – auch innerhalb einer Wohnung. Das sind im Regelfall baurechtlich notwendige Treppen, sie dienen auch als erster Fluchtweg aus Dach-, Ober- und Kellergeschossen. Damit die Treppen diese Funktion zuverlässig erfüllen können, müssen sie definierten Anforderungen genügen, die wir hier kurz vorstellen wollen. Die Festlegungen in technischen Normen dienen dabei in erster Linie der Unfallvermeidung bei der Treppenbenutzung.

TREPPENLAUFBREITE

Eine baurechtlich notwendige Treppe muss nach der Treppenbaunorm DIN 18065 in Ein- und Zweifamilienhäusern und innerhalb von Wohnungen eine nutzbare Treppenlaufbreite von mindesten 80 Zentimetern haben. Die nutzbare Treppenlaufbreite ist die in der Waagerechten gemessene Breite zwischen den die Treppe zur Seite hin begrenzenden Oberflächen (beziehungsweise den Handlauf-/Geländer-Innenkanten) und der Wand.

TREPPENDURCHGANGSHÖHE/KOPFFREIHEIT

Eine notwendige Treppe muss an jeder Stelle, gemessen über der Verbindungslinie der Stufenvorderkanten, mindestens zwei Meter Kopffreiheit haben. Diese zwei Meter gelten auch gegenüber Einbauten im Treppenraum, zum Beispiel Unterkanten von Rohren, Trägern/Balken, Podestkanten oder Leuchten. Dies ist notwendig, damit sich ein durchschnittlich großer Erwachsener nicht den Kopf stößt. Diese zwei Meter sind ein gefühlt sehr geringes Maß, das auch bei durchschnittlich großen Erwachsenen zu Irritationen führen kann, weil man das Gefühl hat, beim Abwärtsgehen den Kopf einziehen zu müssen. Wenn Sie größer sind als der durchschnittliche Erwachsene (Männer 180 Zentimeter, Frauen 166 Zentimeter), sollten Sie zur Vermeidung von Kopfverletzungen auf eine entsprechend angepasste Kopffreiheit im Treppenbereich achten.

TREPPENAUFTRITT/TRITTSTUFE

Hierbei handelt es sich um die horizontale Oberseite der Stufe, die zum Treppenbegehen betreten wird. Die zulässigen Maße ergeben sich aus den Maßvorgaben der Norm, siehe Tabelle „Steigungsverhältnis" rechts oben.

TREPPENSTEIGUNG

Die Steigung ist das vertikale Maß zwischen den Oberseiten zweier benachbarter Stufen. Sie darf in einem Treppenlauf nur geringfügig variieren (plus/minus 0,5 Millimeter). Die zulässigen Maße ergeben sich aus den Vorgaben der Norm, siehe ebenfalls Tabelle „Steigungsverhältnis" rechts oben.

MASSVORGABEN

Das Steigungsverhältnis beschreibt das Verhältnis zwischen Antrittshöhe einer Setzstufe (s) und Auftrittstiefe (a). Bei Wohngebäuden mit bis zu zwei Wohnungen und innerhalb von Wohnungen dürfen folgende Minimalanforderungen nicht unterschritten und die Maximalanforderung nicht überschritten werden.

Das Steigungsverhältnis ist für alle Treppen nach der Schrittmaßregel zu planen. Das Schrittmaß = 2s+a sollte dabei im Bereich der mittleren Schrittlänge zwischen 590 und 650 Millimetern liegen.

Das Verhältnis Steigung zu Auftritt liegt bei Treppen zwischen 140/370 und 210/210, wobei die Treppenneigung dann deutlich zunimmt.

Steigungsverhältnis bei Treppen

Steigung (s) [mm]		Auftritt (a) [mm]	
min.	max.	min.	max.
140	200	230	370

MASSTOLERANZEN

Das Steigungsmaß von Treppenstufen innerhalb eines Treppenlaufs darf zwischen den einzelnen Stufen um maximal 5 Millimeter abweichen. Dabei dürfen das Sollmaß laut Planung und das Istmaß der fertigen Treppe ebenfalls um nicht mehr als 5 Millimeter abweichen. Bei Treppen in Wohngebäuden mit nicht mehr als zwei Wohnungen (Einfamilienhaus, Einfamilienhaus mit Einliegerwohnung, Zweifamilienhaus) dürfen die Steigungsmaße der Antritts- und der Austrittsstufe um maximal 15 Millimeter von den darüber/darunter liegenden Stufen abweichen. Diese Vorschrift zielt in erster Linie auf das unfallfreie Begehen der Treppen. Bei größeren Maßtoleranzen zwischen den Stufen besteht die Gefahr des Stolperns und damit des Treppensturzes.

Maßabweichungen oder -änderungen in den Steigungsmaßen der Stufen oder bei den Maßen von An- und Austrittstufe können sich aufgrund der zulässigen Maßtoleranzen im Bauwesen ergeben. Die zulässigen Maßtoleranzen können im Allgemeinen über die Anpassung der Antrittsstufe – hier sind bei Gebäuden mit nicht mehr als zwei Wohnungen Abweichungen von maximal 15 Millimetern zulässig – kompensiert werden. Die Steigungsmaße benachbarter Stufen dürfen sich um maximal 5 Millimeter voneinander unterscheiden.

Sind die Abweichungen größer, weil das Geschoss höher oder niedriger ist oder der Estrichaufbau anders ausgeführt wurde als geplant, lässt sich das im Regelfall nicht innerhalb der zulässigen Maßabweichungen kompensieren. Hieraus resultieren erhöhte Unfallgefahren und auch ein erhöhtes Haftungsrisiko für Sie als Eigentümer, wenn Dritte beim Begehen Ihrer Geschosstreppen zu Schaden kom-

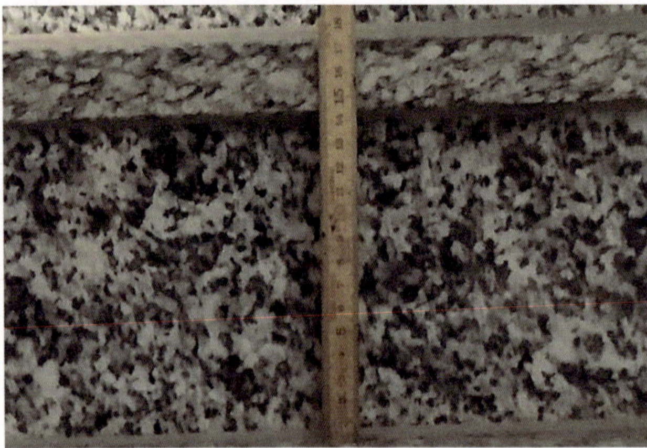

Messung der Treppensteigung in einem Treppenlauf bei einer geschlossenen Treppe – hier 17,3 cm

Offene Treppe ohne Handlauf – auf ausdrücklichen Wunsch. Im privaten Eigenheim darf jeder machen, was er oder sie möchte.

Treppe in Schutzverpackung – trotzdem können Geländer und Stufen Kratzer durch den Transport oder den Einbau aufweisen.

men. Hinweis: Möglicherweise ergibt sich daraus ein schwerwiegender Mangel.

OFFENE UND GESCHLOSSENE TREPPEN

Man unterscheidet zwischen offenen und geschlossenen Treppen. Offene Treppen haben Öffnungen zwischen den Trittstufen, geschlossene Treppe verfügen über eine sogenannte Stellstufe zwischen den Trittstufen. Je nach der für Ihr Bauvorhaben geltenden Bauordnung Ihres Bundeslands gibt es für die zulässige Höhe der Öffnung zwischen den Trittstufen maßliche Anforderungen oder auch nicht. Hintergrund dieser Regelung ist auch hier der Unfallschutz. Hierbei wird in einigen Länderbauordnungen auf das Durchkrabbeln durch Kleinkinder abgehoben.

UNTERSCHNEIDUNG

Bei offenen Treppen sind die einzelnen Stufen um mindestens 30 Millimeter zu unterschneiden, das heißt: Aus Sicht einer die Treppe hinaufsteigenden Person liegt die Vorderkante der darüberliegenden Stufe mindestens 30 Millimeter vor der Hinterkante der darunterliegenden Stufe. Hintergrund dieser Regelung ist abermals der Unfallschutz, der in diesem Falle maßgeblich Kleinkinder im Fokus hat, die zwischen Stufen hindurchkrabbeln und abstürzen könnten.

Unterschneidungen bis maximal 30 Millimeter darf es auch bei geschlossenen Treppen geben, wenn die Auftrittsbreite nicht ausreicht.

ABSÄTZE VOR TÜREN

Eine Treppe darf nicht unmittelbar vor einer Tür enden, die sich in Richtung der Treppe öffnet. Bei einer solchen Konstellation muss vor der Tür ein Treppenabsatz angeordnet werden, der mindestens so tief ist, wie die Tür breit. Aber auch wenn die Tür nicht in Richtung der Treppe aufschlägt, erleichtert ein Absatz zwischen Tür und Treppe das Schließen der Tür außerordentlich.

Nicht notwendige Treppen

Das sind Treppen, die zusätzlich zu den notwendigen Treppen vorhanden sind und die möglicherweise sogar hauptsächlich genutzt werden, wie zum Beispiel eine Verbindungstreppe zwischen den Geschossebenen einer Maisonettewohnung, sofern beide Geschossebenen zusätzlich durch eine notwendige Treppe erschlossen sind. Nicht notwendige Treppen dürfen gegenüber den Vorgaben für notwendige Treppen schmaler und steiler sein. Hier können auch sogenannte Raumspartreppen eingesetzt werden, die durch asymmetrisch angeordnete Trittstufen die Steigung einer steilen Leitertreppe haben. Bei Raumspartreppen ist grundsätzlich zu bedenken, dass ihre Stufenanordnung zwingend eine bestimmte Art des Begehens erfordert und daher eine höhere Treppensturzgefahr birgt.

Treppengeländer

Treppen und Treppenpodeste sind an ihren freien, nicht an Wänden anliegenden Seiten mit Geländern als Absturzsicherung zu versehen, wenn die Absturzhöhe mehr als 100 Zentimeter zur tiefer liegenden Fläche beträgt. Ein Treppengeländer muss bis 12 Meter Absturzhöhe mindestens 90 Zentimeter, bei Arbeitsstätten 100 Zentimeter hoch sein; über 12 Meter Absturzhöhe sind es 110 Zentimeter.

Ist mit der Anwesenheit unbeaufsichtigter Kleinkinder zu rechnen, dürfen Öffnungen im Geländer nicht breiter sein als 12 Zentimeter. Die Treppengeländer sind so zu gestalten, dass ein Überklettern erschwert wird. Diese Anforderungen finden – zumindest nach Norm – keine Anwendung bei Gebäuden mit maximal zwei Wohnungen, sie sollten jedoch zum Schutz eigener und fremder Kinder dennoch in Erwägung gezogen werden.

Während bei Systemtreppen überhöhte Maßtoleranzen zwischen den einzelnen Stufen eines Treppenlaufs eher selten vorkommen, passiert dies beim Aufbringen von Stufenbelägen auf Stahlbetontreppenläufen deutlich häufiger. Hier spielt die sorgfältige Planung, die bereits den Rohbau-Treppenlauf in der richtigen Abmessung und Einbauhöhe darstellt, eine ebenso große Rolle wie die Einhaltung der Maßtoleranzen durch den Rohbauer. Eine ungenaue, häufig auch gar nicht vorhandene Detailplanung der Treppe kann für den Ersteller des Treppenbelags – sei es der Schreiner, der die Holzstufen aufklebt, oder der Fliesen- oder Natursteinleger – ganz erhebliche Mehraufwendungen mit sich bringen. Gerade in solchen Fällen sind Überschreitungen der zulässigen Maßtoleranzen des Öfteren anzutreffen.

Ein Auffüttern, das heißt ein Ausgleichen zu niedrig eingebauter Stahlbetontreppen ist, wenn auch mit erheblichem Aufwand, grundsätzlich zu bewerkstelligen. Das Abnehmen zu hoch eingebauter Stahlbetontreppenläufe greift dann schon sehr ins Tragsystem der Treppe ein und kann die Standsicherheit des Treppenlaufs gefährden.

Neben Maßabweichungen oder fehlender Kopfhöhe, die zu Beanstandungen führen können, sind es zumeist Beschädigungen an der Treppenanlage, den Treppenbelägen und Geländerteilen, die nach dem Einbau passiert sind.

Sind zu lackierende Metallteile verbaut, gibt es häufig Mängel beim Anstrich. Das Foto links unten auf Seite 216 zeigt eine Treppenanlage vor der Abnahme des Hauses. Die Geländeranlage ist verpackt, die Stufen sind zumindest mit einer Schutzbedeckung versehen. Um die Treppe abnehmen zu können, muss sie ausgepackt werden. Da in den meisten Häusern noch bis kurz vorm Abnahmetermin gewerkelt wird, erfolgt das Auspacken und die Inaugenscheinnahme der einzelnen Bestandteile im Zuge der Abnahme.

Beim Auspacken an den Einzug denken! Dort müssen jede Menge Möbel, Kisten und Kästen transportiert werden, das führt häufig zu weiteren Beschädigungen. Daher sollten Sie die Verpackungen aufheben und vor dem Einzug wieder montieren.

→ **Innentüren:** Sie sorgen für den durch die Raumtrennwände vorgegebenen Raumabschluss, wobei die Optik eine große Rolle spielt. Die akustischen Eigenschaften sollten dabei nicht vergessen werden: Hier kommt es auf die inneren Qualitäten des Türblatts an.

WAS ERFAHRE ICH?

Türanlagen bestehen in der Regel aus der den Einbaurahmen bildenden Zarge und dem Türblatt. Die genaue Ausführung der Innentüren sollte in der Baubeschreibung spezifiziert sein. Es gibt sie in ein- oder zweiflügeliger Ausführung, als Schwenk- oder als Schiebetür – in oder vor der Wand laufend –, ohne, mit festem oder beweglichem Seitenteil, ohne oder mit darüberliegender Blende. Die Türblätter bestehen aus Sicherheitsglas, Stahl, Holz oder aus Verbundkonstruktionen mit unterschiedlichen Oberflächendekors. Der Einbaurahmen, die Zarge, wird entweder als Umfassungszarge oder als Blockzarge ausgeführt.

WICHTIG ZU WISSEN: Wenn in Ihrem Haus eine zentrale Lüftungsanlage vorgesehen ist, wundern Sie sich nicht, wenn die Türblätter unterschnitten, das heißt um mehrere Millimeter gekürzt sind. Das ist notwendig, damit der Luftaustausch durch die Lüftungsanlage auch bei geschlossenen Türen erfolgen kann. Durch diese Spalte dringen natürlich auch Licht, Warm-/Kaltluft und Geräusche aus dem Raum beziehungsweise in den Raum, was sich unter Umständen störend auf die Nachtruhe auswirken kann und die Intimität der Ruheräume mitunter beeinträchtigt.

Schiebetüren

So praktisch Schiebetüren auch sind, sie schließen nicht vollständig ab. Geräusche und Gerüche können die Türöffnung auch bei geschlossenem Türblatt passieren und werden in den benachbarten Räumlichkeiten wahrgenommen. Auch der notwendige thermische Abschluss zwischen einer beheizten Küche und einem unbeheizten Vorratsraum ist bei einer Schiebetüranlage, wie sie im Wohnungsbau üblicherweise zur Ausführung kommt, nicht gewährleistet.

Sonderanforderungen

An Innentüren, die als Öffnungsbauteil zwischen beheizten und planmäßig unbeheizten Räumen vorgesehen sind, werden Anforderungen in thermischer Hinsicht und an die Steifigkeit des Türblattes gestellt. Hier sind Türen der

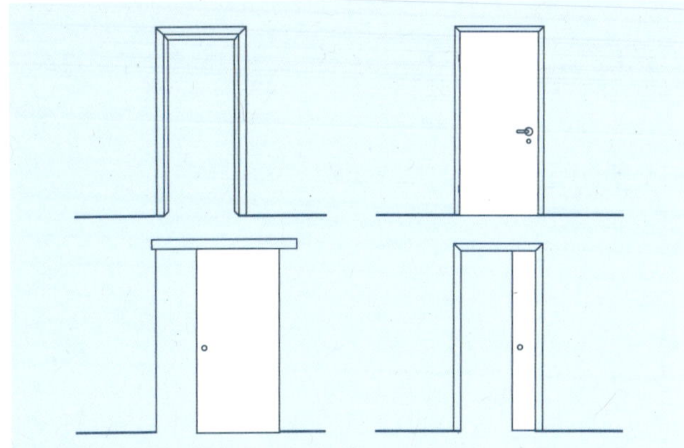

Links oben n. rechts unten: Durchgangszarge; Zimmertür mit Zarge und Türblatt; Schiebetür vor Wand; Schiebetür in Wand laufend.

Glastür mit strukturiertem Glas, hier Mastercarré

Tür mit Klarglastürblatt – schwerer zu erkennen als ein strukturiertes Glas

Überfälztes Türblatt

Stumpf einschlagendes Türblatt

Zum Zeitpunkt der Abnahme fehlende Innentüranlage

Klimaklasse 3 mit wärmedämmenden Eigenschaften gefragt. Die Anforderung an die Wärmedämmung der Türanlage muss dabei den Vorgaben der Wärmeschutzberechnung entsprechen. Bei Türen, die zum Beispiel in die Garage führen, gelten ähnliche energetische Anforderungen wie an die Haustür. Türen zu Garagen müssen so dicht sein, dass die Autoabgase bei geschlossener Tür nicht in den Wohnraum dringen.

Ganzglastüren

Ganzglastüren können im Regelfall in übliche Standardtürzargen eingebaut werden. Wichtig, sie müssen aus Sicherheitsglas bestehen, dies soll lebensgefährliche Verletzungen beim Hineinlaufen beziehungsweise -stürzen in eine geschlossene Glastür verhindern. Ganzglastüren aus strukturierten Gläsern sind einfacher zu erkennen als durchsichtige und gegebenenfalls entspiegelte Klarglastürblätter.

Überfälzte und stumpf einschlagende Türblätter

Die üblicherweise angebotenen Türblätter werden als überfälzte Türblätter ausgeführt. Das Türblatt hat einen Überschlag, der – im geschlossenen Zustand – die Fuge zwischen Türblatt und Zarge abdeckt und eine zusätzliche Dichtungsauflage bietet.

Stumpf einschlagende Türen – diese werden zumeist als Sonderwunsch gegen Mehrpreis ausgeführt – haben diesen Überschlag nicht, sie schlagen in voller Türblattstärke in die Zarge ein und schließen niveaugleich mit der Türzarge ab.

Wenn im Bereich des Türdurchgangs der Bodenbelag wechselt, ist dies bei stumpf einschlagenden Türblättern besonders zu beachten.

Typische Mängel bei Innentüren

Typische Beanstandungen bei Türen sind Beschädigungen und Kratzer, die gegebenenfalls schon während des Transports zur Baustelle, nicht selten aber bei der Montage und dem Quertransport innerhalb des Hauses entstehen. Hinzu kommen Beschädigungen durch die Unachtsamkeit anderer Handwerker beim Transport und Montage ihrer finalen Bauteile. Eine Baustelle vor Abnahme gleicht mit dem wilden Gewusel unterschiedlichster Leistungserbringer einem Bienenstock. Da geht schon einmal das eine oder andere kaputt.

Weitere typische Beanstandungen sind Türblätter, die im geöffneten Zustand nicht stehen bleiben, sondern mehr oder weniger schnell ganz oder teilweise zulaufen, Türblätter, die sich nicht vollständig schließen lassen, oder – auch das gab und gibt es immer wieder – falsch oder gar nicht geliefert wurden.

Türen sollten ungehindert aufschlagen können. Eine Tür, die wegen baulicher Zwänge – zum Beispiel durch Auflaufen an einer Türlaibung oder einem Sockel – beim Öffnen fast aus den Angeln gedrückt wird, kann nicht dauerhaft sein. Sie muss nicht zwingend 90 Grad aufschlagen, aber der verbleibende Türdurchgang sollte so groß sein, dass er ein ungehindertes Passieren zulässt. Hierbei sollten – das ist aber gesondert zu vereinbaren – die Anforderungen an die Barrierefreiheit nach den geltenden Regelungen mitbedacht werden, um ein möglichst langes Verbleiben in der Wohnung – Stichwort Wohnen im Alter – sicherstellen zu können.

→ **Haustechnische Installationen:** Die Fertiginstallation der Haustechnik benötigt als Vorleistung nahezu den gesamten finalen Endausbau. Die Bauteiloberflächen, an denen montiert werden soll, müssen endfertig erstellt sein, ansonsten müssen Teile noch einmal demontiert und wieder montiert werden.

WAS ERFAHRE ICH?

Wie schon bei den Rohinstallationen wird nachfolgend zwischen den Endmontagen der einzelnen haustechnischen Gewerke unterschieden.

Endmontage Elektro

Die Endmontage Elektro umfasst zum einen die Verdrahtung und Bestückung des Sicherungskastens mit Sicherungsautomaten, FI-Schutzschaltern, Taster- und Zeitschaltrelais sowie die Montage der Schalter, Steckdosen, EDV- und Medienanschlüsse, Rollladentaster und – wenn im Vertrag enthalten – auch einzelner oder aller Leuchtmittel. Spätestens jetzt zeigt sich, ob der/die Installateure nichtig gezählt und installiert haben.

FEHLERSTROMMESSUNG

Letzter Schritt der Endmontage ist die Fehlerstromschutzmessung jeder elektrischen Verbindung, die in einem Prüfprotokoll zu dokumentieren ist. Dieses Prüfprotokoll ist maßgeblicher Bestandteil der Hausunterlagen und mit der Abnahme zu übergeben.

TYPISCHE MÄNGEL BEI DER ELEKTRO-ENDMONTAGE

- → Steckdosen oder Brennstellen, an denen kein Strom ankommt. Vielleicht wurden die Kabel beschädigt, die Leitungen noch nicht aufgelegt oder aus einer Reihe anderer Gründe. Beim Erstellen des Prüfprotokolls sollte das bereits aufgefallen sein, wenn nicht, kann nur die Stromführung überprüft werden oder im Abnahmeprotokoll wird aufgenommen, dass die Funktion nicht geprüft werden konnte.
- → Die Anzahl der vereinbarten Elektrogegenstände stimmt nicht mit der vertraglichen Vereinbarung oder den vereinbarten Sonderwünschen überein.

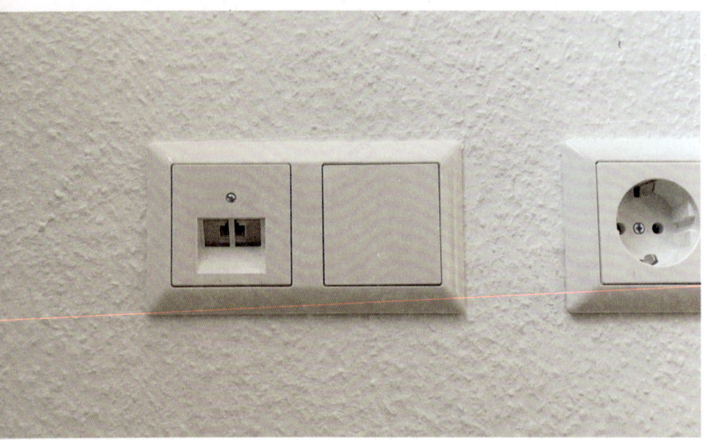

Ein Phänomen der Moderne: An sich sollten hier zwei Netzwerkanschlüsse vorhanden sein. Selbst der eine, tatsächlich vorhandene Anschluss ist durch einen Trennsteg der Abdeckung blockiert.

Endmontage Heizung

Die Endmontage der Heizung besteht aus dem finalen Aufbau des Wärmeerzeugers, wenn vorhanden mit der Anbindung eines Pufferspeichers für Heizungswärme und/oder Warmwasser. Dazu gehören die Ankopplung an die verteilenden Leitungen, die Befüllung der Anlage, der elektrische Anschluss des Wärmeerzeugers und der Steuerungselemente – Temperaturfühler außen, Raumthermostat im Regelfall bei der Fußbodenheizung –, die Montage und der elektrische Anschluss der Hilfsorgane und der Steuerköpfe der Fußbodenheizung bei den Heizungsverteilern. Es muss ein hydraulischer Abgleich der Heizungsanlage erfolgen sowie eine Funktionskontrolle aller Komponenten. Der hydraulische Abgleich ist zu protokollieren. Alle freiliegenden, unter Decken und auf Wänden geführten Rohrleitungen für Heizungsvor- und -rücklauf müssen nach den Vorgaben des GEG (Gebäudeenergiegesetzes) gedämmt werden. Außerdem sind die einzelnen Rohrleitungen und die Heizkreise in den Heizkreisverteilern zu beschriften und zu kennzeichnen.

Der Heizungsbauer hat eine **FACHUNTERNEHMERERKLÄRUNG** auszufüllen und vorzulegen, mit der er die Übereinstimmung der Ausführung der Heizungsanlage mit der vorliegenden Wärmeschutzberechnung erklärt. Sowohl das Protokoll über den hydraulischen Abgleich als auch die Fachunternehmererklärung sind spätestens bei der Abnahme zu übergeben.

INBETRIEBNAHME DER HEIZUNG

Im Regelfall sollten Sie im Zuge der Inbetriebnahme, die im zeitlichen Ablauf vor der Endabnahme erfolgen soll, in die Bedienung der Anlage eingewiesen werden und auch erklärt bekommen, wie Sie sich im Falle von Störungen verhalten müssen oder behelfen können.

Bei vielen Wärmepumpenanlagen erfolgt zum Beispiel die Befüllung nicht mit dem vorhandenen Trinkwasser aus der Leitung – der im Wasser enthaltene gelöste Sauerstoff gast mit der Zeit aus und der Systemdruck fällt ab –, sondern mit aufbereitetem Wasser, dem die im Wasser gelösten Mineralien entzogen wurden. Klären Sie diesen Umstand bitte unbedingt ab und lassen Sie sich erklären, wie Sie sich beim obligatorischen Nachbefüllen der Anlage verhalten müssen.

ABNAHME

Die Abnahmefähigkeit eines schlüsselfertig erstellten Hauses hängt maßgeblich von der Funktionsfähigkeit und Funktionstauglichkeit der installierten Heizungsanlage ab. Diese muss in betriebsfertigem Zustand sein. Nur so ist sichergestellt, dass das Gebäude und die in ihm verlegten wasserführenden Leitungen in ausreichendem Maße vor Frost geschützt werden können und bei Bezug die Warmwasserversorgung sichergestellt ist.

Sollte die Heizungsanlage aus Gründen, die der Haushersteller zu vertreten hat, nicht funktionsfähig sein, erklären Sie die Abnahme besser nicht! Verweigern Sie die Abnahme in diesem Fall und erklären Sie auch nicht die Abnahme unter Vorbehalt der Nicht-Funktionsfähigkeit der Heizung. Mit der Abnahme erfolgt der Gefahrenübergang auf Sie als Eigentümer, und damit tragen Sie auch das Risiko für sich nach der Abnahme einstellende Schäden, auch wenn diese auf die nicht funktionierende Heizungsanlage zurückzuführen sind.

Sofern Sie die Gründe für die Nicht-Inbetriebnahmefähigkeit der Heizung zu vertreten haben, weil zum Beispiel im Haus der Stromanschluss nicht vorhanden ist oder von Ihnen zu koordinierende Leistungsbestandteile nicht erfolgt sind, nehmen Sie die Heizungsanlage bitte unbedingt nur mit dem Vorbehalt ab, dass die Heizung nicht auf Funktion geprüft werden kann.

Falls die Inbetriebnahme oder aber Ihre Einweisung in die Heizungsanlage noch nicht stattgefunden hat oder unter mangelnder Motivation oder mangelnden Sprachkenntnissen des ausführenden Mitarbeiters gelitten hat und für Sie unverständlich war, lassen Sie dies unbedingt im Abnahmeprotokoll vermerken. Die Einweisung ist eine vertraglich geschuldete Dienstleistung.

WARTUNGSVERTRAG

Zur Wahrung der Gewährleistungsansprüche ist im Regelfall ein Wartungsvertrag mit dem Ersteller der Heizungsanlage oder mit dem Lieferanten des Wärmeerzeugers abzuschließen. Hierauf müssten Sie im Zuge der Abnahme hingewiesen werden.

TYPISCHE MÄNGEL AN DER HEIZUNGSANLAGE

- Fehlerhafte oder fehlende Verdrahtung zwischen Raumthermostaten und Steuerköpfen im Heizungsverteiler. Wenn Sie etwa im Kinderzimmer den Thermostat hochschalten, öffnet sich der Steuerkopf des Schlafzimmers, oder aber es passiert gar nichts. Das Warmwerden lässt sich nur im der kalten Jahreszeit tatsächlich sinnvoll ausprobieren, im Sommer stellt eine richtig eingestellte Heizanlage keine Wärme bereit – dies sollte im Abnahmeprotokoll vermerkt werden.
- Nicht endmontierte Anlage
- Nicht funktionsgeprüfte und eingeregelte Anlage
- Ein noch nicht durchgeführter hydraulischer Abgleich
- Fehlende Dokumentation und Einweisung
- Bei Anlagen für regenerative Brennstoffe können Beanstandungen im Bevorratungsbereich oder im Beschickungsbereich der Anlage vorliegen.
- Bei Feuerungsanlagen muss die Abnahmebescheinigung und Freigabe des Bezirksschornsteinfegermeisters vorliegen, fehlt sie, darf die Anlage nicht in Betrieb genommen werden.
- Wärmepumpen sind von baustellentypischen Reinstrombetrieb nicht auf den regulären Wärmepumpenbetrieb umgestellt worden.
- Die offenliegenden Heizwasserleitungen sind noch nicht gedämmt.
- Die Rohrleitungen sind nicht beschriftet.
- Probleme beim Splitgerät der Wärmepumpe

> → Sowohl das Protokoll über den hydraulischen Abgleich als auch die Fachunternehmererklärung sind spätestens bei der Abnahme zu übergeben.

Endmontage Lüftungsanlage

Die Endmontage der Lüftungsanlage ist abhängig vom gewählten System. Die Anlage ist in jedem Fall komplett betriebsfertig zu erstellen und nach den Vorgaben der lüftungstechnischen Berechnung einzuregeln. Dazu sind die Luftströme der Ein- und Auslässe durch Manipulationen an den Einströmventilen an die Vorgaben anzupassen.

Sofern die Rohrleitungsöffnungen und die Verteileranlagen während der Bauzeit nicht dicht verschlossen waren oder aber die Anlage sich bereits in der Ausbauphase in Betrieb befunden und Staub angesaugt hat, muss die Anlage zur Sicherstellung der Raumlufthygiene vor der Abnahme unbedingt vollständig gereinigt werden. Vorhandene Baufilter sind obligatorisch gegen neue Filter auszutauschen. Die Wetterschutzgitter samt Insektenschutz sind zu montieren.

Das Splitgerät der Luft-Wasser-Wärmepumpe sollte unter dem Treppenpodest stehen, passte wegen seiner Höhe aber nicht dahin.

Undichte Rohreinführung der Leitungen einer Wärmepumpe: Einfalltor für Wasser, Insekten und vieles Unerwünschte mehr

So sollte es auch nicht aussehen.

Das macht einen ordentlichen Eindruck – von den Befestigungen des Rohrs an den Fundamenten einmal abgesehen.

Die schadensfreie Ableitung des am Splitgerät anfallenden Kondenswassers muss ganzjährig sichergestellt sein.

Auch ein Rohrdeckel mit Ausschäumung um die Leitungen gewährleistet keine dichte Hauseinführung.

Die Anlage ist elektrisch anzuschließen. Möglicherweise ist vom Hersteller eine Fernwartungsmöglichkeit verpflichtend vorgesehen. In diesem Fall braucht die Anlage auch einen entsprechenden Anschluss ans Internet.

Sofern eine Interaktion mit der Heizungsanlage vorgesehen ist, sind die Steuer- und Regelungskomponenten einzubauen und zu programmieren. Bei komplexen Systemen kann der erforderliche Optimierungsvorgang einige Zeit und einige Termine in Anspruch nehmen.

INBETRIEBNAHME UND ABNAHME DER LÜFTUNGSANLAGE

Zur Inbetriebnahme gehört auch immer die Einweisung der Bauherren/der Käufer in die Bedienung der Anlage, soweit sie zur normalen Nutzung notwendig ist. Dabei ist auch zu klären, wie bei Störungen oder Havarien zu verfahren ist.

Sofern die Inbetriebnahme oder aber Ihre Einweisung in die Heizungsanlage noch nicht stattgefunden hat oder für Sie unverständlich war, lassen Sie dies unbedingt im Abnahmeprotokoll vermerken. Die Einweisung ist eine vertraglich geschuldete und dementsprechend zu erbringende Dienstleistung!

WARTUNGSVERTRAG

Lüftungsanlagen müssen zwingend regelmäßig gewartet und bei Bedarf gereinigt werden, um nachteilige Auswirkungen auf die Raumlufthygiene zu vermeiden. Zur Wahrung der Gewährleistungsansprüche ist im Regelfall der Abschluss eines Wartungsvertrags mit dem Anlagenersteller notwendig.

TYPISCHE MÄNGEL AN DER LÜFTUNGSANLAGE

- → Die Anlage ist verunreinigt, sofern die Anlage über die Bauzeit offen lag.
- → Die Anlage ist unvollständig, es fehlen Abdeckungen oder Wetterschutzgitter.
- → Die Anlage ist nicht eingeregelt.
- → Die Betriebsgeräusche sind zu laut.
- → Einweisung in den Anlagenbetrieb, den Filterwechsel und die Filterreinigung ist nicht erfolgt.
- → Dokumentation liegt nicht vor.

Endmontage Sanitär

Die Endmontage Sanitär umfasst die Anbindung der Hausentwässerung – hier Schmutzwasser – an die Grundleitung und somit an das öffentliche Kanalnetz sowie die Anbindung an den Kaltwasserhausanschluss, den der Wasserversorger bereitstellt, einschließlich der notwendigen Aggregate und Einrichtungen wie zum Beispiel Druckminderungsventil und Rückspülfilter.

Dann erfolgt die Montage der bislang noch fehlenden Sanitärobjekte einschließlich der Wasserentnahmearmaturen und Absperrvorrichtungen.

Im Anschluss erfolgt das Durchspülen der wasserführenden Leitungen (alle Kalt- und Warmwasserleitungen), um mögliche Ablagerungen aus den Leitungen zu entfernen. Die Warmwasserleitung wird dann mit dem Warmwasser-Pufferspeicher oder – wenn keiner vorhanden ist – direkt mit dem Wärmeerzeuger verbunden. Vermutlich ganz zum Abschluss der Arbeiten werden die frei liegenden warmwasserführenden Leitungen entsprechend den Vorgaben des Gebäudeenergiegesetzes (GEG) wärmegedämmt. Es empfiehlt sich, auch die frei liegenden Kaltwasserleitungen zum Schutz vor Kondensatniederschlag moderat mit etwa 9 Millimeter Dämmdicke zu isolieren.

Sofern zur sanitären Anlage eine solarthermische Anlage für die Warmwasserbereitung gehört, ist auch diese funktionstauglich und funktionsfähig zu übergeben. Gleiches gilt, wenn Sie eine eigene Hauswasserstation mit Grauwassernutzung für die Gartenbewässerung, die Toilettenspülung und möglicherweise die Waschmaschine haben.

Der Sanitärinstallateur muss genauso wie der Heizungsbauer eine **FACHUNTERNEHMERERKLÄRUNG** abgeben, mit der er die Einhaltung der Vorgaben der Wärmeschutzberechnung bescheinigt. Auch diese Erklärung ist ein Dokument, das bei der Abnahme zu übergeben ist.

ABNAHME

Die Abnahmefähigkeit eines schlüsselfertig erstellten Hauses hängt maßgeblich von der Funktionsfähigkeit und Funktionstauglichkeit der sanitären Einrichtungen ab. Sind diese noch nicht montiert, oder aber aus Gründen, die der Hausbauunternehmer zu vertreten hat, nicht funktionsfähig, sollte die Abnahme nicht durchgeführt werden. Sofern die Gründe für die Nichtinbetriebnahme der sanitären Anlagen bei Ihnen als Bauherr liegt, weil zum Beispiel der Kanalanschluss oder die Hausanschlüsse noch nicht erstellt wurden, sollte die Abnahme unbedingt mit dem Vorbehalt erklärt werden, dass die sanitären Anlagen nicht auf Funktionsfähigkeit geprüft werden können.

Sofern die Inbetriebnahme oder aber Ihre Einweisung in die Wasserversorgungsanlage noch nicht stattgefunden hat oder für Sie unverständlich war, lassen Sie dies unbedingt im Abnahmeprotokoll vermerken. Die Einweisung ist eine vertraglich geschuldete Dienstleistung.

TYPISCHE MÄNGEL BEI DER SANITÄRENDMONTAGE

- → Unvollständige Lieferung der Objekte und Accessoires
- → Beschädigte Objekte
- → Falschlieferungen
- → Eine Toilette, die ans Warmwasser angeschlossen wurde
- → Eine nicht funktionsfähige Zirkulation, wenn geschuldet
- → Nicht gedämmte offen liegende Warm- und Kaltwasserleitungen
- → Fehlende Rückstausicherungen
- → Hebeanlagen mit Rückstauschleifen unter Rückstauniveau. Auf dem Foto Seite 227 Mitte etwa macht der Doppelrückstauverschluss wegen Rückstaus zu und die Hebeanlage pumpt gegen einen unendlich hohen Widerstand an, das Wasser tritt aus oder fließt im transparenten Schlauch zur Heizungsanlage zurück.
- → Unter Belastung nachgebende WC-Anlagen oder Waschbecken bei in der Wand montierten Tragegestellen
- → Falsche Montagehöhen der Sanitärgegenstände
- → Keine Warmwasserentnahme möglich – das kann allerdings auch an der Heizung liegen

Endmontage Rückstausicherung

Die Endmontage und Inbetriebnahme der Rückstausicherung ist ein wichtiger Schritt im Hinblick auf den Schutz Ihres Gebäudes vor eindringendem Wasser durch Rückstausituationen im öffentlichen Kanal, zum Beispiel bei heftigen Starkregen. Sobald Ihr Haus über die Grundleitungen mit dem öffentlichen Kanal verbunden ist, muss – wenn sich dies aufgrund der Höhenlage ergibt – ein Wassereintritt ins Gebäude aufgrund von Rückstau sicher ausgeschlossen werden.

Fand die Anbindung der Hausentwässerung bereits statt, sind die unterhalb der im Entwässerungsgesuch angegebenen Rückstauebene liegenden Ablaufstellen gegen Rückstau zu sichern. Dies kann provisorisch durch mechanisch gesicherte, mit Abdichtung eingesetzte Rohrendstopfen oder durch den Einbau von Rückstausicherungen erfolgen.

Im Zuge der Abnahme oder aber im Zuge der Einweisung in die Sanitäranlage (siehe Seite 227) sollten Sie sich auch in die Handhabung, Reinigung und Wartung der Rückstausicherungsinstallation einweisen lassen.

WARTUNG DER RÜCKSTAUSICHERUNG

Rückstausicherungen bedürfen einer regelmäßigen Wartung, daher sind sie so zu platzieren, dass sie jederzeit zugänglich sind. Wenn Sie später für die Wartung zuerst Haushaltsgeräte oder Möblierung verrücken, diese gegebenenfalls vorher sogar noch ausräumen müssen, sind die Sicherungseinrichtungen schlecht platziert. Eine Rückstausicherung und ihre Positionierung im Haus sollte deshalb bereits bei der Planung des Hauses berücksichtigt werden. Die durchaus häufig anzutreffende Lösung mit einer größeren Anzahl preiswerter Doppelrückstauverschlüsse vor den Geräteablaufstellen führt mit hoher Wahrscheinlichkeit dazu, dass diese nicht so einfach zugänglich sind, wie das für eine regelmäßig zu leistende Wartung erforderlich ist. Dadurch verlängern sich in der Praxis die Wartungsintervalle oder die Wartung erfolgt möglicherweise gar nicht.

Aber **ACHTUNG**: Dadurch entfällt auch der Versicherungsschutz der Gebäudeversicherung gegenüber Rückstauschäden! Wichtig hierbei: Die Wartungen müssen durch eine fachkundige Person erfolgen und sind schriftlich nachzuweisen. Sind im Haus elektrische Signalgeber vorhanden, die bei einem Ausfall der Anlage alarmieren, müssen diese jährlich durch eine fachkundige Person geprüft werden.

Auch Hebeanlagen müssen für die regelmäßig anstehenden Wartungsarbeiten zugänglich eingebaut sein.

Die Rückstauschleife ist, anders als bei den Fotos rechts (oben und Mitte), so zu errichten, dass sie über Rückstauniveau pumpen muss. Sind Toiletten an die Hebeanlage angeschlossen, muss die Anlage fäkalientauglich sein.

WASSERAUSTRITT

Wasseraustritte im Bereich haustechnischer Anlagen sollten immer aufmerksam in Augenschein genommen werden.

Einweisung in die technischen Anlagen

Was nützt die modernste Haustechnik, wenn die Nutzer damit nicht umgehen können? Spätestens bei der Übergabe an oder Übernahme durch die Bauherren oder Käufer müssen diese in die Regelnutzung der haustechnischen Anlage eingewiesen werden.

- Wie schalte ich etwas komplett oder gegebenenfalls raumweise ein- oder aus?
- Was tun bei Problemen?
- **LÜFTUNGSANLAGEN** – Filterwechsel/-reinigung, Anlagenwartungsintervalle durch Fachfirmen
- **HEIZUNGSANLAGEN** – Nachfüllen der Anlage, Anlagenwartung durch Fachfirmen
- **SANITÄRANLAGEN** – Reinigung Vorfilter an der Hauswasserstation, eventuell Befüllen der Wasserenthärtungsanlage
- **RÜCKSTAUSICHERUNGEN** – Wartung und Reinigung mit Wartungsfristen
- **ELEKTROANLAGEN –** Umgang mit FI-Schalter, Prüffristen

Für diese Anlagen sind zur Aufrechterhaltung der Gewährleistungsfristen Wartungsverträge mit den Anlagenerstellern abzuschließen.

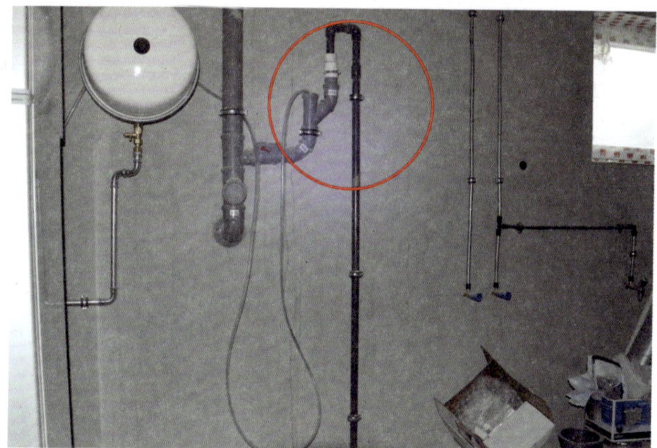

Fehlende Rohrleitungsdämmung und fehlinterpretierte Rückstausicherung: Die Rückstauschleife (vgl. Kreis) liegt nicht hoch genug.

Die Hebeanlage pumpt auch hier in einen Rohrabschnitt, der zusätzlich einen Doppelrückstauverschluss hat (ähnlich wie Foto oben).

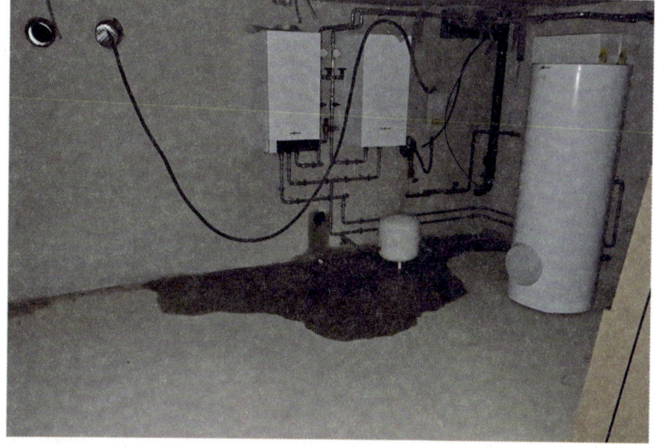

Wasseraustritt an haustechnischen Anlagen: Ist die Anlage undicht oder der Keller? Oder ist es durchs offene Abwasserrohr eingetreten?

→ **Die Fassade:** Die Fassade bestimmt das äußere Erscheinungsbild des Gebäudes entscheidend. Neben den rein gestalterischen Aspekten haben Fassaden auch die wichtige Funktion, den Baukörper und die Bauteile, die sie bedecken, vor Witterungseinflüssen zu schützen.

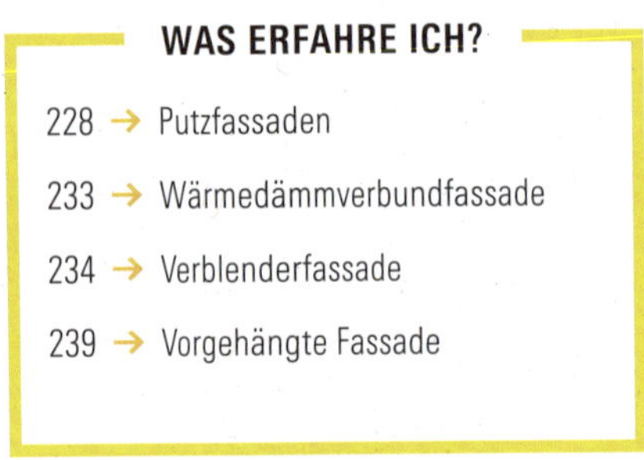

WAS ERFAHRE ICH?

Die Außenseiten des Gebäudes müssen entsprechend robust sein, um das Haus vor Sonneneinstrahlung, (Schlag)Regen, Feuchtigkeit, Frost, Schnee und Kälte zu schützen. Auch die dabei einwirkenden mechanischen Belastungen durch Hagel, Wind und Sturm, Saharastaub oder scharfe Licht- und Schattengrenzen mit entsprechenden Temperaturdifferenzen zwischen hell und dunkel müssen die Fassaden über Jahre und Jahrzehnte ohne Funktionsbeeinträchtigung überstehen.

Hinzu kommen Belastungen wie zum Beispiel das Anlehnen von Fahrrädern gegen die Fassade, ballspielende Kinder, Sprayer und Schadgase in der Luft. Und dann sind da noch verschiedene Pflanzen und Tiere, die sich die Fassade oder Fassadenstrukturen als Lebensraum auserkoren haben.

Fassaden sind immer auch Verschleißschichten, was angesichts der vielfältigen Einwirkungen nicht überraschen kann. Sie müssen – je nach Intensität der verschiedenen Belastungen nach Bedarf gewartet und instandgehalten werden. Bei Schädigungen durch massive mechanische Einwirkungen wie Hageleinschläge oder gar Autorempler müssen sie umgehend in ihrer Funktion wiederhergestellt werden.

Putzfassaden

Putzfassaden sind typisch für den mittleren und südlichen Bereich Deutschlands. Dies ist historisch bedingt, da hier bereits im Mittelalter die Ausgangsstoffe für die verschiedenen mineralischen Putze – Kalkstein und Gips – bergbaulich erschlossen und in vorindustriellem Maßstab gewonnen wurden. Putzfassaden bei Neubauten werden heute in zwei grundsätzlich unterschiedlichen Ausführungen erstellt, als mehrschichtige Putzfassade auf hochwärmedämmendem Mauerwerk und als ebenfalls mehrschichtiger Putz auf dem Mauerwerk für unbeheizte Nebengebäude. Es gibt auch Putzsysteme auf einer darunter angeordneten und mit ihr im Verbund stehenden Wärmedämmung – daher der Name Wärmedämmverbundsystem (WDVS).

In diesem Abschnitt betrachten wir den Putzantrag auf Mauerwerks- und Betonwänden oder Betonbauteilen. Ein heute üblicher Außenputz besteht aus mindestens zwei Schichten, dem Grundputz und dem Oberputz, der dann strukturell und farblich gestaltet wird.

MINDESTDICKE VON AUSSENPUTZ

Die mittlere Dicke von Außenputzen, die allgemeinen Anforderungen genügen, muss 20 Millimeter betragen. Die zulässige Mindestdicke liegt bei 15 Millimeter – dünner darf es nicht sein. Die Mindestdicke berücksichtigt dabei die zulässigen Schwankungen der Steindicken. Die zulässige Mindestdicke muss sich auf einzelne Stellen beschränken, gilt daher nicht für die Fläche. Diese muss im Mittel eine 20 Millimeter starke Putzschicht erhalten.

Je nach gewählter beziehungsweise in der Baubeschreibung vorgegebenen Korngröße des Oberputzes, die die Putzstärke der äußeren Putzlage bestimmt, ist der Unterputz mindestens 12 Millimeter dick – bei feinkörnigen Oberputzen auch dicker – auszuführen.

Der Unternehmer, der den Außenputz ausführt, hat sich vor dem Beginn der Arbeiten davon zu überzeugen, dass das Gebäude oder die zu putzenden Flächen für diese Bearbeitung geeignet sind. Der Putzgrund muss sauber (staub- und fettfrei), ausreichend eben und ebenso trocken sein, damit der Putz in einheitlicher Stärke angetragen werden kann und die notwendige Haftung zum Untergrund erzielt wird. Sind diese Voraussetzungen nicht gegeben, sind sie zu schaffen.

VORAUSSETZUNGEN FÜR EINEN REGELRECHTEN PUTZAUFTRAG

- Die Mindestüberbindemaße des Mauerwerks müssen eingehalten sein.
- Größere Unebenheiten oder breitere Fugen (> 5 Millimeter Fugenbreite) sind durch einen Vorwurf (lokales Aufbringen des Putzmaterials) auszugleichen, der nach Durchführung zunächst einmal vollständig durchtrocknen muss.
- Feuchtes Mauerwerk ist zu trocknen oder es muss so lange abgewartet werden, bis es ausgetrocknet ist.

Mauerwerk mit Unterschreitung der Mindestüberbindemaße: Hier sind putztechnische Zusatzmaßnahmen notwendig, um das Risiko der Rissbildung zu minimieren. Die breiteren Fugen sind vorab – vor dem eigentlichen Grundputzauftrag – zu schließen.

- Verschmutzte Wandoberflächen sind zu reinigen oder so zu behandeln und zu überarbeiten, dass die nicht zu entfernende Verschmutzung keine nachteiligen Folgen auf den Außenputz haben kann.

Kommt der Unternehmer, beziehungsweise sein verantwortlicher Vertreter, diesen Obliegenheitspflichten nicht nach, macht er sich vollumfänglich haftbar. Um dies gegebenenfalls beweisen zu können, braucht es aussagekräftige Fotos der Bauherrin, die möglichst unmittelbar vor Beginn der Außenputzarbeiten (belegbar über den Zeitstempel der Bilder) aufgenommen wurden, und die entsprechenden Vermerke in ihrem Bautagebuch.

Der Unternehmer muss auch die herrschenden Witterungsbedingungen prüfen. Regen und Kälte bis hin zu Frost machen Putzarbeiten unmöglich, da der Putz teilweise ab- und ausgewaschen wird oder infolge von Frosteinwirkung seine Festigkeitsentwicklung einstellt und irgendwann von der Wand fällt. Die Einträge in Ihrem Bautagebuch können ein solches Vorgehen belegen. Dokumentieren Sie dabei bitte auch, wie das Material auf der Baustelle gelagert wurde. Gerade die häufig in Eimergebinden fertig zur Verarbeitung geliefer-

Nasse, verschmutzte Ziegelwand mit Frostabsprengungen. Eine solche Wandoberfläche ist ohne Zusatzmaßnahmen nicht putzbar.

ten Oberputze reagieren sehr sensibel bei Frosteinwirkung.

GRUNDPUTZ

Auf den heute üblichen hochwärmedämmenden Mauerwerken sind für den Grundputz Materialien erforderlich, die den Eigenschaften des jeweiligen Mauerwerks Rechnung tragen. Es handelt sich dabei um Leichtunterputze oder sogar Faserleichtputze, denen mikroskopisch kleine Kunststofffasern beigemengt wurden, die die Rissbildung bei der Austrocknung reduzieren sollen. Die Steinhersteller geben dabei Empfehlungen für die Putzfabrikate ab, die im Internet zu finden und nachzulesen sind. Nun werden ja nicht nur Mauerwerkswände verputzt, sondern auch die darin eingesetzten Bauteile aus anderen Baustoffen, zum Beispiel Rollladenkästen, Jalousettenkästen oder auch außenseitig gedämmte Beton- und Stahlbetonbauteile.

Diese Bauteile und Materialien haben andere Eigenschaften als das bei monolithischen Außenwänden übliche hochwärmedämmende Mauerwerk. Stahlbetonbauteile schwinden, Rollläden- und Jalousettenkästen verhalten sich gerade bei Temperaturschwankungen anders als das Mauerwerk, in das sie eingebaut sind. Mauerwerk absorbiert bis zu einem gewissen Grad die Feuchtigkeit des Putzes oder aber des beregneten Putzes und gibt diese Feuchtigkeit, wenn die Putze abtrocknen, auch wieder nach außen hin ab, während die Wärmedämmung von Stahlbetonbauteilen – in der Regel handelt es sich dabei um XPS-Dämmplatten – keinerlei Feuchtigkeit absorbiert. An solchen Materialwechseln würde der Grundputz infolge des unterschiedlichen Verhaltens mit Rissbildungen reagieren. Um dies zu vermeiden, wird im Zuge des Grundputzauftrags an den kritischen Stellen ein **ARMIERUNGSGEWEBE** im Grundputz eingebettet. Dämmplatten jeder Art werden vollflächig mit Gewebe überzogen, das 15 bis 30 Zentimeter über die Materialgrenze hinweg auf das Mauerwerk geführt wird.

An Gebäudeecken, Laibungskanten, Übergängen zum Gebäudesockel und an Haustrennwandfugen kommen spezielle **PUTZPROFILE** zum Einsatz. Sie bestehen aus verzinkten Stahlprofilen oder armierten Kunststoffprofilen, die vor dem Beginn der Putzarbeiten gesetzt werden. Sie sollten an der richtigen Stelle, je nach Anordnung lot- oder waagerecht, beziehungsweise in der richtigen Neigung, angeordnet werden. Diese Profile umfassen die Mauerwerkskanten mit einigen Millimetern Abstand, diesen Abstand gibt die Putzstärke des Grundputzes vor.

Bei Putzen handelt es sich um hydraulisch abbindende Baustoffe, die mit dem beigegebenen Anmachwasser reagieren und im Zuge ihrer Erhärtung das überschüssige Anmachwasser an den Wandbaustoff beziehungsweise die Luft abgeben. Dieser Austrocknungs- und Erhärtungsvorgang des Grundputzes muss abgeschlossen sein, bevor die folgenden Schichten angetragen werden. Unter günstigen Bedingungen trocknet der Putz je Millimeter Schichtdicke einen Tag. Bei 10 Millimetern Putzdicke sind das demzufolge 10 Tage, bei 15 Millimetern Putzdicke sind es 15 Tage und so weiter. Bei Witterungsperioden mit sehr hohen Luftfeuchten und schwülwarmem Wetter kann sich die Durchtrocknung reichlich verzögern, da die Feuchteabgabe an die Luft nur in reduziertem Umfang stattfinden kann.

HINWEIS: Im Zuge der Erhärtung kommt es im Grundputz aufgrund des sich durch die

Wasserabgabe einstellenden Volumenverlusts zu oberflächlichen Rissbildungen, die im Regelfall kein Mangel, also nicht zu beanstanden sind.

Bei den Leichtunterputzen und den Faserleichtputzen ist eine zusätzliche Schicht auf den durch Schlagregen belasteten Fassadenseiten notwendig. Mehrere Putzhersteller haben in ihren Verarbeitungsrichtlinien sogar die allseitige **GEWEBESPACHTELUNG** vorgegeben. Sie gehen damit über die Vorgabe des Verbands für Werktrockenmörtel hinaus. Maßgebend ist aber immer die Verarbeitungsrichtlinie des jeweiligen Putzherstellers.

Die Gewebespachtelung besteht aus einem Kunstharzklebemörtel, in die ein Glasfasergewebe vollflächig eingebettet wird. Die Arbeitsschritte gliedern sich in:

- Erstens: Aufbringen des Klebemörtels
- Zweitens: Anlegen und Einreiben des Gewebes in die Mörtelschicht und
- Drittens: Überspachteln des Gewebes mit einer weiteren Lage Klebemörtel.

Diese Gewebespachtelung soll Rissbildungen im fertigen Putz, die auf Schwindvorgänge des Putzgrunds zurückzuführen sind, weitgehend verhindern.

OBERPUTZ

Häufig wird der Oberputz als sogenannter dünnlagiger Putz mit einer abgeriebenen, strukturierten oder gespritzten Putzstruktur in Körnungen bis 5 Millimetern aufgetragen. Die Dicke der Oberputzschicht wird, wie schon erwähnt, durch die Kornstruktur des Oberputzes vorgegeben: Je größer das Korn, desto dicker die Oberputzschicht, desto rauer die Putzoberfläche.

Bei Kratzputzen, Kellenwurfputzen oder dicklagig verriebenen Putzen wird der Oberputz in der vorgegebenen Stärke aufgezogen oder angespritzt und ebenflächig verzogen. Nach ausreichender Erhärtung wird die Oberfläche so mit dem passenden Werkzeug bearbeitet, dass die vorgesehene Putzstruktur entsteht.

Das Putzen einer Fassade mit Oberputz ist Teamarbeit und erfordert eine entsprechende Anzahl an Mitarbeitern, damit die Arbeiten zügig und unterbrechungsfrei über die zumeist großen Fassadenflächen ausgeführt werden können. Hinzu kommen Hilfskräfte, die die Putzgebinde des Oberputzes anreichen, sodass ohne Unterbrechung und damit ohne Antrocknung und Erhärtung des Oberputzes nass in nass gearbeitet werden kann. Die Arbeiten erfolgen vom Gerüst aus, auf jeder Gerüstlage sollte ein Mitarbeiter stehen.

Die Temperaturentwicklung über den Tag und die unterschiedliche Sonneneinstrahlung mit der damit einhergehenden Erwärmung des Putzgrunds beeinflussen die Putzarbeiten maßgeblich. Um ein Aufbrechen und frühzeitiges Erhärten des Putzes aufgrund aufgeheizter Wandoberflächen zu vermeiden, sollten die Arbeiten in der Reihenfolge Südseite – Westseite – Nordseite – Ostseite durchgeführt werden. Bei morgendlichem Beginn im Süden liegt diese Seite noch im Schatten, der Putz kann abtrocknen und erhärten, bevor er in den späteren Morgenstunden die Sonneneinstrahlung abbekommt. Bei der Westseite ist es ähnlich, diese bekommt erst im Laufe des Nachmittags die volle Sonneneinstrahlung ab. Die Nordseite liegt ganztägig im Schatten, kann also auch in den wärmeren Mittagsstunden geputzt werden. Die Ostseite wird gegen Nachmittag begonnen und möglichst fertiggestellt, wenn keinerlei Sonneneinstrahlung mehr auf der Wand liegt.

Oberputze gibt es in den Ausführungen mineralischer Putz, Silikatputz, Dispersions-Silikatputz, Silikonharzputz und Kunstharzputz. Mineralische Putze und Silikatputze beinhalten rein mineralische Bindemittel, das heißt sie funktionieren auf Zementbasis und binden hydraulisch ab. Dispersions-Silikatputz, Silikonharzputz und Kunstharzputz verfügen über organische Bindemittel. Die Baubeschreibung sollte eindeutig formulieren, welche Art Oberputz bei Ihrem Bauvorhaben zur Anwendung kommen soll.

Infolge unterschiedlicher Putzgrundtemperaturen und des unterschiedlichen Saugverhaltens des Putzgrunds – Mauerwerk hat ein anderes Saugverhalten als eine Dämmplatte – kann es bei eingefärbten mineralischen und

Freiliegendes Putzgewebe saugt das Wasser in den Putz wie ein Kerzendocht flüssiges Wachs zur Flamme.

Und noch einmal freiliegendes Gewebe: hier bereits mit Hinterfeuchtungsschutz überarbeitet

Fehlstellen im Bereich von Anschlüssen

silikathaltigen Putzen zu Farbton- und Glanzgradunterschieden kommen. Um derartige Unterschiede auszugleichen, empfehlen die Putzhersteller den Anstrich mit einer Egalisationsfarbe. Diese Farben haben den gleichen Farbton wie der durchgefärbte Putz und sorgen für einen gleichmäßigen, einheitlichen Farbton.

Es muss auch nicht immer ein durchgefärbter Oberputz sein. Vorstellbar ist auch die Applikation eines weiß durchgefärbten oder eines ungefärbten Oberputzes, der nach dem Erhärten einen farbigen Anstrich erhält. Nachteil dieser Variante: Wenn es später zu Beschädigungen der Putzoberfläche kommt, fallen diese als weiße beziehungsweise hellgraue Flächen verstärkt ins Auge.

ERSCHEINUNGSBILD VON PUTZFASSADEN

Unabhängig davon, auf welchem Untergrund die Putzfassade erstellt wurde, kann man das fertige Ergebnis erst dann beurteilen, wenn das Gerüst abgebaut wurde. Die Beurteilung erfolgt dabei aus dem gebrauchsüblichen Abstand, das sind im Regelfall bei Fassaden 2 bis 3 Meter. Bei dieser Betrachtung kann sich die eine oder andere unangenehme Überraschung ergeben.

Verputzen ist eine zwar maschinell unterstützte, aber ansonsten rein manuelle Tätigkeit, die, wie schon im Abschnitt zuvor beschrieben, gerade beim Auftragen des Oberputzes als Teamleistung erstellt wird. Dieses Team besteht aus unterschiedlich großen, kräftigen, ausdauernden und auch unterschiedlich beweglichen Menschen. Dadurch treten Differenzen in der Putzstruktur auf. Gerade im Bereich der Gerüstlagen, wo der eine Mitarbeiter von oben, der andere von unten reibt, können diese relativ deutlich erkennbar werden.

Die Ebenheit der Putzoberfläche hängt wesentlich von der Ebenheit des Putzgrunds und der darauf erstellten Schicht des Grundputzes ab, die eine gegenüber dem Mauerwerk erhöhte Ebenheit aufweisen muss. Eine absolut ebene Oberfläche lässt sich handwerklich nicht herstellen. Unebenheiten dürfen sein, man darf sie auch sehen, aber sie sollten nicht dominant ins Auge fallen.

Wenn Ihnen die Ausführung der Fassade nicht gefällt, können Sie dies, am besten nach Rücksprache mit dem Sachverständigen Ihres Vertrauens, beanstanden. Die sich daraus ergebenden Diskussionen und Beurteilungen sollten Sie allerdings den Fachleuten und Sachverständigen überlassen; hier kann und wird auf Augenhöhe diskutiert und die berechtigten Beanstandungen nicht mit der Unterstellung abgebügelt, Sie als Bauherr und Laie hätten ja sowieso keine Ahnung.

Außenputz: nicht akzeptables Erscheinungsbild, deutlich erkennbare Unebenheiten der Putzoberfläche

Außenputz: nicht akzeptables Erscheinungsbild – Strukturwechsel

Wärmedämmverbundfassade

Bei der Wärmedämmverbundfassade handelt es sich um eine Putzfassade, die auf Wärmedämmplatten als Putzgrund erstellt wird. Putzlagen und Wärmedämmplatte gehen dabei einen kraftschlüssigen Verbund ein, woraus sich der Name Wärmedämmverbundsystem (WDVS) herleitet.

VERKLEBUNGSVARIANTEN

Die Fassadenflächen werden mit den Wärmedämmplatten beklebt. Hierbei sind zwei Varianten zu unterscheiden:

- die vollflächige Verklebung, bei der die Dämmplatten unter Verwendung einer groben Zahntraufe vollflächig mit Kleber bestrichen und auf die ebenfalls mit Kleber beschichtete Fassade geklebt werden.
- die Wulst-Punkt-Verklebung: Hier erhalten die Platten entlang des Plattenrands einen umlaufenden Kleberwulst, der durch mindestens zwei großflächige Kleberpunkte in Plattenmitte ergänzt wird. Bei dieser Variante ist sicherzustellen, dass mindestens 40 Prozent der Dämmplattenfläche (der jeweils einzelnen Dämmplatte) als Klebekontaktfläche wirksam werden. Geklebt wird dabei mit mineralischem Kleber oder in zunehmendem Maße auch mit Schaumkleber aus der Schaumpistole.

MATERIALIEN UND VORGEHEN

Die Dämmplatten sind dabei bis auf die Rahmen der Fenster und Türen zu führen, um Wärmebrücken in den Laibungen weitgehend zu minimieren. Hierbei kommen EPS-Dämmplatten, Mineralwolledämmplatten oder – vor allen Dingen bei Häusern in Holzbauweise – Holzfaserdämmplatten zur Anwendung. Die Sockel-Dämmplatten für die untere Dämmplattenlage haben immer aus einem speziellen, feuchteunempfindlichen Polystyrol (EPS) oder extrudiertem Polystyrol (XPS) zu bestehen.

Die Dämmplatten sind dicht gestoßen und mit im Regelfall um mindestens 10 Zentimeter versetzten Vertikalstößen im Verband anzubringen. Offene Fugen müssen mit passendem Ortschaum geschlossen werden. Danach wird die Oberfläche abgeschliffen, um einen möglichst ebenflächigen Putzgrund zu erzielen.

Im Anschluss wird eine vollflächige Schicht aus Armierungsmörtel auf die Dämmplatten aufgespachtelt, in die im noch nassen und weichen Zustand ebenfalls vollflächig ein Armierungsgewebe eingebettet wird. In diesem Zuge werden auch die Putzprofile – gewöhnlich handelt es sich um Gewebeprofile – an Ecken und Laibungskanten angebracht.

Nachdem die Armierungsschicht durchgetrocknet ist, wird der passende Oberputz in einer dünnen Lage in den Körnungen bis 5 Millimeter aufgetragen. Wie bei den normalen Oberputzen kommen hier mineralische Putze, Silikatputze, Dispersions-Silikatputze, Silikonharzputze oder Kunstharzputze zur Anwendung. Bei den mineralischen Putzen wird zur Erzielung eines einheitlichen Farbtons auch auf WDVS ein Egalisationsanstrich empfohlen (siehe Seite 231).

Wie der Name Wärmedämmverbundsystem schon sagt, handelt es sich bei diesen Fassadenarten um herstellerspezifische Systeme, deren Komponenten aufeinander abgestimmt sind. Dämmplatten, Kleber, Putzprofile, Armierungsgewebe, Oberputz und Egalisationsanstrich kommen vom gleichen Hersteller. Die Systeme haben jedes für sich eine allgemeine bauaufsichtliche Zulassung, die beim Deutschen Institut für Bautechnik (DIBT) hinterlegt ist. Eine Mischung unterschiedlicher Fabrikate führt dazu, dass die Zulassung verfällt und die damit verbundenen Materialgarantien nicht zum Tragen kommen, die deutlich über die vertraglich geschuldeten üblichen fünf Jahre Gewährleistung hinausgehen.

Im Zuge der von Ihnen erstellten Fotodokumentation sollten Sie daher bei einem Wärmedämmverbundsystem die unterschiedlichen Komponenten und vor allem deren Gebindepackzettel abfotografieren.

WDVS UND BRANDSCHUTZ

Im Hinblick auf die Brandschutzanforderungen bestehen in den Bauordnungen der einzelnen Bundesländer unterschiedliche Anforderungen an WDVS aus EPS-Systemen mit Dämmdicken über 100 Millimeter.

- Bei Gebäuden geringer Höhe (≤ 7 Meter Höhe) handelt es sich bauaufsichtlich um die Gebäudeklassen 1 bis 3, es sind keine weiteren Brandschutzmaßnahmen nötig.
- Wird privatrechtlich (das ergibt sich aus der Formulierung in der Baubeschreibung) ein schwer entflammbares System geschuldet, sind bei WDV-Systemen mit einer Dämmung dicker als 100 Millimeter bis maximal 300 Millimeter zusätzliche Brandschutzmaßnahmen erforderlich.
- Bei Fassaden, die über 7 Meter aufragen, wie das bei Giebelwänden von Häusern mit Satteldach häufig der Fall ist, ist auf der Giebelseite ein Brandriegel aus nicht brennbarer Mineralwolle erforderlich, oder aber es sind Brandriegel als Sturz über den Fensteröffnungen anzubringen.

Sonderanforderungen können sich bei Doppelhaus- oder Reihenhausbebauungen im Bereich der Haustrennwandfugen aufgrund der Anforderungen in der Baugenehmigung ergeben. Falls hier zusätzliche Anforderungen bestehen, muss im Bereich der Haustrennwandfugen zu beiden Seiten der Fuge die EPS-Dämmung durch einen jeweils mindestens 10 Zentimeter breiten Streifen Mineralwolldämmung ersetzt werden, der mit mineralischem Kleber zu verkleben ist. Dies wird bei versetzter Anordnung der Häuser zu einer konstruktiven Herausforderung.

Verblenderfassade

Ab der Mitte Deutschlands Richtung Norden ist die Klinker- oder auch Verblenderfassade die am häufigsten anzutreffende Fassadenvariante. Es handelt es sich um eine aus speziellen Verblendersteinen aufgemauerte Wandschale, die vor der eigentlich tragenden Außenwand des Hauses steht und mit dieser über typengeprüfte Drahtanker – je nach Wandhöhe und Windlast – in vorgegebener Anzahl verbunden ist. Sehr häufig kommen dabei Verblender aus hochgebranntem Ton, also speziell für das Verblendmauerwerk hergestellte Ziegelsteine, zur Anwendung; möglich sind auch Natursteinverblender oder Verblender aus Kalksandstein.

Verblendmauerwerk wird im Allgemeinen aus Steinen im Normalformat von 24 Zentime-

WDVS-Mindestklebefläche – sind das 40 Prozent?

WDVS: Dachanschluss gestückelt und ohne Verbandregel – die Plattenfugen sind thermische Schwachstellen.

Ebenso: kleinteilige Stückelei zur Resteverwertung, hoher Fugenanteil, schlechtere Dämmeigenschaften

WDVS: Brandriegel an der Haustrennwandfuge von Reihen- und Doppelhäusern

WDVS: Brandschutzkonflikt im Gebäudeversatz – links die mit Mineralwolle gedämmte Wandfläche, rechts das Polystyrol-WDVS

Perspektive vom Dach aus: Feuer ist ebenso konsequent wie Wasser, konstruktive Absichtserklärungen helfen da nicht.

Wasserlaufspuren an den Fensterbankanschlüssen des WDVS, Ursache: unsachgemäß ausgeführte Notabdichtung des Dachs

Auch hier wurde die Notabdichtung auf dem begrünten Hauptdach unsachgemäß ausgeführt.

Die Feuchtequelle ist ein Aufstau auf dem nicht notentwässerten Hauptdach …

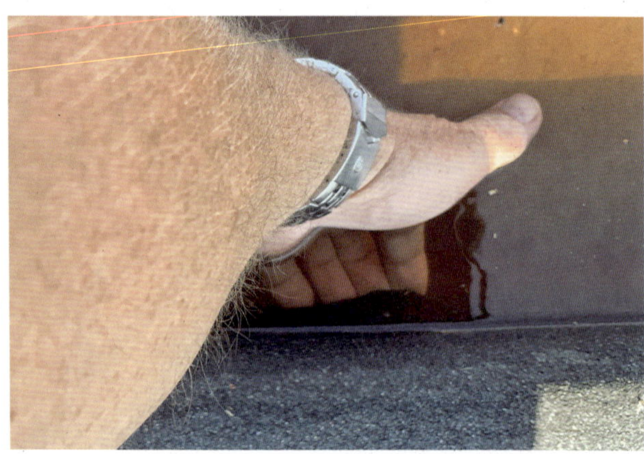

… das über Fehlstellen der Notabdichtung Wasser in die Baukonstruktion eintreten lässt.

Hohl liegendes Armierungsgewebe im Übergang von der Fensterlaibung zum Fenstersturz

Über die schallentkoppelnde Fuge hinweglaufende Abschlussschiene (Metallprofil) zerstört die schallschutztechnische Trennung.

tern Länge, 7 Zentimetern Höhe und 11,5 Zentimetern Breite hergestellt. Die Steine werden sichtbar mit einer im zweiten Arbeitsgang nachgefugten und glatt gestrichenen Mörtelfuge verarbeitet. Es handelt sich hierbei um hochwertiges Sichtmauerwerk. Diese Arbeit wird im Regelfall von auf Herstellung von Verblendmauerwerk spezialisierten Maurerkolonnen im Akkordlohn ausgeführt. Diese Trupps sind plötzlich da, arbeiten zügig und schnell und sind ebenso schnell wieder weg.

Um dieses kurze Zeitfenster der Bauphase dokumentieren zu können, was Sie unbedingt tun sollten, müssen Sie sich dieser Tatsache bewusst sein und sich für den angesagten Zeitraum die notwendige zeitliche Flexibilität sichern. Ein sicheres Indiz dafür, dass die Arbeiten am Verblendmauerwerk in näherer Zukunft beginnen, ist die Anlieferung der Verblender auf der Baustelle.

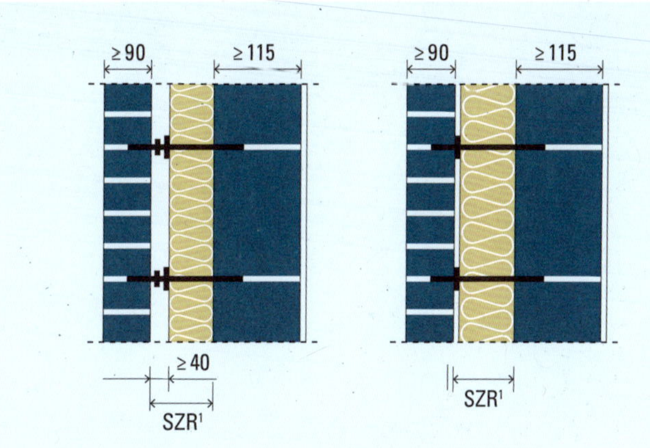

Links: Wandaufbau mit Luftschicht und Wärmedämmung, rechts: Wandaufbau mit Kerndämmung. [1] Für die Dicke des Schalenzwischenraumes (SZR) gilt: a) Bei Verwendung von Luftschichtankern nach allgemeiner bauaufsichtlicher Zulassung: SZR > 150 mm möglich. b) Bei Verwendung von Drahtankern nach DIN EN 1996–2, Bild NA.D.1: SZR ≤ 150 mm

WÄRMEDÄMMSCHICHT

Die Wärmedämmschicht – entweder ein hochwärmedämmendes, tragendes Außenmauerwerk oder meist ein tragendes Außenmauerwerk mit außen vorgesetzter Wärmedämmung gemäß Wärmeschutzberechnung – wird durch die Verblendschale abgedeckt und so vor den Einwirkungen der Witterung geschützt.

Die vor das Außenmauerwerk und die Wärmedämmschicht vorgesetzten Verblendschalen bieten einen sehr guten Schutz gegen mechanische Einwirkungen und auch gegen Schlagregen. Sie sind, das muss allerdings gesagt werden, nicht wasserdicht. Bei sehr hohen Schlagregenbelastungen kann es sehr wohl zu einer Durchfeuchtung der Verblendschale mit Wasseraustritt auf der Innenseite kommen. Damit sich diese Feuchtigkeit nicht auf das dämmende Außenmauerwerk oder die unter der Verblendschale liegende Wärmedämmung überträgt und diese durchfeuchtet, muss zwischen Verblendschale und Außenseite Mauerwerk beziehungsweise zwischen Verblendschale und Außenseite Wärmedämmschicht ein Luftspalt verbleiben.

Da der Fugenmörtel beim Aufbau der Verblendschale auf der dem Gebäude zugewandten Innenseite nur begrenzt abgestreift werden kann, müssen die Ausführenden Vorkehrungen treffen, um ein Zusetzen des Luftspalts durch abfallenden Mörtel zu vermeiden.

HINTERLÜFTUNG

Damit die Hinterlüftung der Verblendschale funktioniert, sind grundsätzlich knapp oberhalb des Geländeniveaus alle paar Stoßfugen Belüftungseinsätze eingebaut. Durch diese tritt dann auch das Wasser aus, das seinen Weg durch die Fassade in den Luftspalt findet oder sich an der kalten Verblendschale als Kondensat niederschlägt. Damit diese Wasserabführung funktioniert, gibt es die aufgrund ihrer Form benannte Z-Abdichtung. Sie soll in Verbindung mit der Bauwerksabdichtung im Übergang zwischen Gründungsbauteil und den aufgehenden Außenwänden des Erdgeschosses auch sicherstellen, dass es nicht zu einer Durchfeuchtung der tragenden Mauerwerkswand hinter der Verblendschale kommt.

VERBLENDERSTÜRZE

Eine Besonderheit der Verblenderschale ist die Ausführung von Verblenderstürzen und Rollschichten anstelle von Außenfensterbänken.

Verblendersturz mit dahinterliegendem Stahlprofil zur Lastabtragung

Rollschicht anstelle einer Außenfensterbank

Verblenderfassade: Einige Steine zeigen weißliche Ausblühungen.

Die Hinterlüftung der Verblenderschale wird über Lüftergitter erreicht, die an den Stoßfugen eingestellt werden.

Unterkonstruktion für eine vorgehängte Holzfassade auf Mauerwerk mit Grundputz

Luftauslass oben

Die Verblenderstürze funktionieren zusammen mit einem dahinter angeordneten Stahlprofil, in das sich die stehend verbauten Verblender einhängen. Die Rollschichten werden ebenfalls aus Verblendern erstellt, die der Länge nach auf ihrer Schmalseite liegend mit deutlichem Gefälle eingebaut werden. Diese liegenden Rollschichten mit ihrem großen Fugenanteil sind allerdings nicht wasserdicht. Damit sie funktionieren, ist unterhalb der Rollschicht immer auch eine Abdichtungslage einzubauen, die von der Außenseite der Verblendschale bis auf das tragende Mauerwerk durchgeht. Unterhalb der Rollschicht, aber oberhalb der Rollschichtabdichtung werden ebenfalls Belüftungsöffnungen angeordnet, durch die die über die Rollschicht eingedrungene Feuchtigkeit wieder austreten kann.

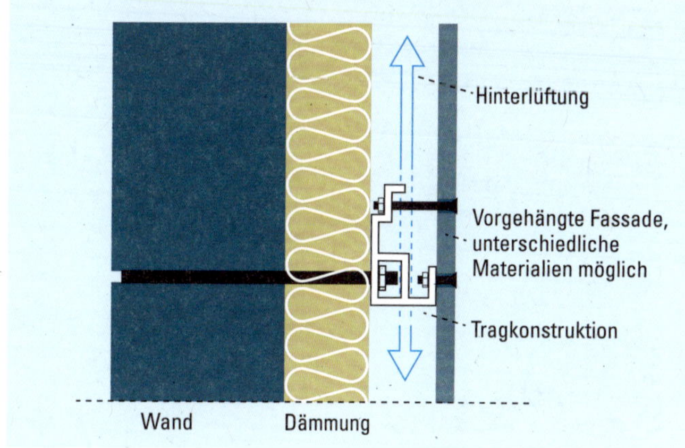

Eine hinterlüftete Fassade mit Tragkonstruktion und Hinterlüftung.

Vorgehängte Fassaden

Vorgehängte Fassaden können abhängig vom Verkleidungsmaterial sehr verschieden aussehen, bestehen jedoch alle (von innen nach außen) aus einer gegebenenfalls gedämmten Unterkonstruktion, einer Windsperre, der Hinterlüftungsebene und der Ebene der Fassadenbekleidung.

DICHTIGKEIT

Um bei Außenwänden aus Mauerwerk die Winddichtigkeit der Mauerwerksebene sicherzustellen, empfiehlt es sich, das Mauerwerk zu verputzen. Hier reicht es, eine Lage Grundputz aufzutragen oder zumindest eine vollflächige Verspachtelung der Stoßfugen und der Lagerfugen vorzunehmen.

Wurde das Mauerwerk aus hochdämmenden Steinen in der entsprechenden Dicke erstellt, sind keine zusätzlichen Dämmmaßnahmen mehr notwendig, die Fassade kann direkt montiert werden.

Hat das Mauerwerk lediglich statische, tragende Funktion, ist die Wandaußenseite zusammen mit der Erstellung der Unterkonstruktion für die vorgehängte Fassade zu dämmen. Die Wärmedämmung ist mit einer diffusionsoffenen Vlieskardierung als Winddichtheitsebene zu überziehen.

HINTERLÜFTUNG

Feuchtigkeit tritt hinter der Fassadenbekleidung auf, wenn zum Beispiel die gemauerte Wand dahinter abtrocknet oder wenn Schlagregen über Fugen eingedrungen ist. Dies muss schnell wieder abtrocknen können. Eine vorgehängte Fassade ist deshalb immer zu hinterlüften. Hinterlüftung bedeutet, dass Luft auf der einen Seite der Ebene ein- und auf der anderen Seite der Hinterlüftungsebene ausströmt. In der Hinterlüftungsebene herrscht ein ständiger Durchzug, der auf die naturgegebenen thermischen Antriebskräfte zurückzuführen ist. Je nach Fassadenhöhe sind hierzu ausreichende Hinterlüftungsquerschnitte zwischen Fassade und tragender Wand sicherzustellen. Üblicherweise werden vorgehängte Fassaden in der Höhe zumeist auf Höhe der jeweiligen Geschossdecke durch entsprechende Einrichtungen/Einbauten strukturiert, sodass mit einem einheitlichen Hinterlüftungsquerschnitt gearbeitet werden kann.

Maßgebend für die Beständigkeit einer vorgehängten Fassade ist die dauerhafte Funktionstauglichkeit der Hinterlüftung. Wird diese gestört – beispielsweise durch Abrutschen der Dämmung hinter der Vorsatzschale – kommt es zu einem Luftstau, sodass die Fassade an dieser Stelle nicht mehr hintertrocken kann. Farbveränderungen und bei Holz Pilzbefall können die Folge sein.

→ Nebengebäude und Außenanlagen:

Zu den Nebengebäuden zählen unter anderem ein Carport oder eine Garage. Auch auf die Gestaltung der Außenanlagen, also des Gartens, soll in diesem Kapitel kurz eingegangen werden.

WAS ERFAHRE ICH?

Unter Nebengebäuden werden im Folgenden ortsfeste bauliche Anlagen verstanden, die auf eigenen Gründungsbauteilen (Fundamenten) errichtet werden. Kleinere und eher mobile Bauten, die als Bausätze aus Wellblech oder Holzelementen erhältlich sind, fallen nicht darunter.

Das Gründungsbauteil eines Nebengebäudes besteht in aller Regel aus (Stahl-)Beton, der entweder als Streifenfundament oder als Stahlbetonplatte in berechneter Stärke ausgeführt wird.

Nebengebäude werden üblicherweise nahe am Hauptgebäude oder sogar unmittelbar angrenzend an das Hauptgebäude errichtet. Ein Teil ihrer Gründungsbauteile liegt somit im Bereich des verfüllten Arbeitsraums um das Hauptgebäude, bei dem eine Setzung über die Zeit mit großer Sicherheit vorhersagbar ist. Das Nachgeben des Untergrunds würde unter Umständen eine Schiefstellung des Gründungsbauteils der Nebengebäude und damit Schäden am Gebäude hervorrufen. Damit das nicht passiert, sollte die Gründung für das Nebengebäude am dem Hauptgebäude zugewandten Teil in der gleichen Tiefe erfolgen, in der das Hauptgebäude gegründet ist. Dies lässt sich zum Beispiel durch eine Aufständerung oder Abstützung über Kellerwandsteinstützen oder -scheiben erreichen, die sich auf einem Überstand der Kellerbodenplatte des Hauptgebäudes abstützen. Kellerwandsteine sind Verfüllsteine aus Beton, die nach dem Aufmauern mit Beton vergossen werden. Nach dem Verfüllen der Arbeitsräume liegen die dem Hauptgebäude zugewandten Seiten der Gründungsbauteile des Nebengebäudes auf diesen lastabtragenden Strukturen auf. Nachträgliche Setzungen der Arbeitsraumverfüllung wirken sich dann nicht mehr auf das Nebengebäude aus.

Für Nebengebäude, die in massiver Bauweise aus Mauerwerk oder Beton oder als Holzkonstruktion erstellt werden, ob nun mit oder ohne Steildach, in Holzbauweise oder mit einer Stahlbetondecke oder Holzbalkendecke als Unterbau für die Flachdachabdichtung, gelten ansonsten die gleichen Anforderungen und kritischen Ausführungsdetails, die bei den Bauarbeiten für das Hauptgebäude bereits behandelt wurden.

Fertiggaragen

Von der Fundamenterstellung über den Regenwasseranschluss, den Stromanschluss, die Ausführung der Anbindung an das Hauptgebäude bis hin zum Liefer- und Stelltermin ist einiges zu koordinieren. Fertiggaragen kommen fix und fertig erstellt mit Spezialtransportern auf die Baustelle. Sie werden mittels Mobilkran oder direkt vom Zugfahrzeug oder dem Anhänger aus abgeladen und auf den vorher erstellten Streifenfundamenten abgesetzt. Wenn die Fertiggarage eine innen liegende Entwässerung aufweist, wird dabei auch der Anschluss an die Regenentwässerung vorgenommen.

Wenn die Fertiggarage Bestandteil des Hausbauauftrags ist, muss sich der Hersteller um diese Koordination kümmern. Erfolgt sie in Ihrem Direktauftrag, müssen Sie diese Punkte koordinieren. In der Theorie kann man bei Fertiggaragen auch gar nicht viel falsch machen, in der Praxis geht es aber doch.

Zum Beispiel kann es vorkommen, dass die Fertiggarage geliefert werden soll, aber die Voraussetzungen dafür noch nicht geschaffen sind. Die Höhenlage und die Abmessungen der Fundamente müssen passen, was manchmal schon nicht hinhaut. Es kommt vor, dass der Regenwasseranschluss lagemäßig nicht passt oder noch gar nicht vorhanden ist. Genauso kann es sein, dass der Stromanschluss nicht vorhanden ist. Oder nach Aufstellung der Fertiggarage wird im Zuge der Abnahme festgestellt, dass die Garagenhülle Risse aufweist. **WICHTIG** ist deshalb: Wenn die Fertiggarage aufgestellt wurde, führen Sie mit dem Bevollmächtigten des Lieferanten unbedingt eine Abnahme durch!

Carport

Mit dem Carport ist es ähnlich wie bei der Fertiggarage, nur dass es sich hierbei um eine mindestens einseitig offene bauliche Anlage handelt. Auch ein Carport hat Gründungsbauteile, die, sofern sie im Arbeitsraum zum Hauptgebäude liegen, weitergehenden Setzungen unterworfen sind. Deshalb sind die von ihnen abzutragenden Lasten auf das Gründungsniveau des Hauptgebäudes abzuleiten (siehe Seite 104).

Fundamentierung angrenzender Nebengebäude mit Lastabtragung bis auf die Ebene der Kellerbodenplatte

Je nach Bauweise werden Carports als Massivbauwerk aus Mauerwerk oder Beton mit Massiv- oder Holzbalkendecke errichtet. Darauf liegt ein zimmermannsmäßig erstellter Dachstuhl oder eine verzimmerte Holzkonstruktion, die von den Zimmerleuten errichtet wird.

In vielen Fällen kommen auch Bausätze in Stahl zur Ausführung. Ausführungen in Aluminium haben in der Praxis das ganz banale Problem, dass diese bei Anwesenheit von Hunden durch die Einwirkung von Hunde-Urin deutlich weniger dauerhaft sind als korrosionsgeschützte Stahlkonstruktionen.

Außenanlagen

Sie sind die Visitenkarte Ihres Hauses. Die Gestaltung der Außen- und Gartenanlagen stellt ein eigenständiges Arbeitsgebiet mit Erdbau, Bodenverbesserungen und gärtnerischen Arbeiten dar.

Eine ausführliche Behandlung des Themas Außenanlagen würde die Grenzen dieses Buches sprengen. Daher wird hier nur auf einige für die Nutzung des Hauptgebäudes wesentliche Sachverhalte und Themengebiete eingegangen.

BURGGRABEN

Falls die Bodensituation vor Ort es nicht zulässt, dass zum Haus hin eine ansteigende Geländemodellierung ausgeführt werden kann, sollten Sie die Erstellung eines sanft geformten „Burggrabens" unmittelbar am Gebäude in Erwägung ziehen. In diesem „Burggraben" kann Wasser, das zum Haus hin fließt, aufgefangen und abgeleitet werden. Eine solche Lösung ist aber im Regelfall teuer und konstruktiv aufwendig, daher sollten Sie, wenn es ums Geld geht, der Hügelmodellierung den Vorzug geben.

GEFÄLLE UND WASSERFÜHRUNG

Die Gestaltung der Höhen- und Gefällesituation der Außenanlagen hat entscheidenden Einfluss darauf, wie sich Extremwetterlagen – hier insbesondere intensive und oder lang anhaltende Regenfälle – auf Ihr Haus auswirken werden. Steht das Gebäude auf einer auch nur kleinen Erhöhung, läuft das als Niederschlag ankommende Wasser vom Gebäude weg und oberflächlich abfließendes Regenwasser vom eigenen Grundstück und/oder von Nachbargrundstücken wird infolge der Geländegestaltung um das Haus herumgeführt.

Läuft das Gelände ohne Gegengefälle zum Haus hin, wird das in diesem Bereich anfallende oder oberflächlich abfließende Regenwasser direkt zum Haus hingeleitet. Erreicht das Wasser das Gebäude, kommt es zu einem kurzfristigen Aufstau, und wenn Sie Pech haben, fließt es auf der einen Seite ins Haus rein und nach einiger Zeit auf der anderen Seite wieder hinaus.

Leider werden in den meisten Bebauungsplänen diese an sich doch sehr einfachen Sachverhalte weitgehend ignoriert. Dies muss dann bei der planerischen Konzeption für die Außenanlagen von Ihnen oder dem in Ihrem Auftrag tätigen Außenanlagenersteller berücksichtigt werden.

ZUWEGUNG

Auch bei der Anlage der Zuwegung, also der Wege und Verkehrsflächen zum Gebäude oder um das Gebäude herum, ist die Gefällesituation zu beachten. Fallen die befestigten Flächen der Zuwegung zum Haus hin ab, sind sie ideale Schneisen für ablaufendes Wasser. Sie sollten dann über die Anordnung von passend dimensionierten Ablaufrinnen und über Hofabläufe in ausreichender Anzahl nachdenken.

Damit die Zuwegung später gerade im Bereich der mit Kraftfahrzeugen befahrenen Flächen nicht nachgibt – denken Sie dabei auch an schwerere Fahrzeuge wie den Lkw des Umzugsunternehmens oder den Transporter der Post –, muss der Arbeitsraum sorgfältig verdichtet worden sein. Hier schließt sich dann der Kreis zur Bauüberwachung der Erdarbeiten (siehe ab Seite 125).

BEPFLANZUNG

Pflanzgebote im Bebauungsplan sollten unbedingt erfüllt werden. Hierbei ist insbesondere auf die dem Artenschutz geschuldete biologische Vielfalt der Bepflanzung zu achten. Die Ausführung als Schottergärten wird in immer mehr Städten und Gemeinden verboten. Das sollten Sie bei der planerischen Konzeption entsprechend berücksichtigen und umsetzen.

→ **Sonderfall Fertighaus:** Fertighäuser in Holz- oder Massivbauweise bestehen aus vorgefertigten flächigen Elementen oder vorgefertigten Raumzellen, die auf der Baustelle kraftschlüssig und funktionsfähig miteinander verbunden werden und zusammengefügt den fertigen Baukörper ergeben.

WAS ERFAHRE ICH?

Grundsätzlich fallen auch bei Fertighäusern dieselben Gewerke an, wie sie vorangestellt und nachfolgend beschrieben sind, nur dass sie im Ablauf anders organisiert sind. Daher widmet sich dieses Kapitel nur den fertighausspezifischen Besonderheiten.

Die maßgebenden Fertigungsabschnitte im Fertighausbau sind:

- die Vorfertigung in den Fertigteilwerken
- der Transport zur Baustelle
- der Auf- und Zusammenbau der die Gebäudestruktur und den Baukörper bildenden Teile
- die Zusatzarbeiten, die für die Erfüllung des Leistungsumfangs notwendig sind

Es gibt mehrere Fertighaushersteller, die neben der schlüsselfertigen Version auch die Ausbaustufe „Ausbauhaus" in verschiedenen Leistungsumfängen anbieten, woraus sich unterschiedliche Eigenleistungspakete für die Bauherren ergeben.

Die Komponenten der Fertighäuser werden unter bautechnisch günstigen Bedingungen in überdachten und temperierten Werkhallen gefertigt. Der Ausbaugrad der so erstellten Wände, Decken und Dachtafeln richtet sich nach dem vereinbarten Ausbauumfang und kann, wenn so vereinbart, den Einbau haustechnischer Komponenten einschließlich der raumseitigen Beplankung umfassen.

Häuser in Holzbauart

Bei Häusern in Holzbauart ist die tragende Struktur mit einer einseitig aussteifenden Beplankung der übliche Mindestumfang. Häufig wird bereits die außen liegende Dämmung für das Wärmedämmverbundsystem oder die Vorsatzschale in der Halle mitmontiert und fixiert.

Auf der Baustelle selbst werden die einzelnen Komponenten nach den Vorgaben der statischen Berechnung miteinander verbunden und zum tragenden Baukörper zusammengefügt.

1 Fertigbauweise mit Betonfertigteilen
2 Fertighaus in Holzbauweise – hier einseitig beplanktes Holzskelett; Montagebeginn gegen 7:00 Uhr

3 Schon 12 Stunden später laufen die Vorbereitungen für das Richtfest.
4 Fertighaus in Holzbauweise mit beidseitig beplankten, schon im Werk ausgedämmten Wandtafeln

5 Kunststoffumhüllung der Fußschwelle – mit Beschädigung
6 Offene, nicht miteinander verklebte Folienstöße an der Fußschwelle

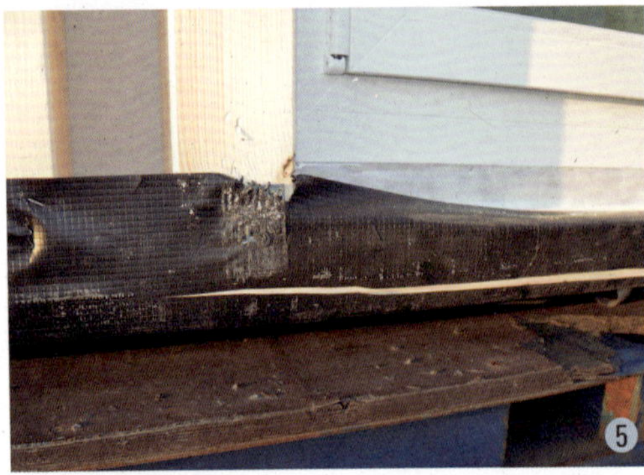

7 Übergang Fertighaus/Gründungsbauteil: partielle Abdichtung im Terrassenbereich
8 Übergang Fertighaus/Gründungsbauteil: ohne Abdichtung ein Einfallstor für Insekten

Ein für Häuser in Holzbauart ganz wesentlicher Leistungsbestandteil ist dabei die Anbindung der Holzkonstruktion an das Gründungsbauteil, sei dies nun eine Bodenplatte oder ein Keller. Diese Anbindung muss so erfolgen, dass die tragende Holzkonstruktion dauerhaft vor Feuchteeinwirkungen aus dem erdnahen Bereich und vor einem Befall mit nestbildenden Insekten geschützt ist. Ameisen, die langsam, aber sicher die Dämmung unter dem Estrich zersetzen und unter den Sockelleisten hervorkrabbeln, tragen nicht wirklich zum unbeschwerten Wohnerlebnis bei. Wie auf Bild 5 zu sehen ist, wurde an dieser Stelle die Kunststoffumhüllung der Fußschwelle beschädigt. Feuchtigkeit und Insekten haben hier leichtes Spiel, wenn ein solcher Schaden vor dem Versetzen des Fertigteils nicht wieder dicht und dauerhaft verklebt wird. Ganz ähnlich sieht es auf Bild 6 aus.

Damit dieser dichte Anschluss sachgerecht erfolgen kann, müssen die auf dem Gründungsbauteil aufstehenden Außenwände entsprechend eingerichtet sein. Es gibt tatsächlich Fertighaushersteller, die diese Schnittstelle zwischen Fertighaus und Gründungsbauteil ignorieren und keinerlei oder nur partielle Abdichtungsmaßnahmen vorgesehen haben. Die Ausbildung dieser Schnittstelle ist daher vertraglich zu regeln.

Viele Fertighaushersteller machen im Wissen um die Wichtigkeit der Dauerhaftigkeit dieser Schnittstelle Vorgaben für die Ausbildung des Sockelbereiches und geben an, um wie viele Zentimeter tiefer das fertige Gelände – die zukünftige Außenanlage – gegenüber der Oberkante (OK) Bodenplatte liegen muss. **ACHTUNG**: Diese Vorgaben stehen irgendwo, sei es in der Baubeschreibung, dem Vertrag, dem Bemusterungsprotokoll und auch auf den Plänen.

Probleme beim Aufbau

Wie auf Bild 2 auf Seite 244 zu sehen, schweben bei der Fertighausmontage großflächige Bauteile mittels Kran an den vorgesehenen Einbauort. Solche Arbeiten können durch Windeinwirkungen stark erschwert oder gar unmöglich gemacht werden. Es ist und bleibt die alleinige Entscheidung des Kranführers, wann er unter solch widrigen Bedingungen die Montage einstellt.

Ein Aufbau bei Regen ist hingegen möglich. Bei konstruktionssichtigen Bauteilen – das heißt bei Wänden und Decken, die nur einseitig beplankt angeliefert und montiert werden, wo das Holzskelett also sichtbar ist – ist das unproblematisch. Bei endfertig vorgefertigten Bauteilen kann das wegen Feuchteeinträgen in die Bauteileaufbauten problematisch werden.

In solchen Fällen ist durch den Fertighausbauer sicherzustellen, dass die Bauteile wieder vollständig austrocknen können. Wenn notwendig sind durchnässte Dämmungen auszubauen, zu trocknen oder auszutauschen. Erfolgt dies nicht, kann es zu schwerwiegenden Schädigungen der Holzkonstruktion kommen. Holzzerstörende Pilze arbeiten über Jahre im Verborgenen und können hölzerne Tragkonstruktionen zum Einsturz bringen.

→ Holzzerstörende Pilze arbeiten über Jahre im Verborgenen und können hölzerne Tragkonstruktionen zum Einsturz bringen.

Luftundurchlässige Gebäudehülle

Ein weiterer wesentlicher Leistungsbestandteil bei Häusern mit einem hohen Vorfertigungsgrad ist die gesetzlich geforderte(!) dauerhaft luftundurchlässig zu erstellende Gebäudehülle. Einige Fertighaushersteller vertreten allerdings die vom Grundsatz her falsche Behauptung, die Einhaltung der Anforderungen für den Blower-Door-Test (Seite 250) sei bereits der Nachweis für die Luftundurchlässigkeit der Gebäudehülle. Die Bauelemente der thermisch wirksamen Gebäudehülle sind aber so zu montieren, dass auch die dauerhafte Luftundurchlässigkeit in den Fugen und Bauteilanschlüssen sichergestellt ist. Daraus resultieren erhebliche Herausforderungen für die Montagetrupps, die nur mit entsprechender Detailausbildung und ausreichend handwerklicher Sorgfalt bei den Schnittstellen der unterschiedlichen Bauteile gemeistert werden können.

Zur dauerhaft luftundurchlässigen Ausführung gehört auch der raumseitige Übergang zwischen den Außenwänden und dem Gründungsbauteil. Auch dieser Übergang muss – fertigungstechnisch vorbereitet und auf die Montagebelange abgestimmt – luftundurchlässig erstellt werden. Leider fehlt es hier nicht selten an der handwerklichen Sorgfalt der ausführenden Montagetrupps und an der Kontrolle durch die zuständige Bauleitung. Hier kann nur die baubegleitende Qualitätskontrolle durch Sachverständige Ihres Vertrauens Abhilfe schaffen oder aber die rechtssichere Grundlage für einen möglicherweise zu führenden Rechtsstreit durch die entsprechende Dokumentation liefern.

→ Die Tatsache, dass es in Gebäuden nur selten brennt, ist ein Glücksfall, der jederzeit zu Ende sein kann.

Herausforderung Haustrennwand bei Reihenhäusern und Doppelhaushälften in Fertigteilbauweise

Die Herausforderung besteht in den brand- und schallschutztechnischen Eigenschaften, die diese Gebäudeabschlusswände bauordnungsrechtlich haben müssen. Als Gebäudeabschlusswände, die die jeweilige Hauseinheit zu den unmittelbar angrenzenden Gebäuden abschließen, bestehen Anforderungen an die Dauerhaftigkeit gegenüber Brandeinwirkungen. Diese Wände haben speziell erstellte Zulassungen, die für bestimmte Wandaufbauten die geforderten Feuerwiderstände bescheinigen. In diesen Zulassungen ist der jeweilige Wandaufbau explizit beschrieben.

Wird im Aufbau von diesen Vorgaben abgewichen, verliert die Wandkonstruktion die Zulassung. Damit entsteht ein bauordnungsrechtliches Problem, die Einhaltung der brandschutztechnischen Anforderungen sind nicht mehr sichergestellt. Die Tatsache, dass es in Gebäuden nur selten brennt, ist ein Glücksfall, der sich jederzeit ins Gegenteil umkehren kann. Ein unzureichender oder fehlender Brandschutz kann bei aneinandergereihten Gebäuden lebensbedrohlich werden, wenn es zum Brand kommt.

Bei Reihen- und Doppelhäusern sind an die aneinandergrenzenden Gebäudeabschlusswände auch schallschutztechnische Anforderungen zu stellen. Der nachbarschaftliche Schallschutz ist dabei das maßgebende Kriterium für komfortables Wohnen.

Wie an den oberen beiden Fotos auf Seite 248 ersichtlich, ist der Fugenzwischenraum offen. Dort liegt kalte Außenluft an. Eine außenliegende Wärmedämmung ist an keiner der beiden Wandseiten vorhanden. Damit die Wand die notwendigen thermischen Eigenschaften hat, muss die Gefachdämmung entsprechend dick und thermisch leistungsfähig sein.

Fazit zu Fertighäusern in Holzbauweise

Die Fertigungsqualität der Bauteile im Werk kann bei fremdüberwachten qualitätszertifizierten Werken als gut angesehen werden.

Das Problem beginnt dann allerdings mit dem Transport auf die Baustelle und setzt sich bei der Montage fort. Der nicht wirklich gute Zustand unserer Straßen wirkt sich natürlich auf die Fertigteile aus, die trotz aller Transportsicherungen unvermeidbar gehörig durchgerüttelt werden.

1 Aufbau bei Regen mit feuchtebelasteten Bauteilen
2 Fertighaus mit Notabdichtung

3 Fehlstelle in der luftdichten Verklebung der Dampfsperre auf der Bodenplatte
4 Verschmutzte Kontaktflächen: Der Staub haftet, die Dampfsperre nicht.

5 und 6 Beide Bilder zeigen Fehlstellen in der Verklebung/Verarbeitung der Dampfsperre.

7 und 8 Zwei weitere Beispiele für Fehlstellen in der Verklebung/Verarbeitung der Dampfsperre

Haustrennwandfuge zwischen Doppelhaushälften: brandschutztechnisch wirksame Beplankung auf linker Außenseite beschädigt

Haustrennwandfuge mit Fugenzwischenraum überbrückendem Fremdkörper, der eine Schallbrücke bildet

Raumseitige Fehlstelle in der Beplankung der Gebäudeabschlusswand – Verstoß gegen das ABZ (Herstellungsvorschrift), somit mangelhaft

Auf der Baustelle beginnt dann die Montage mit Unterstützung eines Kranes – regelmäßig ein Vabanquespiel mit und auch gegen Wind und Wetter. Zudem können Montagefehler – wenn sie denn von den im Akkord montierenden Kolonnen überhaupt bemerkt werden – nur im Zuge der Montage selbst auch korrigiert werden. Ist selbige bereits weiter fortgeschritten, haben sich die begangenen Montagefehler im Gebäude, und damit in Ihrem zukünftigen Eigenheim, manifestiert. Dann ist guter Rat teuer beziehungsweise das Beseitigen nur mit hohem Aufwand und unter Umständen auch gar nicht mehr möglich.

Im Zuge der Hausmontage wäre die kontrollierende Anwesenheit einer die Montage überwachenden und kontrollierenden Bauleitung des Hausbauunternehmens wünschenswert wenn nicht gar notwendig. Leider ist das allzu häufig nicht der Fall. Die Bauleiter der Fertighausfirmen, die oft mehrere Hausmontagen an unterschiedlichen Orten gleichzeitig abwickeln müssen, verbringen erheblich mehr Stunden im Auto als auf den Baustellen. Von daher erfolgen die Kontrollen im Vorbeieilen und häufig nicht mit der gebotenen Akribie und Sorgfalt. Hier kann die Kontrolle durch die in Ihrem Auftrag tätigen Sachverständigen zumindest Licht ins Dunkel bringen und begründete Beanstandungspunkte dokumentieren. Mehr aber auch nicht.

Grundsätzlich im Fertighausbau zu beachten: Je höher der Vorfertigungsgrad im Werk, desto höher ist die Hausqualität einzuschätzen. Erfolgt der Großteil der weiteren Bauarbeiten erst an der Baustelle selbst, sind diese ebenso fehlerbehaftet – nur meist komplexer als beim konventionellen Bauen.

→ **Sonderthemen:** Nachfolgend werden unter den jeweiligen Stichworten einige für die Dauerhaftigkeit und langfristige Schadenfreiheit Ihres zukünftigen Hauses entscheidende Themen behandelt.

WAS ERFAHRE ICH?

Bauen ist eine hochkomplexe Angelegenheit: Es gibt unzählige Schnittstellen, die mehrere Gewerke gleichzeitig betreffen beziehungsweise bei Nichtbeachtung oder mangelhafter Ausführung an einer Stelle das Gebäude in mannigfaltiger Weise beeinträchtigen.

Luftdichtheit der Gebäudehülle

Seit Alters her war es das Bestreben, Räumlichkeiten, die dem Wohnen oder dem Arbeiten dienten, gegenüber der als unangenehm empfundenen Zugluft dicht zu machen, und so wurde bereits in der Reichsbauordnung von 1902 die Luftdichtheit von Gebäuden gefordert. Damals erfolgte das durch das Ausstopfen vorhandener Fugen und Ritzen und bei Holzbauten durch das Übertapezieren mit Zeitungspapier (Papier ist in der Fläche zugluftdicht). Mit der Entstehung der Wärmeschutzverordnung kam diese Forderung wieder auf. Die energetische Zielsetzung der mittlerweile im GEG (Gebäude Energiegesetz) verankerten gesetzlichen Regelung ist die Vermeidung von unkontrollierten Lüftungswärmeverlusten über Undichtigkeiten in der Gebäudehülle. Bautechnisch gesehen vermeidet eine konvektionsdichte (zugluftdichte) thermische Gebäudehülle von den Innenräumen ausgehende Feuchteeinträge und damit einhergehende Schädigungen der Konstruktion.

Die Forderung ergibt sich aus dem Gesetz und bedarf grundsätzlich keiner weiteren Überprüfung. Wird die Luftdurchlässigkeit der Gebäudehülle überprüft – dies erfolgt im Wesentlichen, um den damit verbundenen U-Wert-Bonus bei der Erstellung der Wärmeschutzberechnung in Anspruch nehmen zu können – sind die im Gesetz definierten Grenzwerte (siehe „Blower-Door-Test", Seite 250) einzuhalten.

Luftdichtes, beziehungsweise eigentlich konvektionsdichtes Bauen ist alles andere als einfach. Daher ergibt sich aus den ergänzenden Normen die eindeutige Forderung, dass die Luftdichtheit der thermischen Gebäudehül-

Blower-Door-Test: Die Messeinrichtung mit Prüfbehang und Prüfgebläse ist hier in der Haustür eingebaut.

Blower-Door-Test: Visualisierung mit Rauch

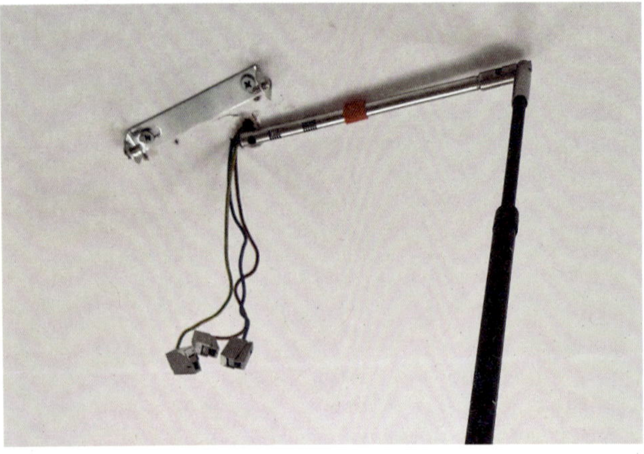

Blower-Door-Test: Messung der Luftgeschwindigkeit mit einem Anemometer

le zu planen ist. Diese Planung wird als Luftdichtheitskonzept bezeichnet. In ihr ist deutlich zu machen, wie die die thermische Gebäudehülle bildenden Bauteile sowohl in der Fläche als auch in ihren Übergängen luftundurchlässig miteinander verbunden werden.

Der Blower-Door-Test

Beim Blower-Door-Test wird geprüft, ob die Gebäudehülle die Anforderungen an die maximal zulässige Luftdurchlässigkeit einhält. Diese Luftdurchlässigkeit wird als n50-Wert bezeichnet und stellt eine Verhältniszahl zwischen dem durch das Prüfgebläse transportierten Luftvolumen pro Stunde (meist hochgerechnet) und dem Innenvolumen des Gebäudes dar.

Der Blower-Door-Test gilt als erfüllt, wenn

- für Gebäude ohne Lüftungsanlage der n50-Wert ≤ 3 [1/h] und
- für Gebäude mit Lüftungsanlage der n50-Wert ≤ 1,5 [1/h] beträgt.

PRÜFZERTIFIKAT

Das Prüfzertifikat ist die entscheidende Voraussetzung für die abschließende Gewährung von Fördermitteln aus den KfW-Programmen für energieeffizientes Bauen. Ein nicht bestandener Blower-Door-Test führt dazu, dass eine Förderungsgrundlage wegfällt. Wird dieser Tatsache nicht abgeholfen, sind die erhaltenen Fördergelder zurückzuzahlen.

Ein bestandener Blower-Door-Test, bei dem die Grenzwerte aber nur gerade so eingehalten werden, darf nicht darüber hinwegtäuschen, dass mit hoher Wahrscheinlichkeit erhebliche bauliche Mängel an der luftdichten Ebene des Gebäudes vorhanden sind. Die auch heute noch verwendeten zulässigen Grenzwerte stammen aus den Anfängen des luftdichten Bauens, als Folien, Klebebänder und andere Dichtstoffe noch am Anfang ihrer Entwicklung standen. Mit den heute verfügbaren Materialien können bei sorgfältiger handwerklicher Ausführung und einer ausführungsgerechten Planung n50-Werte von weniger als 0,8 [1/h] problemlos erreicht werden.

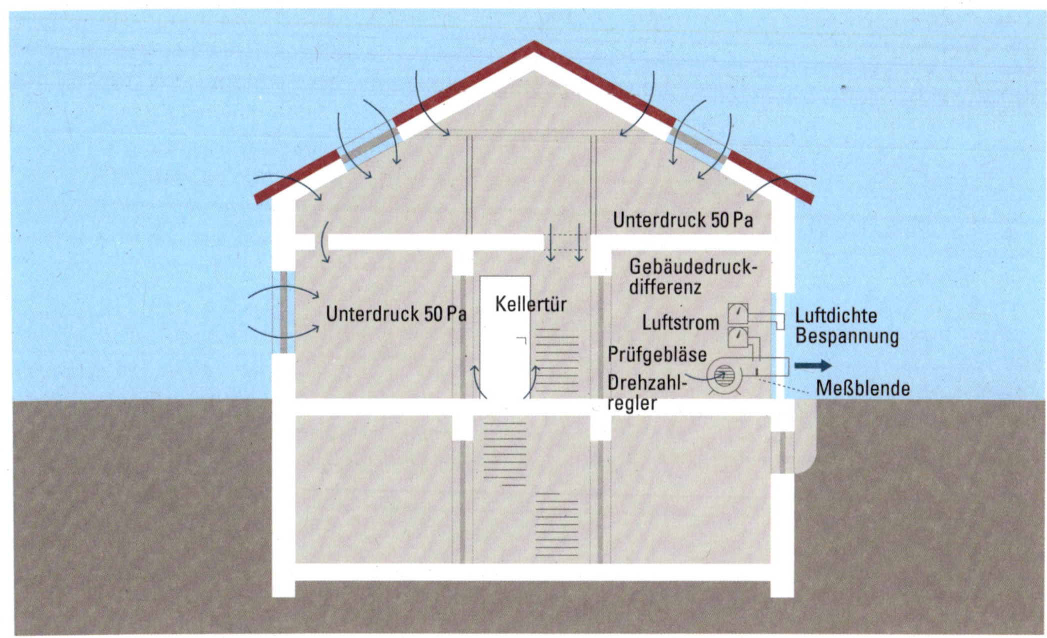

Die Grafik veranschaulicht den Blower-Door-Test, bei dem die Luftdurchlässigkeit der Gebäudehülle geprüft wird.

Schimmelbefall während der Bauzeit

Schimmelpilze sind Indikatororganismen für überhöhte Feuchtigkeit. Phasen überhöhter Feuchtigkeit treten auf Baustellen und in Bauwerken, die planmäßig beheizt werden sollen, zwangsläufig auf. So wirken zunächst einmal Niederschläge auf das noch nicht überdachte und eingedeckte Gebäude ein. Später wird Feuchtigkeit bei hydraulisch abbindenden Baustoffen wie Kalksandstein, Porenbeton, Putzmörtel und Estrich freigesetzt. Und Bauhölzer trockenen vor Ort immer auch noch etwas nach und dünsten Feuchtigkeit aus.

Überall, wo Wasser auf festen Untergründen vorhanden ist, werden sich über kurz oder lang mikrobielle Lebensformen – Schimmelpilze und Bakterien – ansiedeln. So auch auf feuchten Bauteiloberflächen oder in durchfeuchteten Bauteilaufbauten.

SCHIMMELFREIHEIT

Grundsätzlich schuldet Ihnen der Hausersteller ein Gebäude, das frei ist von Schimmelpilzmyzel (das typische Pilzgeflecht). Dieses entsteht aus angesiedelten und ausgekeimten Sporen, die sich im exponentiell ablaufenden Vermehrungs- und Wachstumsprozess befinden. Sprich: Tritt während der Bauphase Schimmelpilzbefall auf, ist er sach- und fachgerecht zu beseitigen. Eine bloße Behandlung mit schimmelbekämpfenden Substanzen (Desinfektionsmitteln) ist hierbei nicht ausreichend, zusätzlich muss die behandelte Biomasse entfernt werden.

Hier reicht auch kein bloßes Überstreichen mit irgendwelchen Farben. Unter Umständen müssen befallene Bauteile komplett rückgebaut werden. Durchfeuchtete Bauteile sind zu öffnen und vollständig zu trocknen. Darin verbaute Dämmstoffe sind zu erneuern oder – sofern die Durchfeuchtung keine nachteiligen Folgen auf Festigkeit und Steifigkeit hat – zu trocknen und können dann wieder eingebaut werden.

Der Schimmelpilzbefall betrifft nicht nur die Wohnräume, sondern auch die Nebengelasse wie den unbeheizten Dachspitz. Hier stellt ein Schimmelpilzbefall ein sehr sicheres Indiz dafür dar, dass mit der luftdichten Hülle irgendetwas nicht in Ordnung ist.

Schimmelpilzbefall am Dachsparren nach Estricheinbau

Schimmelpilzbefall auf gestrichenen Flächen

Die Ursache: Lücke im WDVS und unvollständige und daher wasserdurchlässige Notabdichtung auf dem vorgelagerten Balkon

AUGEN AUF!

Wenn Sie einen Schimmelpilzbefall feststellen, zeigen Sie dies unbedingt Ihrem Hausbaupartner oder dem im Direktauftrag tätigen Handwerker an. Auch hier sind wieder Ihre Fotodokumentation und das bauherrliche Tagebuch mit den Angaben zur Witterungssituation, dem relativen Luftfeuchtegehalt vor und im Gebäude und einer Darstellung der ausgeführten/nicht ausgeführten Arbeiten außerordentlich hilfreich.

Bei Schimmelpilzbefall braucht man nicht nach der Ursache fragen – die ist immer überhöhte Feuchtigkeit. Wichtiger ist es, die Quelle dieser Feuchtigkeit zu finden und sie trockenzulegen.

Maß-, Lage-, Winkel- und Ebenheitstoleranzen

Hier geht es speziell um Abweichungen von

- → vorgegebenen Abmessungen in Breite, Höhe oder Länge
- → der Horizontalen oder Vertikalen
- → den Winkeln zwischen Bauteilen (meist eine Abweichung vom planerisch vorgegebenen rechten Winkel)
- → die Überschreitung zulässiger Maße (Unebenheiten) in Oberflächen

Auf Baustellen hört man immer wieder den alten Handwerkerspruch: „Ein Zentimeter (1 cm) ist kein Maß!" Das ist so nicht ganz zutreffend. Mittlerweile sind wir im Zeitalter sich selbstjustierender Messgeräte auf Laserbasis angekommen. Genauigkeiten im Millimeterbereich wären somit ohne größere Probleme möglich, allerdings wurden die Normen dahingehend noch nicht angepasst.

Länge, Breite oder Höhe lassen sich über größere Strecken mittels Laserentfernungsmesser oder Bandmaß, im kürzeren Bereich mit dem Zollstock messen. Für Öffnungsmaße kann man zwei Gliedermaßstäbe oder den Laserentfernungsmesser verwenden. Das Messen ist aber nur der erste Schritt, das Vergleichen mit der Maßvorgabe, dem Plan, der zweite.

Der Begriff „Lage" beschreibt die Lage eines flächigen Bauteils im Raum beziehungsweise seine Abweichung von der planerisch vorgegebenen Horizontalen, der Vertikalen oder einer planerisch durch Winkelangabe vorgegebenen Schräglage.

Die Lage in der Vertikalen wird im Regelfall mittels Lotschnur oder Wasserwaage angelegt und auch kontrolliert.

Seit der Antike ist der rechte Winkel, die 90-Grad-Ecke, das bauliche Maß der Dinge. Mit 90-Grad-Ecken ist gut bauen und auf dieser Basis können auch die weiterführenden Arbeiten wie die Anpassung der Möblierung ohne Winkelanpassungen erfolgen.

Die Winkelkontrolle lässt sich mit einem großen Zimmermannswinkel oder – gerade über längere Strecken und bei größeren Räumen hinweg – durch Abmessen des natürlichen Pythagoras (Längenverhältnisse 3:4:5 = beispielsweise 3 Meter zu 4 Meter zu 5 Meter) ermitteln. Nur zum Auffrischen: $a^2 + b^2 = c^2$. Der Satz des Pythagoras besagt, dass in allen rechtwinkligen Dreiecken die Summe der Flächeninhalte der beiden Kathetenquadrate (am 90°-Winkel) a^2 plus b^2 gleich dem Flächeninhalt des Hypotenusenquadrats c^2 ist.

Die Ecke eines Raumes ist rechtwinklig, wenn:

Beim Abmessen von 3x an der einen Wand und 4x an der anderen Wand der Abstand zwischen den beiden Endpunkten 5x beträgt. Ist es weniger, hat die Ecke weniger am 90 Grad, ist es mehr, hat die Ecke mehr als 90 Grad.

Dieses Verhältnis ergibt sich auf ganz natürliche Weise im Verhältnis 3 zu 4 zu 5 im gezeigten Beispiel oben:

→ Die Seite a hat die Länge 3 ($a^2 = 9$)
→ die Seite b hat die Länge 4 ($b^2 = 16$)
→ und die Seite c die Länge 5 ($c^2 = 25$)

9 + 16 = 25, so lautet der Satz des Pythagoras in der bautechnischen Anwendung.

Offensichtlich werden die Abweichungen zum rechten Winkel wegen ihrer geringen Tiefe am ehesten in Fenster- und Türlaibungen.

Über Toleranzen werden ganze Bücher geschrieben und die Experten setzen sich zum Teil kontrovers damit auseinander. Ihnen hilft hier am ehesten sachverständige Unterstüt-

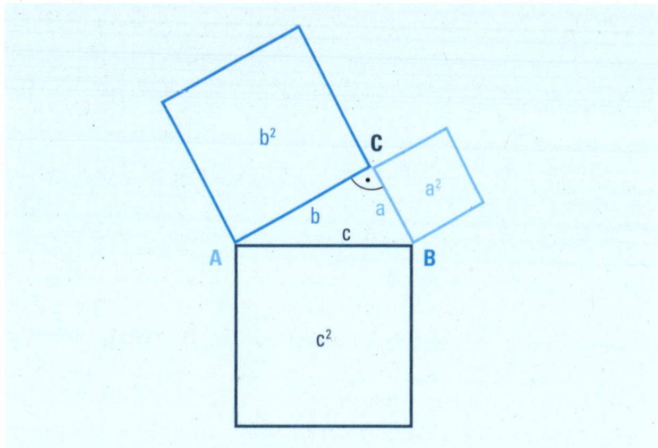

Die Zeichnung zeigt ein am Eckpunkt C rechtwinkliges Dreieck mit den Seitenverhältnissen a:b:c = 3:4.5.

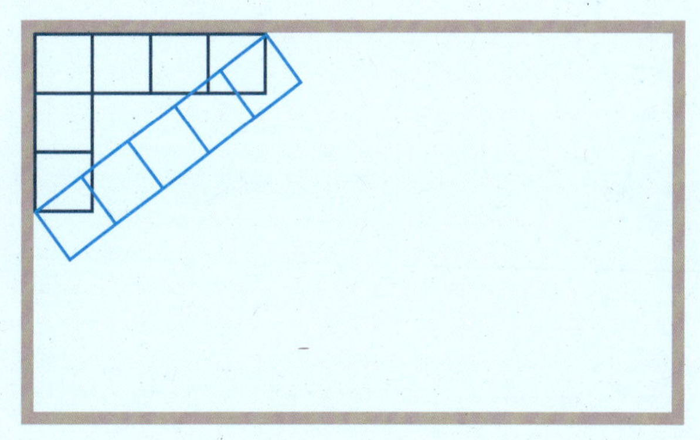

Der natürliche Pythagoras bei einem echten rechten Winkel

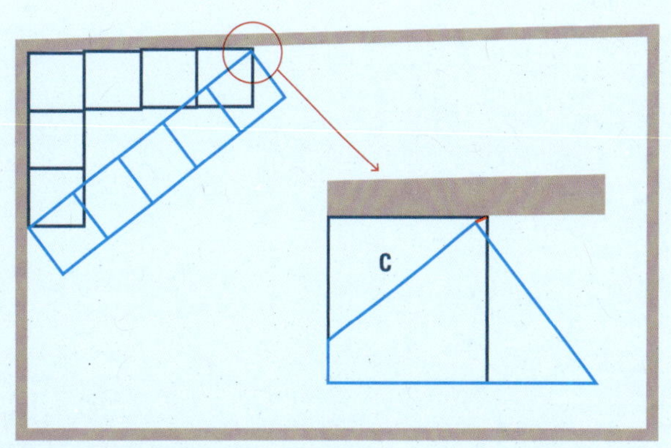

Die rote Linie markiert die Maßdifferenz: Die Hypotenuse ist hier länger als 5 x, das zeigt, dass der Winkel nicht rechtwinklig ist.

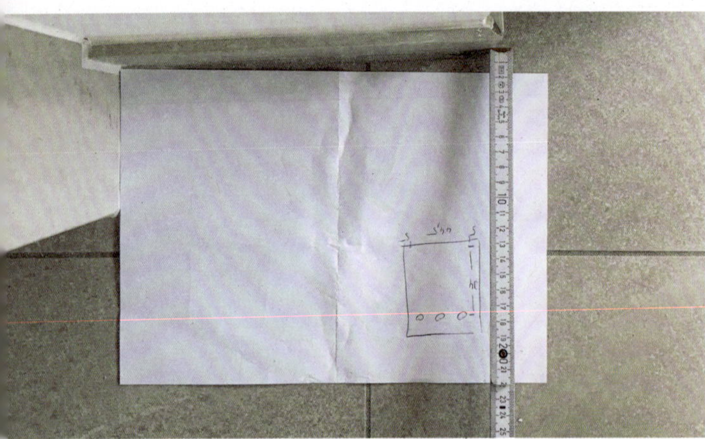

Überprüfen der Rechtwinkligkeit von Ecken – hier leisten DIN-A4-Block und Zollstock gute Dienste.

zung. Messen Sie, vergleichen Sie mit dem Planungssoll und dokumentieren Sie. Um herauszufinden, wie das dann zu beurteilen ist, sprechen Sie mit dem/der Sachverständigen Ihres Vertrauens

Brandschutz

Brandschutz spielt bei frei stehenden Einfamilienhäusern eine ziemlich wichtige, aus Sicht der Bauaufsicht aber untergeordnete Rolle. Wände und Türen zu Räumen, in denen brennbare Materialien (zum Beispiel Holzpellets oder Hackschnitzel) oder Flüssigkeiten (etwa Heizöl) gelagert werden, müssen im Hinblick auf Ihre Bauteile – Boden-/Decken-/Wand-/Öffnungsbauteile – in Abhängigkeit der Größe unterschiedliche brandschutztechnische Anforderungen erfüllen, die vom jeweiligen Bauamt festgelegt werden. Es kommen verschiedene Feuerwiderstandsklassen zur Anwendung, deren Bezeichnungen T30, T60, T90, T120, T180 auf ihrer jeweiligen Widerstandsdauer in Minuten fußen.

Ähnliches gilt für die Zugangstür vom Haus direkt in die Garage, wobei hier noch der Eintritt der Autoabgase in den Wohnraum zu verhindern ist. Im Zeitalter des Elektroautos mögen Abgase keine Rolle mehr spielen, das Brandrisiko und die Ausweitung eines Fahrzeugbrands auf das Wohnhaus allerdings schon.

BRANDSCHUTZ BEI DOPPEL- UND REIHENHÄUSERN

Bei Doppel- und Reihenhäusern bekommt der Brandschutz eine wesentlich höhere Bedeutung, da diese Gebäude mit ihren Gebäudeabschlusswänden aneinander angrenzend auf der Grundstücksgrenze stehen. Gerade diesen Gebäudeabschlusswänden kommen neben den Anforderungen an schallschutztechnische Eigenschaften auch besondere brandschutztechnische Anforderungen zu. Schutzziel ist die Verhinderung des Brandüberschlags, sprich: Wenn ein Haus brennt, soll das Feuer nicht auf die benachbarten Häuser übergreifen können.

Wände in Massivbauweise, zum Beispiel raumseitig verputzte Mauerwerkswände oder Stahlbetonwände, haben ab einer Wandstärke von 11,5 Zentimeter die notwendigen brandschutztechnischen Eigenschaften.

Bei Wänden in Holzbauweise, wie sie bei Fertighäusern häufig ausgeführt werden, müssen die Abschlusswände eine allgemeine bauaufsichtliche Zulassung für ihre brandschutztechnischen Eigenschaften haben. In diesen Zulassungen ist der exakte Aufbau der Wand von der äußeren Beplankung über die tragende Holzkonstruktion und die darin verbaute Dämmung bis zur inneren, raumseitigen Beplankung inklusive der möglichen Alternativen definiert. Festgelegt sind auch Art und Abstände der Befestigung und Verbindungsmittel. Weicht die Ausführung von den Vorgaben ab, verliert die Wand ihre Zulassung. Diese Abweichungen sind häufig dann festzustellen, wenn die Wände nicht beidseitig vollflächig beplankt auf die Baustelle geliefert werden, sondern erst einschließlich Dämmstoffeinbringung auf der Baustelle fertiggestellt werden.

Bei seitlichen oder höhenmäßigen Versätzen der Gebäude zueinander werden diese Wände häufig außen mit einem Wärmedämmverbundsystem versehen. Dieses muss dann in Mineralwolle ausgeführt werden.

Die Anforderungen an den Brandschutz der Gebäudeabschlusswände gelten bis unter die Dachhaut sowie für die Einlegung mit Betondachsteinen oder Dachziegeln. Im Bereich der Konterlattung und Lattung, der Unterkonstruktion der Dachdeckung, sind ebenfalls bauliche Maßnahmen erforderlich, beispielsweise das Ausmörteln oder aber das vollsatte Einbringen nicht brennbarer Mineralwolledämmung.

Unabhängig davon, ob die Gebäudeabschlusswände in Massiv- oder Holzbauweise errichtet werden, dürfen brennbare Bauteile wie etwa Pfetten die Haustrennwände und die Haustrennwandfuge nicht überbrücken. Sie dürfen auf diesen Wänden aufliegen, müssen dann aber zur Haustrennwandfuge hin mit nicht brennbaren Materialien abgeschottet werden, um einen Brandüberschlag von einem Gebäude auf das andere zu vermeiden.

Maßgebliches Ziel des Brandschutzes ist die Rettung von Mensch und Tier im Falle eines Brandereignisses, beziehungsweise die Führung von Löscheinsätzen. Demzufolge muss die bauliche Anlage – Ihr Haus – entsprechend beschaffen sein:

→ Aus jedem Geschoss mit Aufenthalts- oder Schlafräumen führt der erste Fluchtweg über eine notwendige Treppe, die die Maßvorgaben der Treppennorm einhält (siehe Seiten 215).
→ In jedem Geschoss mit Aufenthalts- oder Schlafräumen gibt es einen zugänglichen Raum mit einem Fenster, das von den Abmessungen her als Fluchtfenster genutzt werden kann.
→ Hat dieses Fenster eine Verdunkelungsvorrichtung, muss es möglich sein, diese auch bei Stromausfall zu öffnen. Bei elektrisch betriebenen Rollläden läuft das auf eine Nothandkurbel, die Ausstattung eines Rollladenmotors mit zusätzlichem Akku oder einen von Hand rausdrückbaren Rollladenpanzer hinaus.
→ In Aufenthaltsräumen unter Geländeniveau muss der Fluchtweg entweder über einen Seiteneingang führen oder über einen zur erforderlichen Fenstergröße passenden Lichtschacht, dessen Rost von innen zu öffnen ist.

RAUCHWARNMELDER

In den Länderbauordnungen ist vorgeschrieben, welche Räume mit Rauchwarnmeldern auszustatten sind. Die heutigen Rauchwarnmelder enthalten Batterien mit einer Laufzeit von rund zehn Jahren. Diese Melder sind nach zehn Jahren Betriebszeit auszutauschen. Sie sollten mindestens einmal jährlich auf Funktion geprüft werden. Am Ende der Batterielaufzeit sollen die Melder über ein akustisches Signal auf ihr bevorstehendes Ende hinweisen.

→ Rauchwarnmelder können Leben retten, vorausgesetzt, dass sie auch funktionieren. Sie sollten daher regelmäßig überprüft werden.

Schallschutz

Beim Schallschutz ist auf mehrere Komponenten zu achten. Da ist zum einen der Schallschutz innerhalb des eigenen Hauses, auf den es vertraglich nur dann einen Anspruch gibt, wenn er explizit vereinbart ist. Steht dazu nichts im Vertrag, ergibt sich der vorhandene Schallschutz aus der Qualität der verbauten Materialien und der handwerklichen Qualität, mit der die Arbeiten ausgeführt wurden. Wenn die Intimität der Ruheräume gewahrt werden soll, geht es im Wesentlichen darum, den Informationsgehalt der Geräusche, die aus dem Raum oder in den Raum dringen, möglichst gering zu halten. Sofern dies gewünscht ist, müssen Sie dies vertraglich vereinbaren.

Der nachbarschaftliche Schallschutz, den es im Fall des frei stehenden Einfamilienhauses nicht gibt, ist durch Normen für die Mindestanforderungen geregelt, die nur den Schutz vor unzumutbaren Belästigungen regeln.

Die heutige Rechtsprechung geht jedoch deutlich über die Mindestanforderungen der Norm hinaus. Sie orientiert sich heute an dem aus der aktuellen DIN 4109 von 2017 zurück-

TESTERGEBNISSE DER STIFTUNG WARENTEST ZU RAUCHWARNMELDERN FINDEN SIE UNTER: TEST.DE/RAUCHMELDER

gezogenen Beiblatt 2 zur DIN 4109 oder der Schallschutzstufe 2 der VDI 4100. Die aktuelle Rechtsprechung hebt im Wesentlichen darauf ab, dass der Schallschutz durch die Qualität der verwendeten Baustoffe und Bauteile bau- und materialtechnisch vorgegeben ist und demgegenüber nicht durch fehlerhafte oder mangelhafte Ausführung verschlechtert werden darf.

AUSSENLÄRM

Der Schutz gegen Außenlärm wird die Qualität Ihres Wohnerlebnisses maßgebend bestimmen, wenn Ihr Haus in der Nähe von stark befahrenen Straßen, Bahnlinien, Flughäfen oder Industriebetrieben liegt. In solchen Fällen sind gewöhnlich Vorgaben über die Schallschutzanforderungen an Außenbauteile im Bebauungsplan vorhanden, die durch die Konstruktionsweise der Außenwände, der Dachflächen und der Öffnungsbauteile, die zur Lärmquelle orientiert sind, eingehalten werden müssen. Hierüber muss der Haushersteller einen Nachweis führen, und die betreffenden Bauteile sind gemäß den Vorgaben des Nachweises auszuführen.

→ Schallschutzmängel werden meist erst erkannt, wenn das Haus bereits bewohnt wird. Lassen Sie den Schallschutz dann im Zweifelsfall messtechnisch prüfen.

SCHALLSCHUTZMÄNGEL

Schallschutzmängel werden im Regelfall erst im Zuge der Nutzung erkennbar, wenn Sie zum Beispiel feststellen, dass Sie deutlich hören, wenn im angrenzenden Nachbarhaus jemand die Treppen benutzt, wenn Gespräche aus der angrenzenden Wohneinheit nicht nur zu hören, sondern auch zumindest in Teilen zu verstehen sind oder wenn Sie trotz geschlossener Schallschutzfenster wegen des Außenlärms keine Ruhe finden. Das muss nicht zwingend bedeuten, dass Schallschutzmängel vorliegen, es ist aber ein Indiz, den vorhandenen Schallschutz gegebenenfalls messtechnisch überprüfen zu lassen.

VORSICHT BEIM AUSBAUHAUS

Sie lassen von einem Fertighaushersteller ein Ausbauhaus in der Nähe eines Flughafens errichten, bei dem öffentlich-rechtliche Schallschutzanforderungen an die Außenbauteile zwingend vorgegeben sind? Nachdem Sie die Ausbauarbeiten gemäß der übergebenen Ausbauanleitung des Hausherstellers fertiggestellt haben und eingezogen sind, bekommen Sie den Schallschutznachweis des Gebäudes gegenüber Außenlärm mit der Aussage, dass die dem Flughafen zugewandten Außenwände nicht mit je einer Lage Gipsfaserplatten und Gipskartonplatte, sondern mit einer Lage Gipsfaserplatten und zwei Lagen Gipskartonplatten hätten beplankt werden müssen. Hier hat der Haushersteller definitiv ein Pflichtversäumnis begangen, das ihm einschließlich daraus resultierender Folgen anzulasten ist.

Feuchteschutz

Der Feuchteschutz zieht sich von Beginn an über die ganze Bauphase hinweg bis in die Nutzung durch. In der Bauphase geht es in erster Linie darum, die errichteten Bauteile und später den Baukörper vor unzuträglicher Feuchte aus Witterungseinwirkungen und Feuchtekonvektion von innen zu schützen.

Der Schutz vor Witterungseinwirkungen muss dabei durch das Abdecken von Wandkronen und/oder Ecken erfolgen. Der Schutz vor Feuchtekonvektion erfolgt zum einen durch die sorgfältige Ausführung der luftundurchlässigen Ebene auf den Raumseiten und durch das Vorsehen ausreichend bemessener Zeitfenster für die notwendigen Trocknungsphasen der Nassgewerke (Rohbauarbeiten, Innenputzarbeiten, Estricharbeiten). Der Bauzeitenplan, den Sie vermutlich zu Beginn der Bauarbeiten

Estricharbeiten zählen zu den Nassgewerken. Hier sind die vorgesehenen Trocknungsphasen unbedingt einzuhalten.

erhalten haben, ist dabei lediglich eine reine Absichtserklärung. Maßgebend ist das tatsächliche Geschehen auf der Baustelle, das im Streitfall juristisch verwertbar im Nachhinein nur durch ein konsequent und gut geführtes bauherrliches Tagebuch mit Fotobelegen bewertet werden kann.

Lüften und Trocknen

Beim Bauen wird eine Menge Feuchtigkeit ins Gebäude eingetragen. Bauteile aus Beton, Mauerwerk, Putz, Estrich, Spachtelmasse, Farbe trocknen ab und dazu regnet es hin und wieder auch noch. Bei Häusern in Holzbauweise entfällt in aller Regel die Feuchtigkeit des Mauerwerks und des Innenputzes, die anderen Feuchteeinträge finden jedoch auch hier statt.

Damit die einzelnen Gewerke aufeinander aufbauen können, ist es notwendig, dass die Feuchte eintragenden Gewerke – Innenputzarbeiten, Estricharbeiten und die Malerarbeiten – nach ihrer Ausführung ausreichend Trocknungszeiten haben. Damit dieser Prozess stattfinden kann, muss die Raumluft ausreichend trocken sein. Demzufolge ist ein häufiger Luftaustausch – regelmäßiges Lüften – unabdingbar. Ohne Austrocknungszeiten und ohne Austrocknen funktioniert das Bauen nicht.

Die Sicherstellung dieser Vorgänge, die letztendlich in ein mangelfreies Werk münden sollen, obliegt dem Hausbauunternehmer, der Ihr Haus in mehr oder weniger schlüsselfertiger Ausführung erstellt. Es ist seine Aufgabe und Verantwortung, für die bedarfsgerechte Lüftung zu sorgen.

Allerdings steht in vielen Baubeschreibungen und oder Verträgen etwas anderes. Dort wird versucht, die Verantwortlichkeit auf die Bauherren abzuwälzen. Wenn Sie das widerspruchslos hinnehmen, lassen Sie sich eine Verantwortung aufdrücken, der Sie in der Regel nicht gerecht werden können. Außerdem nehmen Sie den Hausbauunternehmer sowohl für die Termintreue als auch für Schäden, die auf unsachgemäßer Trocknung oder Nichttrocknung beruhen, und damit einhergehende Mehraufwendungen aus der Haftung. Der Hausbauunternehmer hat sein Werk bis zur Abnahme vor üblichen Unbilden zu schützen. Dazu gehören der Schutz vor Witterungseinflüssen ebenso wie der Schutz vor unzuträgli-

Im Winter muss die Baustelle beheizt werden, um die Bauleistung vor Frosteinwirkung zu schützen.

cher Feuchte aufgrund von Austrocknungsprozessen der verarbeiteten Baustoffe.

Baustellenbeheizung im Winter

Üblicherweise ist in den Verträgen oder der Baubeschreibung vermerkt, dass die Versorgungskosten der Baustelle – Baustrom und Bauwasser – zulasten der Bauherren gehen. Lassen Sie sich vorher über die Größenordnung der dafür zu erwartenden Kosten aufklären!

Nun endet das Bauen ja nicht am 30. November und beginnt zum 1. April wieder, sondern der Innenausbau läuft auch in den Wintermonaten durch. Dabei darf es nicht dazu kommen, dass die Bauleistung durch Frosteinwirkung Schäden nimmt. Die Baustelle muss demzufolge so temperiert werden, dass sie dauerhaft frostsicher ist, auch das gehört zum üblichen Schutz der Bauleistung vor den Unbilden der Witterung. Die Beheizung ist durch den Hausbauunternehmer sicherzustellen. Wobei Beheizung nicht 18 oder gar 20 Grad Celsius bedeutet, sondern ein Minimum von 5 Grad Celsius, besser etwas mehr.

Immer wieder finden sich Verträge oder Baubeschreibungen, in denen die Organisation dieser Winterheizung auf die Bauherren abgewälzt wird. Sie müssten sich dann darum kümmern, dass die richtigen Heizgeräte da sind, dass sie angeschaltet sind, dass die Fenster über Nacht geschlossen werden und etliche Aspekte mehr. Können Sie diesen zeitlichen Aufwand – gegebenenfalls verbunden mit täglichen An- und Abfahrten zur Baustelle – leisten und wollen Sie sich diese Verantwortung wirklich aufs Auge drücken lassen?

Bauendreinigung

Irgendwann will jeder Haushersteller von seinem Auftraggeber die Abnahmeerklärung erhalten, mit der der Auftraggeber erklärt, dass er das erstellte Bauwerk frei von wesentlichen Mängeln unter Vorbehalt nicht wesentlicher Mängel abnimmt.

Um diese Erklärung zu bekommen, ist die vereinbarte Leistung in einen abnahmefähigen Zustand zu versetzen. Das bedeutet zwangsläufig, dass sie so weit gereinigt sein muss, dass eine umfassende Beurteilung möglich ist.

Verschmutzte Oberflächen und verschmutzte Gegenstände können nicht auf vorhandene Beschädigungen geprüft werden, die sich möglicherweise unter der Schmutzschicht verbergen. Von daher ist jedem Haushersteller zu raten, dass die von ihm erbrachten Leistungen vor der Abnahme in einen Reinigungszustand versetzt werden, der eine zweifelsfreie Beurteilung der Oberflächen auf Ebenheit und Beschädigungen ermöglicht.

Viele Hausersteller berufen sich hier auf die Formulierung „besenrein“. Bei anderen findet sich dazu in der Baubeschreibung keinerlei Aussage, was aber nicht unbedingt schlecht sein muss.

Eigentlich ist es gute Sitte, dass derjenige, der andere bereits erbrachte Leistungen beim Erbringen seiner Leistung verschmutzen oder beschädigen könnte, diese durch Abdecken und/oder Abkleben schützt. Hat er seine Leistung erbracht, werden die Abklebungen und Abdeckungen entfernt, dennoch entstandene Verschmutzungen beseitigt und eventuelle Beschädigungen bei der Bauleitung angezeigt. Leider ist dieser auf Gegenseitigkeit beruhende respektvolle Umgang der Leistungserbringer am Bau mit den Leistungen anderer Gewerke mittlerweile eher die Ausnahme als die Regel. Daher sind Verschmutzungen an Fenstern und Türen oder Treppen heute nahezu immer zu bemängeln.

Dieser respektvolle Umgang mit den Leistungen anderer Unternehmen gilt natürlich auch für die Erbringung derjenigen Leistungsbestandteile, die Sie direkt im Auftrag vergeben oder selbst erbringen. Führen Sie deshalb – bevor ein in Ihrem Auftrag tätiger Unternehmer oder Sie selbst auf der Baustelle tätig werden – gemeinsam mit dem Haushersteller zumindest eine **ZUSTANDSFESTSTELLUNG** der Oberflächen durch.

Lassen Sie sich nicht darauf ein, dass die Endreinigung Ihre Sache sei. Wenn doch, müssen Sie sich im Zweifel die Behauptung gefallen lassen und diese Behauptung auch beweisbelastet widerlegen können, dass die dabei erkennbar gewordenen Beschädigungen durch Ihr unsachgemäßes Reinigen verursacht worden sind.

Wenn Sie die Endreinigung doch in Eigenregie übernehmen, lassen Sie die Arbeiten unbedingt durch ein professionelles, auf Baureinigung spezialisiertes Unternehmen erledigen.

6

Die Abnahme ist bei einem Werkvertag zentral: Mit ihr wird das Bauwerk als im Wesentlichen ohne Mängel vom Bauherrn angenommen. Daran sind Rechtsfolgen geknüpft. Daher ist es wichtig, dass Sie vor und während der Abnahme die Frage klären, ob das Haus tatsächlich frei von Mängeln ist. Was Sie tun können, wenn Sie bei der Abnahme Mängel beanstanden müssen, und worauf Sie sonst noch achten sollten, erfahren Sie in diesem Kapitel.

→ **Bedeutung der Abnahme und Rechtsfolgen:** Als Bauherr sollten Sie die rechtlichen Folgen der Abnahme kennen und diese nicht erst vom Juristen erfahren, „wenn das Kind bereits in den Brunnen gefallen ist".

WAS ERFAHRE ICH?

Die Abnahme ist eine sogenannte einseitige empfangsbedürftige Willenserklärung. Das bedeutet in diesem Fall, dass diese Erklärung eine Rechtsfolge hat. Ebenso bedeutet es, dass die Abnahme keinen Vertrag darstellt. Sie bedarf außerdem nicht der Zustimmung des Bauunternehmers beziehungsweise des Bauträgers. Letzterer muss die Erklärung über die zeitnah bevorstehende Abnahme lediglich erhalten.

Wie bereits erwähnt, gibt es die Abnahme nur bei Werkverträgen, Bauverträgen, Verbraucherbauverträgen, Architekten- und Ingenieurverträgen sowie bei Bauträgerverträgen. Das Kaufrecht hingegen kennt keine Abnahme – hier gibt es nur eine Übergabe der Kaufsache. Sie als Bauherr haben die Pflicht, ein Haus abzunehmen, wenn ein Verbraucherbauvertrag, ein Bauvertrag, ein Ingenieur- und Architektenvertrag, ein Werkvertrag oder ein Bauträgervertrag vorliegt.

Die Abnahme hat verschiedene juristische Wirkungen. Mit ihr endet das sogenannte Erfüllungsstadium des (Bau-)Vertrages, und die Gewährleistungsfrist für Mängelansprüche beginnt, die in der Regel bei der Herstellung von Bauwerken fünf Jahre beträgt. Bei der Vereinbarung der allgemeinen Geschäftsbedingung VOB/B als Ganzes kann die Verjährungszeit auf vier Jahre verkürzt werden. Wurde kein Bauwerk hergestellt oder kein erheblicher Umbau, kann für die hergestellte Leistung auch eine andere Verjährungszeit gelten (entweder zwei oder drei Jahre).

Pflicht zur Abnahme

Der Bauunternehmer beziehungsweise Bauträger hat gegenüber dem Bauherrn/Käufer einen Anspruch auf Abnahme. Die Abnahme gehört zu den sogenannten vertraglichen Hauptpflichten – und kann daher auch selbstständig eingeklagt werden. Der Bauunternehmer kann zum Beispiel auf Abnahme klagen. Gleiches gilt für den Planenden: Auch sein Vertrag fällt unter die Vorschriften des Werkvertrags. Er haftet nach dem Werkvertragsrecht. Auch mit ihm hat eine Abnahme stattzufinden. Wichtig zu wissen: Die Abnahme der Bauleistung ist nicht gleich die Abnahmebegehung für eine Planungsleistung. Auch mit dem Planer kann eine sogenannte förmliche Abnahme (siehe Seiten 24, 263) vereinbart werden.

WANN MUSS MAN ABNEHMEN?

Im Prinzip ist es einfach: Der Bauherr hat abzunehmen, wenn das Werk im Wesentlichen ohne Mängel ist. Das bedeutet, dass die bestellte Leistung im Wesentlichen fertiggestellt und ohne Mängel ist. Anders ausgedrückt: Die Leistung ist qualitativ und quantitativ vollständig. Ob eine noch ausstehende Restleistung oder ein Mangel so wesentlich sind, dass es zur Abnahmeverweigerung berechtigt, hängt vom Zeitpunkt der Abnahme ab und den dann bestehenden Umständen – also Art, Umfang und Auswirkungen des Mangels oder der fehlenden Restleistung.

Grundsätzlich kann gesagt werden, dass ein Mangel, der die Gebrauchstauglichkeit nur gering einschränkt, unwesentlich ist. Es müssen aber immer die Gesamtumstände betrachtet werden. Viele kleine Mängel und fehlende Restleistungen können zusammen durchaus wie ein wesentlicher Mangel angesehen werden, was zur Verweigerung der Abnahme berechtigt. Bei einer Gesamtbetrachtung muss insbesondere die **NUTZBARKEIT** des Baus bewertet werden. Ist das betreffende Gebäude nicht oder nur sehr eingeschränkt nutzbar, wird man von einem wesentlichen Mangel oder mehreren wesentlichen Mängeln ausgehen können, der oder die zur Verweigerung der Abnahme berechtigen. Mehr zu wesentlichen Mängeln finden Sie auf Seite 46, zur Verweigerung der Abnahme auf Seite 274.

ÜBERGABE BEI BAUTRÄGERVERTRÄGEN

Bei Bauträgerverträgen wird statt von „Abnahme" von „Übergabe" gesprochen. In diesem Fall ist es jedoch eine **RECHTSGESCHÄFTLICHE ABNAHME**. Denn die gekaufte Sache wird ja erst noch hergestellt. Dies ist die werkvertragliche Seite des Bauträgervertrages.

Formen der Abnahme

Üblicherweise findet zur Abnahme eine sogenannte Abnahmebegehung statt. Mit der Abnahmebegehung erhält der Bauherr oder Käufer Gelegenheit, die vereinbarten und erbrachten Bauleistungen des Bauunternehmers vor Ort, das heißt in der Regel auf der Baustelle, zu überprüfen. Seine danach gelieferte Abnahmeerklärung bedeutet, dass er die erbrachte Bauleistung entgegennimmt und diese zugleich als im Wesentlichen vertragsgemäß annimmt.

Um die Abnahmebegehung vorzubereiten, empfiehlt es sich, vorab mit einem Sachverständigen durch das Bauwerk zu gehen, und etwaige Mängel oder nicht fertig gestellte Leistungen zu notieren.

Dass eine Abnahmebegehung zur Abnahme stattfindet, muss aber nicht sein. Dies empfiehlt sich allerdings sehr, um den Zustand des Bauwerks zu dokumentieren. Daher sollten Sie ein Interesse daran haben, eine Abnahmebegehung durchzuführen und Ihren beauftragten Unternehmer dazu einladen. Gleiches gilt für Ihren Planenden.

AUSDRÜCKLICH ODER KONKLUDENT?

Oft wird die Abnahme vom Bauherrn oder Käufer ausdrücklich erklärt. Das kann zum Beispiel durch Unterzeichnung des Abnahmeprotokolls mit einer Erklärung der Abnahme erfolgen. Fehlt es an einer solchen ausdrücklichen Erklärung des Bauherrn beziehungsweise Käufers, kann eine Abnahmeerklärung auch in seinem sogenannten „schlüssigen Verhalten" gesehen werden. Ein klassisches Beispiel dafür ist der Einzug in das Gebäude, ohne einen Mangel gerügt zu haben. Und: Auch die uneingeschränkte Begleichung der Schlussrechnung kann als konkludente Abnahme (Abnahme durch schlüssiges Verhalten) gewertet werden.

FÖRMLICHE ABNAHME

Von einer förmlichen Abnahme wird gesprochen, wenn eine gemeinsame Begehung der Baustelle stattfindet, ein Protokoll hierüber mit den festgestellten Mängeln gefertigt wird und beide Vertragspartner es unterzeichnen. Eine förmliche Abnahme muss vereinbart werden. Ist sie vereinbart, sind alle anderen Abnahmeformen ausgeschlossen (Ausnahme: der Bauträgervertrag, siehe Seite 75). Natürlich können sich die Vertragspartner auch nach Vertragsschluss darauf einigen, eine förmliche Abnahme durchzuführen.

Eine weitere Abnahmeform ist die fiktive Abnahme. Bei einer fiktiven Abnahme wird die Abnahme nicht erklärt. Jedoch kann die Nichtreaktion auf eine Aufforderung zur Abnahme gleichwohl zur Abnahme führen. Daher ist immer aufzupassen, wenn Sie zur Abnahme aufgefordert werden oder Ihnen mitgeteilt wird, dass das Bauwerk nunmehr fertiggestellt sei. Dies kann zum Beispiel auch durch die Übersendung einer Schlussrechnung erfolgen. Mehr zur fiktiven Abnahme auf Seite 272.

→ Vor der Abnahme muss der Bauunternehmer sein Werk vor Beschädigungen schützen. Nach der Abnahme obliegt dies ausschließlich dem Bauherrn oder Käufer.

Folgen der Abnahme

Mit der Abnahme verändert sich vieles; sie hat mehrere wichtige rechtliche Bedeutungen: Vor der Abnahme muss zum Beispiel der Bauunternehmer sein Werk vor Beschädigungen schützen. Nach der Abnahme obliegt dies ausschließlich dem Bauherrn oder Käufer. Damit einher geht auch, dass Sie als Bauherr bestimmte Versicherungen abschließen sollten.

RISIKO EINES ZUFÄLLIGEN UNTERGANGS

Die Gefahr eines zufälligen Untergangs des Bauwerks geht mit der Abnahme vom Bauunternehmer/Bauträger auf den Bauherrn/Käufer über. Das bedeutet, wird das Bauwerk zum Beispiel vom Blitz getroffen und brennt nieder, ist dies vor der Abnahme das Risiko des Bauunternehmers/Bauträgers: Er hat das Bauwerk auf eigene Kosten wiederherzustellen. Nach der Abnahme liegt dieses Risiko ausschließlich beim Bauherrn/Käufer (und kann durch eine entsprechende Versicherung abgedeckt werden).

BEWEISLASTUMKEHR BEI MÄNGELN

Für Mängel, die der Bauherr nicht bereits bei der Abnahme gerügt hat, trägt er nach der Abnahme die Beweislast. Das bedeutet: Er muss dem Bauunternehmer/Bauträger beweisen, dass dieser mangelhaft geleistet hat (Beweislastumkehr). Mehr zu diesem Thema erfahren Sie ab Seite 271.

Vor der Abnahme hingegen obliegt es dem Bauunternehmer beziehungsweise Bauträger, zu beweisen, dass er mangelfrei geleistet hat. Besonders interessant: Für Mängel, die bei der Abnahme gerügt wurden, gibt es keine Umkehr der Beweislast – auch wenn für diese Mängel ebenfalls die Gewährleistungsfrist mit der Abnahme beginnt.

WERKLOHN, SCHLUSSRECHNUNG, VERKEHRSSICHERUNGSPFLICHT

Mit der Abnahme wird beim Werkvertrag der Werklohn fällig. Beim Bauvertrag und Verbraucherbauvertrag sowie beim Architekten- und Ingenieurvertrag bedarf es für die Fälligkeit der Vergütung noch der Stellung einer prüffähigen Schlussrechnung. Für den Bauträgervertrag gelten hingegen andere Regelungen, die sich aus der Makler- und Bauträgerverordnung ergeben.

Ist die Abnahme erklärt und eine prüffähige Schlussrechnung gestellt, wird nach Ablauf der Prüffrist für die Schlussrechnung die Vergütungsforderung des Bauunternehmers/Bauträgers fällig. Das bedeutet, dass ab diesem Datum auf eine zu zahlende Vergütung, die ausbleibt, Zinsen zu zahlen sind. Wegen Mängeln kann der Bauherr beziehungsweise Käufer allerdings ein Zurückbehaltungsrecht an der Vergütung haben, bis der oder die Mängel beseitigt ist/sind.

Ebenso geht bei der Abnahme die Verkehrssicherungspflicht vom Bauunternehmer/Bauträger auf den Bauherrn/Käufer über.

Die Abnahme hat also weitreichende Rechtsfolgen. Es ist daher empfehlenswert, dass der Bauherr/Käufer selbst ausdrücklich die Bauabnahme erklärt und den Zeitpunkt durch ein unterzeichnetes Protokoll bestätigt.

Teilabnahmen

Wird nicht die Abnahme für die gesamte Leistung verlangt, sollte geprüft werden, ob für die Teilleistungen, für welche die Abnahme begehrt wird, überhaupt eine Teilabnahmemöglichkeit vereinbart wurde. Hintergrund: Der Bauherr ist zwar verpflichtet, abzunehmen. Teilabnahmen sind aber grundsätzlich im Gesetz nicht vorgesehen (Ausnahme: Teilabnahme der Planerleistung in der Leistungsphase 8 der HOAI), sodass Teilabnahmen vereinbart werden müssen, damit der Auftragnehmende einen Anspruch auf sie hat. Übrigens: Unabhängig davon ist der Bauherr berechtigt, jederzeit Teilabnahmen oder die Gesamtabnahme zu erklären – selbst dann, wenn gar keine abnahmefähige Leistung vorliegt. Das geht jedoch nur, wenn eine in sich abgeschlossene Teilleistung vorliegt und der Bauunternehmer damit auch einverstanden ist. Denn der Bauunternehmer erklärt in der Regel, wann für ihn eine Bauleistung fertig gestellt ist.

WIRKUNGEN DER RECHTSGESCHÄFTLICHEN ABNAHME

- → Umkehr der Beweislast
- → Gefahrenübergang
- → Verkehrssicherungspflicht geht auf den Bauherrn über
- → Pflicht, sein Werk zu schützen, endet für den Bauunternehmer
- → Gewährleistungszeit für Mängel beginnt
- → Recht, Schlussrechnung zu stellen. Der Bauunternehmer kann nur noch die Vergütung aus der Schlussrechnung einklagen. Abschlagsrechnungen können bei Werkverträgen, Bauverträgen, Verbraucherbauverträgen und Architekten- und Ingenieurverträgen nicht mehr eingeklagt werden; für den Bauträgervertrag besteht eine Besonderheit (siehe Seite 76).
- → Bauwesenversicherung endet

MEIST NICHT EMPFEHLENSWERT

Für Sie als Bauherren sind Teilabnahmen einzelner, zeitlich unterschiedlich fertiggestellter Gewerke eher nachteilig, weil die Gewährleistungsfristen nach jeder Teilabnahme für die abgenommene Leistung beginnen. Dieser Punkt spricht in der Regel gegen die Vereinbarung von Teilabnahmen. Denn auch mit einer Teilabnahme treten für den teilabgenommenen Bereich alle Rechtsfolgen der Abnahme ein.

SONDERFALL: TEILABNAHMEN IM BAUTRÄGERVERTRAG

Im Rahmen des Bauträgervertrages sind im Vertrag in der Regel Teilabnahmen geregelt. Denn: Zum einen ist das Sondereigentum abzunehmen und zum anderen das Gemeinschaftseigentum. Oft wird dies auch getrennt abgenommen. Das Sondereigentum wird gewöhnlich mit Bezugsfertigkeit abgenommen. Die Außenanlagen und andere Arbeiten am Gemeinschaftseigentum hingegen werden zum anderen zeitlich oft später fertiggestellt. Eine Abnahme des Gemeinschaftseigentums findet daher oft erst vor oder mit Zahlung der letzten Rate statt. Vertraglich ist meist vorgesehen, dass diese Leistungen getrennt voneinander abgenommen werden – beides sind dann Teilabnahmen. Mit der Teilabnahme beginnt die vertraglich vereinbarte Verjährungszeit – und, wenn nichts vereinbart wurde, die gesetzliche – für die teilabgenommene Leistung.

Abnahme durch einen Dritten

Die Bauabnahme ist, wie schon gesagt, eine einseitige empfangsbedürftige Erklärung des Bauherrn – empfangsbedürftig bedeutet, dass der Auftragnehmende diese Erklärung erhält.

NUR MIT VOLLMACHT

Der Bauherr hat das Recht, einen Dritten als Vertreter mit der Erklärung der Abnahme zu bevollmächtigen. Erklärt ein Dritter die Abnahme, ohne durch den Bauherren dazu bevollmächtigt worden zu sein, ist die Abnahmeerklärung für den Bauherrn nicht verbindlich. Etwas anderes gilt allenfalls in Fällen sogenannter Anscheins- oder Duldungsvollmachten. Seien Sie immer vorsichtig und lassen Sie z.B. Ihren Architekten „nicht einfach machen".

DER ARCHITEKT DARF OHNE VOLLMACHT NICHT ABNEHMEN

Was viele Bauherrn nicht wissen: Ein beauftragter Planer (Architekt) ist ohne gesonderte Bevollmächtigung keineswegs berechtigt, für den Bauherrn Leistungen der Bauunternehmer abzunehmen. Hierzu bedarf es einer ausdrücklichen Vollmacht des Bauherrn. Diese kann allerdings auch mündlich erfolgen.

Vorsicht ist geboten, wenn man den Architekten „einfach mal machen lässt", weil er sich ja, wie man denkt, so gut auskennt oder weil man einfach keine Lust auf eine langwierige und anstrengende Abnahme hat. In solchen Fällen können nämlich die Bedingungen der schon erwähnten Anscheins- und Duldungsvollmacht greifen. Das bedeutet: Der Bauherr muss sich die Erklärung des Architekten zurechnen lassen, und damit ist auch eine Abnahmeerklärung des Architekten für den Bauherrn wirksam – selbst wenn der Bauherr den Architekten zu keinem Zeitpunkt bevollmächtigt hat, die Abnahme in seinem Namen zu erklären. Dann treten nämlich die Abnahmewirkungen ein, gleich ob das Werk abnahmereif war oder nicht. Das gilt auch für offenkundige Mängel. In diesem Fall könnten Sie

Die Abnahme stellt einen entscheidenden Punkt im Bauablauf dar. Hier müssen Genauigkeit, eine gute Vorbereitung und Expertise Maßgaben sein. Fehler können teuer werden.

einen Anspruch gegen Ihren bauleitenden Architekten haben, weil dieser den offenkundigen Mangel hätte rügen und gegebenenfalls im Protokoll aufnehmen müssen.

Vor der Abnahme alle Bauleistungen genau prüfen

Aufgrund der vielen Wirkungen der Abnahme und der Tatsache, dass eine erklärte Abnahme nicht zurückgenommen werden kann, sollten Sie in jedem Fall die erbrachte Bauleistung genau hinsichtlich ihrer Qualität prüfen. Außerdem sollten Sie prüfen, ob sie mit der vertraglich vereinbarten Bauleistung übereinstimmt, bevor Sie die Abnahme erklären. Es kommt häufiger als gedacht vor, dass etwas anderes oder anders gebaut wurde als vertraglich vereinbart.

SACHVERSTÄNDIGE PRÜFUNG

Eine entsprechende Bewertung kann unter Zuhilfenahme eines Sachverständigen erfolgen. Wurde eine baubegleitende Qualitätskontrolle (Seite 21) beauftragt, wurden etwaige Mängel sicher bereits im Lauf des Baus festgestellt. Eine sachverständige Prüfung kurz vor Bauabnahme ersetzt natürlich nicht die baubegleitende Qualitätskontrolle. Die baubegleitende Qualitätskontrolle ist wichtig – nicht nur, weil viele Mängel nach der Bauphase nicht mehr sichtbar sind, sondern auch, weil viele Mängel so direkt während der Bauphase geklärt beziehungsweise beseitigt werden können. Listen Sie vor der Abnahmebegehung alle noch offenen Punkte beziehungsweise Mängel auf, überprüfen Sie diese gegebenenfalls noch einmal. Nehmen Sie die Liste mit zur Abnahmebegehung.

PRÜFEN SIE SORGFÄLTIG, NEHMEN SIE SICH ZEIT

Viele Bauherren/Käufer fühlen sich durch die Abnahmebegehung und dabei erfolgende Routinen unter Druck gesetzt und wollen diese schnell hinter sich bringen. Dazu kann gesagt werden: Natürlich ist es innerhalb einer Abnahmebegehung schlecht möglich, jedes Maß mit dem Zollstock zu kontrollieren und jede Fliese auf ihre Festigkeit hin zu prüfen. Aber: Dazu besteht in der Regel vor der Abnahme genügend Zeit. Der vorausschauende und umsichtige Bauherr behält zusammen mit seinem Architekten und/oder seinem Sachverständigen die Baustelle im Blick und prüft, was er prüfen will, vorher in Ruhe. Dies sollte am besten außerhalb der Arbeitszeiten des Bauunternehmers oder der Bauunternehmer erfolgen, damit dieser und diese nicht in ihrer Ausführung behindert wird/werden. Etwaige auftretende Fragen können dann noch mit dem Planer zeitnah geklärt werden. So ist man vor den meisten „Überraschungen“ sicher.

→ **Ablauf der Abnahme:** Wie läuft eine Abnahme konkret ab? Und was sollten Sie dabei beachten, um keine bösen Überraschungen zu erleben?

WAS ERFAHRE ICH?

Mit der Fertigstellung des Bauwerks hat der Bauunternehmer/Bauträger den Bauherrn/ Käufer aufgefordert, das Werk abzunehmen.

Ist eine förmliche Abnahme vereinbart, wird diese in einer gemeinsamen Begehung durch den Bauherrn/Käufer und den Bauunternehmer/Bauträger gegebenenfalls im Beisein des Architekten und/oder Fachingenieurs in der Regel vor Ort durchgeführt. Dabei werden alle Räume sowie Außenanlagen gemeinsam begangen, und es werden die einzelnen Gewerke angesehen und entsprechende Mängel beziehungsweise fehlende Restleistungen festgestellt. Von der Abnahmebegehung wird dann ein Abnahmeprotokoll erstellt, in dem alle aufgefallenen Mängel und fehlenden Restleistungen festzuhalten sind. Das Protokoll wird mit dem Begehungsdatum versehen und bei einer förmlichen Abnahme von den beteiligten Vertragspartnern unterschrieben. Hat keine förmliche Abnahme zu erfolgen, reicht es, wenn nur der Bauherr unterzeichnet. Es können aber – gleich welche Abnahme vertraglich vorgesehen ist – beide Vertragsparteien unterzeichnen. Wollen Sie die Abnahme nicht erklären, so ist dies entsprechend im Protokoll zu notieren, das heißt es ist auch im Protokoll aufzunehmen, ob Sie die Abnahme erklären oder nicht.

Wollen Sie die Abnahme erklären, überprüfen Sie, ob Sie eine Vertragsstrafe für die nicht rechtzeitige Fertigstellung vereinbart haben und ob Sie sich diese – sofern vereinbart – vorbehalten wollen. Wird dieser Vertragsstrafenvorbehalt bei Abnahme nicht erklärt, entfällt in der Regel ein etwaiger Anspruch auf Vertragsstrafe.

Tipp: Die Abnahme gut vorbereiten

Schon bei der Vorbereitung (Einladung) der Abnahme sollte darauf geachtet werden, dass die Personen bei der Abnahme dabei sind oder diese zumindest erklären, die dazu berechtigt sind oder dazu berechtigt sind, gegebenenfalls rechtlich verbindliche Erklärungen abzugeben. Wird ein Vertreter entsandt, ist dessen korrekte Vollmacht zu überprüfen.

Es sollte auch überlegt werden, was genau abgenommen wird: Bei Wohnungseigentum wird hier zum Beispiel eine sinnvolle Unterscheidung zwischen Sondereigentum und Gemeinschaftseigentum getroffen. In der Aufforderung zur Abnahme sollte genau genannt werden, was abgenommen wird.

MÄNGEL SCHON VORAB ERFASSEN

Sie als Bauherr sollten die rechtsgeschäftliche Abnahme sorgfältig vorbereiten. Gehen Sie also schon, wie bereits angedeutet, vor der Abnahme systematisch durch das Gebäude und halten Sie alle Mängel, die Ihnen auffallen, schriftlich fest. Es empfiehlt sich, hierzu einen Bausachverständigen hinzuzuziehen, wenn Sie selbst keine besonderen Kenntnisse in diesem Bereich haben.

Fertigen Sie eine Liste der bereits bekannten Mängel und fehlender Restleistungen an. Diese Liste kann gegebenenfalls dem Abnahmeprotokoll dann als Anlage beigefügt werden. Im Abnahmeprotokoll würde dann auf diese Anlage verwiesen.

Die Vorbereitung einer rechtsgeschäftlichen Abnahme sollte Folgendes beinhalten:

- → Prüfen, ob alle vertraglich vereinbarten Leistungen erbracht wurden
- → Aufnahme der vorhandenen Mängel
- → Auflistung offener Restleistungen
- → Vorbereitung des Abnahmeprotokolls
- → Vereinbarung des Abnahmetermins
- → Abnahme vor Ort in Form einer Begehung mit allen Beteiligten
- → Gegebenenfalls Auflistung der vom Bauunternehmer/Bauträger zu übergebenden Unterlagen (welche Unterlagen zu übergeben sind, ist grundsätzlich im Vertrag zu vereinbaren; eine Ausnahme davon bildet § 650n BGB bei Verbraucherbauverträgen).
- → Aufnehmen, wenn etwas nicht überprüft werden konnte und von der Abnahme ausgenommen wird (zum Beispiel Prüfung der Heizungsanlage im Sommer)
- → Aufnahme der übergebenden oder fehlenden Unterlagen
- → Aufnahme des Beginns der Gewährleistung und des Endes
- → Prüfung auf vereinbarte Vertragsstrafe

DIE BEGEHUNG VORBEREITEN

Das Festlegen einer sinnvollen Reihenfolge bei der Abnahme ist empfehlenswert. Und: Das Abnahmeprotokoll sollte diese Reihenfolge bereits berücksichtigen. Kann das Objekt vor Abnahme begangen werden, dann kann und sollte, wie gesagt, schon eine Aufnahme der Mängel sowie fehlender Restleistungen erfolgen. Diese sind dann eine Grundlage für die eigentliche Abnahmebegehung.

Das Abnahmeprotokoll

Während der Abnahme wird ein Protokoll angefertigt, das folgende Punkte enthalten sollte:

- → Mängel und Restleistungen (möglichst genaue Bezeichnung des Ortes, der Größe und so weiter erforderlich)
- → Gegebenenfalls Vorbehalt wegen einer verwirkten vertraglich vereinbarten Vertragsstrafe
- → Gegebenenfalls Minderungen für nicht zu beseitigende Mängel, sofern bereits eine Vereinbarung darüber erzielt wurde
- → Termin zur Fertigstellung der Mängelbeseitigung
- → Beginn (Abnahmedatum) und Ende (zum Beispiel 5 Jahre nach Abnahmedatum) der Verjährungsfrist für die abgenommene Leistung, sofern eine Abnahme erfolgt

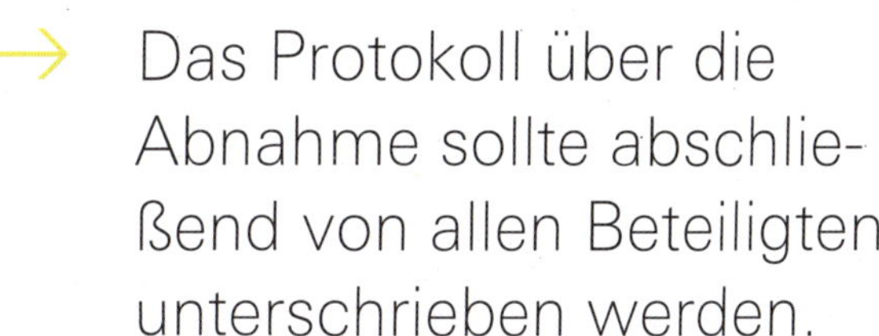

Das Protokoll über die Abnahme sollte abschließend von allen Beteiligten unterschrieben werden. Es kann aber auch nur von Ihnen als Bauherr unterzeichnet werden. Denn der Auftraggebende/Bauherr erklärt die Abnahme.

Wurden bei der Abnahmebegehung etwaige Vereinbarungen zwischen den Beteiligten getroffen, sollten alle an der Vereinbarung Beteiligte diese unterschreiben, damit das Vereinbarte dokumentiert wird.

ALLE MÄNGEL AUFNEHMEN

Wichtig ist die Aufnahme aller bekannten Mängel sowie fehlender Restleistungen, sonst besteht ein hohes Risiko, dass der Bauherr seine Mängelrechte nach der Abnahme verliert. Der Hintergrund: Für alle nicht aufgenommenen

Mängel oder fehlende Restleistungen ist nach der Abnahme der Bauherr beweispflichtig, dass dies ein Mangel ist. Bei offensichtlichen Mängeln, die nicht nachweislich bei der Abnahme gerügt wurden, verliert der Bauherr in der Regel seine Mängelrechte oder sonstige Ansprüche gegen den Vertragspartner.

Als Bauherr haben Sie das Recht, alles aufzunehmen, was Sie für mangelhaft halten. Der Bauunternehmer/Bauträger kann im Abnahmeprotokoll festhalten, dass er das anders sieht. Dann ist dies strittig, aber aufgenommen und somit behalten Sie etwaige Mängelrechte, wenn es sich tatsächlich um einen Mangel handelt. Ansonsten könnten Sie dieser verlustig gehen.

Für das Protokoll reicht es also zunächst aus, dass Sie die erbrachte Leistung für mangelhaft halten. Ob diese Leistung zu Recht als Mangel gerügt wird, ist später zu klären. Ratsam ist es, neben der schriftlichen Aufnahme der gerügten Leistung diese nachvollziehbar zu fotografieren. Mithilfe entsprechender Aufnahmen lassen sich Mängel später leichter nachweisen. Außerdem fördert es das eigene Gedächtnis. Ebenso wichtig ist es, zu prüfen, ob alle vertraglich vereinbarten Leistungen vollständig erbracht wurden. Als Hilfsmittel dazu kann die vertragliche Leistungsbeschreibung dienen.

FRIST SETZEN

Im Protokoll kann auch eine Frist zur Mängelbeseitigung aufgenommen werden. Üblich sind drei bis sechs Wochen. Sie hängt aber von der Vielzahl der Mängel ab und von der Art des Mangels. Entscheidend für die Fristberechnung zur Mängelbeseitigung ist die Zeit, die ein Unternehmer üblicherweise für die Beseitigung dieses Mangels braucht. Lässt der Bauunternehmer die gesetzte Mängelbeseitigungsfrist ungenutzt verstreichen, kann der Bauherr eine Nachfrist setzen. Nach Ablauf der Frist kann der Bauherr Ersatzvornahme durchführen.

VORBEHALTE IM PROTOKOLL VERMERKEN

Liegen unwesentliche Mängel oder Restleistungen vor beziehungsweise ist im Bauvertrag eine Vertragsstrafe für überschrittene Fertigstellungstermine vereinbart, sollten Sie als Bauherr Folgendes beachten: Die vereinbarte

CHECKLISTE ABNAHMEBEGEHUNG

Folgende Leistungen sollten bei der Abnahmebegehung betrachtet und beachtet werden:

- → Sind alle vertraglich vereinbarten Leistungen, die abgenommen werden sollen, vollständig erbracht?
- → Sind optische Mängel vorhanden? Dann nach Raum und Ort im Raum aufnehmen und eventuell Fotos machen!
- → Funktionsfähigkeit von Fenstern und Türen prüfen (auch: abschließen, kippen, sperren)
- → Fensterscheiben sowie Fensterbänke auf Kratzer und Verunreinigungen prüfen
- → Anzahl und Platzierung von Schaltern, Steckdosen und Deckenauslässen überprüfen
- → Funktionstest einzelner Steckdosen, Deckenauslässe, Klingel und so weiter durchführen
- → Funktionstest der Heizungsanlage sowie sonstiger Anlagen durchführen
- → Sind alle Leitungen und Rohre richtig gedämmt und korrekt befestigt?
- → Wurden die notwendigen Brandschutzmaßnahmen eingehalten?
- → Außenputz und Innenputz auf Mängel und Farbton überprüfen
- → Überprüfen der Fachunternehmererklärungen von jedem Gewerk auf Vollständigkeit
- → Überprüfen der notwendigen Messprotokolle und Nachweise (etwa Heizung (Druck), Blitzschutz, Sicherstellung der Erreichung des KfW-Standards) auf Richtigkeit und Vollständigkeit
- → Überprüfen, ob Müll oder Bauschutt von der Baustelle entfernt wurde

Vertragsstrafe ist mit der Abnahmeerklärung vorzubehalten. Unterlässt der Bauherr dies, kann er sie nicht mehr geltend machen. Wichtig: Dies gilt auch, wenn der Bauherr vorher immer wieder erklärt hat, er werde die Vertragsstrafe ziehen.

Sicher gibt es hiervon Ausnahmen. Wollen Sie als Bauherr aber auf der sicheren Seite sein, ist die vereinbarte Vertragsstrafe bei der Abnahme auf jeden Fall vorzubehalten. Schon aus diesem Grund sollte ein Abnahmeprotokoll gefertigt werden. Denn: Darin können Sie diesen Vorbehalt vermerken.

Ein solcher Vorbehalt kann wie folgt lauten: „Die Geltendmachung von Ansprüchen aus der Vertragsstrafe wird vorbehalten."

Mängel bei der Abnahme – wie geht es weiter?

In Bezug auf bei der Abnahme vorbehaltene sowie für erstmals nach Bauabnahme festgestellte Mängel ist der Auftragnehmende (das Bauunternehmen) innerhalb der vertraglich vereinbarten Gewährleistungsfrist grundsätzlich zur Nacherfüllung verpflichtet. Für die bei Abnahme festgestellten Mängel gilt keine Beweislastumkehr. Heißt: Der Bauunternehmer muss nach wie vor beweisen, dass er mangelfrei geleistet hat. Für alle anderen Mängel gilt, dass der Bauherr dem entsprechenden Vertragspartner zu beweisen hat, dass ein Mangel vorliegt.

→ **Die Abnahmefiktion:** Vielleicht haben Sie schon davon gehört, dass es auch eine sogenannte Abnahmefiktion gibt. Im Normalfall möchte man eine solche vermeiden. Doch was verbirgt sich dahinter und was bedeutet das für Sie?

WAS ERFAHRE ICH?

Bei der sogenannten Abnahmefiktion findet die Abnahme nicht real statt. Obwohl keine Abnahme erklärt wurde, wird davon ausgegangen, dass sie erklärt wurde. Das gilt aber nur ausnahmsweise.

Neuregelung der Abnahmefiktion

Seit dem 1. Januar 2022 ist im Bürgerlichen Gesetzbuch (BGB) die Abnahmefiktion neu geregelt, und zwar wie folgt:

„Als abgenommen gilt ein Werk auch, wenn der Unternehmer dem Besteller nach Fertigstellung des Werks eine angemessene Frist zur Abnahme gesetzt hat und der Besteller die Abnahme nicht innerhalb der Frist unter Angabe mindestens eines Mangels verweigert hat. Ist der Besteller ein Verbraucher, so treten die Rechtsfolgen des Satzes 1 nur dann ein, wenn der Unternehmer den Besteller zusammen mit der Aufforderung zur Abnahme auf die Folgen einer nicht erklärten oder ohne Angabe von Mängeln verweigerten Abnahme hingewiesen hat; der Hinweis muss in Textform erfolgen." (BGB, § 640, Absatz 2)

Sie können – oder vielmehr müssen Sie das sogar – als Bauherr ein Haus abnehmen. Wenn der Unternehmer Sie zur Abnahme auffordert, Sie dieser Aufforderung nicht nachkommen und eine entsprechende „angemessene Frist" verstreichen lassen, ohne einen Mangel zu rügen, dann greift die Abnahmefiktion.

Die Abnahmefiktion verhindern

Um eine Abnahmefiktion zu verhindern, genügt es schon, nur einen einzigen Mangel zu rügen. Tun Sie dies nicht, gilt Ihr Schweigen als vorausgesetzte Abnahme. Ist der Bauherr ein Verbraucher, muss der Verbraucher auf die Möglichkeit der fiktiven Abnahme vom Bauunternehmen allerdings ausdrücklich hingewiesen werden.

Durch die Änderung dieser Vorschrift wurde die Gefahr, dass versehentlich eine fiktive Abnahme herbeigeführt wird, deutlich verringert.

Besonderheiten der VOB/B

Bei der Vergabe- und Vertragsordnung für Bauleistungen (VOB/B) lautet die entsprechende Regelung in § 12 Abs. 1 anders: Dort kommt es auf die sogenannte Fertigstellungsanzeige

an. Reagiert der Bauherr zwölf Werktage (Woche ohne Sonntag) nach Erhalt der Fertigstellungsanzeige nicht, gilt das Werk danach als abgenommen. Die Schlussrechnung wird als Fertigstellungsanzeige gewertet. Jeder Bauherr sollte also hellhörig werden, wenn ihm eine Schlussrechnung übersandt wurde, obwohl er zu keiner Abnahme aufgefordert wurde oder ein Abnahmetermin stattgefunden hat. Denn: Dann könnte nach nur zwölf Werktagen das Werk als abgenommen gelten! Daher sollte rein vorsorglich direkt zumindest in Textform der Fertigstellung widersprochen werden, um dies zu dokumentieren und um eine Abnahmefiktion zu verhindern.

Da das neue gesetzliche Leitbild vorsieht, dass Verbraucher über die Möglichkeit und Wirkung der fiktiven Abnahme in Textform informiert werden, wird diese Klausel wohl gegen die Grundsätze der allgemeinen Geschäftsbedingungen verstoßen. Gerichtlich entschieden ist dies bislang noch nicht.

→ **Verweigerung der Abnahme:** Es ist auch möglich, die Abnahme zu verweigern. Wann sind Sie dazu berechtigt und was geschieht, wenn Sie das tun?

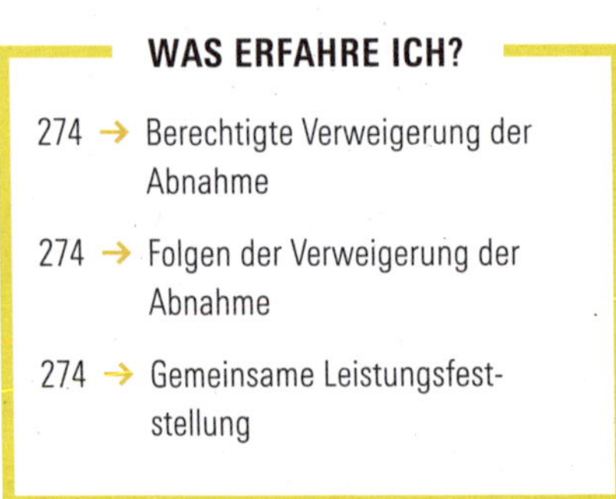

WAS ERFAHRE ICH?

Wie bereits erwähnt, sind Sie als Bauherr verpflichtet, das Bauwerk abzunehmen – vorausgesetzt, dass die bestellte Leistung im Wesentlichen fertiggestellt und ohne Mängel ist. Ist das nicht der Fall, sind Sie berechtigt, die Abnahme zu verweigern.

Berechtigte Verweigerung der Abnahme

Es ist grundsätzlich möglich, die Hausübergabe beispielsweise Endabnahme zu verweigern. Berechtigt ist der Bauherr dazu, wenn wesentliche Mängel vorhanden sind, das heißt zum Beispiel das Wohnen im Haus unzumutbar oder gar lebensbedrohlich ist.

Sie können in der Regel die Abnahme berechtigterweise verweigern, wenn beispielsweise folgende Umstände beziehungsweise Mängel bei einem Wohnobjekt vorliegen:

- → fehlender Wasseranschluss
- → fehlender Stromanschluss
- → fehlende Treppe zum Wohnobjekt
- → defekte oder fehlende Eingangstür / Fenster
- → fehlende Handläufe (beispielsweise an Treppe oder bodentiefen Fenstern)

Folgen der Verweigerung der Abnahme

Wird die Abnahme berechtigterweise verweigert, ist der Auftragnehmende/Bauträger gehalten, die Mängel so schnell wie möglich zu beseitigen. Er wird dann erneut zur Abnahme der Leistungen auffordern. In der Regel wird dann eine weitere Abnahmebegehung stattfinden. Das hängt auch von den vertraglichen Regelungen ab. Dann muss natürlich ein neuer Termin zur Abnahme vereinbart und vorbereitet werden.

WICHTIG ZU WISSEN: Sollte der Bauherr die Abnahme zu Unrecht verweigern, hat der Auftragnehmende einen Anspruch auf Abnahme, der einklagbar ist. Aus prozessökonomischen Gründen wird stattdessen in der Regel aber eher Klage auf Zahlung der Schlussrechnungssumme erhoben. Im Rahmen dieser Klage wird dann auch meist die Frage der Abnahmefähigkeit der Leistung überprüft. Die Abnahmewirkungen treten im Fall einer unberechtigten Verweigerung einer Abnahme gleichwohl ein, weil das Bauwerk abnahmereif war.

Gemeinsame Leistungsfeststellung

Seit dem 1. Januar 2018 gibt es bei Verweigerung der Abnahme einen neuen Aspekt: die sogenannte gemeinsame Leistungsfeststellung.

Was verbirgt sich dahinter? Schauen wir hierzu ins BGB (§ 650g Abs. 1):

„Verweigert der Besteller die Abnahme unter Angabe von Mängeln, hat er auf Verlangen des Unternehmers an einer gemeinsamen Feststellung des Zustandes des Werks mitzuwirken. Die gemeinsame Zustandsfeststellung soll mit der Angabe des Tages der Anfertigung versehen werden und ist von beiden Vertragsparteien zu unterzeichnen."

Eine solche „gemeinsame Leistungsfeststellung" war, wie gesagt, vor dem 1. Januar 2018 nicht vorgesehen. Sie ist so oder so sinnvoll, um Streitigkeiten über erbrachte Leistungen zu vermeiden und wurde nicht zuletzt eingeführt, um zu verhindern, dass Bauherren, die sich vor der Abnahme einfach „drücken", Häuser bewohnen, ohne den Bauunternehmer angemessen zu bezahlen.

Durch eine gemeinsame Leistungsfeststellung kann später nachvollzogen werden, ob die Abnahme vom Bauherrn/Käufer zurecht verweigert wurde. Ebenso kann die gemeinsame Leistungsfeststellung als Abrechnungsgrundlage beziehungsweise zur Überprüfung der Rechnung dienen.

Nach § 650g BGB kann der Bauunternehmer die Feststellung des Zustandes des Bauwerkes verlangen, wenn der Bauherr die Abnahme verweigert. Sollte kein gemeinsamer Termin vereinbart werden können, kann der Bauunternehmer diesen bestimmen und den Bauherrn hierzu einladen. Bleibt dieser dem Termin zur Zustandsfeststellung unentschuldigt fern, kann der Bauunternehmer die Zustandsfeststellung einseitig vornehmen.

ZWECK

Das Prozedere der gemeinsamen Zustandsfeststellung ist dem Bauunternehmer auch dann anzuraten, wenn der Bauherr das Bauwerk schon in Besitz nimmt und nutzt. Erfolgt die gemeinsame Leistungsfeststellung (egal ob mit oder ohne Bauherrn), greift eine gesetzliche Vermutung: Sie besagt, dass offensichtliche Mängel, die in der Zustandsfeststellung nicht angegeben sind, erst nach der Zustandsfeststellung entstanden und vom Besteller zu vertreten sind. Vermutung in diesem Sinne bedeutet, dass diese Annahme gilt, bis das Gegenteil bewiesen ist. Wie jede Vermutung kann der Bauherr auch diese Vermutung erschüttern. Er ist dafür dann quasi beweispflichtig.

ABLAUF

Die gemeinsame Leistungsfeststellung sollte der Abnahmebegehung und dem Abnahmeprotokoll ähneln – und ist der Abnahmebegehung auch dem Wesen nach ähnlich, heißt aber eben nicht so. Wichtig: Es sollte auch bei einer gemeinsamen Leistungsfeststellung aufgenommen werden, was auch in einem Abnahmeprotokoll aufgenommen wird. Die Aufnahme von Mängeln und Restleistungen ist zwingend, um die Leistung festzustellen. Auch hier kann zwischen streitig und unstreitig unterschieden werden. Die erbrachte Leistung sollte aufgemessen und auch in Bildern nachgewiesen sein. Bei der Aufnahme der Bilder sollte darauf geachtet werden, dass auch Jahre später jeder noch erkennen kann, was das Bild oder die Bilder zeigen sollte(n). Gleiches gilt für das Festhalten etwaiger Mängel oder fehlender Restleistungen. Diese können auch als solche durchaus in die gemeinsame Leistungsfeststellung aufgenommen werden. Es bedarf natürlich keiner Erklärung, dass die Vertragsstrafe vorbehalten werde, weil keine Abnahme damit erklärt wird.

→ Verweigert der Besteller die Abnahme unter Angabe von Mängeln, hat er auf Verlangen des Unternehmers an einer gemeinsamen Feststellung des Zustandes des Werk mitzuwirken.

7

Die Abnahme ist erfolgt, und plötzlich zeigt sich ein gravierender Mangel, etwa Risse im Mauerwerk oder Wassereintritt im Keller. Dass Mängel nach der Abnahme in Erscheinung treten, ist üblich. Der Druck des Bauunternehmers oder Planenden, diese zu beseitigen, ist gering, da die gesamte Vergütung in der Regel gezahlt ist. Die Durchsetzung von Ansprüchen nach der Abnahme sieht daher anders aus als vor der Abnahme.

→ Indizien für Mängel und Bauschäden:

Auch nach der Abnahme gilt: Die Mängel müssen zunächst einmal erkannt werden, bevor sie dann beseitigt werden können. Es gibt typische Schadensbilder, die auf bestimmte Mängel hinweisen.

WAS ERFAHRE ICH?

Im Kapitel 4 und vor allem in Kapitel 5 wurden zahlreiche Beispiele mangelhafter Bauausführungen beschrieben und teilweise anhand von Fotos gezeigt. Nicht jede mangelhafte Bauausführung führt auch zu einem Schaden, aber jeder Bauschaden kann – sofern er nicht auf Beschädigungen durch Dritte oder auf bestimmte Extremwetterlagen, zum Beispiel Wirbelsturm, Großhagel oder extrem hohe, nicht abgeräumte Schneelagen auf Dächern, zurückzuführen ist – einen oder mehrere sich überlagernde Mängel als Ursachen haben.

In diesem Kapitel geht es um verschiedene typische Indikatoren, die auf zum Teil umfassende Schäden und auch auf die diesen zugrunde liegenden Mängel hinweisen. Leider treten diese Indikatoren oft erst nach der Abnahme in Erscheinung.

Schimmelpilzwachstum auf Raumoberflächen

Schimmelpilze sind, wie auf Seite 251 erwähnt, Indikatororganismen, deren Vorhandensein und Wachstum auf eine überhöhte Feuchtebelastung hindeuten. Nahezu jeder Neubau weist zum Bezugstermin einen hohen Restwassergehalt auf, der sich erst im Zuge des Bewohnens und dem damit verbundenen Heizen und Lüften reduziert. Damit das stattfinden kann, müssen die Bauteile, in denen die überschüssige Feuchte gespeichert ist, diese im Regelfall an die Raumluft abgeben können. Eine unmittelbar an die Wände gerückte oder bis unter die Decke reichende Möblierung kann diese Feuchteabgabe so weit reduzieren, sodass sich auf den Innenwand- und Deckenoberflächen sowie an den Möbelrückwänden Schimmelpilzwachstum entwickelt. Haben sich Schimmelpilze erst einmal angesiedelt, breiten sie sich mit exponentiell zunehmender Geschwindigkeit aus und besiedeln schließlich sogar die innerhalb der Möblierung lagernden Gegenstände.

WELCHE BAUMÄNGEL KÖNNEN DIE URSACHE SEIN?

Eine Bewertung des Schimmelpilzbefalls muss immer auch die Ursachensuche nach der Feuchtequelle beinhalten. Stammt die Nässe von einer undichten wasserführenden Leitung, einer mangelhaft ausgeführten Bauwerksabdichtung oder ist die Luft- und Dampfdurchlässigkeit von Bauteilen ungenügend, können Mängel an der Bauleistung vorliegen. Wer diese Mängel letzten Endes zu vertreten hat, ergibt sich durch Auslegung des Bauvertrags und der Leistungsbeschreibung.

Holzzerstörende Pilze

Ein viel größeres Schadenspotenzial als normaler Schimmelpilzbefall hat ein Befall mit holzzerstörenden Pilzen, welche Folge von über längere Zeiträume einwirkende Feuchtigkeit sind. Ein solcher Befall hat die Charakteristik eines weiterfressenden Schadens – der Pilz wächst in einem fort und verstoffwechselt dabei zusehends mehr Holz. Geheilt werden kann ein solches Schadensbild nur durch Teilrückbau und Neuerstellung ganzer Hausteile – hier kommen, sollte dieser Fall eintreten, also immense Kosten auf Sie zu, weshalb die Frage der Mängelhaftung besonders dringlich zu klären ist. **WICHTIG**: Ein Befall mit holzzerstörenden Pilzen ist bei vielen Gebäudeversicherern in der Leistungspflicht ausgeschlossen. Warten Sie in solchen Schadensfällen auch nicht zu lange. Denn Sie trifft die Pflicht, den Schaden so gering wie möglich zu halten. Warten Sie zu lange, kann es folglich sein, dass Sie auf einen Teil der Kosten aufgrund Ihres Mitverschuldens „sitzen bleiben".

Ausblühungen an Außenputzen

Achten Sie darauf, ob am Außenputz sogenannte Ausblühungen zu erkennen sind. Das sind meist helle, streifige Ränder, die auf kapillare Feuchtetransportvorgänge im Außenputz hindeuten. Bei solchen Transportvorgängen kommt es immer auch zum Auflösen wasserlöslicher Salze, die dann an den Verdunstungsgrenzen an der Wandaußenseite wieder auskristallisieren – eben das ist es, was Sie sehen können.

Grundsätzlich, das gilt nicht nur für Außenputze: Blasenbildung unter Anstrichen, abblätternde Farbe, abblätternder oder sich schichtenweise ablösender Putz ist im Regelfall ein

Schimmelpilzwachstum in einer Fensterlaibung

Die andere Laibungsseite sah ähnlich aus, dort wurde geöffnet.

Als Ursache wurde eine unzureichend abgedichtete Bauteilanschlussfuge lokalisiert.

Wasserschaden in einem Badezimmer mit Schimmelpilzbefall in der Trockenbaukonstruktion

Befall eines Hauses in Holzbauweise mit holzzerstörenden Pilzen nach Wassereintritt über eine beschädigte Dacheindeckung

Die vom Schwamm befallenen Holzteile der tragenden Konstruktion

Putzabplatzungen im Sockelbereich aufgrund von Feuchtigkeit

Hier zeigt sich ein ganz ähnliches Schadensbild wie auf dem Foto zuvor (Foto 4), ebenfalls im Sockelbereich und mit selber Ursache.

Auf der Raumseite ist Schimmelpilzwachstum zu erkennen.

klares Indiz auf Feuchteeinwirkungen, sei es nun von außen, von unten oder aus dem Gebäudeinneren.

SICHERES INDIZ FÜR MÄNGEL

Wenn Sie derartige Ausblühungen erkennen, verheißt das leider nichts Gutes. Solche Ausblühungen sind ein sehr sicheres Indiz dafür, dass die Feuchteschutzmaßnahmen im Bereich des Gründungsbauteils (Keller, Fundament, Sockelputz) nicht so vorgenommen worden sind, wie sie hätten erfolgen müssen. Es dürfte also ein Mangel vorliegen und Sie sollten entsprechende Schritte einleiten (mehr dazu im nächsten Unterkapitel, ab Seite 283).

Risse

Plötzlich sind sie da beziehungsweise sie fallen unversehens ins Auge, und ab diesem Zeitpunkt scheinen sowohl Breite als auch Länge zuzunehmen: An Wand- oder Deckenoberflächen und im Übergang zwischen Dachschrägen und Wänden ziehen sich dunkle, mehr oder minder gerade oder bisweilen auch gezackte Linien entlang.

EIN RISS ODER DOCH NUR EINE BAUTEILFUGE?

Grundsätzlich gilt es hier zwischen Bauteilfugen und tatsächlichen Rissen zu unterscheiden. Die klassische Bauteilfuge ist die Fuge zwischen aufgehenden Wänden und der Beplankung der Dachschräge (siehe Seite 192). Wie schon erläutert, bewegt sich die Dachschräge unter den Einwirkungen von Wind, Temperaturwechseln und Schneelast. Hiervon bleibt die in die Dachschräge eingebundene Wand weitgehend unbeeindruckt. Manchmal kommt es aber zu Bewegungen über die gesamte Länge der Schnittstelle. Diese Bewegung kann, wie bereits erläutert, durch kein Baumaterial dauerhaft schadenfrei aufgenommen werden. Allerdings ist es möglich, diese gewünschte Fuge handwerklich sorgfältig herzustellen und optisch zu kaschieren. Ein Mangel wird nicht anzunehmen sein.

RISSE ALS INDIKATOREN FÜR EINEN MANGEL

Echte Risse, die von mangelhafter Ausführung herrühren, treten auf, weil

- → Setzungen im Untergrund zu Verformungen des Gründungsbauteils führen, die sich auf das Bauwerk auswirken.
- → aneinandergrenzende Bauteile sich thermisch unterschiedlich verhalten und die Entkopplung zwischen den Bauteilen und den sie bedeckenden Beschichtungen nicht oder nicht ausreichend ist.
- → aneinandergrenzende Bauteile ein deutlich unterschiedliches Schwindverhalten aufweisen und die sie bedeckenden Beschichtungen nicht oder nicht ausreichend entkoppelt sind.
- → Bauteile für die auf sie einwirkenden Lasten nicht ausreichend dimensioniert sind, also überlastet werden.
- → von außen Erschütterungen auf das Gebäude einwirken, zum Beispiel Erdbeben, Schienen- und anderer Schwerverkehr, Baustellentätigkeiten, vor allem Verbau-, Tiefbau und Straßenbauarbeiten im näheren Umfeld.

In all diesen Fällen sollten Sie Ihren Hausbaupartner informieren und eine Inaugenscheinnahme durch Sachverständige Ihres Vertrauens in Erwägung ziehen.

Es kann ein Mangel in der Planung vorliegen, der für das ausführende Unternehmen auch nicht ersichtlich war. Es kann sein, dass Sie als Bauherr weitere Bodenuntersuchungen hätten durchführen lassen müssen. Die Bauunternehmung kann ebenso schlecht ausgeführt haben. Beachten Sie immer, dass Ihr separat beauftragter Planer sowie die bauausführende Unternehmung zusammen oder nebeneinander haften können.

RICHTIG DOKUMENTIEREN

Bauteilfugen oder Risse sind, wenn alles fertig und mit Möbeln verstellt ist, teilweise schwierig festzustellen – hier ist es von Vorteil, wenn die selbst erstellte Fotodokumentation die Stelle des Auftretens in unterschiedlichen Bautenständen zeigt.

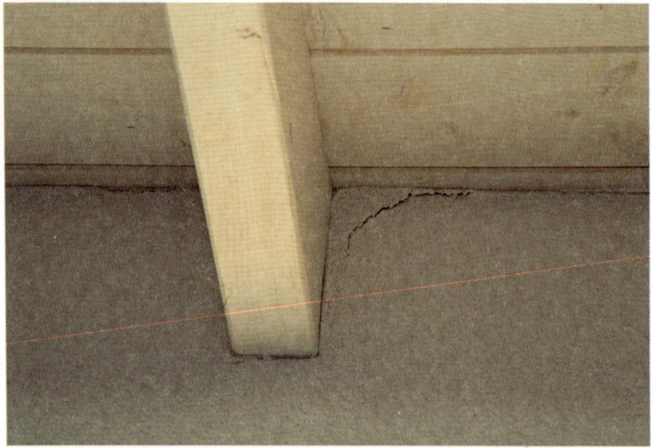

Rissbildung Außenputz unter Trauuntersicht, Ursache: kraftschlüssiger Verbund Putz–Holz und Bewegungen der Dachkonstruktion

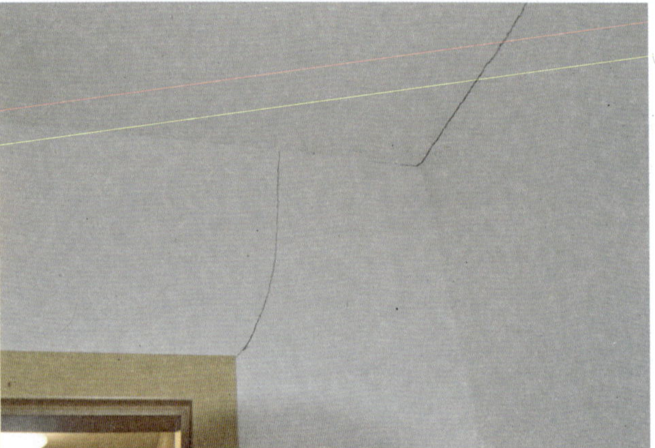

Sichtbare Fuge im Inneneck zwischen Wand und Gipskartonbeplankung (Holzbalkendecke über DG), scheinbar als Riss geöffnet

Rissbildung im Außenputz im Auflagerbereich eines Rollladenkastens

Treten Risse auf, markieren Sie ein oder zwei Stellen mit einem dünnen Bleistiftstrich und messen Sie die Breite mehrmals mit dem Rissbreitenvergleichsmaßstab. Dass Risse scheinbar breiter werden, ist ein optisches Phänomen, das von der veränderten Fokussierung herrührt. Eine rein optische Beurteilung (bloßes Hinschauen) ohne Vergleichsmaßstab ist zur Beurteilung des Rissverhaltens wenig hilfreich. Auf Risse oder sich öffnende Fugen an Außenfassade sollte besonderes Augenmerk gerichtet werden, denn diese sind den Unbillen der Witterung ausgesetzt und könnten sich kurz- bis mittelfristig zu Mangelfolgeschäden infolge äußerer Wassereinwirkung auswachsen.

INAUGENSCHEINNAHME DURCH FACHLEUTE

Innerhalb des Gewährleistungszeitraums sollten Sie sich die Zeit nehmen, Ihre Immobilie regelmäßig in Augenschein zu nehmen oder durch Fachleute in Augenschein nehmen zu lassen. Werden dabei nachteilig wirkende Veränderungen festgestellt, kann dieser Umstand frühzeitig angezeigt werden.

Solche Inaugenscheinnahmen (Revisionen) empfehlen sich nicht nur in der Gewährleistungszeit, sondern auch später nach jedem Starkwetterereignis. Die Revision der Dachflächen und Dachentwässerung sowie hoch liegender Fassadenbereiche kann mittels einer Drohne erfolgen. Hierbei sind die luftfahrtrechtlichen Regelungen zu befolgen.

→ Mängel nach der Abnahme geltend machen: Auch nach der Abnahme können Mängel gerügt werden – man spricht dann von Mängeln nach der Abnahme. Dabei sollten Sie einiges beachten.

WAS ERFAHRE ICH?

Treten Mängel – wie die im vorherigen Kapitel beschriebenen – erst nach der Abnahme in Erscheinung oder fallen sie erst dann auf, sind Ansprüche erfahrungsgemäß schwerer durchzusetzen. Die Vergütung ist schließlich schon bezahlt, und der Unternehmer sieht sich wenig motiviert, eine Mängelbeseitigung vorzunehmen, weil diese ihn nur noch kostet. Außerdem verlängert sich für den beseitigten Mangel die Gewährleistungszeit und kann – wenn der Unternehmer keinen entsprechenden Vorbehalt erklärt – sogar zu einem Neubeginn der Gewährleistung für den beseitigten Mangel führen. Und: Erst nach der Abnahme sieht nach der ständigen Rechtsprechung des BGH das Bürgerliche Gesetzbuch (BGB) Mängelrechte vor.

Der wichtigste Punkt: Nach der Abnahme trägt nicht mehr der Bauunternehmer, sondern der Bauherr die Beweislast für die behaupteten Mängel. Das bedeutet, als Bauherr müssen Sie beweisen, dass ein Mangel vorliegt, für den der in Anspruch Genommene haftet. Auch wenn es naheliegt – es ist dringend davon abzuraten, Mängel unüberlegt direkt selbst beziehungsweise durch ein Drittunternehmen beseitigen zu lassen. Denn dies könnte dazu führen, dass Sie die Kosten der Mängelbeseitigung nicht erstattet erhalten. Sollten Sie einen Planer beauftragt haben, denken Sie daran, dass auch dieser für Mängel haftet und auch für seine Leistungen mit der Abnahme die Verjährung beginnt.

Empfohlene Vorgehensweise

Dringend zu empfehlen ist, die Mängel am Bau gegenüber dem Bauunternehmer so konkret wie möglich und am besten schriftlich (zumindest per E-Mail, sofern keine Schriftform vereinbart ist) zu rügen. Unerlässlich dabei ist das Setzen einer angemessenen Frist zur Mängelbeseitigung. Abzustellen ist immer auf ein realistisches Ende der Mängelbeseitigung. Sollte die angemessene Frist fruchtlos verstreichen (der Bauunternehmer beseitigt zum Beispiel den Mangel nicht und/oder verweigert die Mängelbeseitigung), können Sie sogenannte Ersatzmaßnahmen einleiten. Die Mehrkosten aus dieser Mängelbeseitigung durch einen Dritten oder in Eigenleistung können Sie dann gegenüber dem ursprünglich beauftragten Bauunternehmen beanspruchen. Falls dieser die Kosten nicht übernehmen will, können diese eingeklagt werden. Auch kann im Werkvertragsrecht ein Kostenvorschuss für die Mängel-

WICHTIG: MÄNGEL NICHT ZU FRÜH BESEITIGEN LASSEN!

Sollten Sie vor Ablauf der angemessenen Mängelbeseitigungsfrist die Ersatzvornahme einleiten (also andere mit der Mängelbeseitigung beauftragen), verlieren Sie Ihren Anspruch, Mehrkosten gegenüber dem ursprünglichen Bauunternehmer geltend zu machen.

beseitigung eingeklagt werden. Damit Ihre Klage erfolgreich ist, ist es umso wichtiger, die Mängelbeseitigungsaufforderungen wie folgt zu verfassen. Falls Sie unsicher sind, lassen Sie sich rechtlich und fachtechnisch von entsprechenden Experten beraten.

DEN MANGEL BESCHREIBEN

Der zu beseitigende Mangel muss örtlich und inhaltlich so konkret wie möglich beschrieben werden. Ausreichend ist, wenn der Bauherr den Mangel laienhaft und nach seinem äußeren Erscheinungsbild beschreibt. Es reicht auch, wenn nur das sogenannte Symptom beschrieben ist, also die äußere Wirkung des Mangels, nicht seine Ursache. Beispiele für derartige Symptome finden Sie im vorherigen Kapitel. Ein typisches Symptom ist beispielsweise Schimmelbildung. Die Ursache (vermutlich Feuchtigkeit) wird dann in der Mängelbeseitigungsaufforderung nicht erörtert, sondern nur, wie sich der Mangel äußert. Das reicht nach ständiger Rechtsprechung. Für eine wirksame Mängelbeseitigungsaufforderung ist es wichtig, dass der Mangel zumindest örtlich und in seiner Erscheinungsform, also auch in seinen Ausmaßen und seit wann und eventuell wie schnell sich der Mangel ausbreitet, so konkret wie möglich beschrieben wird.

Angemessene Frist zur Mängelbeseitigung

Die Frist zur Mängelbeseitigung muss „angemessen“ sein. Angemessen ist eine Frist, wenn der Mangel innerhalb dieser Frist realistischerweise beseitigt werden kann. Werden mehrere Mängel genannt, ist die angemessene Frist für alle gerügten Mängel insgesamt festzulegen. Eine unangemessen kurze Frist wird juristisch in der Regel in eine angemessene umgedeutet.

Das macht die Frage, wann Sie eine Ersatzvornahme zu Lasten des Mangelverantwortlichen durchführen können, allerdings nicht einfacher. Denn Sie wissen dann nicht, wann die Frist abläuft. Wird eine Ersatzvornahme vor Ablauf einer angemessenen Frist durchgeführt, so müssen Sie die Kosten der Ersatzvornahme selbst tragen, weil Sie nicht auf den Ablauf einer angemessenen Frist abgewartet haben.

WAS GESCHIEHT, WENN DIE FRIST ZU KURZ IST?

Ist die von Ihnen gesetzte Frist zu kurz und Sie leiten eine Ersatzvornahme ein, so ist es sehr wahrscheinlich, dass Sie diese Kosten selbst tragen müssen. Denn Sie haben vor Ablauf einer angemessenen Frist den Mangel beseitigt. Beachten Sie, dass die bauausführende Unternehmung nicht auf Ihre Mängelanzeige reagieren muss und Ihnen schon gar nicht eine angemessene Frist mitteilen kann. Schon aus diesem Grunde empfiehlt sich das Setzen einer Nachfrist.

Stellen Sie unbedingt sicher, dass die Mängelbeseitigungsaufforderung auch beim richtigen Adressaten angekommen ist. Denn das Nichtreagieren kann schlicht seinen Grund darin haben, dass die Mängelbeseitigungsaufforderung an die falsche Adresse gesandt wurde. Ebenso sollten Sie überprüfen, ob über das Vermögen der betreffenden Unternehmung ein Insolvenzverfahren eingeleitet wurde. Das kann über insolvenzbekanntmachungen.de in Erfahrung gebracht werden. In diesem Fall ist der im Beschluss über die Eröffnung der Insolvenz genannte Insolvenzverwalter der richtige Adressat für die Mängelbeseitigungsaufforderung.

ANDERE FRISTEN SIND WIRKUNGSLOS

Alle anderen Fristen als die beschriebene Frist zur Mängelbeseitigung sind in der Regel rechtlich wirkungslos. Eine Frist, mit welcher der Bauunternehmer aufgefordert wird, zu erklären, er werde den Mangel beseitigen, ist rechtlich üblicherweise wirkungslos wie die Aufforderung, an einem bestimmten Tag mit der Mängelbeseitigung zu beginnen. Die Setzung solcher Fristen schadet aber auch nicht und kann für die Beurteilung, ob ein Verzug des Bauunternehmers vorliegt, von Bedeutung sein. Für eine wirksame Mängelbeseitigungsaufforderung, die auch nach fruchtlosem Fristablauf zur Mängelbeseitigung zulasten des ursprünglich ausführenden und für den Mangel verantwortlichen Unternehmens führt, sind diese Fristen jedoch ohne Belang.

Ersatzvornahme und Kostenvorschuss

Erst nach fruchtlosem Ablauf der angemessenen Frist darf der Bauherr beziehungsweise die Bauherrin die Mängel entweder selbst beseitigen oder durch Dritte beseitigen lassen: die Ersatzvornahme. Für diesen Anspruch kann er oder sie statt die Ersatzvornahme einzuleiten auch einen Kostenvorschussanspruch geltend machen und diesen gegebenenfalls gerichtlich mit einer Vorschussklage einfordern. Die Kosten müssen dabei nachvollziehbar geschätzt werden.

Bei einer Vorschussklage ist darauf zu achten, dass der eingeklagte Vorschuss die geschätzten Kosten deckt. Es empfiehlt sich darüber hinaus einen Feststellungsantrag zu stellen, worüber mitunter weitere anfallende Mängelbeseitigungskosten abgedeckt werden können. Im Falle eines Vorschusses ist nach erfolgter Ersatzvornahme eine korrekte Abrechnung der aufgewandten und erforderlichen Ersatzvornahmekosten zu tätigen und der Gegenseite mitzuteilen.

Vor der Beauftragung der Ersatzvornahmemaßnahmen sollten Sie unbedingt darauf achten, dass diese so beauftragt werden, wie sie ursprünglich bei der ausführenden Unternehmung beauftragt wurden, beziehungsweise die Maßnahmen beauftragt werden, die tatsächlich zur Mängelbeseitigung erforderlich sind. Sollten Sie die ursprüngliche Leistung verändern, bestehen darin im Normalfall keine Mängelbeseitigungskosten, sondern sind dann etwas anderes und dementsprechend nicht erstattungsfähig.

Nach der Beseitigung des Mangels werden dann die genauen Kosten der Mängelbeseitigung abgerechnet beziehungsweise hat das ursprüngliche Bauunternehmen einen Anspruch darauf und darauf, dass zu viel gezahlter Vorschuss zurückgezahlt wird. Ein Tipp: Um einen Vorschussanspruch geltend zu machen, ist es ratsam, sich das Angebot einer anderen Baufirma vorlegen zu lassen. Das kann helfen, um die Höhe des Vorschusses zu schätzen.

Sollte die Baufirma die Mängelbeseitigung ernsthaft und endgültig verweigern, bereits einige untaugliche Beseitigungsversuche unternommen haben oder während der vorgerichtlichen Auseinandersetzung beharrlich die Mängel verneinen und damit die Mängelbeseitigung ablehnen, darf der Bauherr im Ausnahmefall Fristen übergehen und eine Ersatzvornahme zu dessen Lasten durchführen. Oft ist dies aber nicht immer eindeutig. Hier ist zu raten, nicht leichtfertig ein erhebliches Risiko einzugehen und Mängelrechte zu verwirken. Holen Sie als Bauherr beziehungsweise Bauherrin sich an dieser Stelle also am besten anwaltlichen Rat und handeln Sie nicht unüberlegt.

→ Da Sie nach Abnahme für das Vorliegen einer mangelhaften Leistung beweispflichtig sind, sollten Sie sich überlegen, wie Sie Ihren Beweis erbringen können.

VORSCHUSSANSPRUCH

Um einen Vorschuss zu bekommen, muss der Bauherr nach Abnahme das Vorliegen des Mangels beweisen – es sei denn, es handelt

BEIM SELBSTSTÄNDIGEN BEWEISVERFAHREN SACHVERSTÄNDIGEN HINZUZIEHEN

Zwar sieht das gerichtliche selbstständige Beweisverfahren gerade vor, dass schnell eine Beweissicherung erfolgen kann. Allerdings lehrt die Erfahrung, dass dies gleichwohl noch Monate dauern kann. Das könnte mitunter aufgrund des Schadens, der sich nicht vergrößern soll, schon zu spät sein. Gegebenenfalls können Sie versuchen, dies telefonisch mit dem zuständigen Gericht zu klären. Nur der Hinweis auf dem Antrag, dass dies besonders dringlich ist, reicht erfahrungsgemäß nicht. Ein Fachanwalt für Bau- und Architektenrecht sollte Ihnen raten können, welcher konkrete Weg für Sie bei dem auftretenden Schadensbild am besten geeignet ist.

Da im Rahmen eines selbstständigen Beweisverfahrens selten Aussicht auf ein kurzfristiges Gutachten besteht, kann es sinnvoll sein, dass Sie einen öffentlich bestellten und vereidigten Sachverständigen auf eigene Kosten außerhalb eines Gerichtsverfahrens für ein Privatgutachten und/oder zur Beweissicherung zu Rate ziehen. Dieser führt in der Regel schnell eine private Beweissicherung durch und dokumentiert vor der Ersatzvornahme den vorhandenen Zustand genau. Klären Sie unbedingt ab, wie dies zu dokumentieren ist. Beraten Sie sich auch mit Ihrem Anwalt darüber. Zwar ist ein solches Gutachten ein Privatgutachten und wird daher im Prozess als Parteivortrag gewertet, aber es hilft, den Mangel darzustellen. Außerdem zählt der Sachverständige in einem folgenden Prozess als sachverständiger Zeuge. Da ein öffentlich bestellter und vereidigter Sachverständiger zur Unabhängigkeit und damit zur Wahrheit verpflichtet ist, haben seine Aussagen in der Regel bei Gericht auch als Privatgutachter hohe Beweiskraft. Sollte sich im Gerichtsverfahren herausstellen, dass ein Mangel vorliegt, hätte der Bauunternehmer mit großer Wahrscheinlichkeit die Kosten für die Beweissicherung durch einen von Ihnen beauftragten Gutachter ebenfalls zu erstatten. Diese können zum Beispiel im Rahmen der Kostenfestsetzung geltend gemacht oder selbstständig eingeklagt werden.

sich um Mängel, die bereits bei der Abnahme vorbehalten wurden (siehe Seiten 24, 270). Es gibt verschiedene Möglichkeiten, dieser Beweispflicht nachzukommen. Auch hierzu gibt es zahlreiche Rechtsprechung. Oft ist die Vorlage des Gutachtens eines öffentlich bestellten und vereidigten Sachverständigen sinnvoll, um entsprechende Ansprüche durchzusetzen.

Wird ein Vorschussanspruch eingeklagt, wird das Gericht gleichwohl darüber hinaus noch einen Sachverständigen beauftragen. Das sieht die Zivilprozessordnung so vor. Gleichwohl kann ein Privatgutachten eines öffentlich bestellten und vereidigten Sachverständigen, den Sie beauftragt haben, im Gerichtsverfahren sehr sinnvoll sein. Der gerichtlich beauftragte Sachverständige wird in der Regel auch noch zur Höhe des geltend gemachten Vorschussanspruches Stellung nehmen. Mit der Bestellung des gerichtlich bestellten Sachverständigen geht in der Regel ein Beweisbeschluss einher. Manchmal wird der Beweisbeschluss des Gerichts auch vor der Bestellung eines Sachverständigen erlassen. Damit das Gericht einen solchen Beweisbeschluss erlässt, ist durch Sie beziehungsweise Ihren Prozessbevollmächtigten entsprechend vorzutragen – das kann etwa durch ein von Ihnen vorgelegtes Gutachten erfolgen. Allerdings ist darauf zu achten, dass der Inhalt des Gutachtens in dem Schriftsatz an das Gericht aufgenommen wird. Ein bloßer Verweis auf das beigefügte Gutachten reicht prozessual betrachtet im Normalfall nicht aus. Dafür sind die in diesem Buch empfohlenen Dokumentationen und Mängelbeseitigungsaufforderungen wichtig.

SELBSTSTÄNDIGES BEWEISVERFAHREN FÜHREN?

Ein mehr oder minder beliebtes Mittel ist es, vor dem eigentlichen Zahlungsprozess (dazu gehört auch die Vorschussklage) ein sogenanntes selbstständiges Beweisverfahren zu führen. Diese vorweggenommene Beweisaufnahme kann helfen, ein Klageverfahren (welches mit einem Urteil endet) zu vermeiden. Die Autorin hat allerdings meistens keine positiven Erfahrungen mit einem selbstständigen Beweisverfahren gemacht. Der Hintergrund: Oft dauert es recht lange, und am Ende ist nicht immer eindeutig geklärt, wer wofür verantwortlich ist. Die Höhe der Mängelbeseitigungskosten wird nicht immer hinreichend ermittelt. Auch wenn es helfen kann, einen weiteren Prozess zu vermeiden, dauert es einfach sehr lange, wenn zunächst ein selbstständiges Beweisverfahren und dann erst Klage eingereicht wird. Da das selbstständige Beweisverfahren den Beteiligten zwar ein Gutachten, aber keinen vollstreckbaren Titel gibt, ist es im Zweifel nicht zielführend, um zum Beispiel einen Kostenvorschuss zu erhalten, und kostet mehr, weil dabei Anwaltsgebühren und Kosten für ein nachfolgendes Gerichtsverfahren anfallen (auch wenn teilweise eine Anrechnung der Gebühren nach dem Rechtsanwaltsvergütungsgesetz (RVG) stattfindet). Am Ende des selbstständigen Beweisverfahrens haben Sie keinen Titel, aus dem Sie einen bestimmten Zahlbetrag vollstrecken können. Um diesen zu erhalten, müssen Sie nach Beendigung des selbstständigen Beweisverfahrens klagen.

ALTERNATIVE: DIE ZAHLUNGSKLAGE

Eine Alternative: Im Rahmen einer Zahlungsklage wird oftmals ein Sachverständigengutachten gefertigt, weil in diesem dann die Frage, wer für die Mängel verantwortlich ist, zu klären ist. Auch im Rahmen einer Klage kann sich der Bauunternehmer nach Erhalt des Gutachtens bereit erklären, den Mangel zu beseitigen. Dann kann das Klageverfahren durch Vergleich beendet werden. Das erfolgt auch bei einer Vorschussklage. Der Vorteil einer Vorschussklage ist auch, dass diese gegebenenfalls in eine Klage auf Zahlung der Ersatzvornahmekosten auf Antrag umgewandelt werden kann. Hierzu sollten Sie einen Anwalt befragen. Die Vorschussklage ist auch eine Zahlungsklage.

Was tun, wenn es schnell gehen muss?

Problematisch wird es, wenn gravierende Mängel vorliegen, deren Beseitigung keinen Aufschub duldet – beispielsweise, weil es in das Haus hineinregnet. Aber: In jedem Fall muss sich der Bauherr auch bei solchen Mängeln an die oben beschriebenen Voraussetzungen für eine Mängelbeseitigungsaufforderung halten. Er kann jedoch die Frist kürzer setzen, weil das Bauunternehmen unmittelbar reagieren soll. Im Ausnahmefall kann dies mit der Aufforderung an den Bauunternehmer verbunden werden, sich sofort telefonisch oder per E-Mail zu erklären, ob und wann er die Mängel beseitigt. Tut er dies nicht, sollten Sie als Bauherr zwingend Beweise sichern, bevor Sie zur Ersatzvornahme schreiten. Andernfalls können Mängel nach ihrer Beseitigung möglicherweise nicht mehr bewiesen werden. Da Sie nach Abnahme für das Vorliegen einer mangelhaften Leistung beweispflichtig sind, tragen Sie das Risiko einer unterlassenen privaten Beweissicherung. Haben Sie die Beweise nicht gesichert, können Sie vielleicht nicht einmal mehr beweisen, dass der Mangel überhaupt vorhanden war.

Dies ist ein Fall, in dem Sie – am Besten zusammen mit Ihrem rechtlichen Berater – überlegen sollten, ob Sie nicht besser durch einen Privatgutachter die Mangelursache und die durchgeführte Mängelbeseitigung wie zuvor beschrieben durchführen lassen.

8

Im Folgenden finden Sie eine Vorlage für ein Abnahmeprotokoll, zwei Beispiele für Mangelbeseitigungsaufforderungen und die in Kapitel 4 erwähnte Ausstattungstabelle. Das Register bietet Ihnen schnelle Orientierung in diesem Buch.

→ Musterschreiben

Die nachfolgenden Musterschreiben erheben keinen Anspruch auf Vollständigkeit und Richtigkeit. Ebenso sind sie immer wieder rechtlich zu überprüfen, weil sich die Rechtslage schnell ändern kann. Sie sollen eine Arbeitshilfe für den Bauherrn sein. Jeder Fall ist anders. Daher kann das rechtlich nicht geprüfte Verwenden von Musterschreiben für die Erhaltung von Rechten negativ sein, wenn sie nicht korrekt verwandt werden. Es könnte sogar sein, dass man seinen Anspruch verliert. Eine rechtliche Beratung zu diesen Fragen von einem Fachanwalt oder einer Fachanwältin wird daher dringend empfohlen.

Protokoll für eine rechtsgeschäftliche Abnahme mit dem oder den Bauunternehmer/n

Abnahmeprotokoll über die Abnahmebegehung vom ....

Baumaßnahme: ....

Bauherr:in: ....

....

Bauunternehmer:in: ....

....

Vertrag vom: ....

Baubeginn: ....

Fertigstellung: ....

Teilnehmer:in an der Abnahmebegehung:

Für den/die Bauherr:in: ....

Für den/die Bauunternehmer:in: ....

Abnahme:
Am .... fand die Begehung zur Feststellung der Abnahmefähigkeit der Gesamtleistung / Teilleistung statt.

Folgende Mängel oder fehlende Restleistungen wurden festgestellt:
Entweder
– keine sichtbaren Mängel
oder
– Mängel gemäß Anlage Nr. 1
und/oder
– Restleistungen gemäß Anlage Nr. 1

Fristen:
Die Mängel sind unverzüglich, spätestens bis zum ...., zu beseitigen.
Die Restleistungen sind unverzüglich, spätestens bis zum ...., zu erbringen.

Unterlagen:
Entweder
– Es wurden die in Anlage Nr. 1 aufgeführten Unterlagen übergeben.
oder
– Es wurden keine Unterlagen übergeben.

Vorbehalte des Bauherrn:
[Beispiele]
– Der Bauherr behält sich die Geltendmachung der Vertragsstrafe vor.
– Der Bauherr behält sich vor, alle Rechte wegen beanstandeter Mängel, Restleistungen und Vorbehalte geltend zu machen.

Erklärung des Bauherrn:
Entweder
– Die Leistung wird abgenommen.
oder
– Die Leistung wird aufgrund wesentlicher Mängel beziehungsweise fehlender Restleistungen nicht abgenommen.

Gewährleistung:
Die Gewährleistung gemäß § 13 VOB/B / § 638 BGB [Unzutreffendes bitte streichen] beträgt .... Jahre. Die Gewährleistung beginnt am .... und endet am ....

Einsprüche des Bauunternehmers:
Zu den in Anlage Nr. 1 aufgeführten Sachverhalten konnte bei der Abnahme keine Einigung erzielt werden.

.............................., den ....

Bauherr:in	Bauunternehmer:in
....	....
(Unterschrift)	(Unterschrift)

Anlage Nr. 1 (zum Abnahmeprotokoll vom ....)

Baumaßnahme:

....

Mängel:

....

....

Restleistungen:

....

....

Übergebene Unterlagen:

....

....

Vorbehalte des Bauherrn:

....

....

Einsprüche des Bauunternehmers:

....

....

....

.............................., den ....

Bauherr:in	Bauunternehmer:in
....	....
(Unterschrift)	(Unterschrift)

Mängelbeseitigungsaufforderung nach der Abnahme bei Dringlichkeit

Sehr geehrte Damen und Herren,

in unserem Dachgeschoss hat sich zur Südseite seit vorgestern ein Wasserfleck gebildet, der sich stetig vergrößert. Derzeit hat er einen Umfang von 10 Zentimetern. Es besteht die Gefahr, dass sich der Schaden schnell vergrößert.

Ein Foto des Erscheinungsbildes liegt an.

Nachfolgend fordere ich Sie auf, den Mangel bis zum .... zu beseitigen.

Sollten Sie die Mängel bis zum Ende der Frist nicht behoben haben, werde ich ein anderes Unternehmen zu Ihren Kosten mit der Mängelbeseitigung beauftragen.

Ferner fordere ich Sie auf, Notmaßnahmen, welche die Vergrößerung des Schadens verhindern, spätestens bis zum .... einzuleiten. Ansonsten werde ich aus dem Gesichtspunkt der Schadensminimierung die erforderlichen Maßnahmen beauftragen und die Kosten hierfür gegen Sie geltend machen.

Bitte kontaktieren Sie mich unter [Telefonnummer], damit wir rechtzeitig einen Termin zur Ergreifung der Notmaßnahmen und Mängelbeseitigung festlegen können.

Mit freundlichen Grüßen

Aufforderung zur Mängelbeseitigung aufgrund eines bestehenden Gutachtens nach Abnahme

Sehr geehrte Damen und Herren,

in unseren Keller dringt anscheinend Wasser ein. Alle Wände sind feucht, und es riecht vermodert in unserem Keller. Ebenso ist bereits Schimmelbildung erkennbar. Nach dem von uns beauftragten Sachverständigen scheint die notwendige Abdichtung des Kellers von Ihnen nicht korrekt hergestellt worden zu sein. Die gutachterliche Stellungnahme vom .... des Sachverständigen .... fügen wir bei und beziehen uns bezüglich der Mängelbeschreibung ausdrücklich auf die dortigen Ausführungen und Angaben.

Nachfolgend fordern wir Sie auf, den Mangel bis zum .... zu beseitigen.

Sollten Sie die Mängel bis zum Ende der Frist nicht behoben haben, werden wir ein anderes Unternehmen zu Ihren Kosten mit der Mängelbeseitigung beauftragen.

Ferner fordere ich Sie auf, Notmaßnahmen, welche die Vergrößerung des Schadens verhindern, spätestens bis zum .... unverzüglich einzuleiten.

Bitte kontaktieren Sie mich unter [Telefonnummer], damit wir rechtzeitig erforderliche Termine festlegen können.

Mit freundlichen Grüßen

→ Ausstattungswerte nach RAL-RG 678

Die nachfolgende Tabelle spielt im Zuge der Elektroplanung eine wichtige Rolle. Sie enthält Angaben zu den vertraglich geschuldeten Elektrogegenständen (Schalter, Stockdosen, Daten- und Mediendosen, Brennstellen) und gibt durch die Qualitätsstufen *, **, *** eine Orientierung bezüglich der Qualität der Ausstattung. Mehr darüber erfahren Sie in Kapitel 4 auf Seite 114.

Ausstattungswert	Küche a) b)	Kochnische b)	Bad	WC-Raum	Hausarbeitsraum b)	Wohnzimmer a) bis 20 m²	Wohnzimmer a) über 20 m²	Esszimmer	je Schlaf-, Kinder-, Gäste-, Arbeitszimmer, Büro b) bis 20 m²	je Schlaf-, Kinder-, Gäste-, Arbeitszimmer, Büro b) über 20 m²	Flur bis 3 m	Flur über 3 m	Freisitz	Abstellraum	Hobbyraum	Zur Wohnung geh. Keller-/Bodenraum, Garage	Keller-/Bodengang, je 6 m Ganglänge	Anschlüsse für besondere Verbrauchsmittel mit eigenem Stromkreis	Stromkreisverteiler	Gebäudekommunikation
★ Anzahl der Steckdosen, Beleuchtungs- und Kommunikationsanschlüsse ★																		Elektroherd, Mikrowellengerät, Geschirrspülmaschine, Waschmaschine f), Wäschetrockner f), Bügelstation, Warmwassergerät d), Heizgerät d)	in Mehrraumwohnungen mind. vierreihige, in Einraumwohnungen mind. dreireihige Stromkreisverteiler	Klingel oder Gong, Türöffner und Gegensprechanlage
Steckdosen allgemein	5	3	2 [e)]	1	3	4	5	3	4	5	1	1	1	1	3	1	1			
Beleuchtungsanschlüsse	2	1	2	1	1	2	3	1	1	2	1	2 [g)]	1	1	1	1	1			
Telefon-/Datenanschluss (IuK)						1		1	1		1									
Steckdosen für Telefon/Daten						1		1	1		1									
Radio-/TV-/Datenanschluss (RuK)	1					2		1	1											
Steckdosen für Radio/TV/Daten	3					6		3	3											
Kühlgerät, Gefriergerät	2	1																		
Dunstabzug	1																			
Anschluss für Lüfter c)			1	1																
Rollladenantriebe	Anschlüsse entsprechend der Anzahl der Antriebe																			
Beleuchtungs- und Steckdosenstromkreise ★	Wohnfläche der Wohnung in m²									Anzahl Stromkreise										
	bis 50									3										
	über 50 bis 75									4										
	über 75 bis 100									5										
	über 100 bis 125									6										
	über 125									7										
★★ Anzahl der Steckdosen, Beleuchtungs- und Kommunikationsanschlüsse ★★																		Elektroherd, Backofen, Dampfgarer, Mikrowellengerät, Geschirrspülmaschine, Waschmaschine f), Wäschetrockner f), Bügelstation, Warmwassergerät d), Saunaheizgerät, Whirlpool, Heizgerät d)	in Mehrraumwohnungen mind. vierreihige, in Einraumwohnungen mind. dreireihige Stromkreisverteiler	Klingel oder Gong, Türöffner und Gegensprechanlage mit mehreren Wohnungssprechstellen
Steckdosen allgemein	10	4	4 [e)]	2	8	8	11	5	8	11	2	3	2	2	6	2	1			
Beleuchtungsanschlüsse	3	2	3	1	2	2	3	1	2	3	2	2 [g)]	2	1	2	1	1			
Telefon-/Datenanschluss (IuK)	1				1	1	2	1	1	2	1		1		1					
Steckdosen für Telefon/Daten	2				2	2	4	2	2	4	2		2		2					
Radio-/TV-/Datenanschluss (RuK)	1				1	2	3	1	1				1		1					
Steckdosen für Radio/TV/Daten	3				3	6	9	3	3				3		3					
Kühlgerät, Gefriergerät	2	1																		
Dunstabzug	1																			
Anschluss für Lüfter c)			1	1																
Rollladenantriebe	Anschlüsse entsprechend der Anzahl der Antriebe																			
Beleuchtungs-und Steckdosenstromkreise ★★																				
	1		1		1	1	2	1	1	2			1		1	1				
★★★ Anzahl der Steckdosen, Beleuchtungs- und Kommunikationsanschlüsse ★★★																		Elektroherd, Backofen, Dampfgarer, Mikrowellengerät, Geschirrspülmaschine, Waschmaschine f), Wäschetrockner f), Bügelstation, Warmwassergerät d), Saunaheizgerät, Whirlpool, Heizgerät d)	in Mehrraumwohnungen mind. vierreihige, in Einraumwohnungen mind.dreireihige Stromkreisverteiler	Klingel oder Gong, Türöffner und Gegensprech-anlage mit mehreren Wohnungssprechstellen, Video-Türstationen, Gefahrenmeldeanlagen
Steckdosen allgemein	12	4	5 [e)]	2	10	10	13	7	10	13	3	4	3	2	8	2	1			
Beleuchtungsanschlüsse	3	2	3	2	3	3	4	2	3	4	2	2 [g)]	2	1	2	1	1			
Telefon-/Datenanschluss (IuK)	1		1		1	1	2	1	1	2	1		1		1					
Steckdosen für Telefon/Daten	2		2		2	2	4	2	2	4	2		2		2					
Radio-/TV-/Datenanschluss (RuK)	1		1		1	2	3	1	2				1		1					
Steckdosen für Radio/TV/Daten	3		3		3	6	9	3	6				3		3					
Kühlgerät, Gefriergerät	2	1																		
Dunstabzug	1																			
Anschluss für Lüfter c)			1	1																
Rollladenantriebe	Anschlüsse entsprechend der Anzahl der Antriebe																			
Beleuchtungs-und Steckdosenstromkreise ★★★																				
	1		1		1	1	2	1	1	2	1		1		1	1				

a) In Räumen mit Essecke ist die Anzahl der Anschlüsse und Steckdosen um jeweils 1 zu erhöhen.

b) Die den Bettplätzen und den Arbeitsflächen von Küchen, Kochnischen und Hausarbeitsräumen zugeordneten Steckdosen sind mindestens als Zweifach-Steckdose vorzusehen. Sie zählen jedoch in der Tabelle als jeweils nur eine Steckdose.

c) Sofern eine Einzellüftung vorgesehen ist. Bei fensterlosen Bädern oder WC-Räumen ist die Schaltung über die Allgemeinbeleuchtung mit Nachlauf vorzusehen.

d) Sofern die Heizung/Warmwasserversorgung nicht auf andere Weise erfolgt.

e) Davon ist eine Steckdose in Kombination mit der Waschtischleuchte zulässig.

f) In einer Wohnung nur jeweils einmal erforderlich.

g) Von mindestens zwei Stellen schaltbar.

Quelle: HEA

→ Stichwortverzeichnis

C/D

E

O/P

Q/R

S

T

U/V

W

Z

Die Stiftung Warentest wurde 1964 auf Beschluss des Deutschen Bundestages gegründet, um dem Verbraucher durch vergleichende Tests von Waren und Dienstleistungen eine unabhängige und objektive Unterstützung zu bieten.

Marc Ellinger arbeitete nach dem Studium der Baubetriebslehre an der FH Karlsruhe als Bauleiter und Geschäftsführer in mittelständischen Betrieben. Heute ist er freiberuflicher Bausachverständiger, leitet das VPB Regionalbüro Freiburg-Südbaden und ist Fachperson für Radon. Marc Ellinger ist Referent für Themen der Bauwerkserhaltung bzw. Bauwerksinstandsetzung sowie Fachbeitrag- und Fachbuchautor.

Birgit Schaarschmidt ist Fachanwältin für Bau- und Architektenrechts und seit über 20 Jahren auf diesem Gebiet tätig. Sie berät Unternehmen und Privatpersonen und ist ausgebildete Mediatorin sowie Lehrbeauftragte für Immobilienrecht und Sachverständigenrecht an der Hochschule Mainz.

Stiftung Warentest
Lützowplatz 11–13
10785 Berlin
Telefon 0 30/26 31–0
Fax 0 30/26 31–25 25
www.test.de
email@stiftung-warentest.de

USt-IdNr.: DE136725570

Vorstand: Hubertus Primus
Weitere Mitglieder der Geschäftsleitung:
Dr. Holger Brackemann, Julia Bönisch, Daniel Gläser

Programmleitung: Niclas Dewitz

Autor und Autorin: Marc Ellinger, Birgit Schaarschmidt
Projektleitung: Uwe Meilahn, Alexandra Germann, Eva Gößwein
Lektorat: Jonas-Philipp Dallmann, Silwen Randebrock, Magnus Enxing, Eva Gößwein

Mitarbeit: Magnus Enxing
Korrektorat: Magnus Enxing
Titelentwurf: Christian Königsmann, Anne-Katrin Körbi
Layout: Christian Königsmann
Grafik, Satz: FÖRM – Büro für Gestaltung, Berlin
Infografiken/Diagramme: FÖRM – Büro für Gestaltung, Berlin
Bildredaktion: Magnus Enxing, Eva Gößwein
Bildnachweis: Umschlag (U1) Adobe Stock, Superingo; (U4) Adobe Stock, zeralei; Innenteil: Adobe Stock: 8 redaktion93; 30 Marlon Bönisch; 37 MQ-Illustrations; 58 Pormezz; 100 Valmedia; 102 pattilabelle; 122 Turi; 257 AA+W; 258 Marla; 260 makibestphoto; 266 Kzenon; 270 Marco2811; 273 Stockwerk-Fotodesign; 276 Fotoschlick; 288 NINENII
Alle weiteren Fotos Innenteil: Marc Ellinger

Produktion: Anne-Katrin Körbi, Christian Königsmann
Verlagsherstellung: Rita Brosius (Ltg.), Romy Alig, Susanne Beeh
Litho: tiff.any, Berlin
Druck: Westermann Druck Zwickau GmbH

ISBN: 978-3-7471-0528-3

Wir haben für dieses Buch 100 % Recyclingpapier und mineralölfreie Druckfarben verwendet. Stiftung Warentest druckt ausschließlich in Deutschland, weil hier hohe Umweltstandards gelten und kurze Transportwege für geringe CO_2-Emissionen sorgen. Auch die Weiterverarbeitung erfolgt ausschließlich in Deutschland.